面向设计师的编程设计知识系统PADKS
Programming Aided Design Knowledge System(PADKS)

Grasshopper 参数化逻辑构建过程

Parametric Logic Design Process

包瑞清 著

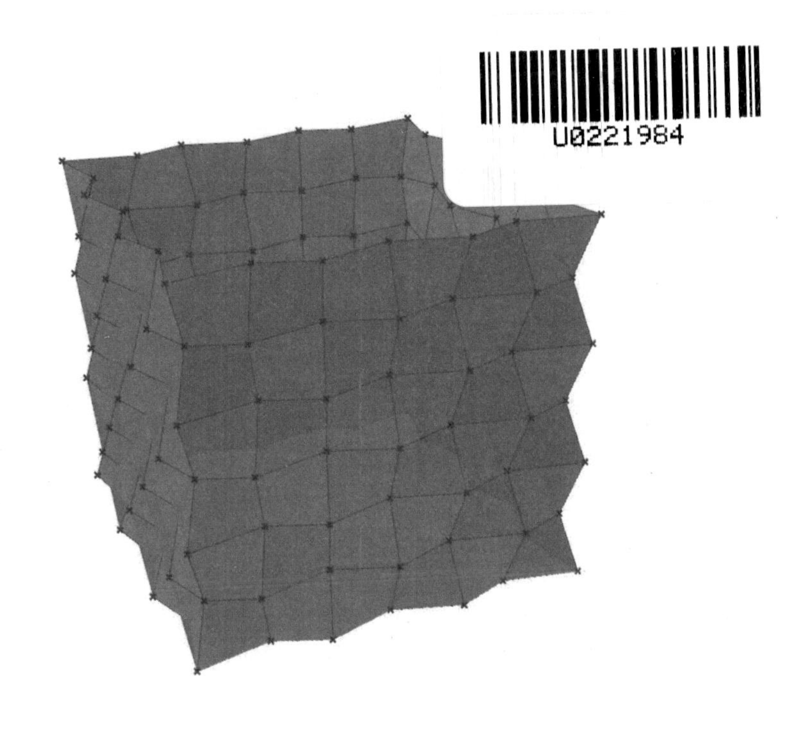

江苏凤凰科学技术出版社

图书在版编目（CIP）数据

参数化逻辑构建过程 / 包瑞清著. -- 南京 : 江苏凤凰科学技术出版社, 2015.7
（面向设计师的编程设计知识系统 PADKS）
ISBN 978-7-5537-4537-4

Ⅰ. ①参… Ⅱ. ①包… Ⅲ. ①程序设计 Ⅳ. ① TP311.1

中国版本图书馆 CIP 数据核字 (2015) 第 103355 号

面向设计师的编程设计知识系统PADKS
参数化逻辑构建过程

著　　者	包瑞清
项目策划	凤凰空间/郑亚男
责任编辑	刘屹立
特约编辑	郑亚男　田　静

出版发行	凤凰出版传媒股份有限公司 江苏凤凰科学技术出版社
出版社地址	南京市湖南路1号A楼，邮编：210009
出版社网址	http://www.pspress.cn
总 经 销	天津凤凰空间文化传媒有限公司
总经销网址	http://www.ifengspace.cn
经　　销	全国新华书店
印　　刷	深圳市新视线印务有限公司

开　　本	710 mm×1000 mm　1 / 16
印　　张	16
字　　数	128 000
版　　次	2015年7月第1版
印　　次	2023年3月第2次印刷

标准书号	ISBN 978-7-5537-4537-4
定　　价	118.00元

图书如有印装质量问题，可随时向销售部调换（电话：022-87893668）。

Foreword
前言

面向设计师的编程设计知识系统旨在建立面向设计师（建筑、风景园林、城乡规划）编程辅助设计方法的知识体系，使之能够辅助设计者步入编程设计领域，实现设计方法的创造性改变和设计的创造性。编程设计强调以编程的思维方式处理设计，探索未来设计的手段，并不限制编程语言的种类，但是以面向设计者，具有设计应用价值和发展潜力的语言为切入点，包括节点可视化编程语言 Grasshopper，面向对象、解释型计算机程序设计语言 Python 和多智能体系统 NetLogo 等。

编程设计知识系统具有无限扩展的能力，从参数化设计、基于地理信息系统 ArcGIS 的 Python 脚本、生态分析技术，到多智能体自下而上涌现宏观形式复杂系统的研究，都是以编程的思维方式切入问题与解决问题。

编程设计知识系统不断发展与完善，发布和出版课程与研究内容，逐步深入探索与研究编程设计方法。

The Nature of Parametric Design
——Program Thinking
参数化设计的本质——编程的思维

逐渐被设计领域熟知且广泛应用的参数化，给设计过程带来了无限的创造力，并提高了设计的效率。但是殊不知编程才是参数化的根本，最为常用的参数化平台 Grasshopper 节点可视化编程以及纯粹语言编程 Python、C#、VB 都是建立参数化模型的基础。这里并不支持类似 Digital Project(来自于 Catia) 等尺寸驱动，使用传统对话框的操作模式的参数化平台，因为对话框式的操作模式更类似于现有组件的安装拼接，淹没了设计本应该具有的创造性，如果已经具有了设计模型，在向施工设计方向转化时可以考虑使用 Digital Project 或者 Revit 等更加精准合理的构建。对于开始设计概念、方案设计甚至细部设计却应考虑使用编程的方法，Grasshopper 与 Python 组合的自由程度让设计的过程更加随心所欲。

参数化只是编程的一部分应用，建立参数控制互相联动的有机体。因为 Grasshopper 最初以参数化的方式渗入设计的领域，但是 Grasshopper 的本质是程序语言，而编程可以带来更多对设计处理的方法，在 Grasshopper 平台开始逐渐成熟，其带来的改变已经深入更加广泛的领域，因此仅仅用参数化来表述 Grasshopper 的应用已经不合时宜。更甚至 Python 语言可以实现参数化构建，那么 Python 就是纯粹为参数化服务的吗？很显然不是，这个过程重要的是学会编程，学会编程的思维方式，用这种方式来创造设计的过程，创造未知领域的形态。“每个人都应该学会编程，因为编程教会你如何去思考”，编程在各个领域中被广泛应用，但是在设计领域里却被认为只有软件工程师才会使用编程来开发供设计师使用的软件，这又是一种误解。长期被软件束缚，设计者还在期盼着某款设计软件会增加什么有用的功能从而方便设计，所以在不断追随着软件的更新，学习开发者所提供的几个有用的功能，那是否想过自己本应该就进入到功能开发的这个层面上来亲自改变计算机辅助设计的过程呢？恐怕目前几乎所有的设计者甚至都没有考虑过这样的问题。

大部分软件都会全部或者部分开源，有助于开发者创造出意想不到的设计，同时也会给再开发者与程序编写的说明，支持很好地学习编程接口的方法。例如 Linux 系统有自己异常活跃的社区，数之不尽的想法汇集于此，又或者苹果的网上应用超出百万，解决各类问题，从金融、健康、商务、教育、饮食，到旅游、社交网络、体育、天气、生活等无所不包。而对于设计领域，首先需要改变以往根深蒂固的想法，“设计仅仅关注形式功能”的思想束缚了这个信息化时代本应该给设计领域带来的实惠。还有什么比固步自封、安于现状更可怕的呢？编程能够改变的不仅是被误解的软件开发，它所改变的是设计思考的方式，是设计过程的改变和创造。一旦尝试开始转变思维方式，编程所具有的魔力会不断地散发出来。

数据是程序编写核心需要处理的问题，如果需要更加智能化的辅助甚至主导设计，需要熟知数据的组织方式和管理方法。Grasshopper 和 Python 都具有强大的数据管理方法，例如 Grasshopper 的数型数据和各类数据处理的组件，Python 的字典、元组和列表。在参数化的领域关注数据是掌握这种工具的基础，切记需要时刻观察数据的变化，避免盲目地连接数据。

没有任何可以投机取巧的方法帮助设计者进入到这个领域，毕竟这不是在学习所谓的一款软件，而这种看法却也占据着几乎所有设计行业。这是编程的领域，因此需要学习的是编程的知识，是编程的思维方法，是编程让设计更具创造力的方法。而参数化也仅仅是编程领域中的一簇，各类设计的问题从结构到生态，从材料到形式，都可以试图以编程的思维去重新思考这个过程。

在科技发展日新月异的时代，编程是设计领域发展的方向。编程与设计，在过去人们不曾想过两者竟然能够被联系在一起，至今开始探索两者的关系，未来还有什么意想不到的事情令人期待！

Richie

CONTENTS 目录

9 ■ 设计、参数化和编程关系的释义

10 ■ 被曲解的参数化
11 ■ “参数化”的目的是建立由参数控制、几何体间互相联动的有机体
14 ■ “参数化”实质上是编程语言控制下的逻辑构建过程
20 ■ 编程语言成为设计问题得以很好解决的根本途径
24 ■ 设计、参数化和编程关系

25 ■ 基础

26 ■ Grasshopper 的安装
27 ■ Grasshopper 的界面
28 ■ Grasshopper 的组件
32 ■ 纯粹数据的输出

33 ■ 数据结构与数据管理

34 ■ Grasshopper 作者 David Rutten 的树状图表与数据结构
47 ■ 数据管理的两类核心技术——List 列表与 Tree 数据路径的结构管理
48 ● 数据列表模式分组与编织重组
56 ● List 列表类
61 ● 数据流匹配
62 ● 常用的几个数据组织方式
64 ● 线性（列表）数据与树型数据的变换操作对几何体构建的影响
72 ● Tree 树型数据类
79 ● Tree 类核心组件 Path Mapper
83 ● Path Mapper 组织数据结构应用
93 ■ 外部数据的调入
93 ● 蛋白质数据库
95 ● 调入高程数据
97 ● .shp 地理信息数据的调入
98 ● 调入图像数据

99 ■ 空间方向与定位

100 ■ 空间方向 -Vector 向量
101 ● Deform– 变形
109 ● 磁场
119 ■ 空间定位 -Plane 参考平面
120 ● 截面

125 ■ 区间、数列和随机

126 ■ 区间
128 ● 对数螺旋
132 ● 弧线段放样
142 ■ 数列和随机
149 ● 随机的图案

155 ■ 程序编写与封装

156 ■ 台阶程序编写与封装
157 ● 台阶程序编写
166 ● 台阶程序封装
171 ■ 道路程序编写与封装
172 ● 道路程序编写
178 ● 道路程序封装

179 ■ 制造

182 ■ 设计概念的产生
183 ■ 设计基本逻辑构建过程
195 ■ 数据标注
199 ■ 几何表皮展平
205 ■ 实体模型
206 ■ 程序优化

209 ■ 表皮形式
211 ■ 表皮形式 _A
219 ■ 表皮形式 _B
226 ■ 表皮形式 _C
233 ■ 精细化设计
234 ■ 梭形建筑
253 ■ 参数化的意义

The Relationship of Design，Parameter and Programming
设计、参数化和编程关系的释义

1

新兴的事物在进入一个学科领域时，难免会遭受质疑或某种程度上的曲解，在与传统手段不断碰撞的过程中，便能显示出其存在的价值，以及在学科领域中的地位，进而被接受并广泛应用。设计的参数化在建筑领域已经获得一定程度的认可，并被付诸实践，风景园林与城乡规划领域也在试图寻找编程辅助设计（参数化的根基）的方法。虽然从高校到设计单位，针对建筑设计专业的编程设计课程基本为空白，但是面对参数化对设计的影响程度，编程设计已然成为设计领域未来发展的一个重要分支。像其他新兴事物一样，参数化在发展过程中也遭受了种种误读，"参数化"的说法有时被有意识地规避。参数化的实质是编程语言的学习与应用，因此在谈及参数化设计时，必然会涉及编程。设计、参数化与编程之间的关系是，编程是参数化的实质，参数化是编程辅助设计应用的一个分支，设计参数化的目的往往是构建由参数控制形态的有机体。

1 被曲解的参数化

目前对参数化存在几种误读，一个是参数化仅仅等于软件的学习或者软件的开发。由于参数化是基于计算机软件的，难免与 AutoCAD、3ds MAX 等软件的学习混为一谈，被误认为是支持参数化软件的学习。参数化实际上应该被看作设计领域的一个学术分支，软件仅是支持参数化研究的基础，类似于 GUI 图形用户界面。支持参数化研究的编程语言例如 Python、VB、C# 等，或者节点式的编程语言 Grasshopper。有些类似于数学，只有在掌握了基本的数学公理、公式之后，才可以用这些知识来解决实际的问题。这在一定程度上说明了，设计的参数化并不是某一款软件的学习，而是一个新的研究领域，它有助于解决设计中出现的各类问题，例如构建设计形态间的逻辑关系，将设计形式视为一个由参数控制、互相关联的有机体。

参数化的目的是构建一个由参数控制形态、互相关联的有机体，并不是完全用于异形形态设计的工具。因为参数化往往被用于复杂形体的设计，例如扎哈·哈迪德与弗兰克·盖里的作品，所以造成了这样一个假象，参数化仅仅是用于构建异形形态设计，这样的表述仅是从最为直观的表面给出的判断。参数化的目的是构建几何间联动的逻辑关系，从而更加易于控制各形体之间的关联，这个关联正是几何构建的逻辑。例如由参数控制的横梁的尺寸将联动控制与之关联的椽柱，甚至基础的尺寸与位置，反之亦然。这个过程就是最基本的参数化过程，这种方式也更加有益于传统形式的设计。为了更加方便地构建几何体间的逻辑关系，实际上并不建议将设计整体参数化，而是将其拆分为各个有机体，再对各个有机体构建关联。

除了构建几何体间直接的逻辑关系，往往会将前期分析的条件作为几何体形态产生的输入参数，构建形态与影响条件之间的逻辑关系，例如人流、水文、坡度、坡向、日照、功能布局要求等。受目前研究的实验性影响，作为影响形态的输入条件较为单一，对于设计本身影响因素的复杂性以及设计的艺术性，人文性基于有限形态的形态推演着实无法满足现实中的构建需求，获得的形态在艺术水准上往往也无法达到一定的审美层级。但是基于影响条件作为参数推演形态的探索，为未来的设计开拓一种不一样的设计方法。伴随着设计影响因子复杂性条件的解决，推演的形态必然会对设计形式产生直接的影响，而且目前虽然这样的推演无法达到设计的要求，但是也可以作为形态推敲的一种参考手段，辅助设计形式的演进。

2 "参数化"的目的是建立由参数控制、几何体间互相联动的有机体

为什么要建立由参数控制、几何体间互相联动的有机体？一方面对于复杂形体而言，空间几何体的定位，例如沿空间椭球体表面布置的梁架结构，是由椭球体表面确定的，二者之间本身就存在逻辑构建的关系。依据这种逻辑构建关系，使用参数化的方法建立两者之间的联系成为一种必然。这也不仅在于几何形体的推敲上，更是解决几何体空间定位，具体结构建造的有效途径。即使是自由的空间曲线结构，没有一定曲面的依附关系，那么由该曲线所划分的结构片段，以及依附于该曲线的幕墙结构，实际上又构建了与该曲线的逻辑构建关系。因此对于设计而言，设计的几何形体间往往存在互相依附的关系，对于复杂形体使用参数化的方法来表达这种逻辑关系具有更现实的意义。

那么由简单几何建立的设计形态是否有必要通过参数化建立逻辑结构关系来辅助设计呢？在传统的几何推敲上，虽然几何体之间存在逻辑构建的关系，但是由于设计过程中更多地指向空间本身的设计创造，即使考虑了几何体间互动的联系，往往也没有作为设计中独立研究的部分。如果能够以参数化的方法，根据本身几何体间的逻辑构建的关系来进行设计，会有助于设计几何体间关系的梳理，尤其对于具有参数化可能的中国古典建筑。

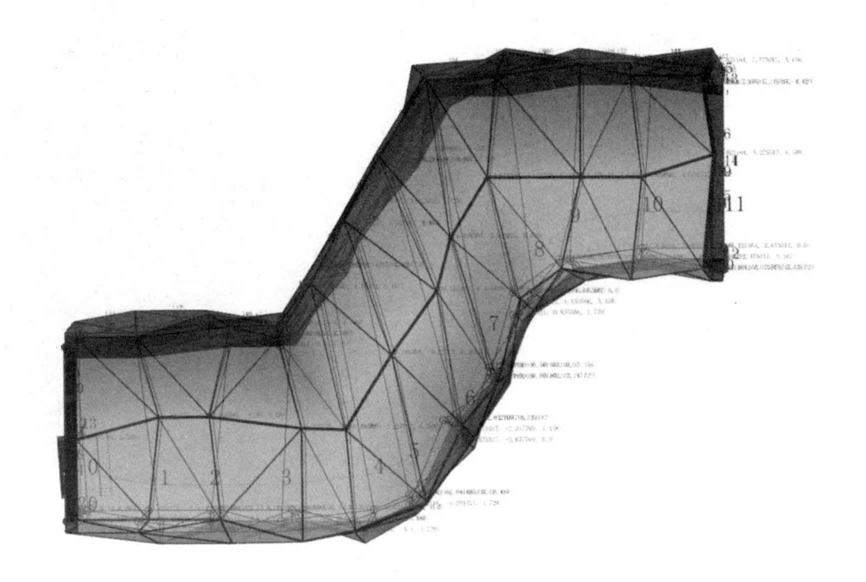

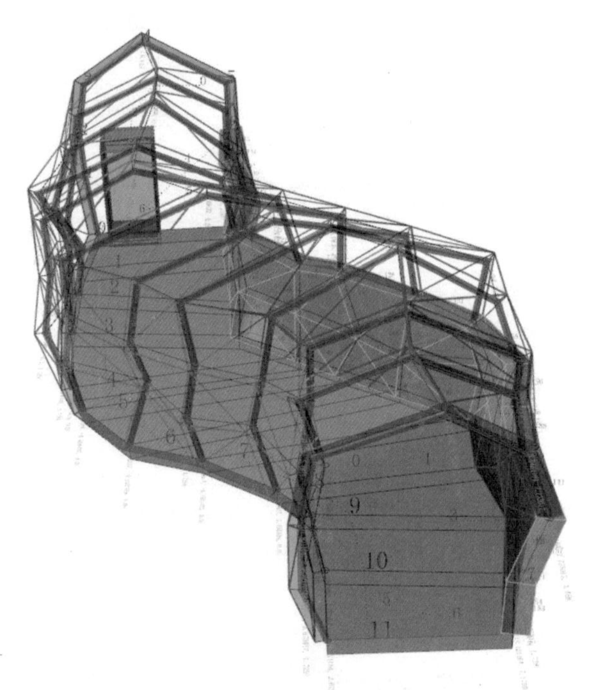

另外设计的最终目的是要建造，以逻辑构建关系为基础的参数化在体现设计本身的逻辑时，已经包含了几何体的各类数据信息，例如单个几何体本身的尺寸、空间位置，以及几何体之间的相对位置、距离等。这些数据可以方便地直接提取，相对于传统的设计更加便利，尤其几何体之间关系的确立，有利于设计的实际建造。

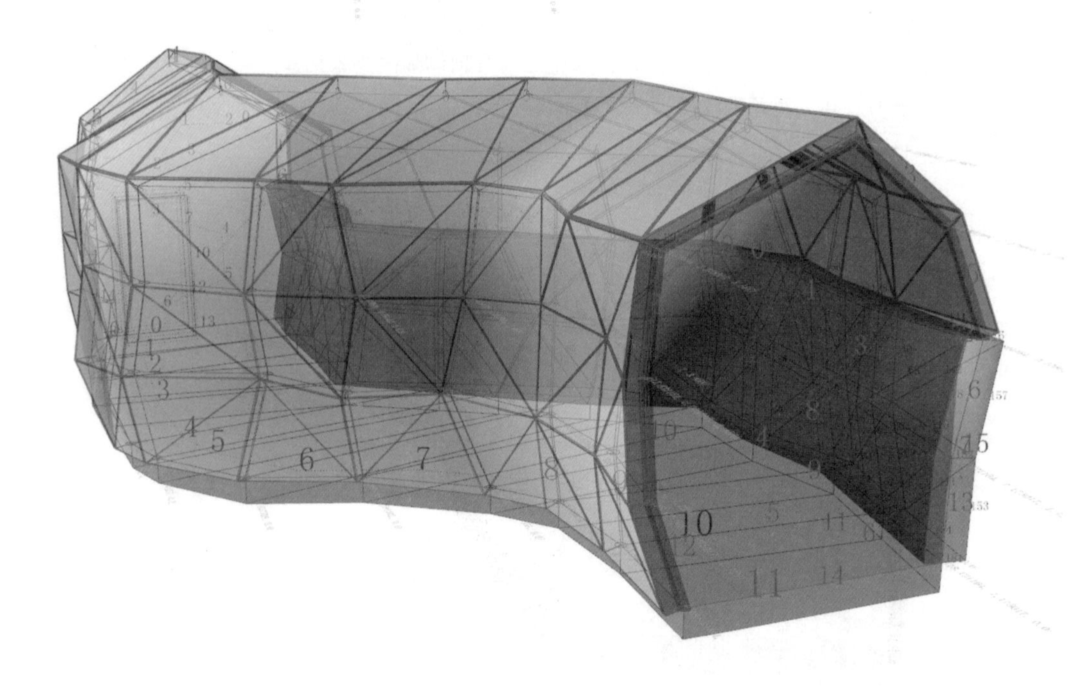

对于本次研究的案例，设计几何体之间的逻辑构建关系是设计研究的重点。几何体之间的构建关系本身就是设计所需要研究的内容，只是由于更多关注于形体本身，弱化了这种关联。参数化的目的恰恰是强调了这种逻辑构建的关系，而尽可能地以整体结构为设计出发点的考虑也是更好构建逻辑关系的重要途径。这种尽可能地从整体结构考虑以及关注几何体之间构建关系的设计方法，即一般设计的思考途径，也是设计参数化的基本条件。另外，一个非常关键的设计方法就是更加关注结构线的设计，由结构线再拓展到其他具体的几何体，例如墙体、幕墙等。下图中给出了参数化的几何构建逻辑过程，以整体的结构框架为基本的出发点建立墙体、柱梁、幕墙、山墙、门的过程。这个顺序也恰恰说明了几何体间的制约关系，即柱梁受到墙体的制约，而又控制着幕墙的相对位置。这样一个基本符合实际建造的逻辑构建的过程，或者符合设计思考过程的参数化，不仅有利于设计推敲过程的梳理，也为实际建造提供了数据依据。任何一个位置的几何体尺寸的变化都会联动其他的几何体，对于整体架构随机数的使用以获得更多变化的形态，提供了更为直接的变化结果，在保持同一逻辑构建关系的前提下，直接获取最终的设计形态，避免了中间墙体、柱梁结构的重新构建过程。基于逻辑构建关系的参数化方法，不只是虚拟设计的模型搭建，其本身就已经渗透了一种设计理念，一种从研究逻辑构建关系出发的设计方法。

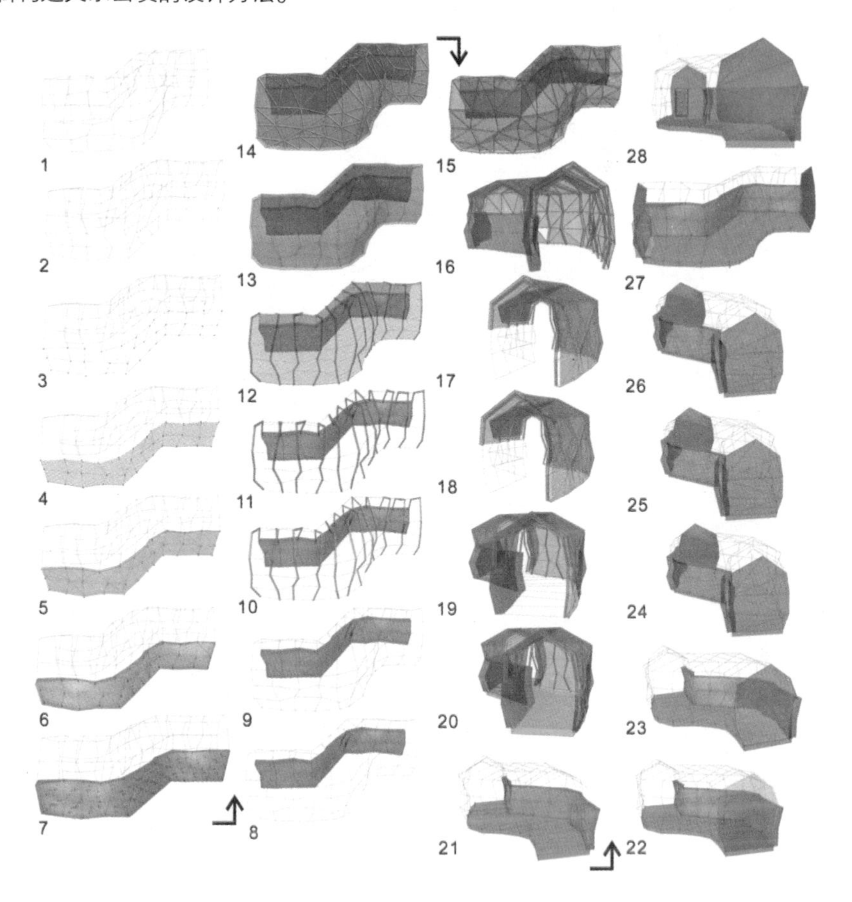

3 "参数化"实质上是编程语言控制下的逻辑构建过程

语言是有魔力的，可以用语言来定义和表达世间万物，if 条件语句、for 循环以及函数和类的定义可以表述几何逻辑构建的过程。例如：

```
def factorial(n):# 定义阶乘函数
    if n==1:# 最小可能性，即 1 的阶乘是 1
        return 1
    else:
        return n*factorial(n-1)# 大于 1 的数的阶乘是 n*（n-1）的阶乘
print(factorial(7))#factorial(7)=5040
```

其递归的图解过程如图

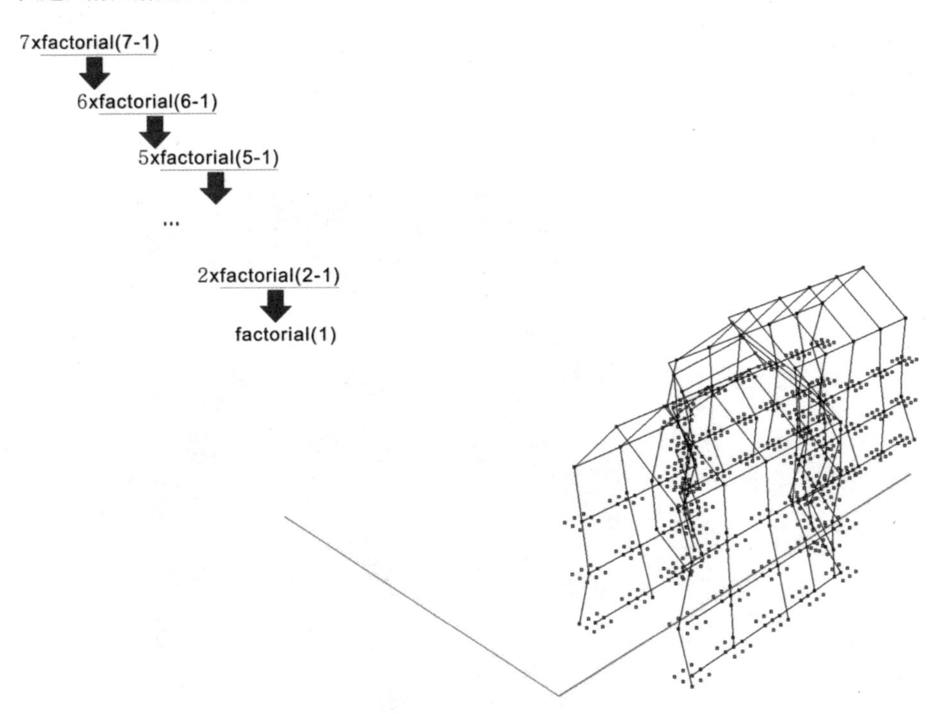

定义的函数为一个递归解算过程，可以用于几何逻辑构建过程的循环。编程语言发展到目前已经集结了大量的函数工具，例如 time、random、re、math 等或者自行定义的函数，为几何逻辑构建的发展提供了广泛的支持工具。参数化的实质就是编程语言控制下的逻辑构建过程，语言能够很好地组织几何体之间的互动关联，也只有在语言的环境下，才能够实现动态的设计过程。研究案例使用了 Python 语言，构建了参数控制下建筑的基本结构，研究代码如下：

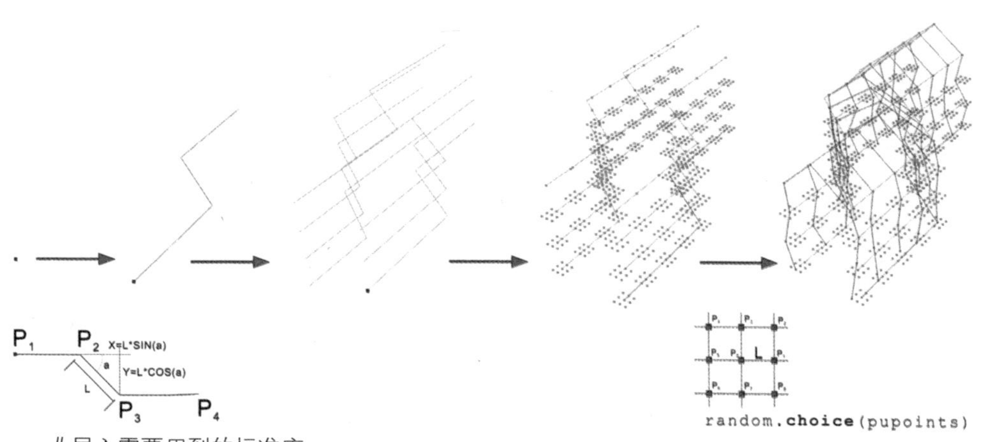


```
    # 导入需要用到的标准库
import rhinoscriptsyntax as rs
import math
import random

#basiclines 函数定义建筑水平方向的结构线，输入条件为一个点
def basiclines(basicpoint,lengthunit,angle,offsetvalue,topbplineheigh,
multiple1,multiple2,multiple3, floorheight):
    bpoint0=(basicpoint[0],basicpoint[1],basicpoint[2])
    bpoints=[]
    bpoints.append(bpoint0)
    lengthunit=lengthunit  #lengthunit 定义截面基本间距单元
    multiple1=multiple1 # 定义第一段截面基本间距单元倍数
    bpoint1=(bpoint0[0]+multiple1*lengthunit,bpoint0[1],bpoint0[2])
    bpoints.append(bpoint1)

    angle=angle #angle 定义建筑转折处的角度
    multiple2=multiple2 # 定义第二段截面基本间距单元倍数
    hypotenuse=multiple2*lengthunit
    bpoint2=(bpoint1[0]+hypotenuse*math.sin(angle),\
    bpoint1[1]+hypotenuse*math.cos(angle),bpoint1[2])
    bpoints.append(bpoint2)

    multiple3=multiple3 # 定义第三段截面基本间距单元倍数
    bpoint3=(bpoint2[0]+multiple3*lengthunit,bpoint2[1],bpoint2[2])
    bpoints.append(bpoint3)

    bpline0=rs.AddPolyline(bpoints) # 底层水平结构线
    bplines=[]
```

```
bplines.append(bpline0)
    fh=floorheight #层高
    #建立上部水平结构线
for i in range(1,4):
        dividecurvelength=rs.CopyObject (bpline0,[0,0,fh*i])
        bplines.append(dividecurvelength)
    offsetbplines=[]
    offsetvalue=offsetvalue
for j in bplines:
        offsetbpline=rs.OffsetCurve(j,[0,0,0],offsetvalue)
        offsetbplines.append(offsetbpline)
    topbplineheight=topbplineheight
topbplinecenter=rs.OffsetCurve(bplines[-1],[0,0,0],offsetvalue/2)
        topbpline=rs.CopyObject(topbplinecenter,[0,0,topbplineheight])
        rs.DeleteObject(topbplinecenter)

      return bplines,offsetbplines,topbpline
#basicpoints 定义用于建立截面结构线的点阵
def basicpoints(bplines,lengthunit):
    #定义位于水平结构线上的点和点阵
    basicplanepoints=[]
    for u in range(len(bplines)):  basicplanepoint=rs.DivideCurveLength(bplines[u],lengthunit,T
rue,True)
    basicplanepoints.append(basicplanepoint)

    lengthunit=lengthunit

    planeunit=1
    randomselectionp=[]
    pupoints=[]
    for o in range(len(basicplanepoints)-1):
        for p in range(len(basicplanepoints[0])):
                basicplanepointscor=[basicplanepoints[o][p][0],basicplanepoints[o][p][1],\
basicplanepoints[o][p][2]] #以列表的形式提取点的三维坐标
pupoints.append(basicplanepointscor)
#建立类似于九宫格的点阵
            pupoint1=[basicplanepointscor[0]+planeunit,\
            basicplanepointscor[1],\
            basicplanepointscor[2]]
            pupoints.append(pupoint1)
            rs.AddPoint(pupoint1)
```

```
pupoint2=[basicplanepointscor[0]+planeunit,\
            basicplanepointscor[1]+planeunit,\
basicplanepointscor[2]]
            pupoints.append(pupoint2)
            rs.AddPoint(pupoint2)

            pupoint3=[basicplanepointscor[0],\
            basicplanepointscor[1]+planeunit,\
            basicplanepointscor[2]]
            pupoints.append(pupoint3)
            rs.AddPoint(pupoint3)
pupoint4=[basicplanepointscor[0]-planeunit,\
            basicplanepointscor[1]+planeunit,\
            basicplanepointscor[2]]
            pupoints.append(pupoint4)
            rs.AddPoint(pupoint4)

            pupoint5=[basicplanepointscor[0]-planeunit,\
            basicplanepointscor[1],\
            basicplanepointscor[2]]
            pupoints.append(pupoint5)

rs.AddPoint(pupoint5)

            pupoint6=[basicplanepointscor[0]-planeunit,\
            basicplanepointscor[1]-planeunit,\
            basicplanepointscor[2]]
            pupoints.append(pupoint6)
            rs.AddPoint(pupoint6)

            pupoint7=[basicplanepointscor[0],\
            basicplanepointscor[1]-planeunit,\
            basicplanepointscor[2]]
            pupoints.append(pupoint7)
            rs.AddPoint(pupoint7)

            pupoint8=[basicplanepointscor[0]+planeunit,\
            basicplanepointscor[1]-planeunit,\
            basicplanepointscor[2]]
  pupoints.append(pupoint8)
            rs.AddPoint(pupoint8)
```

```
# 使用 random.choice 函数随机在各点阵中选择一个点
            randomselectionp.append(random.choice(pupoints))
            pupoints=[]


    pupoints0=randomselectionp[:len(basicplanepoints[0])]
    pupoints1=randomselectionp[len(basicplanepoints[0]):-len(basicplanepoints[0])]
    pupoints2=randomselectionp[-len(basicplanepoints[0]):]

    pupoints4sub=basicplanepoints[-1]
    pupoints4=[]
    for e in range(len(pupoints4sub)):
        pupoints4.append([pupoints4sub[e][0],pupoints4sub[e][1],pupoints4sub[e][2]])


    sectionpolylinesparts=[]
    for q in range(len(pupoints0)):
# 通过随机选择的点建立截面结构线
 sectionpolylinesparts.append(rs.AddPolyline((pupoints0[q],pupoints1[q],\
        pupoints2[q],pupoints4[q])))

    return sectionpolylinesparts,pupoints4

#mainfunction 函数主要为 interface code, 建立与用户间的互动操作
def mainfunction():
    basicpoint=rs.GetPoint('Select one point:')
    if not basicpoint:return

    values=[5,120,12,5,4,3,4， 5]
    lengthunit=values[0]
    angle=values[1]
    offsetvalue=values[2]
topbplineheight=values[3]
    multiple1=values[4]
    multiple2=values[5]
    multiple3=values[6]
    floorheight=values[7]
# 与用户的互动程序，图为程序运行时 Rhino 命令行的提示，可以看到设计过程中主要用于控制
建筑结构线的相关参数
    while True:
```

```
prompt='Setting'
result=rs.GetString(prompt,'Insert:',('Lengthunit','Angle','Offsetvalue',\
        'Topbplineheight','Multiple1','Multiple2','Multiple3', 'Floorheight','Insert'))
        if not result:return
result=result.upper()
        if result=='LENGTHUNIT':
            f=rs.GetReal('Lengthunit:',values[0])
            if f is not None:lengthunit=f
elif result=='ANGLE':
            f=rs.GetReal('Angle(110-120):',values[1],110,120)
            if f is not None:angle=f
        elif result=='OFFSETVALUE':
            f=rs.GetReal('Offsetvalue:',values[2])
            if f is not None:offsetvalue=f
        elif result=='TOPBPLINEHEIGHT':
            f=rs.GetReal('Topbplineheight:',values[3])
            if f is not None:topbplineheight=f
        elif result=='MULTIPLE1':
            f=rs.GetReal('Multiple1:',values[4])
            if f is not None:multiple1=f
        elif result=='MULTIPLE2':
            f=rs.GetReal('Multiple2:',values[5])
            if f is not None:multiple2=f
        elif result=='MULTIPLE3':
            f=rs.GetReal('Multiple3:',values[5])
            if f is not None:multiple3=f
        elif result=='FLOORHEIGHT':
f=rs.GetReal('Floorheight:',values[5])

            if f is not None: floorheight=f
        elif result=='INSERT':break
    bplines,offsetbplines,topbpline=basiclines(basicpoint,lengthunit,angle,\
    offsetvalue,topbplineheight,multiple1,multiple2,multiple3, floorheight)

    sectionpolylinespart0,pupoints40=basicpoints(bplines,lengthunit)
    sectionpolylinespart1,pupoints41=basicpoints(offsetbplines,lengthunit)

    topdivide=rs.DivideCurveLength(topbpline,lengthunit,True,True)
    topdividepoints=[]
    for a in range(len(topdivide)):
```

```
        topdividepoints.append([topdivide[a][0],topdivide[a][1],topdivide[a][2]])
toppolylines=[]
    for s in range(len(topdividepoints)):
        toppolylines.append(rs.AddPolyline([pupoints40[s],topdividepoints[s],pupoints41[s]]))

# 执行函数
mainfunction()
```

在与用户的交互中，提取了几个主要用于控制建筑结构线形态的参数：

Lengthunit：截面间距单元控制距离；

Angle：建筑转折角度；

Offsetvalue：建筑进深；

Topbplineheight：屋脊线相对高度；

Multiple1：建筑开始段截面间距单元控制距离倍数；

Multiple2：建筑转折段截面间距单元控制距离倍数；

Multiple3：建筑结束段截面间距单元控制距离倍数；

Floorheight：建筑层高。

由编程语言控制下的逻辑构建过程来实现设计的参数化，将几何体之间的构建关系通过语言的方式表述出来，使其成为互相关联的有机体。研究案例中设置了几个基本的输入参数，截面间距单元控制距离、建筑转折角度、建筑进深、屋脊线相对高度、建筑开始、转折、结束时段截面间距单元控制距离倍数以及建筑层高。通过调整这几个参数可以获得同一构建逻辑下多样的设计结果。因此在研究或者使用参数化的方法从事设计时，必然需要掌握至少一门编程语言。由于参数化在进入设计领域时，更多地强调参数设计结果的展示，并没有解释参数化的实质，给人们造成了参数化是一门软件学习的错觉。在未来的设计领域中，编程语言必然会成为设计师应具备的基本能力之一。

4 编程语言成为设计问题得以很好解决的根本途径

“归根到底，唯一跳出星球般的循环运转意义之外的革命不是政治革命而是技术革命。虽然工程师总是被知识分子和政治活动家所忽视，但只有技术革命才不是循环往复的。有了电流后就不再用蜡烛，有了汽轮船就不再用帆船……这才是真正推动历史的火车头，它带来了不可否认和不可逆转的进步。最有颠覆性的革命是没有人鼓吹、没有人策划，甚至没有人宣布过的，既没有领袖也没有旗帜，悄悄地踮着脚尖，默默无闻地往前走：活塞、电流、数字化。是谁发明了电？也许是一个安静的父亲，一个和颜悦色的保守派，但最终引起了巨大的动荡！这应该促使我们变得更加谦虚，甚至提醒我们，理想话语毕竟改变不了太多事情。”（一个曾经追随切格瓦拉打游击战的人写下这样的话）

设计在信息化时代也在默默地改变着自身。隐藏在信息时代下最大的特点不是信息，而是通过编程语言组织信息的方式。人们总会在 APP 无数的应用中寻找具有更好操作体验的新闻阅读方式，或者寻找哪种记事本更符合用户体验。编程语言具有的创造性便是参数化逻辑构建过程的实质，如果定义参数化的目的是建立由参数控制、几何体间互相联动的有机体，那么参数化就只是编程语言所要解决设计问题的一个方面，例如还有获取最小外接立方体以及通过解算搭建虹桥排骨三根系统和四根系统等问题，这里所要解决的已经不仅是纯粹参数化的问题。编程语言是参数化的实质，参数化是编程辅助设计应用的一个分支。不管使用哪种语言，其目的都是为了解决一些问题，这些问题可以是航天工程上的，也可以是生物科学、机械制造、影视等不计其数的任何领域，那么在设计领域，编程语言不仅解决了参数化的问题，还可以解决设计领域中诸多潜在的问题。

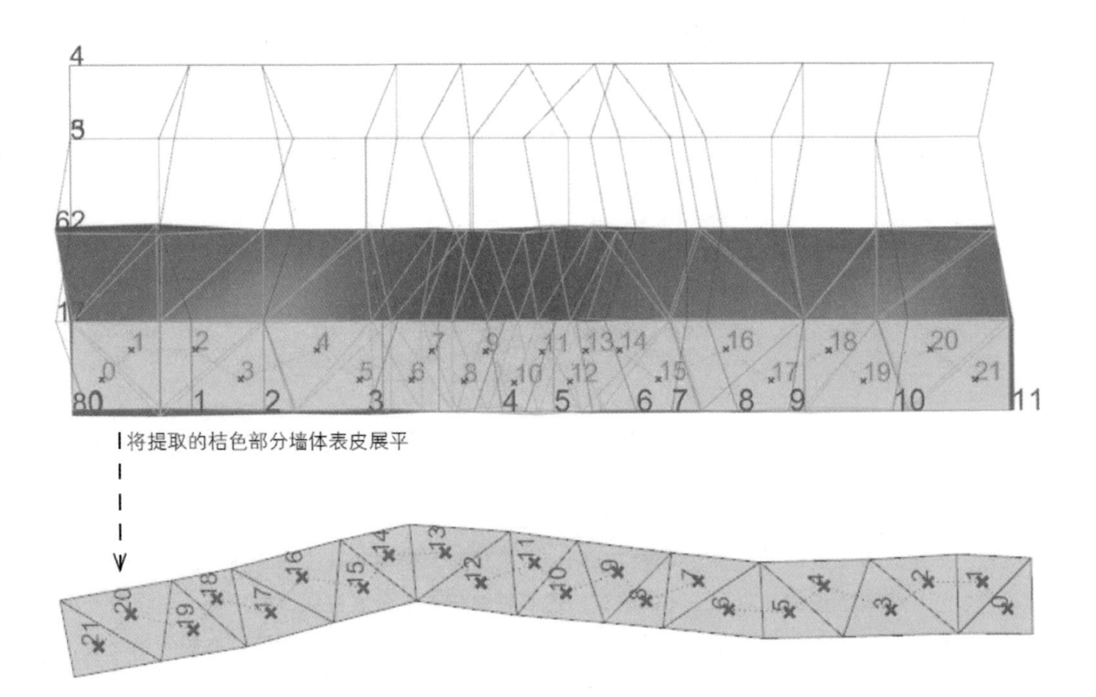

```
    import rhinoscriptsyntax as rs
mesh=mesh  # 导入外部程序的 Mesh 面

meshes=rs.ExplodeMeshes(mesh) # 分解单一 Mesh 面为多个

xymeshes=[]
for i in range(len(meshes)):
    if i ==0: # 处理分解后第一个 Mesh 面的展平位置
        mesh0point=rs.MeshVertices(meshes[i])
        mesh0points=[]
        for r in mesh0point:
            mesh0points.append([r[0],r[1],r[2]])

        xymesh0=rs.OrientObject(meshes[i],mesh0points,\
        [[0,10,0],[10,0,0],[0,0,0]],1)
        xymeshes.append(xymesh0)

    else: # 对余下 Mesh 面的循环遍历
        vertices2=rs.MeshVertices(meshes[i])
        vertices1=rs.MeshVertices(meshes[i-1])
vertices2lst=[]
        vertices1lst=[]
        for q in vertices2:
```

例如几何构建完成后，在向施工图转换的过程中，仍然会有很多需要计算机技术解决的问题，如建筑表皮的延展，建筑构建的几何体块的切割，很多问题往往是在几何构建完成后思考如何构建时出现的。对于前述的建筑，需要把建筑表皮延展开来，如果将一块块三角面单独在 XY 平面内展平，不会形成一个连续的面。这里处理的目的是希望能够在展平的同时，各个面根据本来的衔接顺序在 XY 平面内连续排列，并互相衔接，这时就可以借助编程语言迭代递归的方法获得期望的结果，延展面的关键是找到三维空间中与平面位置中对应点的位置，这里使用了 if 条件语句来判断每一个三角面的顶点是否为同一点，如果不共点，该点则为两个相邻三角面对位上的点，研究程序如下：

```
vertices2lst.append([q[0],q[1],q[2]])
        for p in vertices1:
            vertices1lst.append([p[0],p[1],p[2]])

# 找到相邻两个面的共同顶点
       ver=[m for m in vertices1lst for n in vertices2lst if m==n]
        a=ver[0]
        b=ver[1]

        # 找到相邻两个面共同顶点的索引
        indexa=vertices1lst.index(a)
        indexb=vertices1lst.index(b)
        # 找到相邻两个面不共边的顶点
        cref=[m for m in vertices1lst if m not in ver][0]
        cv=[m for m in vertices2lst if m not in ver][0]

        # 定义面的延展方向
        refvertice=rs.MeshVertices(xymeshes[i-1])
        refvertices=[]
        for x in refvertice:
            refvertices.append([x[0],x[1],x[2]])
        indexc=[c for c in range(0,3) if c !=indexa and c!=indexb]
        print(indexc)
         refverticespoint=rs.MirrorObject(rs.AddPoint(refvertices[indexc[0]]),refvertices[indexa],refve
rtices[indexb])
        mirrorpoint=[rs.PointCoordinates(refverticespoint)]

        for z in mirrorpoint:
            mirrorpoint=[z[0],z[1],z[2]]

# 获得面的延展
  xymesh=rs.OrientObject(meshes[i],[a,b,cv],[refvertices[indexa],refvertices[indexb],mirrorpoint],1)
        xymeshes.append(xymesh)
        print(xymesh)

    vertices2lst=[]
    vertices1lst=[]
    ver=[]
print(xymeshes) # 可以用 Print 函数检查结果
```

当开始使用编程语言以及涉及的各类函数当作解决问题工具的时候，这些工具就成为了各类设计问题得以很好解决的根本途径。设计的本质就是解决问题，解决问题需要使用工具，只是编程语言较之尺规具有更大的优越性。编程使设计超越静态，能够清晰地了解所接触到的数据结构，这些都为设计带来意想不到的好处。

5 设计、参数化和编程关系

设计本身创造性的特质也应该让设计过程更具有创造性。设计所关注的重点无疑是功能、形式、生态、艺术等基本的因素，设计领域编程语言辅助设计课程的缺失，是没有将如何借助编程设计改善设计过程以提高设计本身的创造性作为设计研究的一个重要方面。这与计算机辅助设计的发展不无关系，在模型构建软件更多地融入编程语言脚本之后，才在软件的基础结构层与设计模型之间，建立了一个可以由设计师更加灵活控制几何模型构建的方法。

参数化只是编程辅助设计的一个分支，一个参数控制几何体关系的逻辑构建过程。参数化的方法强调设计的构建过程，有利于复杂形体的虚拟构建与实际建造中结构问题的解决，并将虚拟模型构建推向智能化。在提高设计创造性，探索未知领域形态时，提高了设计过程的效率，将设计师从繁重的“手工”劳作中解脱出来。编程语言是使设计过程更具有创造性的根本，因为编程本身就是一个“按算法思考，针对问题思考，以及整体全面的思考”创造性解决问题的过程，而参数化只是编程辅助设计的一个分支。

2

Basics
基础

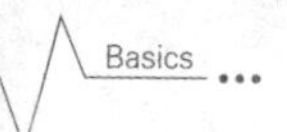

1 Grasshopper 的安装

1- 在安装 Grasshopper 之前需要安装 Rhinoceros，目前最新版本为 Rhinoceros5。

注：Rhino5 较之 Rhino4 有非常大的改进，有超过 3500 多个改进项，在建模、编辑、界面、显示、渲染、制图和打印、数字外设、网络工具、3D 采集、分析、大型项目、兼容性、开发工具管理等方面都做出了改进，使之更易于互动操作并消除设计生产作业流程中所遇到的瓶颈。

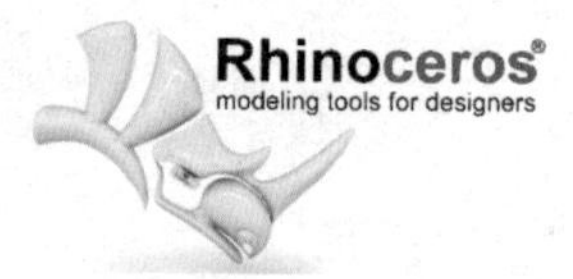

官方下载地址：http://www.rhino3d.com/

2- 直接双击安装即可。

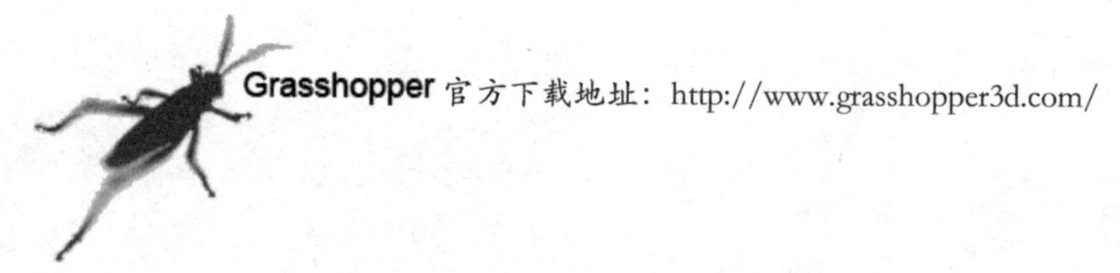

官方下载地址：http://www.grasshopper3d.com/

3-Grasshopper 的 Add-ons 扩展模块部分可直接双击安装。另外，可以打开 Grasshopper/File/Special Folders/Components Folder，将 Add-ons 文件拷贝到该文件下，有些则需要拷贝到 UserObjects 文件夹下，需要依据扩展模块的说明。

Add-ons 部分 Add-ons 下载地址：http://www.grasshopper3d.com/page/addons-for-grasshopper

2 Grasshopper 的界面

在 Rhinoceros 命令行敲入 Grasshopper 调入：

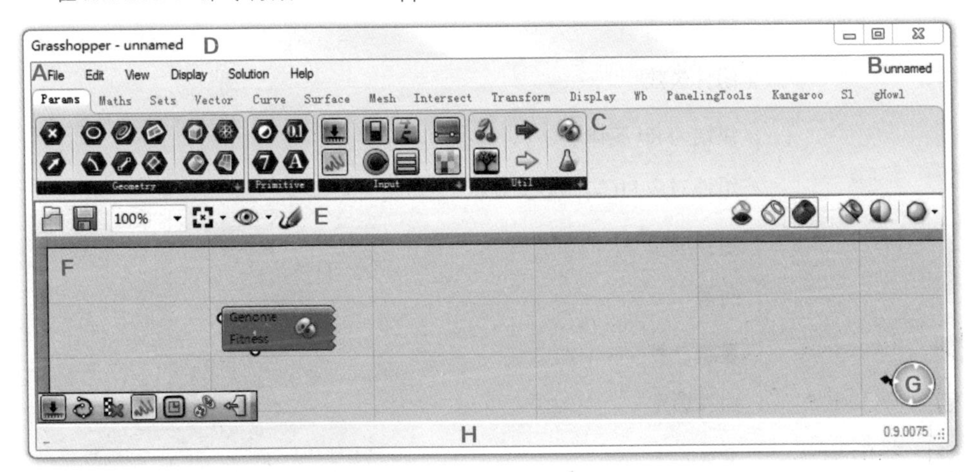

A-The Main Bar: 主菜单工具栏

B-File Browser Control: 文件浏览控制器

C-Component Panels: 组件面板

D-The Window Title Bar: 窗口标题栏

E-The Canvas Toolbar: 工作区工具栏

F-The Canvas: 工作区

G-UI Widgets: 用户界面工具

H-The Status Bar: 状态栏

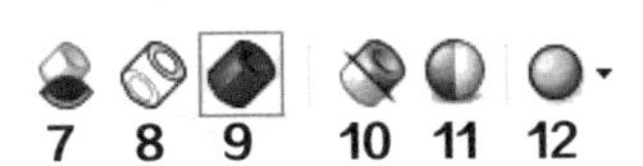

1 – 打开 .gh(ghx) 文件

2 – 保存当前文件

3 – 显示比例缩放

4 – 显示适应工作区

5 – 添加显示视图

6 – 草图绘制工具

7 – 在 RH 平台下不预览任何 GH 对象

8 – 在 RH 平台下线框预览 GH 对象

9 – 在 RH 平台下渲染预览 GH 对象

10– 在 RH 平台下仅预览选择的 GH 对象

11– 在 RH 平台下预览模式设置

12– GH 对象显示质量控制

在工作区单击右键：

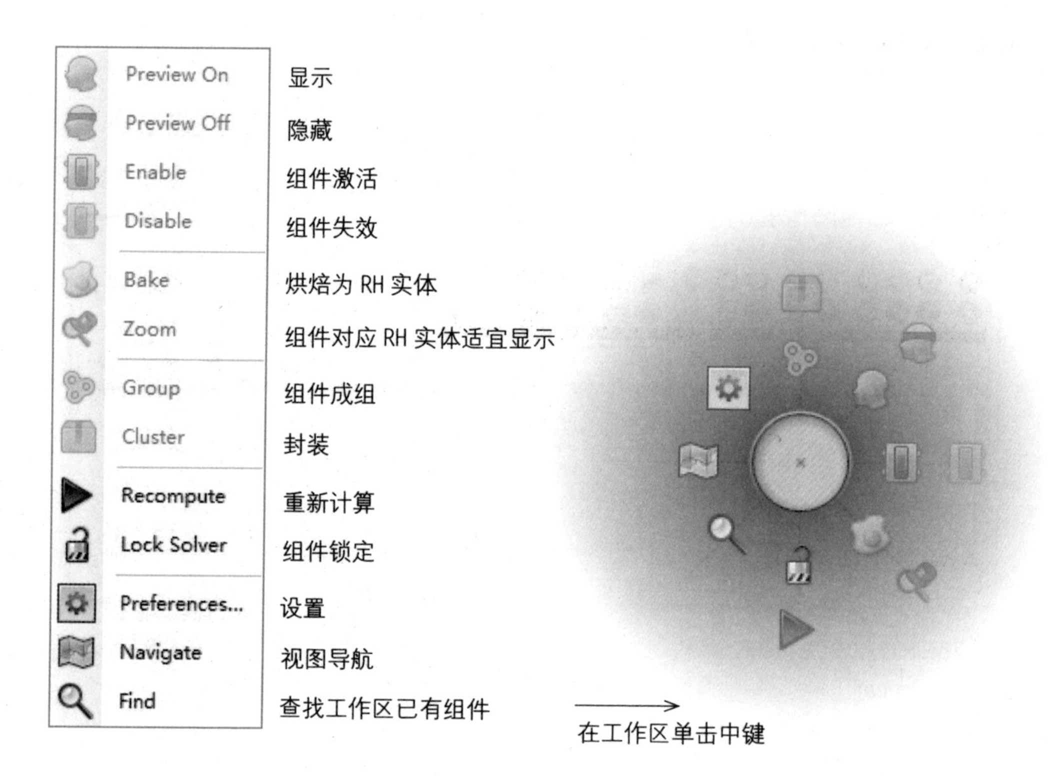

3 Grasshopper 的组件

A- 包含正确数据的组件

B- 未包含数据的组件

C- 已选择的组件

D- 正常组件

E- 含警告的组件

注：问题不一定必须解决，可能是正常条件下产生的。

F- 包含错误的组件

G- 连接

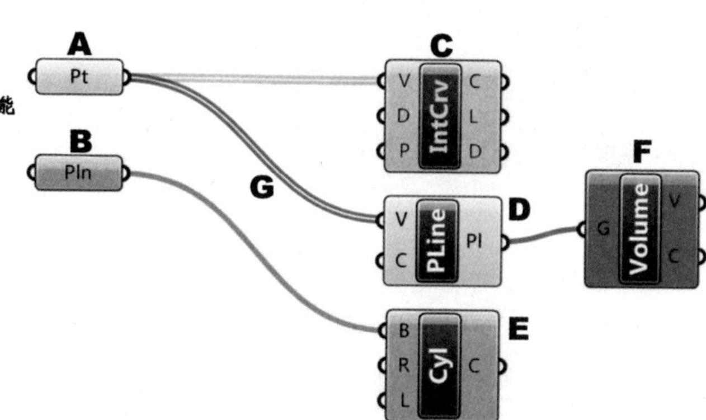

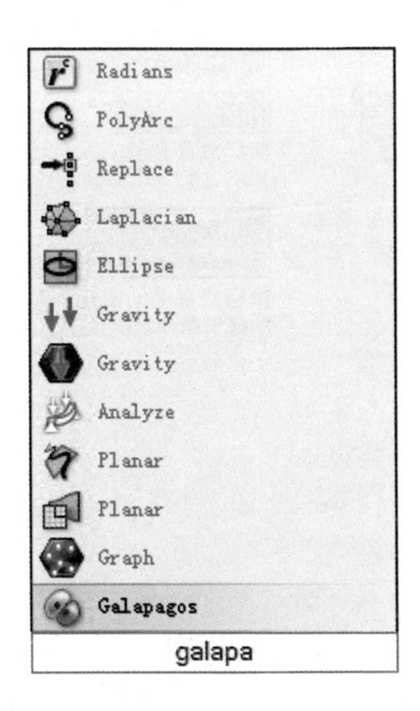

工作区域双击左键弹出搜索面板，可以通过输入关键词查找组件。

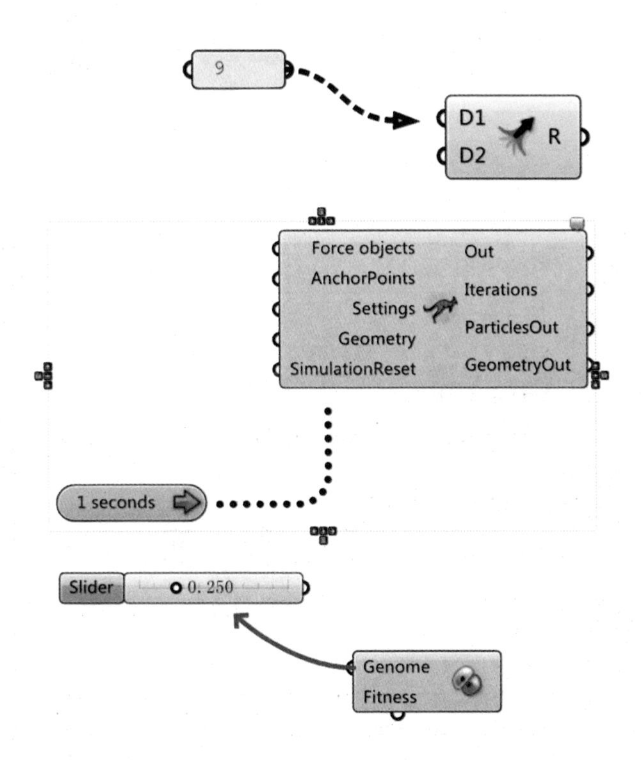

组件间的连接只需从某一组件一端到另一组件一端拖动连接，如果多个同时连接在一端，则需同时按住 Shift 键，取消连接按住 Ctrl 键，也可以通过连接端右键单击菜单 / Disconnect 取消连接。

组件连线类型:

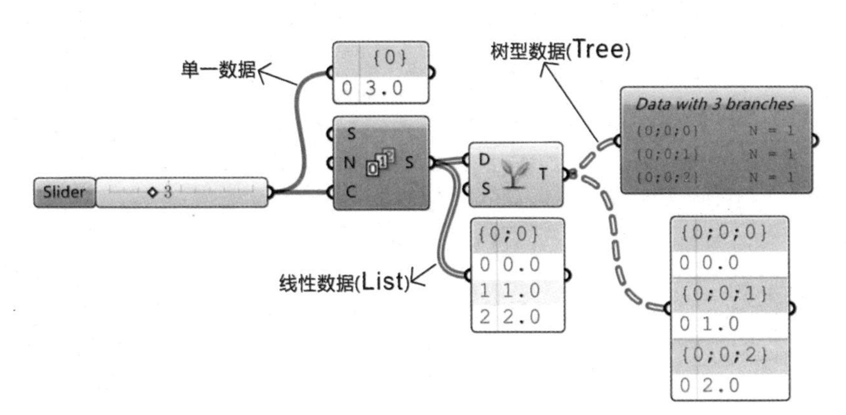

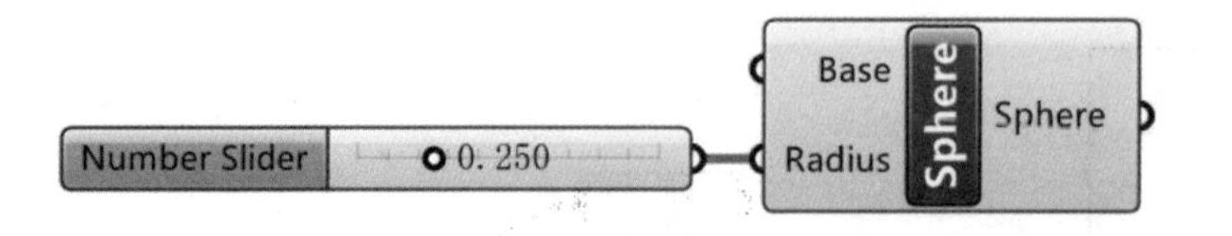

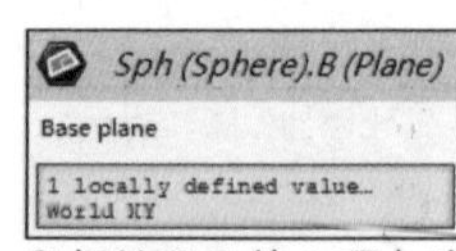

鼠标放置 B 输入项自动弹出 B 输入项说明；

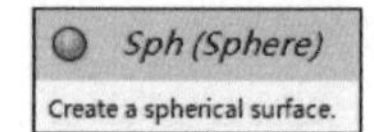

鼠标放置中间图标处自动弹出组件功能说明；

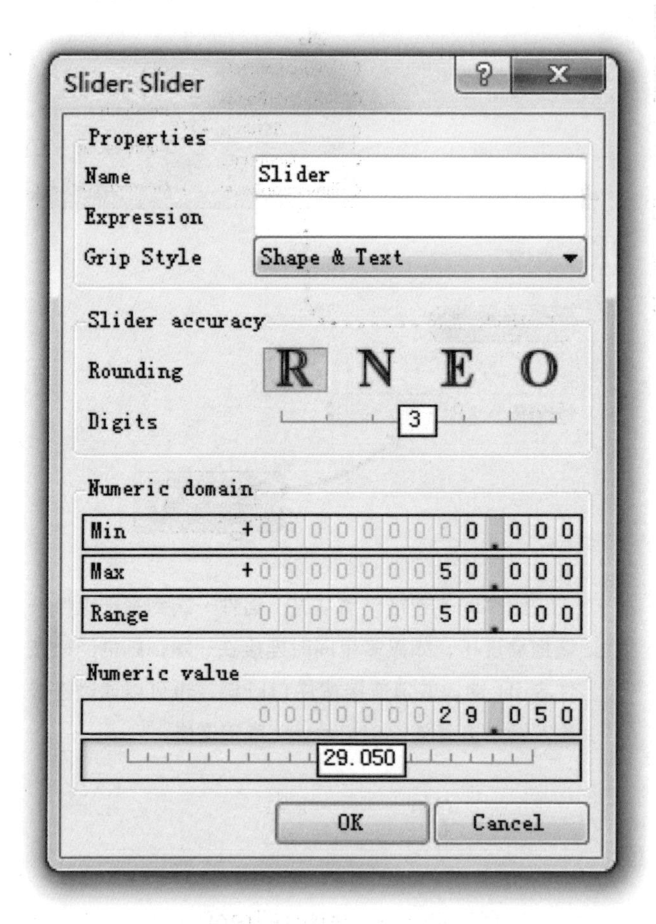

单击 Slider 组件端头深灰色部分，可以打开 Slider 数值设置面板，包括 Name 名称、Expression 描述、Grip Style 数值条显示样式、Slider accuracy 数值格式、Numeric domain 数值区间（最大和最小）以及 Numeric value 当前值。

单击 Slider 组件右端浅灰色部分，可以直接修改数值。

Grasshopper 程序导出为图片格式的方法：Grasshopper/File/Export Hi-Res Image。

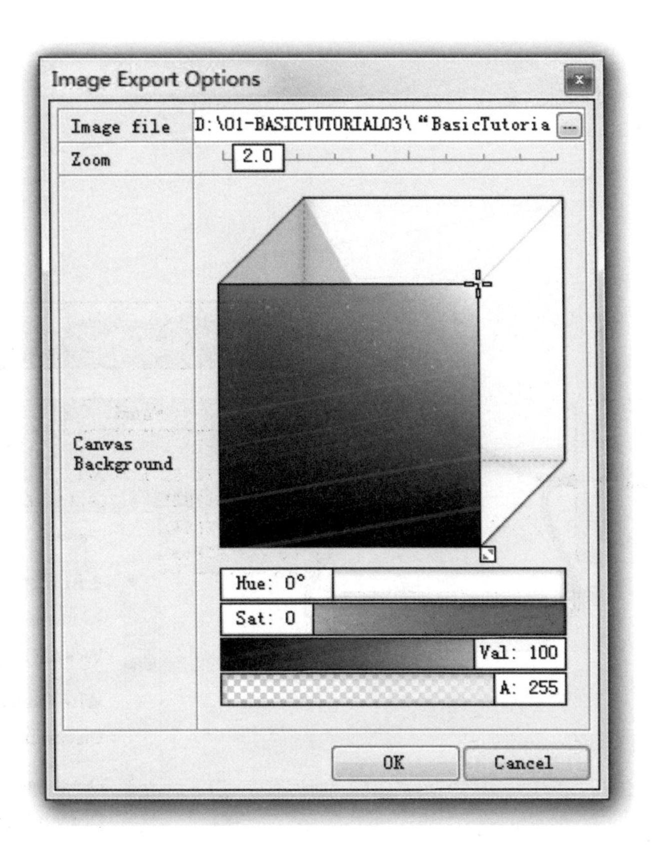

Grasshopper/Help/About 查看当前 Grasshopper 的版本。

4 纯粹数据的输出

数据可以通过组件 Panel 面板上右键设置 Stream Destination 项以输出数据。

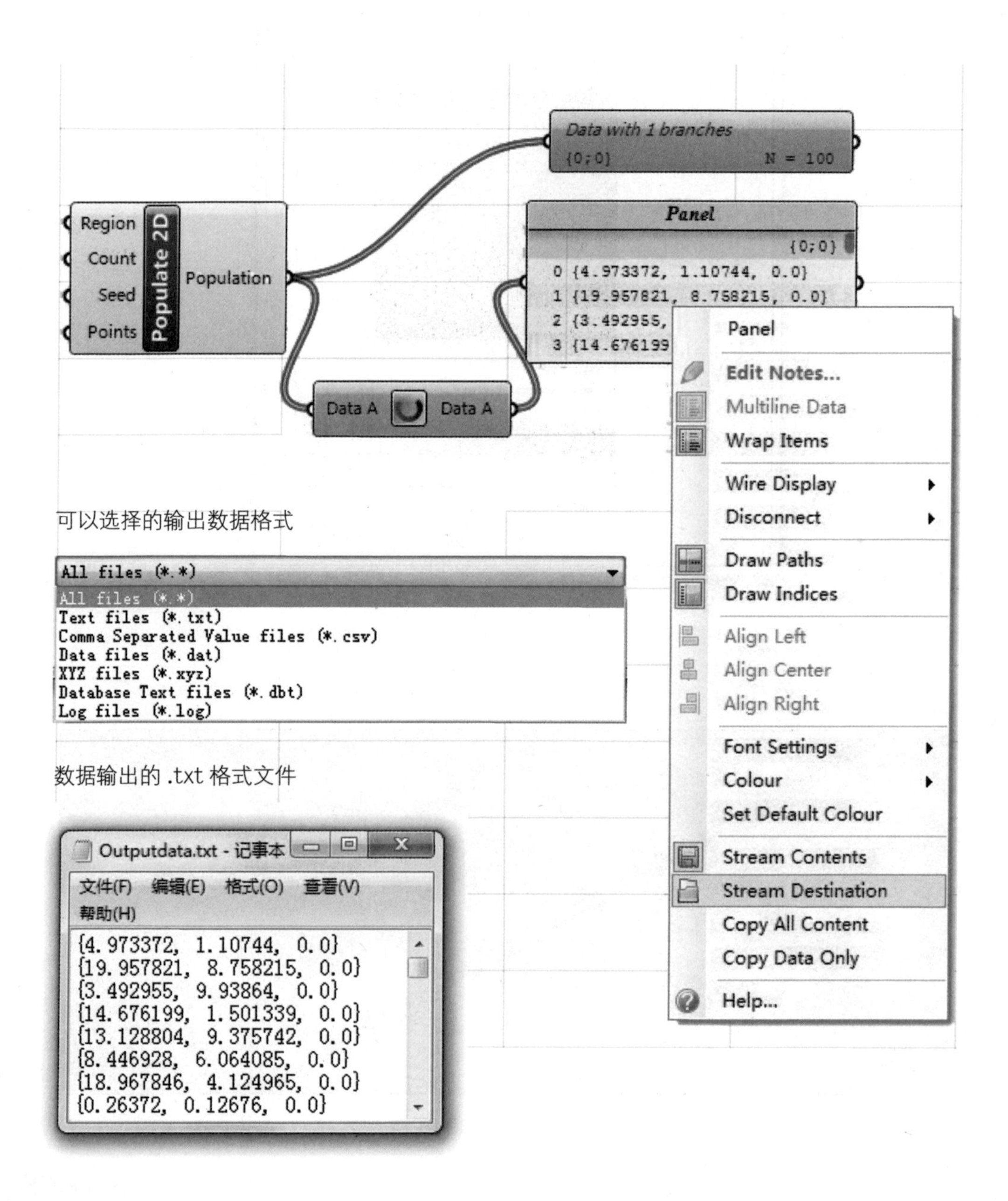

可以选择的输出数据格式

数据输出的 .txt 格式文件

Data Structures and Data Management

数据结构与数据管理

3

1 Grasshopper 作者 David Rutten 的树状图表与数据结构

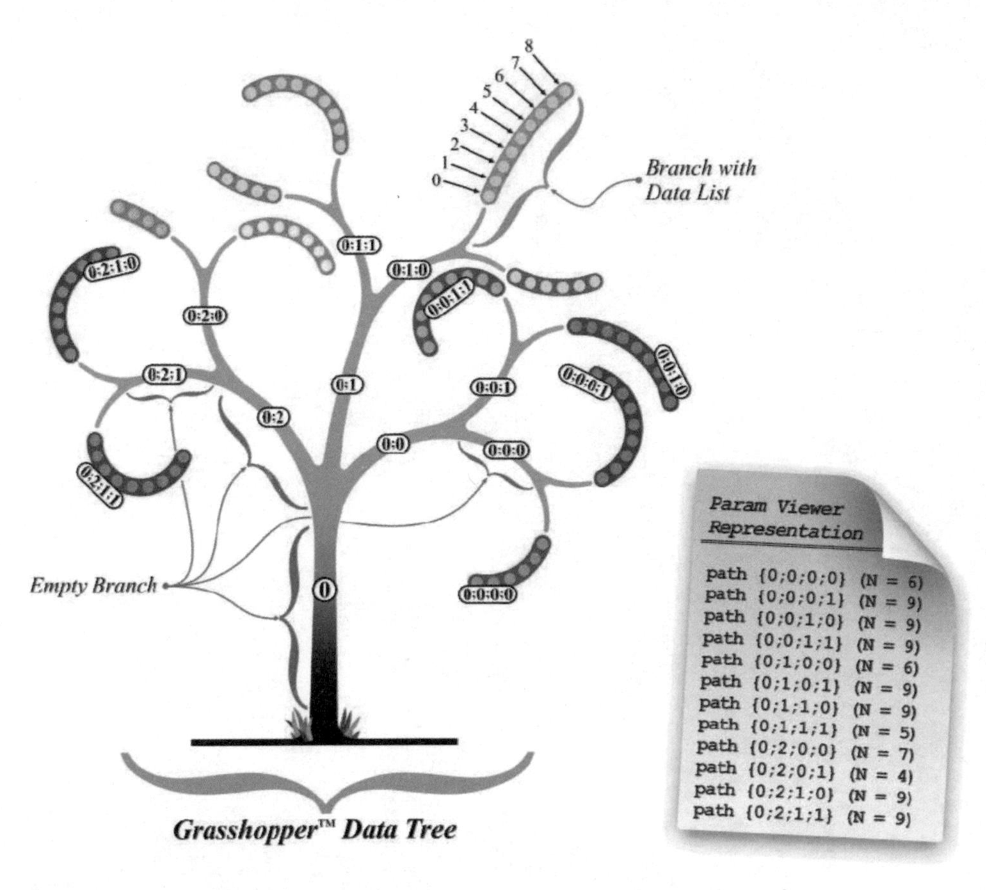

David Rutten的树状图表

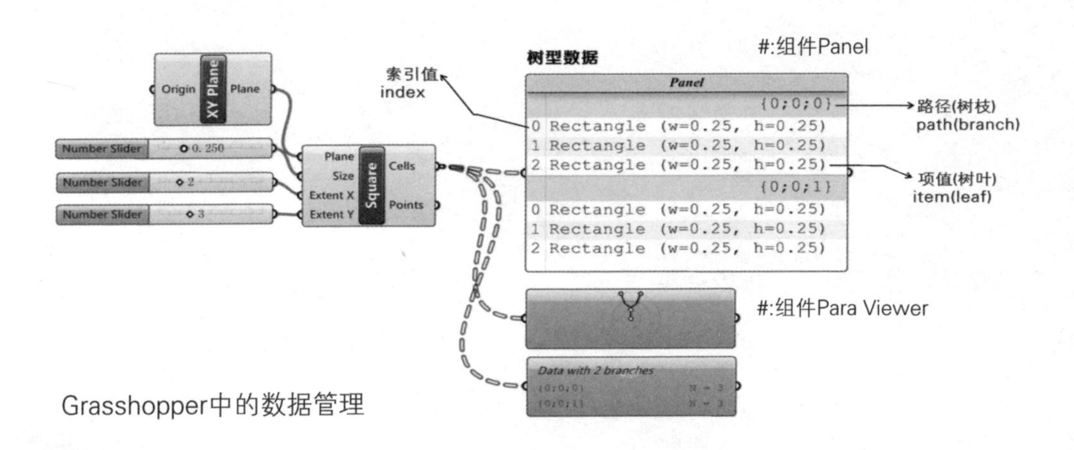

Grasshopper中的数据管理

参数化逻辑构建过程的核心是对数据的管理，因此对数据结构的理解以及组织成为进入编程设计领域首先要解决的问题。David Rutten 绘制的树状图表可以帮助初入该领域的设计者理解数据结构。Grasshopper 中的数据组织形式如同绘制的树状图表，由各个分支（树枝）即路径组成，每个路径下面包含由索引值标示的项值（树叶）列表（List）；而路径组成由{A;B;C;D;...}表示，并控制树型数据的分支情况，例如David Rutten树状图表中的数据，A项全部为‘0’，即B子项“0”、“1”、“2”分支全部由A项父级分支生长出，即为{0; 0}，{0; 1}，{0; 2}，获得基于父级分支A子级B的3个分支（路径）。同理，数据结构C项是基于B分支的子级分支，这时B项成为C项的父级，例如B项为“0”的分支生长出由C项控制的“0”、“1”两个子级分支，分别为{0; 0; 0}和{0; 0; 1}，所有分支依次类推。

在实际的Grasshopper数据管理中，由组件Para Viewer观察数据结构并可以输出路径列表；同时使用Panel数据观察面板可以获得具体的项值。虽然对数据结构有所了解，但是数据结构是如何影响具体几何对象的变化，下面将通过一个具体的实例操作过程进一步了解。

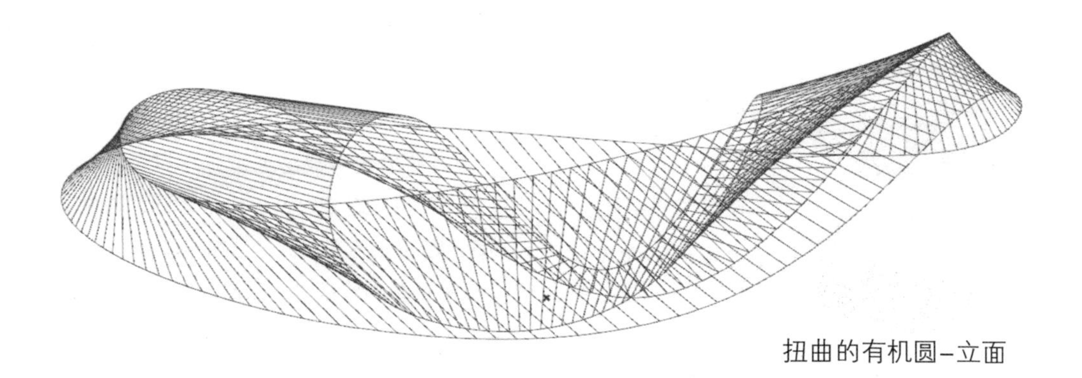

扭曲的有机圆–立面

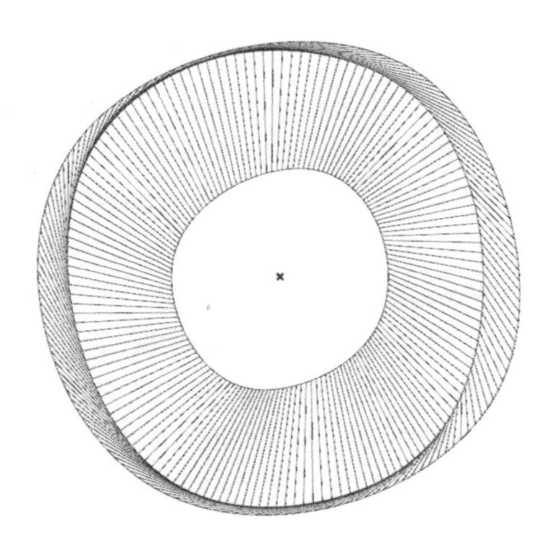

扭曲的有机圆–平面

构建该对象的几何构建逻辑并不复杂，首先获得两两一组，即每两个圆位于一个路径分支之下的一组数据形成的多个圆形，对每组数据的两个圆放样成面并垂直拉伸成体，获取每个体对象内的多个随机点，按初始圆的方向分别排序点，并对排序后的点规律偏移其在数据列表中的索引位置，翻转矩阵即将每一分支索引相同的项组织在一个路径之下，连为折线，完成整个逻辑构建过程。可以参看几何构建逻辑的图式，更加直观地理解整个构建过程。

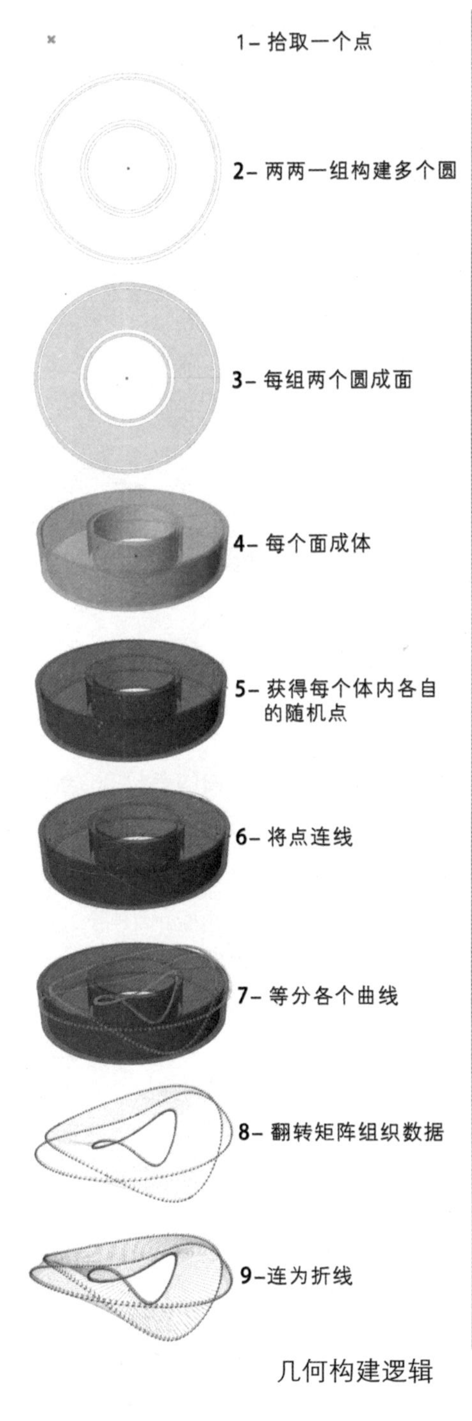
1- 拾取一个点
2- 两两一组构建多个圆
3- 每组两个圆成面
4- 每个面成体
5- 获得每个体内各自的随机点
6- 将点连线
7- 等分各个曲线
8- 翻转矩阵组织数据
9-连为折线

几何构建逻辑

1-拾取一个点

Point

● 从 Params/Point 调出 Point 组件放置于工作区，在该组件上右健 /Set one point 在 Rhinoceros 空间中拾取一个点。

数据结构以及组织方式已经对几何体的构建产生了重要影响。数据的内容主要包括两个大的部分，一个是包含几何体的数据，例如组件 Point 点的输出数据为一个点，组件 Circle 圆的输出为所有获得的圆的数据；另一个为所有非几何体对象的数据，例如 Random 随机数的输出数据仅为数字，用于操控几何体对象属性的输入因子，例如圆的半径、几何体拉伸的高度等，本案例中 Construct Domain 构建一维区间组件的输出数据也是非几何对象的数据，为一个区间范围，由 a to b 表示，其中 a、b 为区间的最小值与最大值。在构建多个圆时，因为组件的数据管理中，后接入组件的输出数据结构会按照前输入端数据的结构继承，因此 Circle 组件的输入端的半径数据事先进行了排序，可以看到 2-C-1 数据中显示的圆半径是与输入端半径数据 R-2 相一致。

在第 3 步每组两个圆成面中，代表圆的数据 3-C，组件 Loft 放样对各个路径分别进行放样操作，输出数据与输入数据的数据结构保持一致，为 {0; 0; 0}、{0; 0; 1} 和 {0; 0; 2} 的 {A; B; C} 的路径结构，A 与 B 项均为 0，为空的数据分支，可以在该组件输出端上右键 /simplify 简化路径结构为 {C} 的模式，如果不简化也并不影响数据流，但是会增加组织管理数据的负担。同时需要说明的是，并不能在任何情况下对数据进行简化，否则会因为数据结构的改变，影响后续数据流的正确变化。

2-两两一组构建多个圆

● 因为要建立多个圆，同时每两个一组，因此需要控制组件 Circle 输入端 Radius 的数据结构。建立该数据结构的基本思路是使用 Random 组件获取指定数量的随机数 R-1，本例为 6 个，由组件 Construct Domain 建立一维区间 D 控制随机数的范围，并通过 Sort List 排序组件，按大小顺序排序所获得的随机数 R-2，将获得的圆数据 C-1，使用 Partition List 组件两两划分在单独的路径之下 C-2。

3-每组两个圆成面

● 组件 Loft 是对输入的曲线数据各个路径分支下的列表分别进行放样，这也是为什么要对输入的原始圆数据使用 Partition List 组件对单一路径数据下的列表按索引顺序每两个划分到一个路径分支，构成多个分支列表数据的原因。不同的数据结构将会获得不同的运算结果。

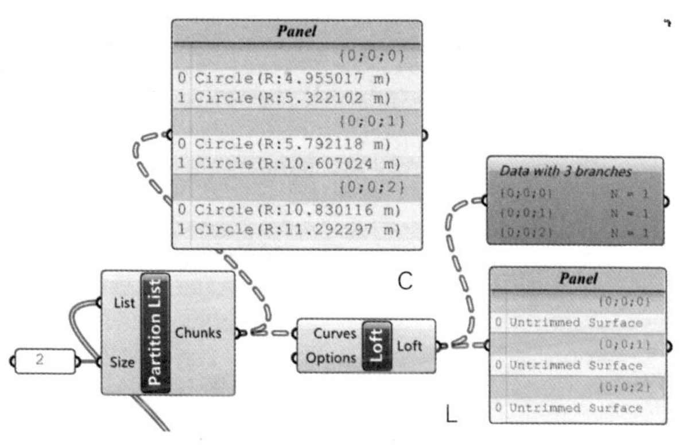

4-每个面成体

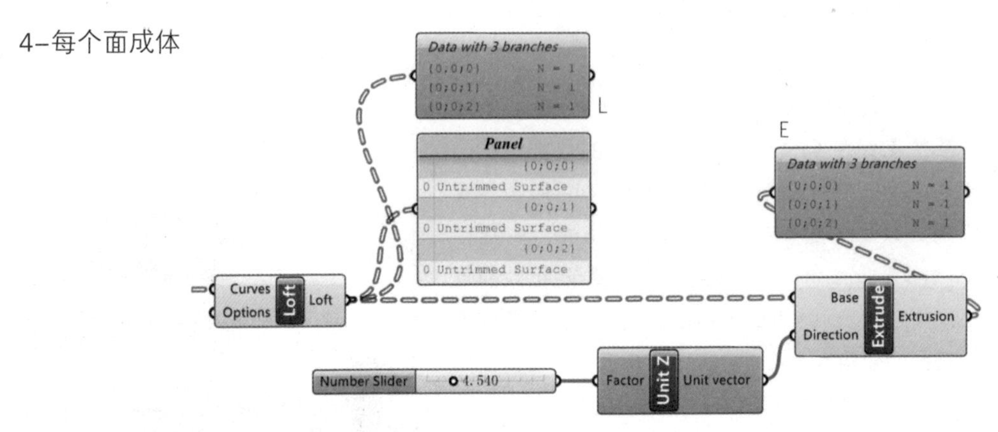

● 将放样后的对象作为挤压(拉伸)组件 Extrude 输入端，Direction 输入端要求输入向量，这里为 Z 方向的向量即按照垂直方向挤压平面。因为 Direction 输入端提供了唯一的值，该值将分别对 Base 输入端的每一个项值（即树型数据各个分支路径下每一个项值，或者线性数据唯一路径列表下的各个项值）分别拉伸，拉伸高度为输入的唯一向量值。

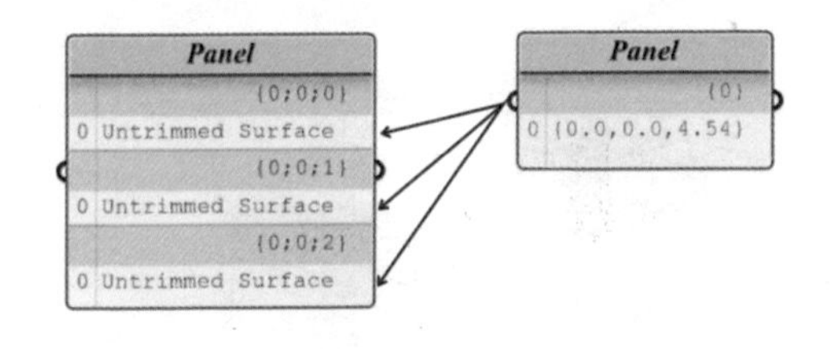

单一数据分别对应各个项值进行操作，即不管对应的输入数据是树型数据包含多个路径分支，还是线性数据的唯一一个路径下，都是对其路径下的项值逐一进行操作。

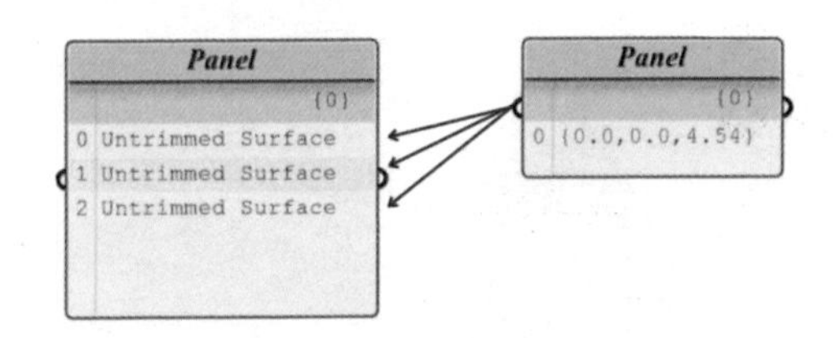

在 Loft 输出端上右键 /Flatten 展平数据，将原来位于各个分支路径下的项值全部放置于一个路径之下，形成线性数据的列表，将 Direction 输入端的向量调整为三个，保持唯一路径列表形式，数据操作将按照各自索引值的对位关系逐一配对操作。

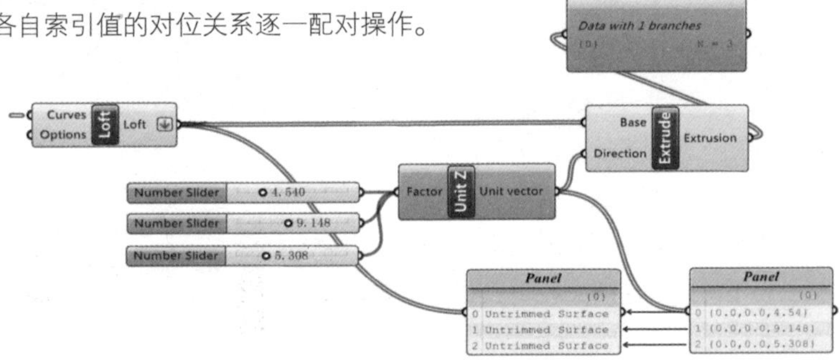

#保持组件 Loft 放样输出端数据结构不变仍旧为树型数据，包含三个路径，将向量 Unit Z 输出端右键 /Graft 移植项值，将唯一路径列表下各个项值分别放置于不同的路径之下，数据操作将按照路径结构的对位关系逐一配对操作，Extrude 组件挤压后的数据与输入端的数据结构保持一致。

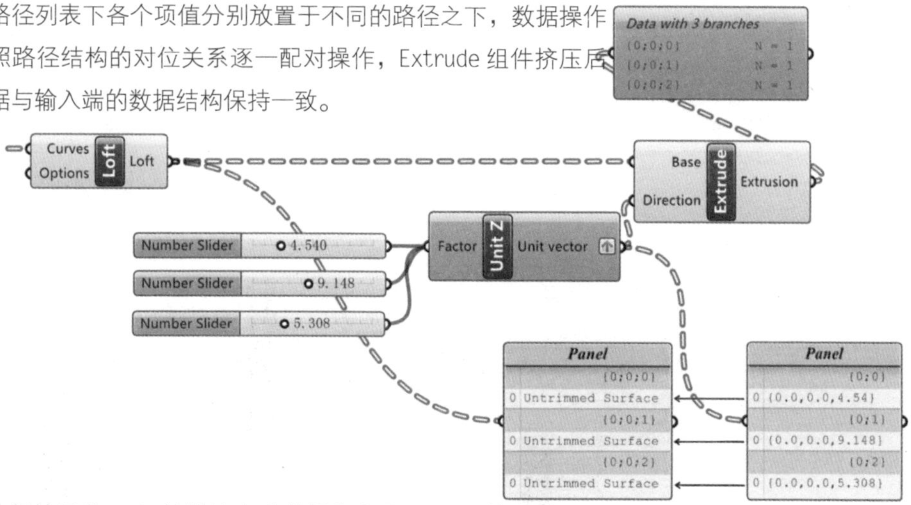

#保持组件 Loft 放样输出端数据和向量 Unit Z 输出端数据结构均不变，一个包含三个路径，各路径下有一个项值，一个为一个路径下的三个项值，数据操作将按照路径结构逐一对位配对操作，即 Loft 输出端数据的每一个路径均对位一次向量唯一的路径，并按照路径下的项值逐一操作，从 Extrude 组件输出端 Para Viewer 观察面板可以看到产生三个分支，每个分支下三个值，因此产生了冗余数据。

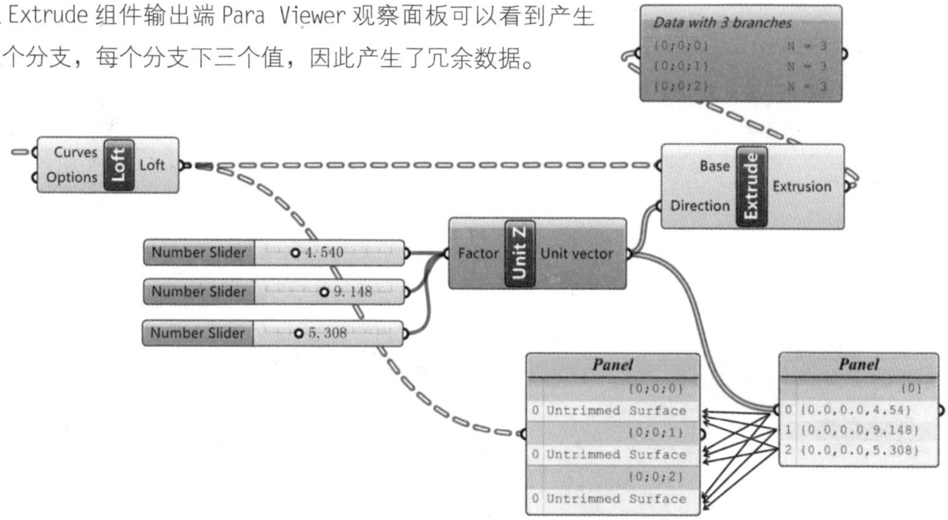

从上述图式的几种不同数据结构对位操作关系可以看到，不同的数据结构对位关系将会获得不同的数据输出结果，并且由于数据结构的不同，可能产生重复的冗余数据，因此对于数据结构的组织关系操作变化是编程设计的关键，并且对于数据结构的关注应贯穿于整个逻辑构建过程。

5-获得每个体内各自的随机点

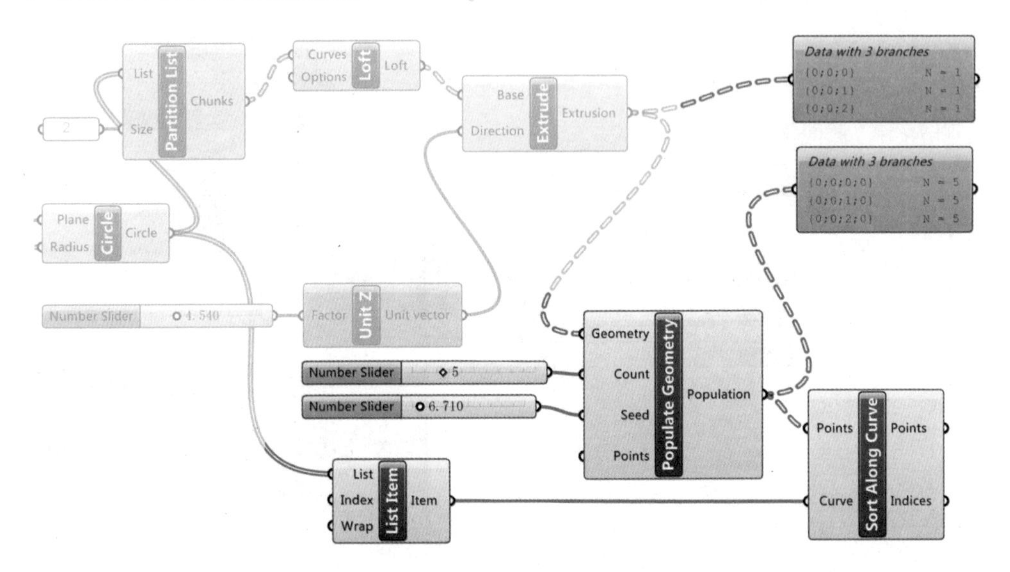

● 组件 Vector/Grid/Polulate Geometry 可以根据输入端的几何体获取多个随机点，输入端 Count 为生成点的数量，Seed 为随机数种子。获得的随机点为任意可能的空间点，因此并没有一定的顺序，使用组件 Vector/Point/Sort Along Curve 可以按照输入端 Curve 曲线的方向进行排序，所输入的曲线为之前 Circle 圆组件，使用 List Item 组件提取索引值为 0 的点。

A 为未排序点时的顺序，一般使用 Point List 组件显示点索引值的排序。使用 Sort Along Curve 组件按提取的一个圆排序点，如 B 所显示，将点排序的目的是为了按照各自路径下点的顺序连为曲线。此时的数据结构为三个分支路径，每一路径下含有 5 个点的数据。

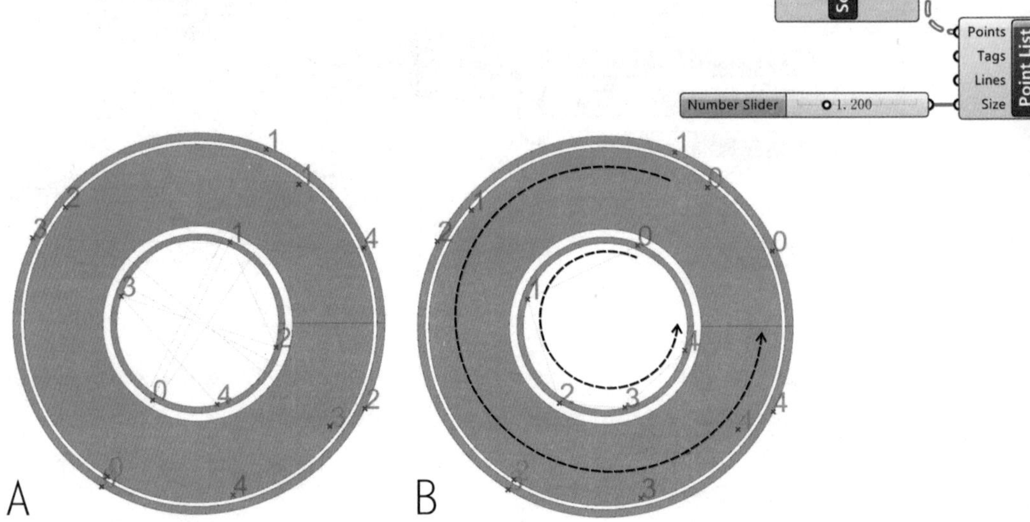

6–将点连线

● 组件内插值曲线 Interpolate 输入端 Vertices 为点数据结构，提供的点数据保持最开始的三个路径分支，每个路径分支下为多个排序后的点，操作将每一个路径分支作为一个运算对象，即按每一分支下点的顺序连接为曲线。组件 Interpolate 内插值曲线输出曲线数据保持原输入端数据结构，仍旧为三个路径分支。Periodic 输入端用于确定曲线是否闭合，当为 True 时闭合。

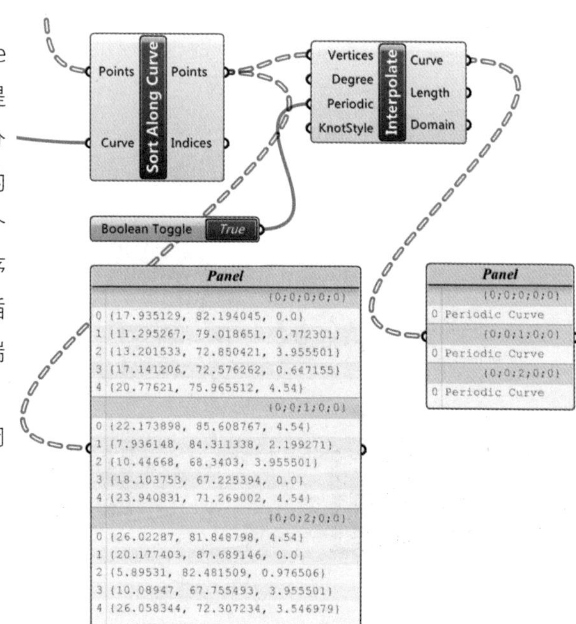

7–等分各个曲线

● 获得了三条闭合曲线，并且分别位于各自的路径之下，使用组件 Divide Curve 对各个曲线进行等分，等分数量一样，均为 150 份，获得输出点数据并保持输入端数据结构类型，即为三个路径分支，每个分支下的点分别为各自对应曲线的等分点。为了获得相错的折线连接结果，增加了灰色框内的程序，使用 Shift List 移位列表组件，将各分支的等分点按照输入相错的数据进行偏移。

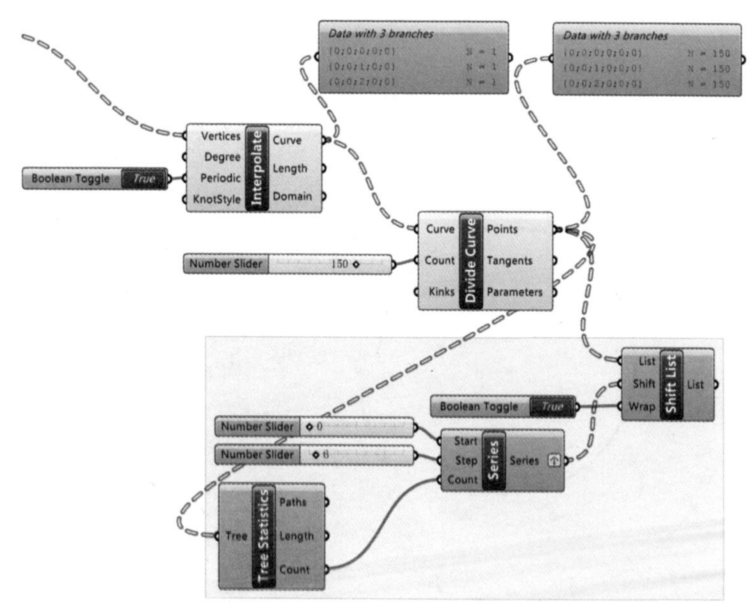

#这里建立了一个很小的程序，使用 Point 组件在 Rhinoceros 空间里拾取一个点，并用 Circle 组件构建了两个圆，使用 Divide Curve 组件分别进行等分，输出的点数据分别位于各自的路径之下，即每一路径下的点对应一条曲线。为了能够使各路径下等分的点索引值相同的连为一条曲线，使用 Flip Matrix 组件重新组织数据，再用 PolyLine 连接输入端组织后的点，操作过程为分别连接各个路径下的点数据。

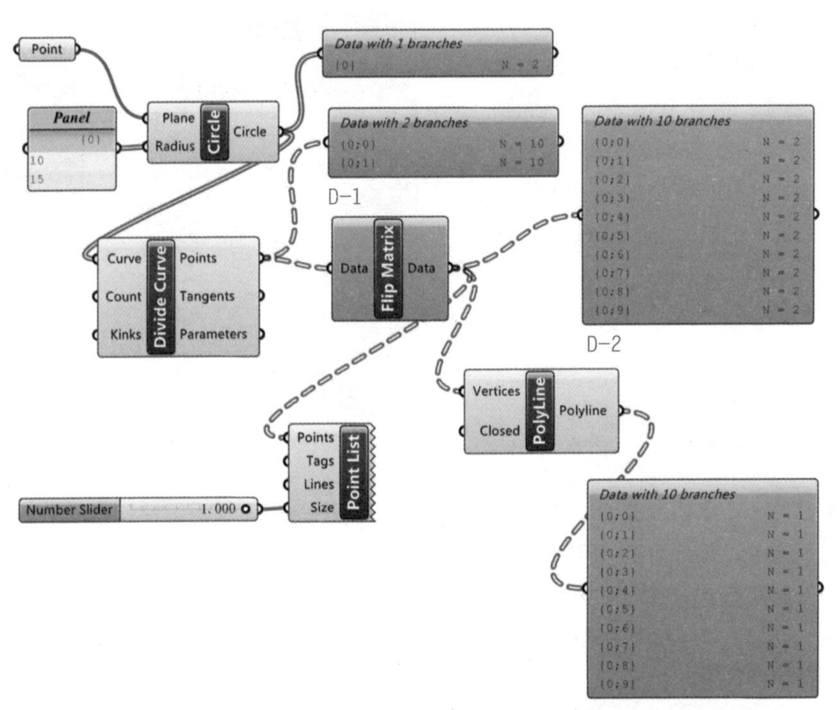

翻转矩阵之前，路径结构与 D-1 一致，即路径代表两条曲线，项值代表各个曲线下的等分点。

翻转矩阵之后，路径结构与 D-2 一致，即路径代表原索引值相同的点，项值为各个具体相同的点。

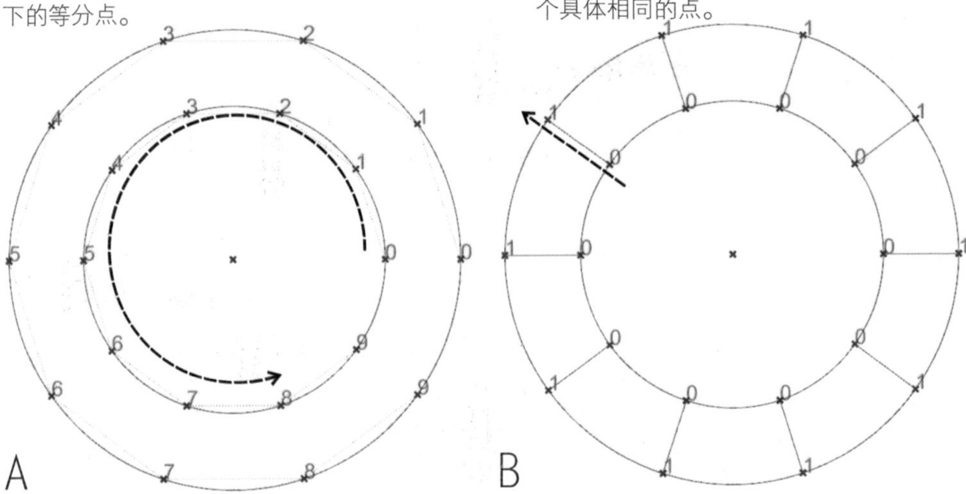

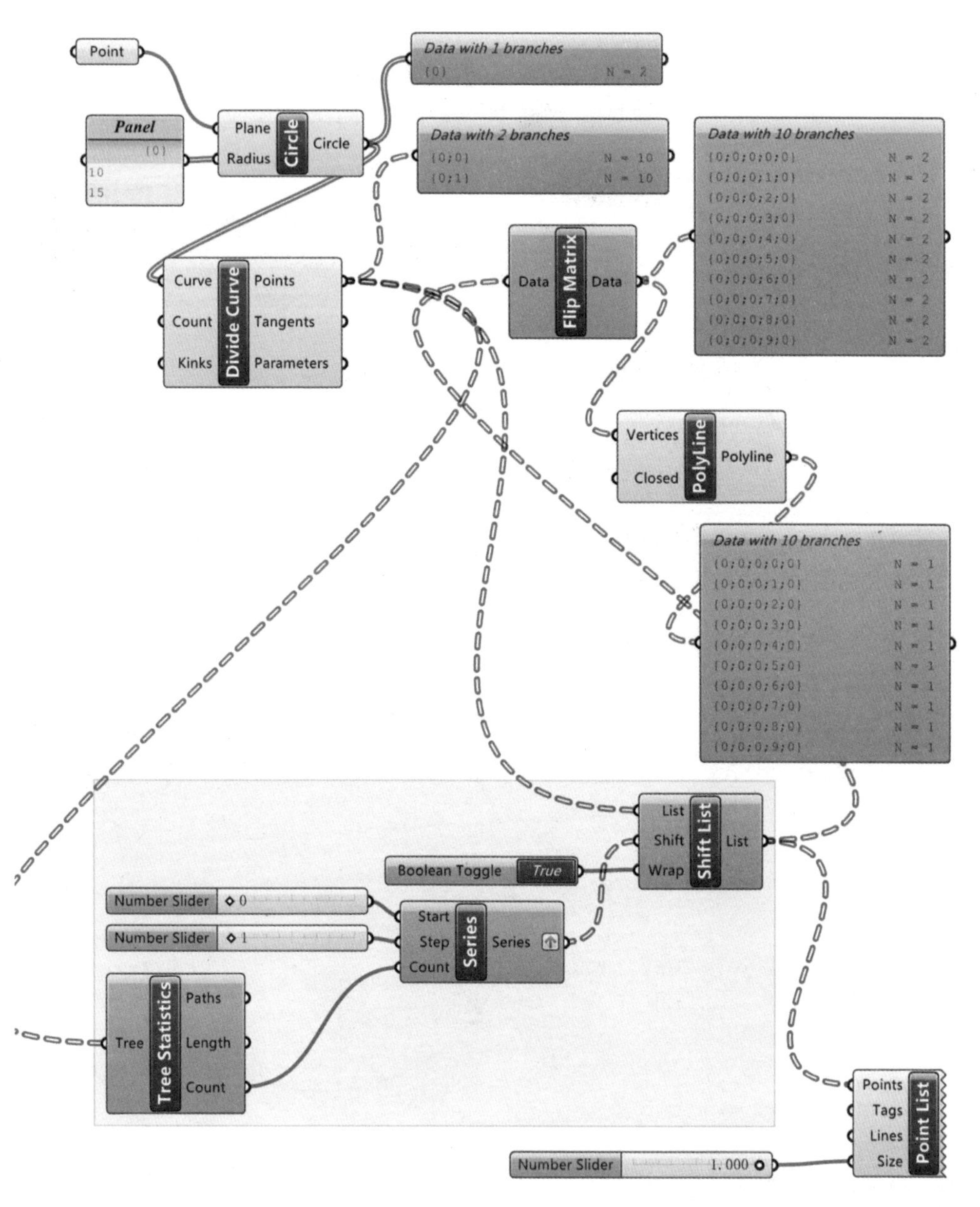

#插入的小程序用以说明数据翻转矩阵 Flip Matrix 与移位列表 Shift List 在组织数据上的影响，同样加入了灰色框内移位列表 Shift List 组合使用方法，组件 Shift List 输入项 Shift 为偏移的距离数据，这里使用了组件 Series 数列建立偏移数据，而偏移数据的多少则由输入项 Count 确定。参数化的目的是建立前后联动的有机体，因此数量的控制应该由 Shift List 输入端 List 列表，即 Divide Curve 等分点输出端路径的数量所确定，使用 Tree Statistics 组件获取数据的统计，其输出端 Paths 为路径列表 P，Length 为各个路径下项值的数量 L，Count 为路径的数量 C。

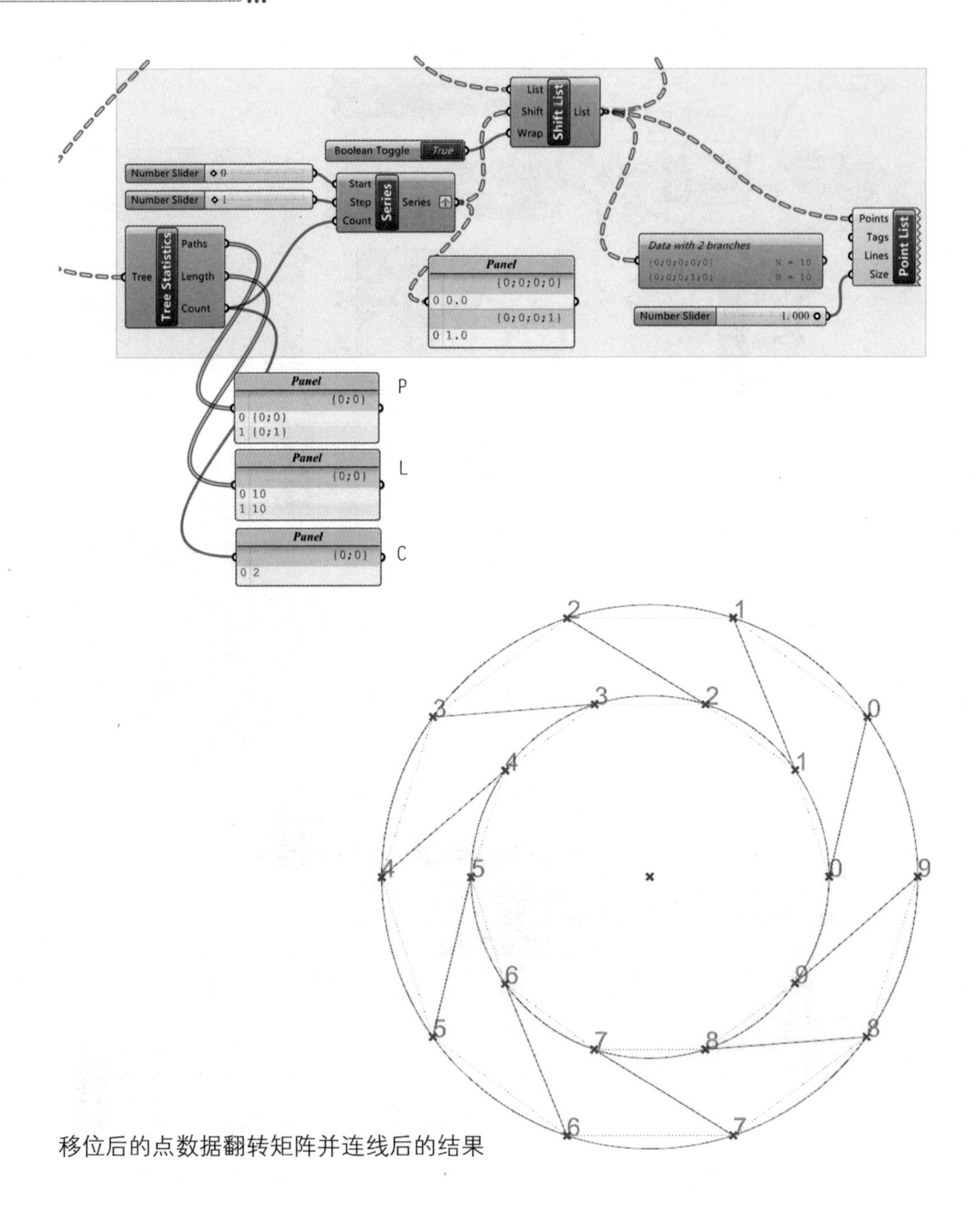

移位后的点数据翻转矩阵并连线后的结果

#移位列表后再翻转矩阵连线，由于翻书转之前各个路径分支下代表点的数据发生了数据移位，因此其中一个移位为 0，仍旧保持不变，另一个分支移位为 1，移动了一个位置，即原索引值为 1 的点数据索引值变为 0，索引值为 2 的点数据索引值变为 1，依次类推。而索引值为 0 的数据由组件 Shift List 输入端 Wrap 项控制，如果为 True，则原索引值为 0 的点数据被放置于列表尾，为 False 则除出该数据。

8- 翻转矩阵组织数据+9-连为折线

● 使用组件 Flip Matrix 翻转矩阵，将索引值相同的数据放置于一个路径之下，并用组件 PolyLine 多段线连接为直线。

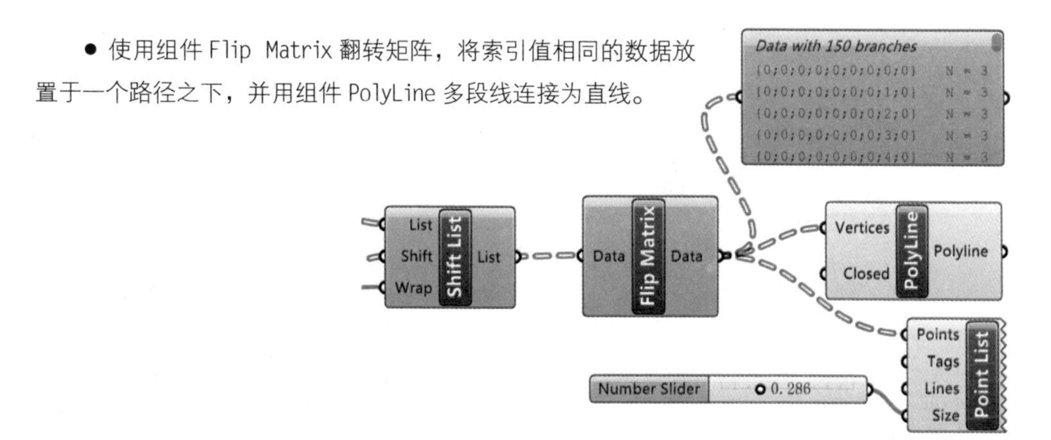

调整步骤 5 - 获得每个体内各自的随机点内随机组件输入端 Seed 随机种子的数值，将获得多个不同的计算形式结果。

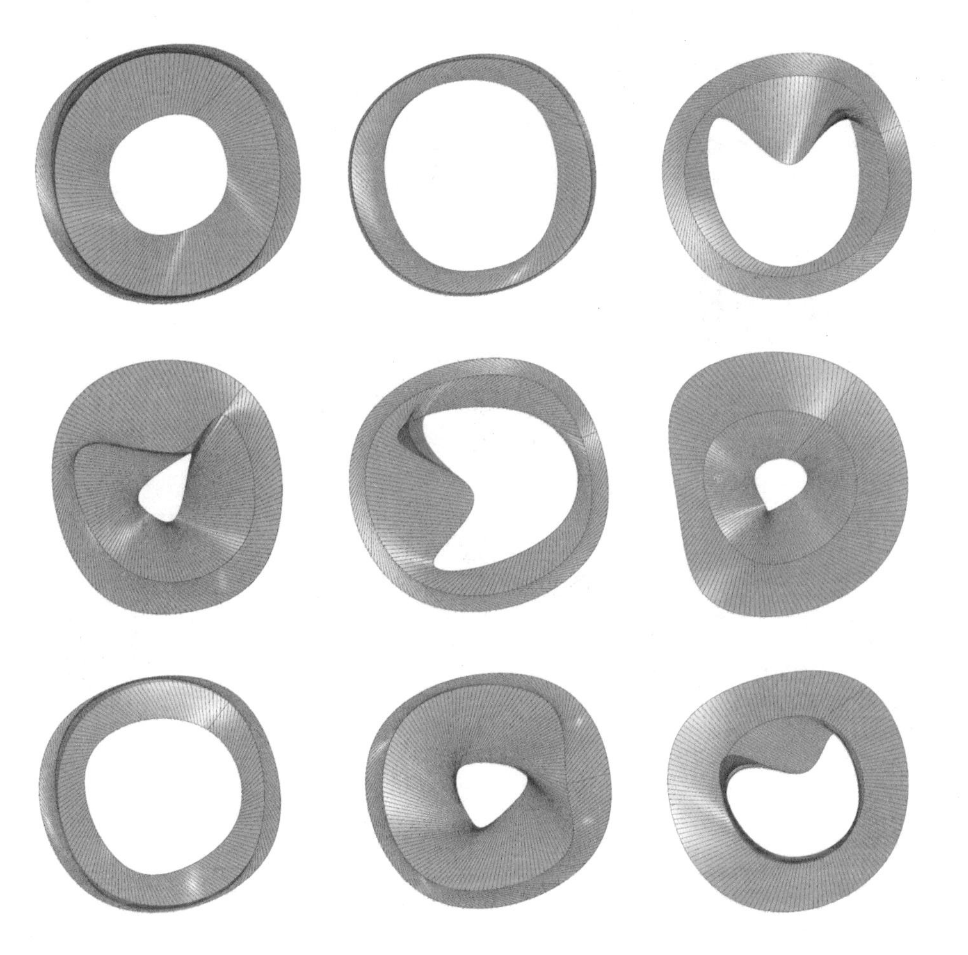

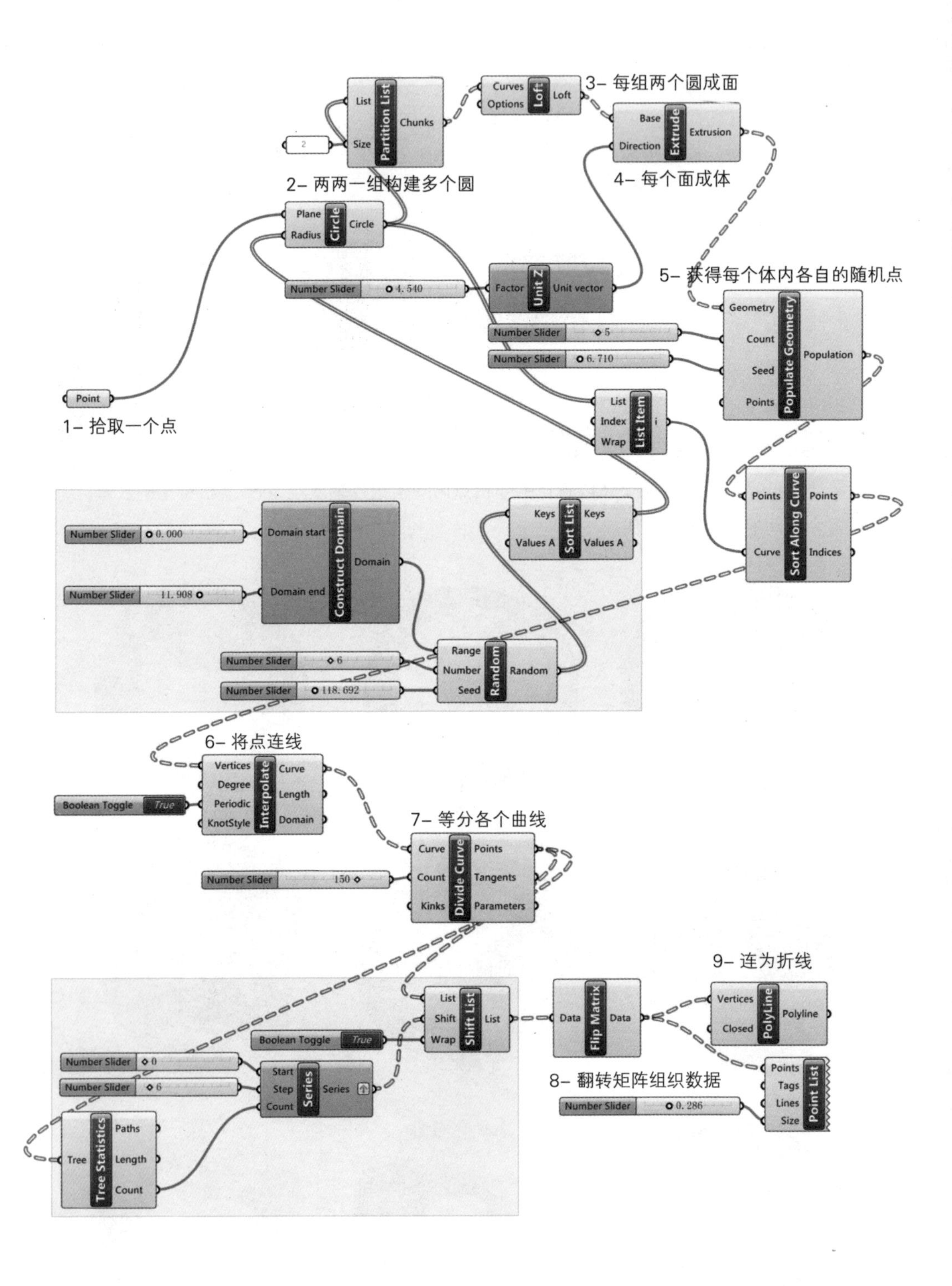

1– 拾取一个点
2– 两两一组构建多个圆
3– 每组两个圆成面
4– 每个面成体
5– 获得每个体内各自的随机点
6– 将点连线
7– 等分各个曲线
8– 翻转矩阵组织数据
9– 连为折线
Point
Plane
Radius
Circle
List
Size
Partition List
Chunks
Curves
Options
Loft
Base
Direction
Extrude
Extrusion
Number Slider
4.540
Factor
Unit Z
Unit vector
5
6.710
Geometry
Count
Seed
Points
Populate Geometry
Population
Index
Wrap
List Item
Sort Along Curve
Curve
Indices
Keys
Values A
Sort List
0.000
11.908
Domain start
Domain end
Construct Domain
Domain
6
118.692
Range
Number
Random
Vertices
Degree
Periodic
KnotStyle
Interpolate
Length
Boolean Toggle
True
150
Count
Kinks
Divide Curve
Tangents
Parameters
Shift
Shift List
Data
Flip Matrix
Closed
PolyLine
Polyline
Tags
Lines
Point List
0.286
0
Start
Step
Series
Tree
Tree Statistics
Paths

扭曲的有机圆全部程序

2 数据管理的两类核心技术——List 列表与 Tree 数据路径的结构管理

Grasshopper 的核心是数据结构，数据结构的类型可以分为单一数据，即仅有一个路径，该路径下仅有一个项值；线性（列表）数据，即仅有一个路径，该路径下有多个项值；树型数据，既有多个路径，各个路径下有一个或者多个项值。树型数据是由线性数据或者单一数据组成，线性数据则是由单一数据组成。

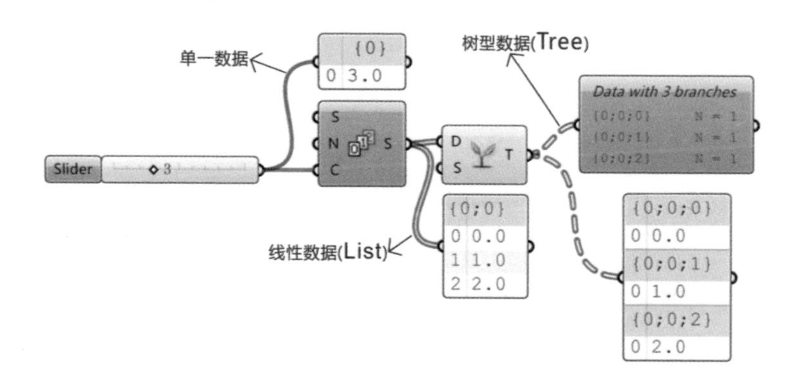

对数据管理的两类核心技术，List 列表与 Tree 数据路径的结构管理，分别是对路径下按索引值排序的项值的管理和对路径本身的管理。这两类管理方式截然不同，并互相补充。例如 List 类各类组件的数据管理功能不仅可以处理单一的线性数据列表；而树型数据是由多个线性数据组成，因此 List 类中各个组件可以对树型数据中各个路径分别进行相同的操作。Tree 类中的组件可以处理树型数据各个路径分支，即{A; B; C; D; ...}的各分支层级项的管理，并同样适合于线性数据和单一数据的路径处理，在路径处理的过程中，由于路径的变化，各路径下项值会发生移动、拆分、合并、重组等变化，达到设计的目的。

图式中标示的 0、1、2、3 四个点是由 Curve/Analysis/Point on Curve 组件提取直线上的点，本例输出项为代表点坐标的线性数据列表；红色的所有点，为在四条边上的等分点，为了区分各个边的等分点，将每一条边的等分点放置于一个路径分支之下，因此形成四个路径分支的树型数据结构。

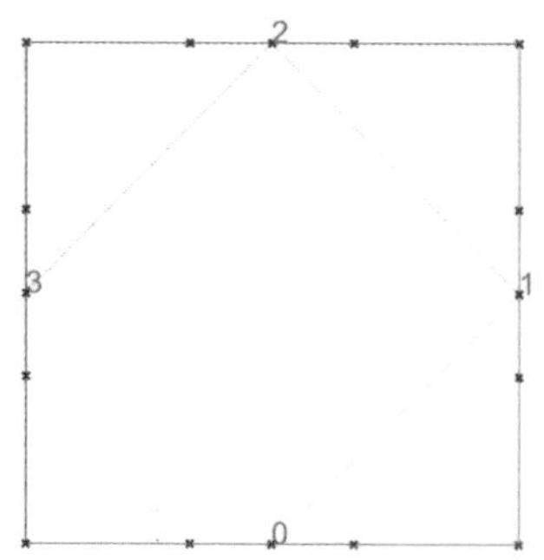

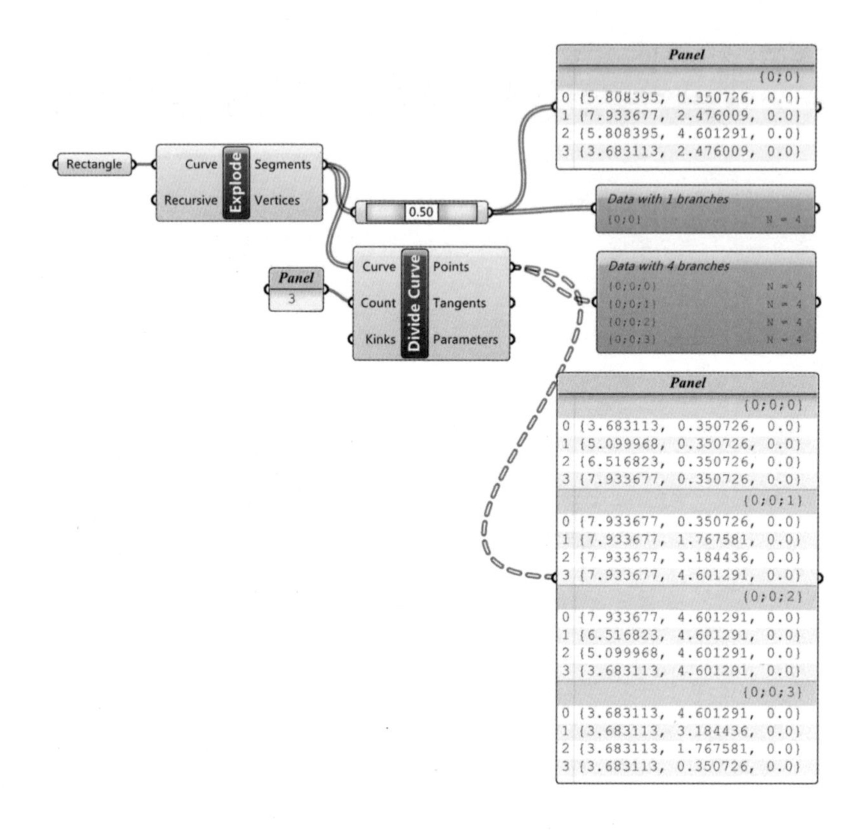

数据列表模式分组与编织重组

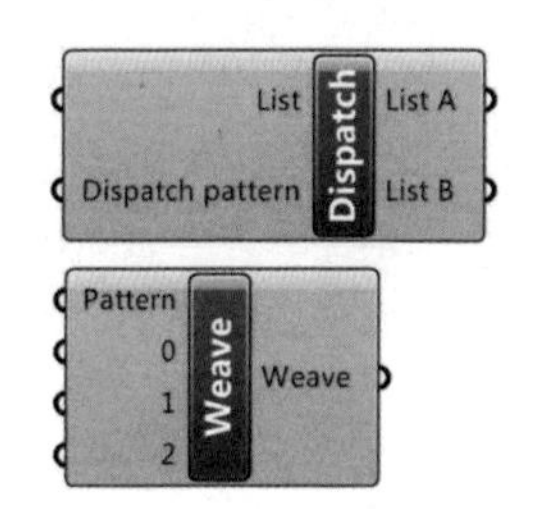

设计的目的是获得多样而又有艺术性的几何形体和空间形态，并满足功能使用等方面的要求。探索与创造是人类根本的精神目标，满足根深蒂固的好奇心也正是对具有较高艺术性与形态多变性的空间和形体的不懈追求与探索，是满足基本条件后在精神层面上的更高要求。

对于数据结构的调整和管理可以获得可预测的或者不可预测的几何形式，组件 Dispatch 列表模式分组与 Weave 列表编织体现了数据组织的一种模式，但远远不是全部。List 类中的组件是对线性数据列表项值的组织，而这一操作是根据项值的索引值来完成。以扭转的正方形案例说明数据列表模式分组和编织重组在设计上的一个探索方向。无论是单纯数据的处理，还是记录有几何体信息的数据，核心仍然是对于数据结构的调整和数据管理。

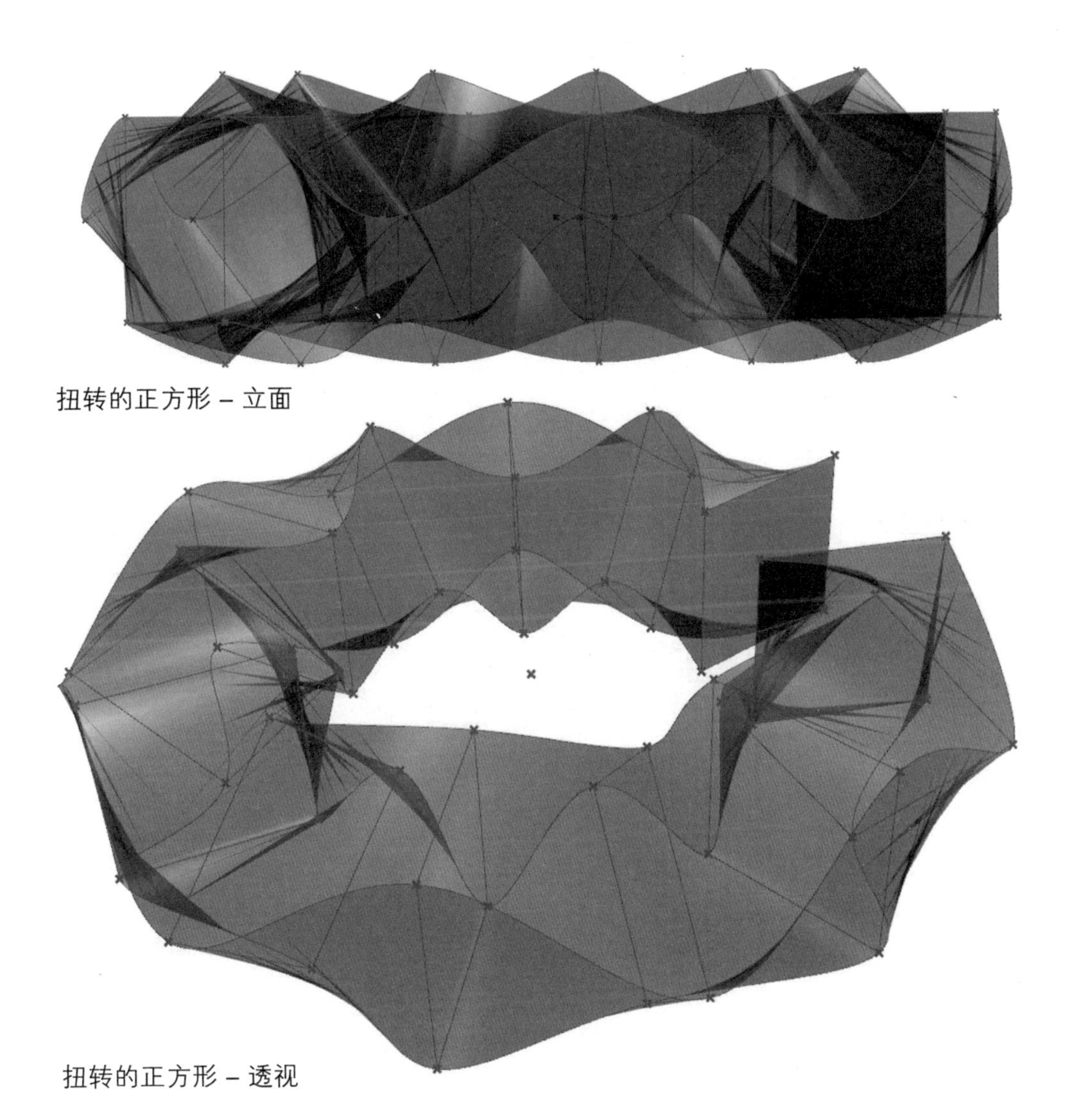

扭转的正方形 – 立面

扭转的正方形 – 透视

数据管理渗透于整个逻辑构建过程中，因此数据的模式分组与编织重组仅是整个过程中的一部分。扭转的正方形基本构建的思想是在 Rhinoceros 空间中拾取一个点，并建立参考平面，可以是任何方向的参考平面，并绘制弧线，在弧线上提取等分点的垂直参考平面，在各个垂直的参考平面上分别绘制矩形，使用 Dispatch 组件对矩形数据列表分组，将其中一组的矩形旋转后再重新与未变动的一组按分组的模式再编织重组，放样成面的一个过程。

1- 拾取一个点

Point

● 在 Point 组件上右键 Set One Point，在 Rhinoceros 空间中拾取一个点。

2- 建立参考平面

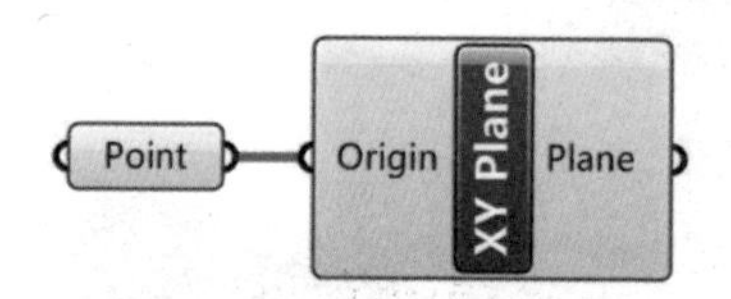

● 一些几何体的建立需要确定绘制的位置，默认情况下一般为 XY 参考平面，某些情况下将点直接输入，即默认为以该点为原点的 XY 参考平面。

1- 拾取一个点

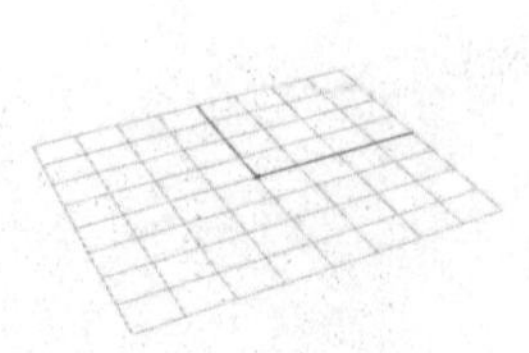

2- 建立参考平面

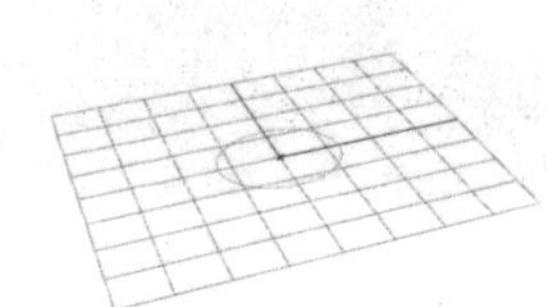

3- 绘制弧线

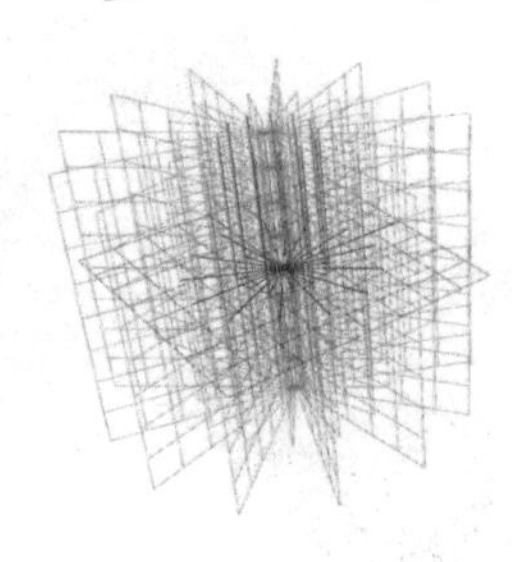

4-获取曲线等分点垂直参考平面

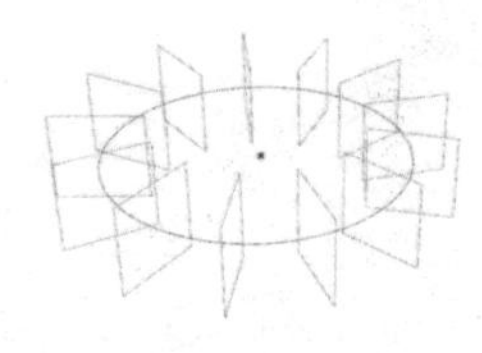

5- 在垂直参考平面上构建矩形

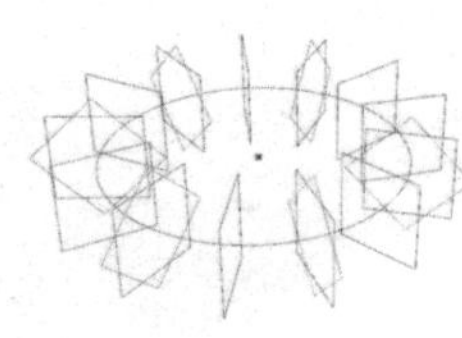

6- 列表模式分组

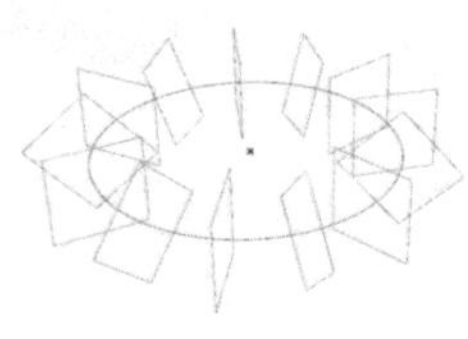

7- 将一组旋转

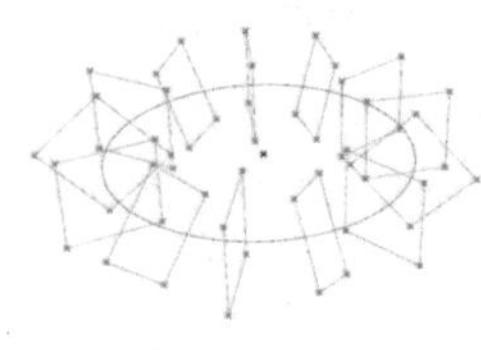

8- 编织重组

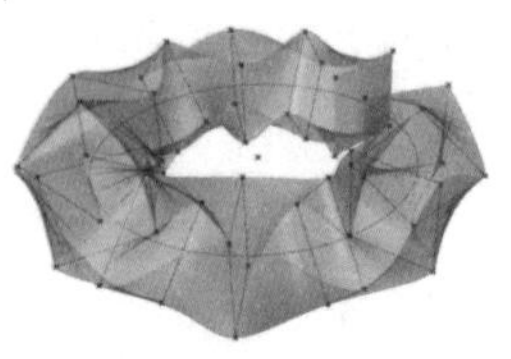

9-放样成面

几何构建逻辑

3- 绘制弧线

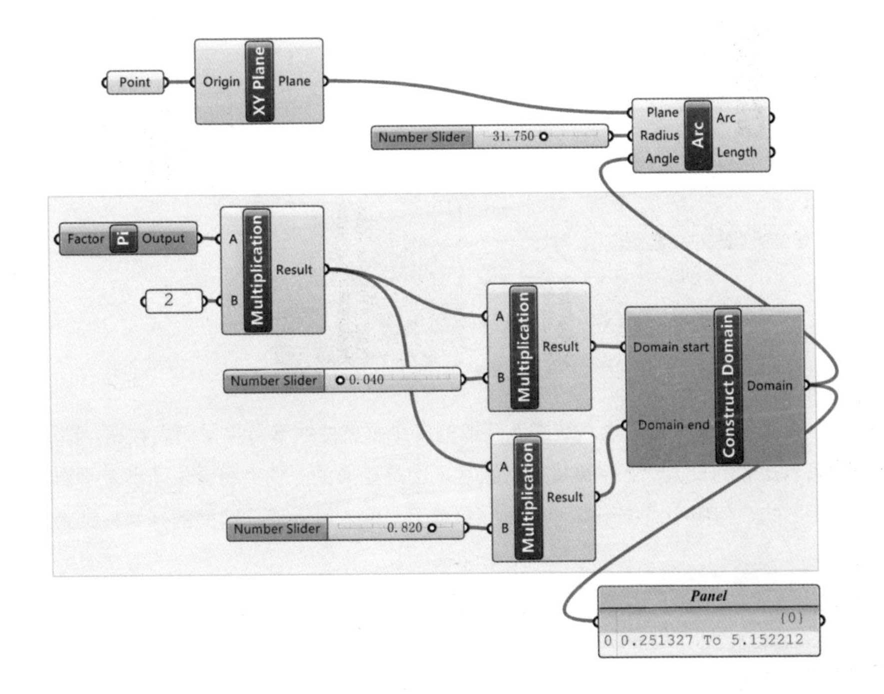

● 绘制弧线的组件 Arc 输入端 Plane 为绘制时的参考平面，Radius 为半径，Angle 输入端为角度的一个区间，往往为弧度而非度，为了控制一圈 2π 的大小，使用 2π 乘以一个 0 ~ 1 区间的数。更直接的方法可以使用组件 Radians 直接将度转化为弧度。

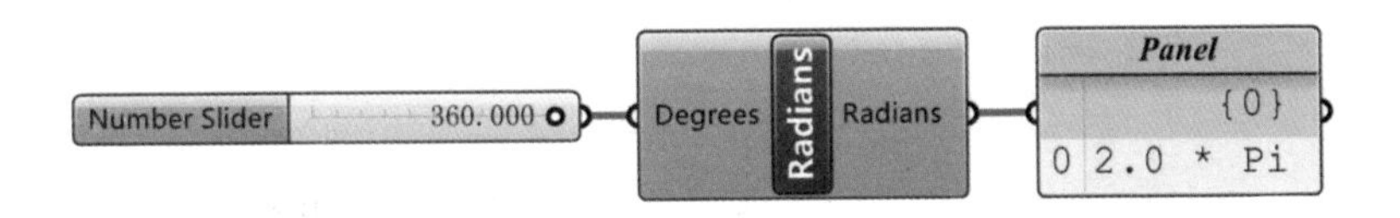

4- 获取曲线等分点垂直参考平面

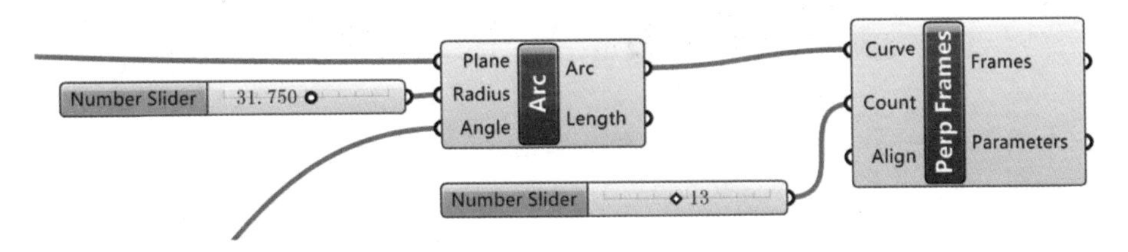

● 组件 Perp Frames 可以通过输入端 Count 输入等分数量等分曲线，并获取在曲线等分点处的垂直参考平面。

5- 在垂直参考平面上构建矩形

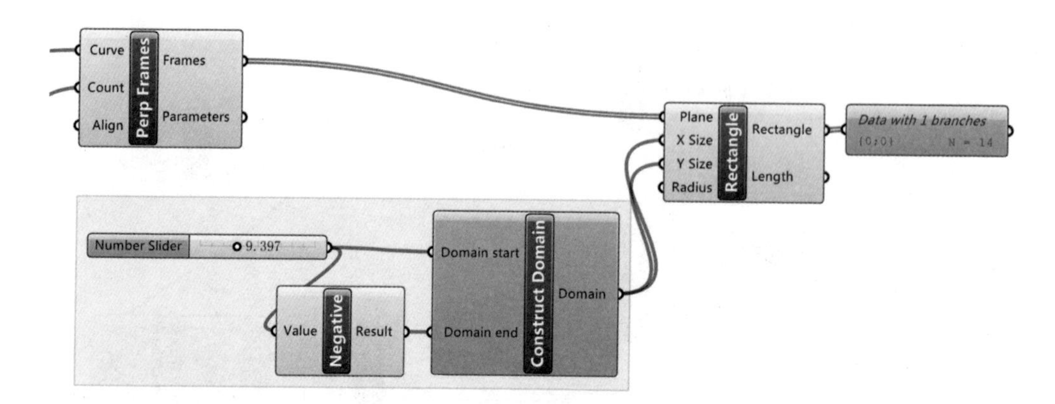

● 组件 Rectangle 输入端连入获取的多个垂直曲线参考平面列表数据，X Size 与 Y Size 要求输入矩形的长宽，可以直接输入数字，但是矩形的一角点将会位于参考平面的原点上，为了使矩形的几何中心点位于参考平面的原点上，输入区间值，区间的开始与结束端互为相反数。

6- 列表模式分组

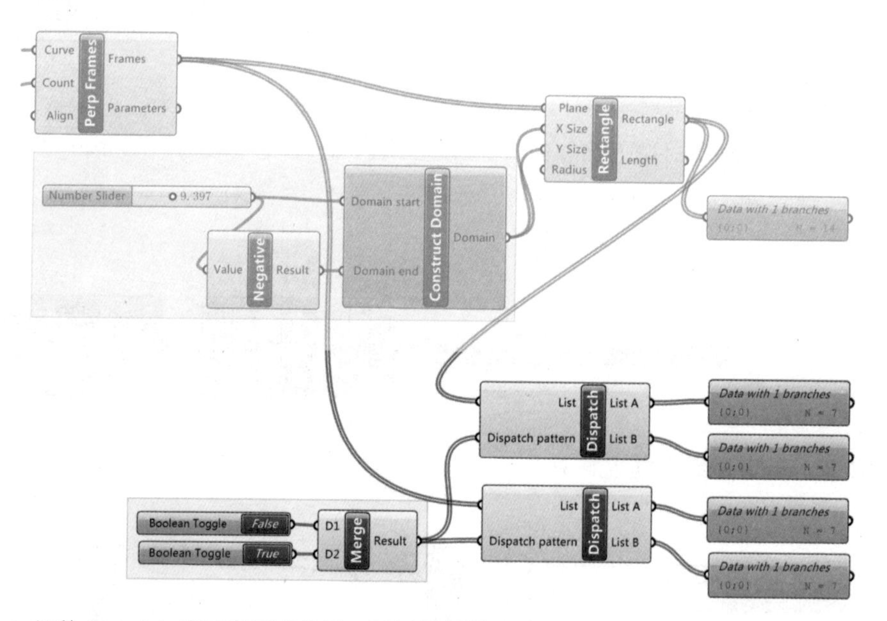

● 组件 Dispatch 将列表模式分组，可以根据输入端 Dispatch pattern 输入的模式确定分组的结构，模式由布尔值 True 和 False 组成，或者使用 1 和 0 来分别替代 True 和 False，并将布尔值使用 Merge 组件合并在一个路径分支之下。第 7 步操作因为要旋转分组的矩形，需要输入参考平面，各个参考平面的对位关系应该与按模式分组矩形数据的关系保持一致，因此可以使用同一个模式列表。

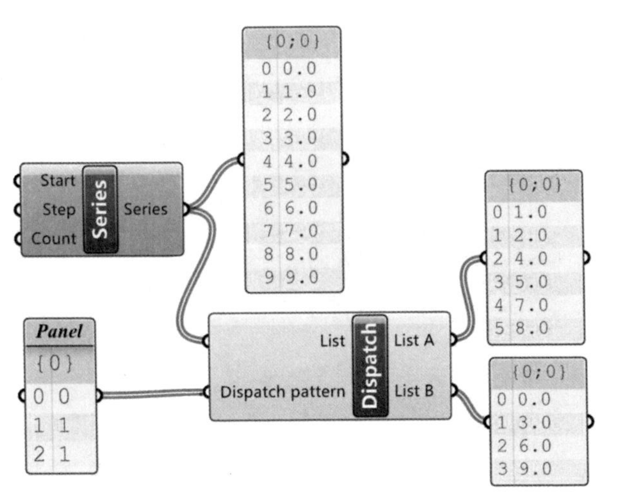

#用0和1来替代布尔值False和True，模式为0、1、1即False、True、True，当为0时，数据从输出端List B输出；为1时，从输出端List A输出，并且按照次序逐步提取原列表数据。

7- 将一组旋转

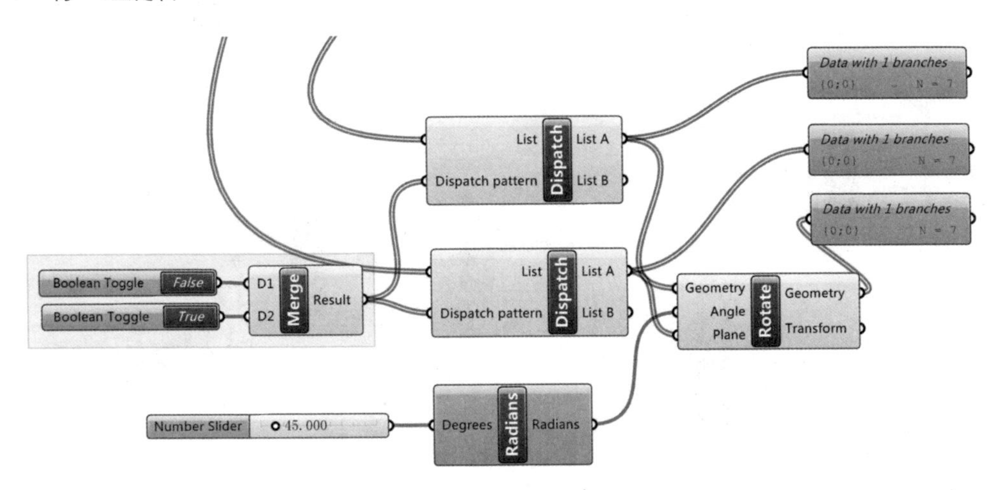

● 使用组件Rotate旋转模式分组提取的输出端List A数据对象，其输入端Geometry即矩形数据，输入端Plane即参考平面数据，两者数据结构应该保持一致，因此参考平面输入端也应该由模式分组参考平面后的List A端输入，旋转后的矩形输出端数据结构保持了与输入端一致，均为一个数据分支下的7个项值。

8- 编织重组

● 使用组件Weave编织重组，在某种程度上可以认为是Dispatch模式分组的逆过程，将模式分组并变化后的数据，即对List A端输出矩形旋转后的数据与未进行任何变化操作的List B端数据重新按照原始的顺序重组，因此Weave编织重组的输入端Pattern模式应该与模式分组的输入端Dispatch pattern的模式保持一致，即直接连接其模式即可。这里需要注意Weave数据输入端0和1应该分别对位：0代表False的List B端数据；1代表True的List A端数据。

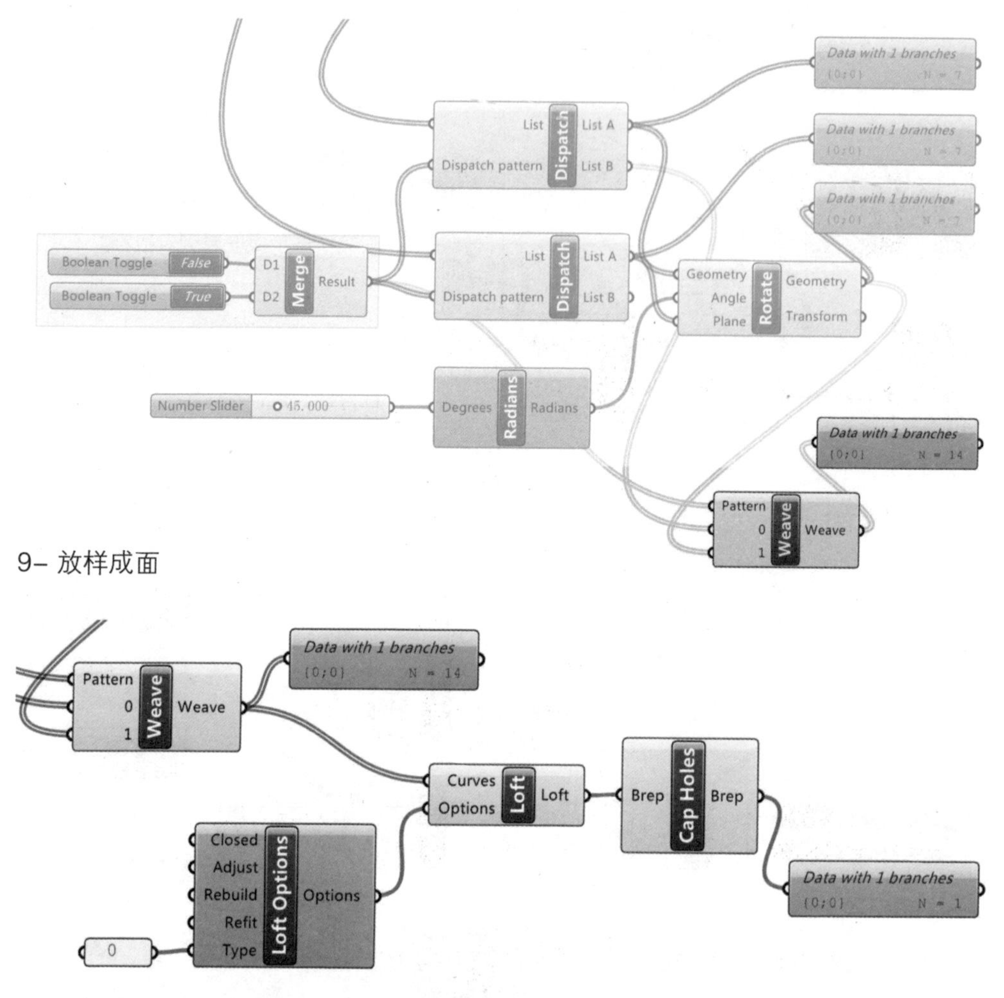

9- 放样成面

● 编织重组后的数据全部位于一个路径下，可以直接使用组件 Loft 放样，并用 Cap Holes 组件封住两端的开口。在放样的时候，Loft 组件输入端有一个 Options 输入端，与 Loft Options 组件相连，控制放样的类型、是否闭合等辅助条件。

不同参数条件下获取的不同结果

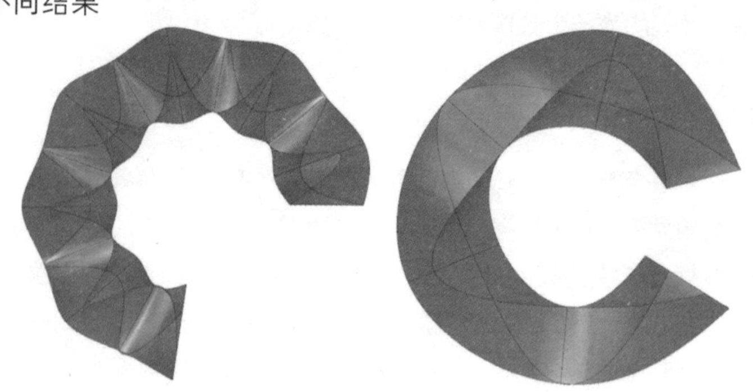

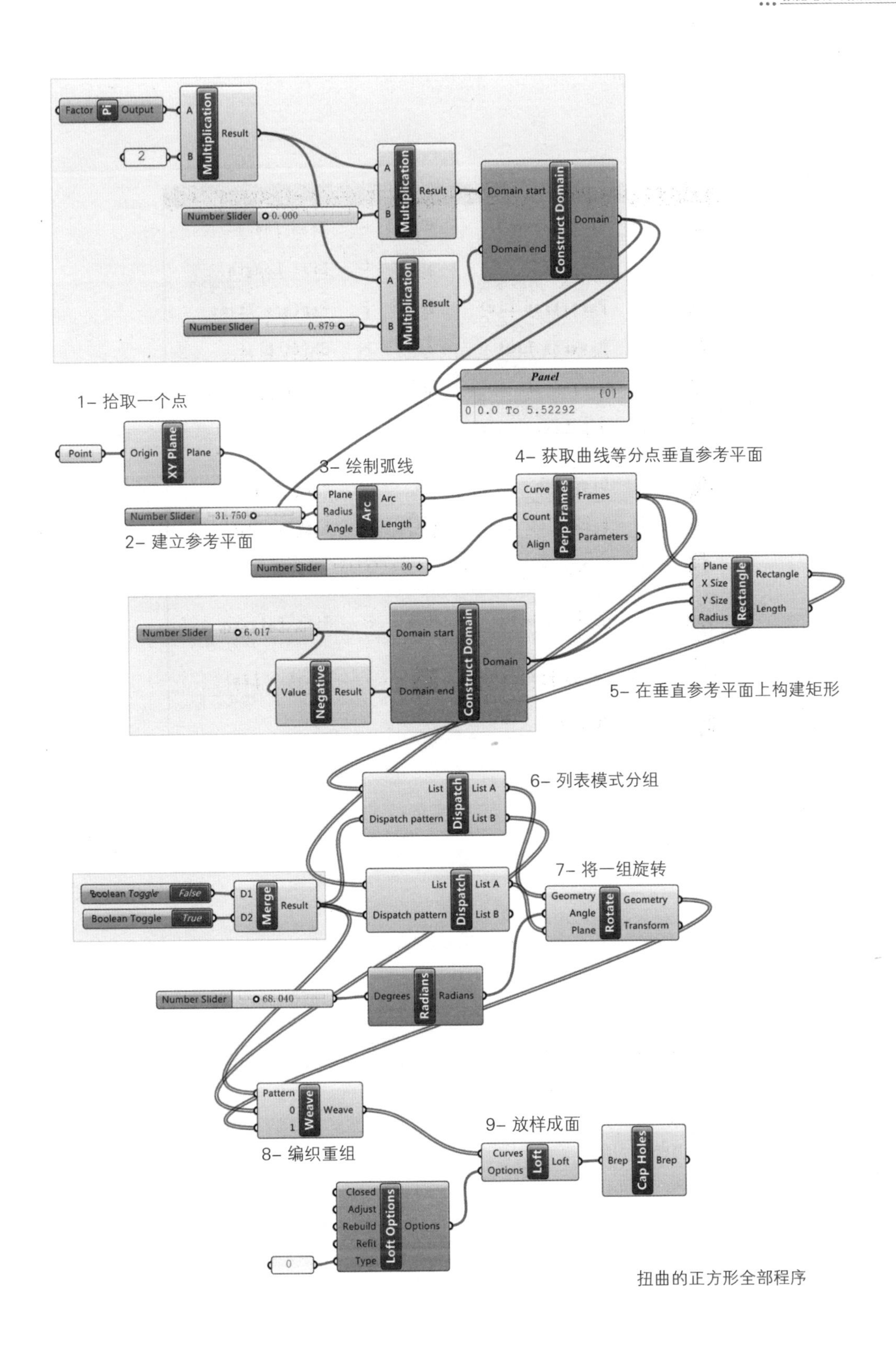

Factor
Pi
Output
A
B
Multiplication
Result
2
Number Slider
0.000
Multiplication
Result
Domain start
Domain end
Construct Domain
Domain
Number Slider
0.879
Panel
{0}
0 0.0 To 5.52292
1– 拾取一个点
Point
Origin
XY Plane
Plane
3– 绘制弧线
Plane
Radius
Angle
Arc
Length
Number Slider
31.750
2– 建立参考平面
4– 获取曲线等分点垂直参考平面
Curve
Count
Align
Perp Frames
Frames
Parameters
Number Slider
30
X Size
Y Size
Rectangle
Number Slider
6.017
Value
Negative
5– 在垂直参考平面上构建矩形
6– 列表模式分组
List
Dispatch pattern
Dispatch
List A
List B
7– 将一组旋转
Boolean Toggle
False
True
D1
D2
Merge
Geometry
Angle
Rotate
Transform
Number Slider
68.040
Degrees
Radians
Pattern
0
1
Weave
8– 编织重组
9– 放样成面
Curves
Options
Loft
Brep
Cap Holes
Closed
Adjust
Rebuild
Refit
Type
Loft Options

扭曲的正方形全部程序

List 列表类

I

A Insert Items 插入项值 | B Item Index 项索引
C List Item 提取项值 | D List Length 列表长度
E Partition List 列表分片 | F Replace Items 替换项值
G Reverse List 反转列表 | H Shift List 列表移位
I Sort List 列表排序 | J Split List 切分列表
K Sub List 子列表

II

L Dispatch 模式分组 | M Null Item 空值判断
N Pick'n'Choose 挑拣重组 | O Replace Nulls 替换空值
P Weave 编织重组

III

Q Combine Data 按长组合 | R Sift Pattern 筛分模式

IV

S Cross Reference 交叉匹配 | T Longest List 最长匹配
U Shortest List 最短匹配

I

A.Insert Items 插入项值：

将输入的值“Grasshopper”插入到指定索引值位置 1 上，如果指定的索引值大于列表长度，则循环计算其索引值；

B.Item Index 项索引：

用于检索指定项值的索引值；

C.List Item 提取项值：

根据指定的索引值，提取对应的项值；

D.List Length 列表长度：

获得输入列表的长度，即最大索引值加 1；

E.Partition List 列表分片：

根据指定的长度大小分片列表，建立树型数据；

F.Replace Items 替换项值：

指定索引值 3 和新项值 Grasshopper，用新项值替换输入列表中指定索引值 3 所对应的项值 5.0；

G.Reverse List 反转列表：

反转输入列表的顺序；

H.Shift List 列表移位：

将输入列表向上或向下移动，移动的多少由输入项 Shift 确定，如果 Shift 为 1，则上移一位；Shift 为 -1 则下移一位。Wrap 输入端用于设置布尔值，为 True 时，第一个项值被移到列表的底部；为 False 时，第一个项值被移除；

I.Sort List 列表排序：

输入端为 Keys 键与 Values 值，输出键将输入键所对应的列表按顺序自动排序，输出项值按照输出键索引值位置自动排序；

J.Split List 切分列表：

按输入索引值的位置切分列表；

K.Sub List 子列表：

根据输入的索引值区间，选取输入列表所对应的区间项值删除。

编程设计的核心是处理数据，通过数据的调整，例如插入（Insert Items）、替换（Replace Items）、反转（Reverse List）、移位（Shift List）、排序（Sort List）、切分（Split List）、子列表（Sub List）、分片（Partition List）等方法重新组织数据结构。

数据结构是通过某种方式，例如对项值（元素）进行编号，组织在一起的数据项值的集合，这些项值可以是数字或者字符，亦可以是其他数据形式。列表 List 是数据结构的基本形式。序列中每个项值被分配一个序号——即项值的位置，称为索引值。第一个索引值是 0，第二个是 1，以此类推。

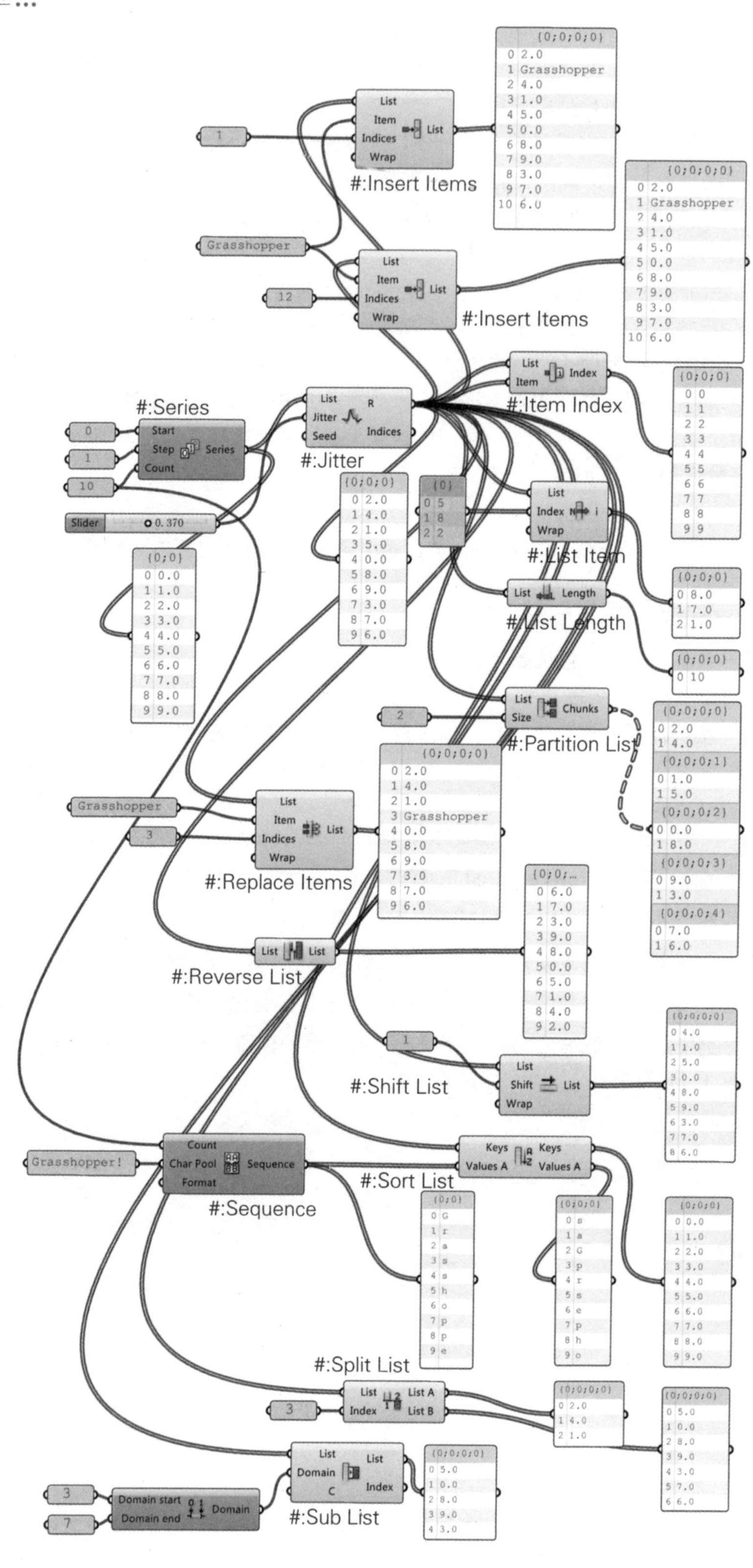
#:Insert Items
#:Insert Items
#:Item Index
#:Series
#:Jitter
#:List Item
#:List Length
#:Partition List
#:Replace Items
#:Reverse List
#:Shift List
#:Sort List
#:Sequence
#:Split List
#:Sub List
Grasshopper
Grasshopper!
Slider
0.370

Ⅱ

L.Dispatch 模式分组：

将输入端List的列表数据按照Dispatch pattern 的布尔值设置模式顺序分组；

M.Null Item 空值判断：

判断输入列表中是否存在空值或无效值，存在则为True，否则为False；

N.Pick'n' Choose 挑拣重组：

根据输入端Pattern输入的序号模式，从对应序号的输入端中选取项值；

O.Replace Nulls 替换空值：

将输入端Items数据中存在的空值或无效值替换为指定的项值；

P.Weave 编织重组：

按照输入端Pattern输入的序号模式，从对应序号的输入端中选取项值，并循环重复输入的序号模式直至全部完成。

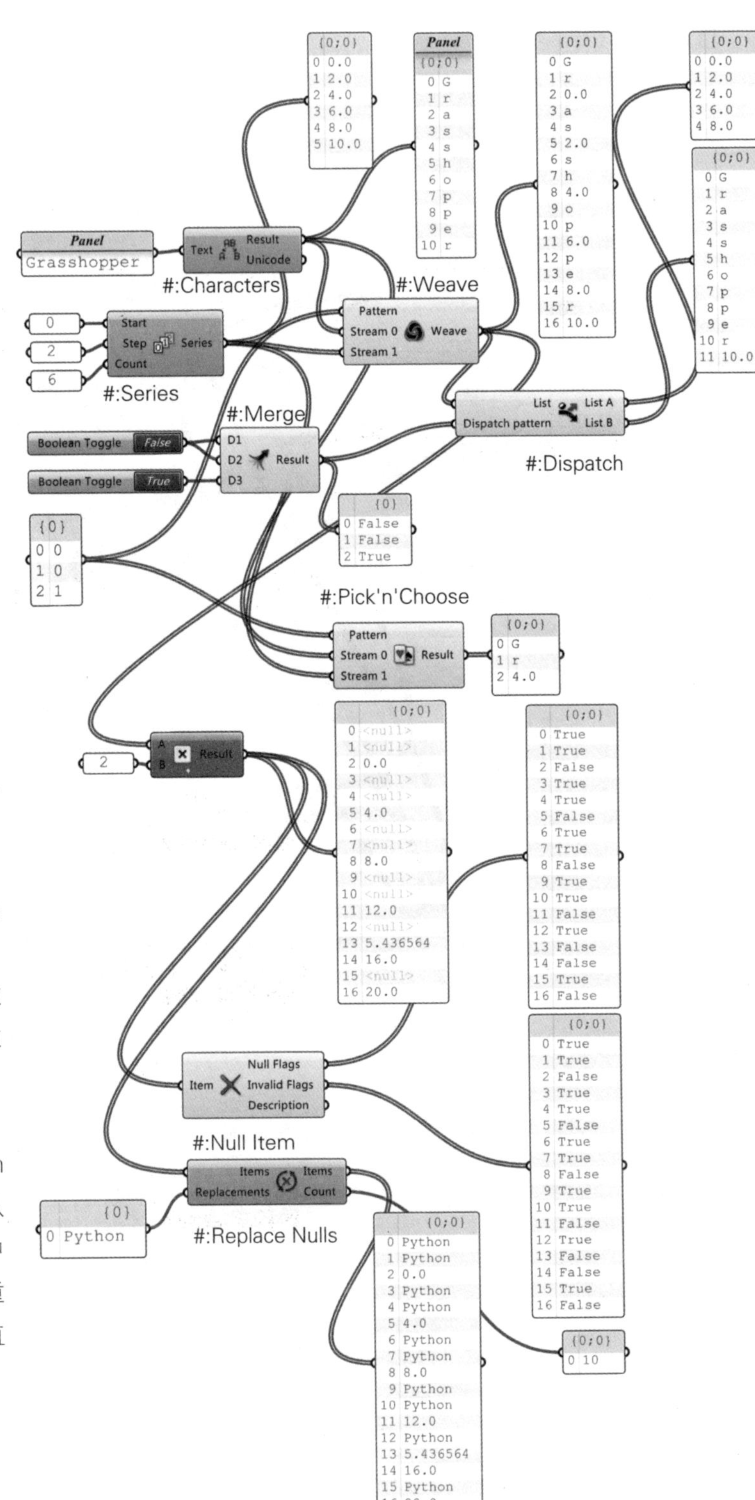

Ⅲ + Ⅳ

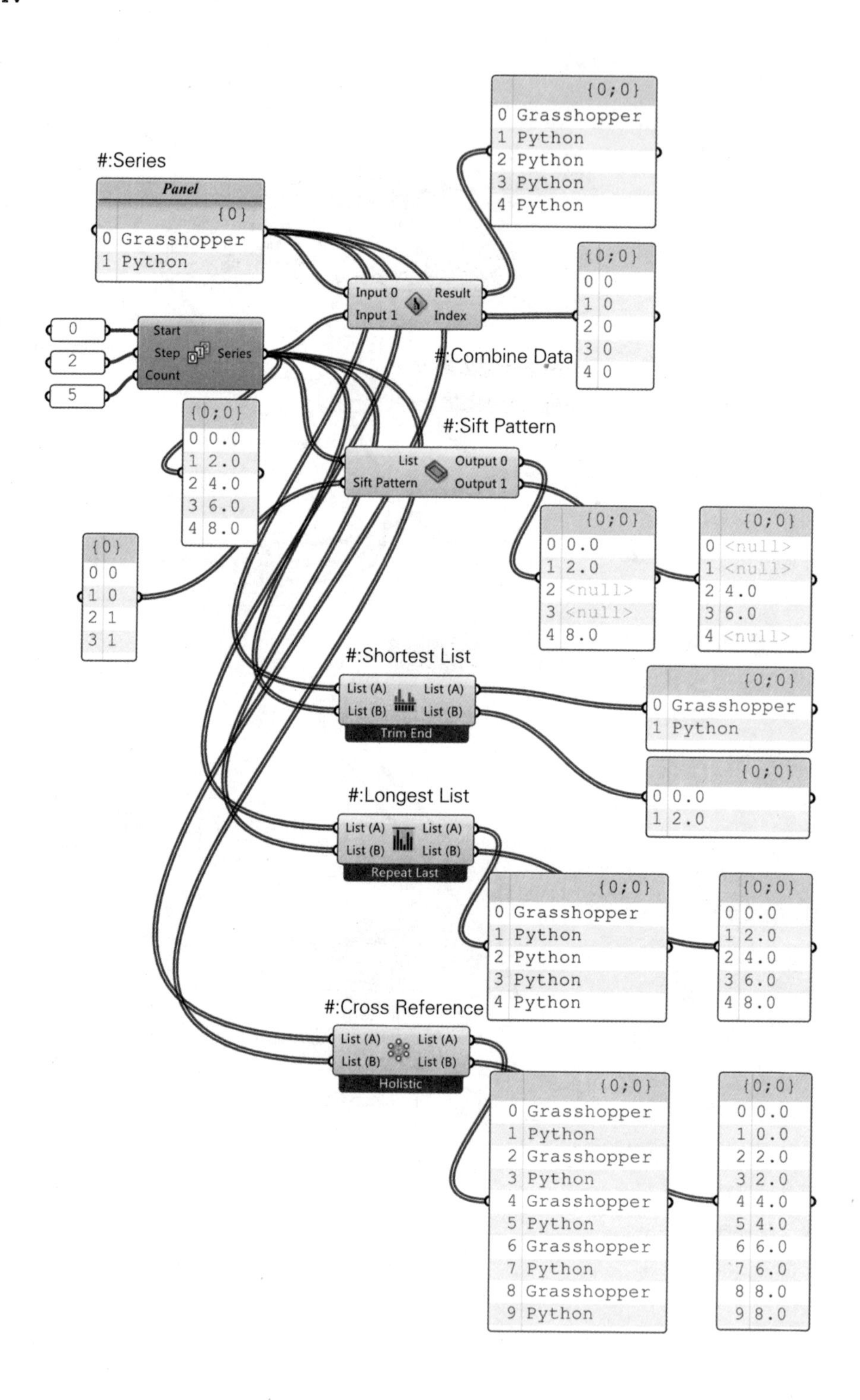

#:Series
Panel
{0}
0 Grasshopper
1 Python
Start
Step
Count
Series
0
2
5
{0;0}
0 0.0
1 2.0
2 4.0
3 6.0
4 8.0
{0}
0 0
1 0
2 1
3 1
Input 0
Input 1
Result
Index
#:Combine Data
{0;0}
0 Grasshopper
1 Python
2 Python
3 Python
4 Python
{0;0}
0 0
1 0
2 0
3 0
4 0
#:Sift Pattern
List
Sift Pattern
Output 0
Output 1
{0;0}
0 0.0
1 2.0
2 <null>
3 <null>
4 8.0
{0;0}
0 <null>
1 <null>
2 4.0
3 6.0
4 <null>
#:Shortest List
List (A)
List (B)
Trim End
{0;0}
0 Grasshopper
1 Python
{0;0}
0 0.0
1 2.0
#:Longest List
Repeat Last
{0;0}
0 Grasshopper
1 Python
2 Python
3 Python
4 Python
{0;0}
0 0.0
1 2.0
2 4.0
3 6.0
4 8.0
#:Cross Reference
Holistic
{0;0}
0 Grasshopper
1 Python
2 Grasshopper
3 Python
4 Grasshopper
5 Python
6 Grasshopper
7 Python
8 Grasshopper
9 Python
{0;0}
0 0.0
1 0.0
2 2.0
3 2.0
4 4.0
5 4.0
6 6.0
7 6.0
8 8.0
9 8.0

Q.Combine Data 按长组合：

输入端多个输入数据列表将按照最长列表长度分别使用各自列表尾项值填充至等长。

注：放大该组件可扩展输入端项数量；

R.Sift Pattern 筛分模式：

输入端 List 列表数据将按照 Sift Pattern 输入端提供的模式循环分组，模式中的序号代表输出端的序号，按模式循环提取，未筛选项填充为空值，保持筛选后的列表长度与输入列表长度一致。

注：放大该组件可扩展输出端项数量；

S.Cross Reference 交叉匹配：

输入端列表 A 中的每一个项值均与 B 中对应的项值匹配，反之亦然。

注：放大该组件可扩展输入端项数量；

T.Longest List 最长匹配：

输入端列表 A 和 B 项值一一对应，列表长度较短方将填充其尾项值直到完成一一匹配，

注：放大该组件可扩展输入端项数量；

U.Shortest List 最短匹配：

输入端列表 A 和 B 项值一一对应，直至列表长度最短的数据用完为止，

注：放大该组件可扩展输入端项数量。

数据流匹配

输入端的数据往往在数据结构分支数量与列表长度上均有可能不一致，对于不一致的列表，可以使用组件 Shortest List、Longest List 和 Cross Reference 处理，以获取不同的数据匹配操作方式。

Stream A 0 1 2

Stream B 0 1 2 3 4 5 6

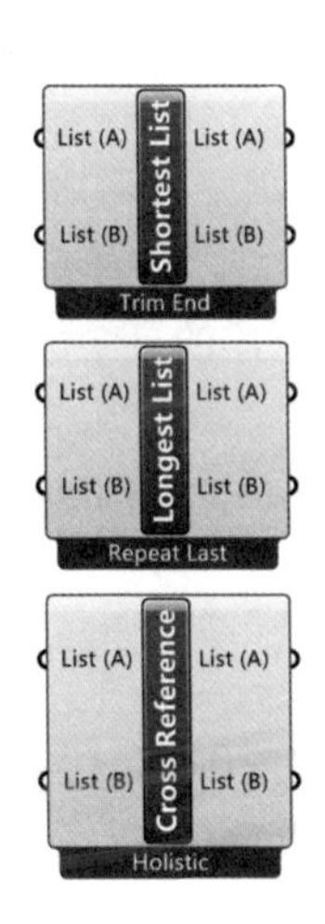

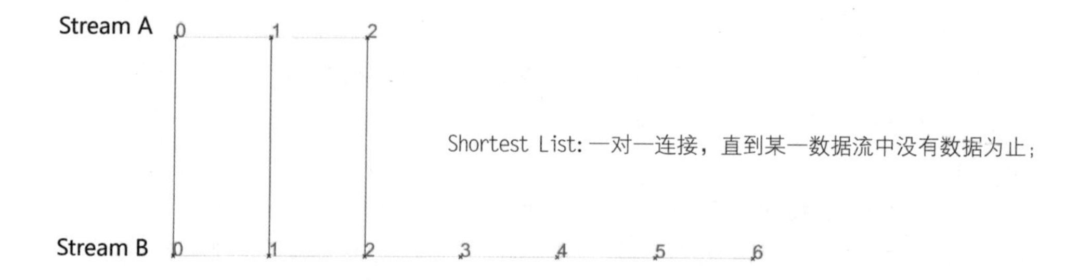

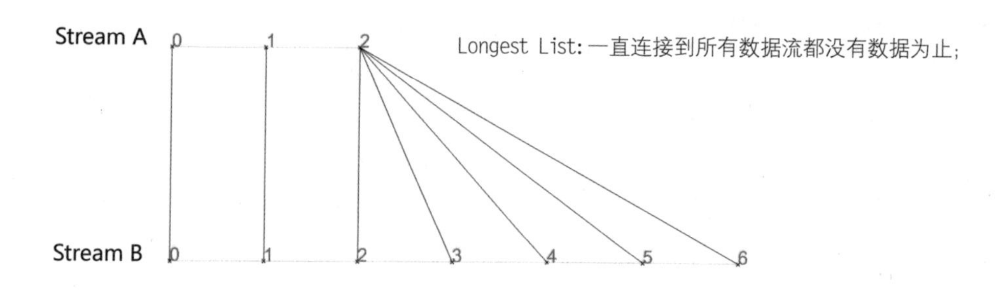

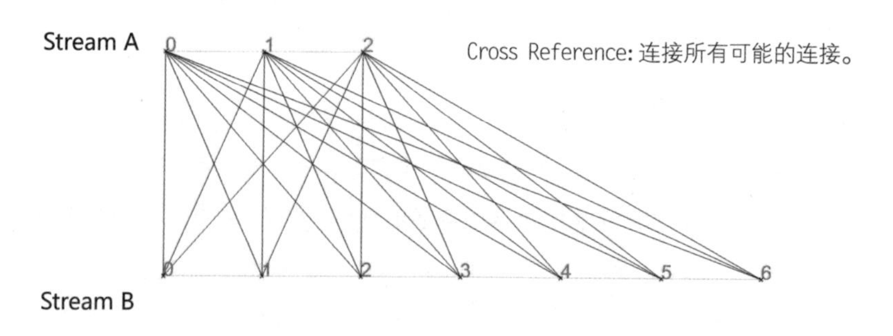

常用的几个数据组织方式

常用的几个数据组织方式：Reverse 反转列表，Flatten 展平数据，Graft 数据分支，Simplify 简化数据分支。

● 在组件的输入输出端，整合了 Reverse、Flatten、Graft、Simplify 常用的四个数据组织组件，使操作更加方便、快捷，并可以组合使用，其对应的单独组件如图所示：

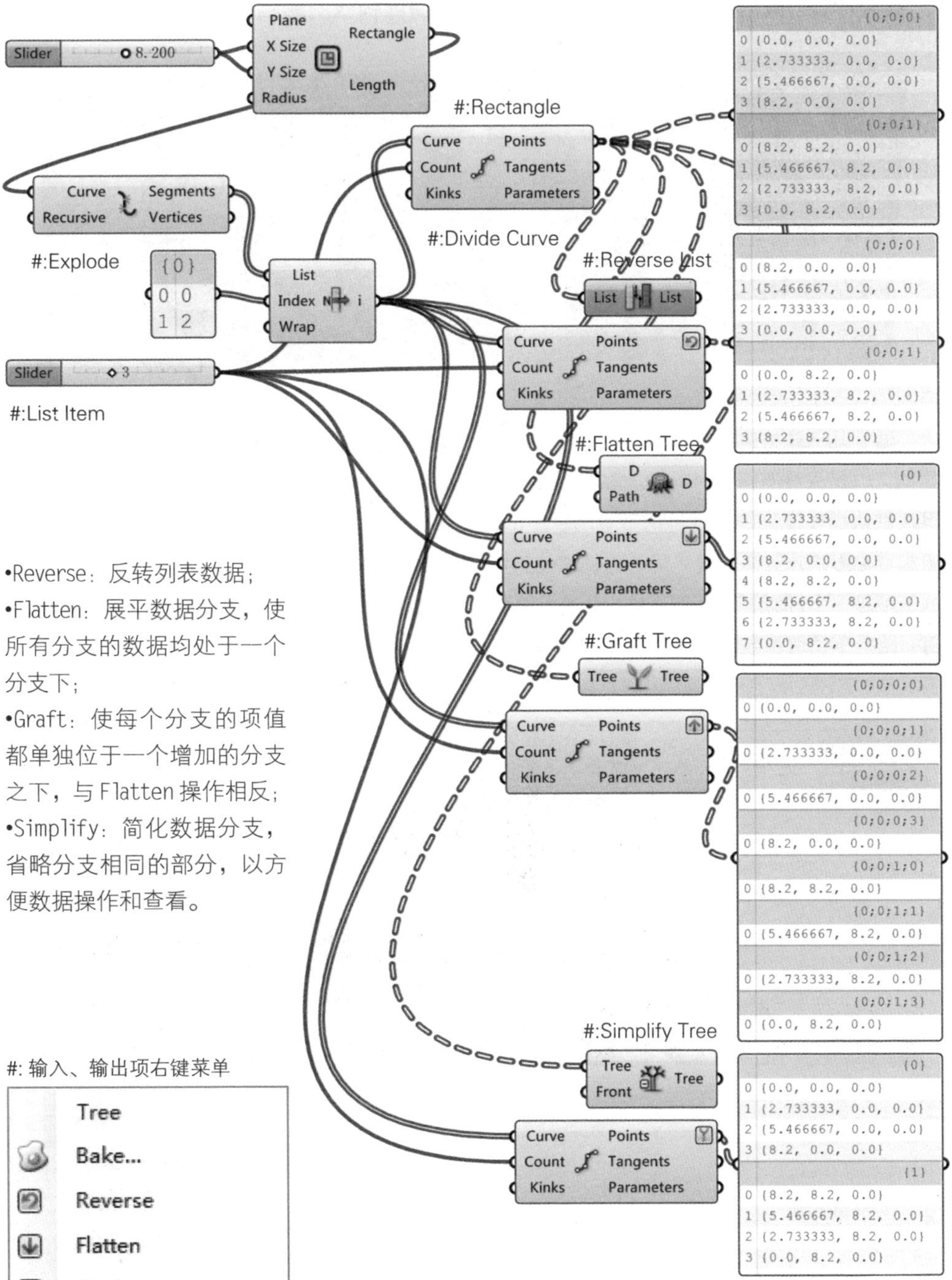

•Reverse：反转列表数据；
•Flatten：展平数据分支，使所有分支的数据均处于一个分支下；
•Graft：使每个分支的项值都单独位于一个增加的分支之下，与Flatten操作相反；
•Simplify：简化数据分支，省略分支相同的部分，以方便数据操作和查看。

#: 输入、输出项右键菜单

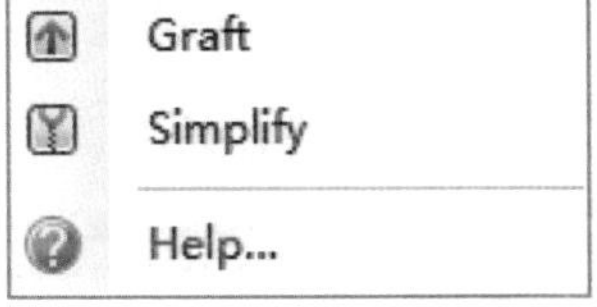

线性(列表)数据与树型数据的变换操作对几何体构建的影响

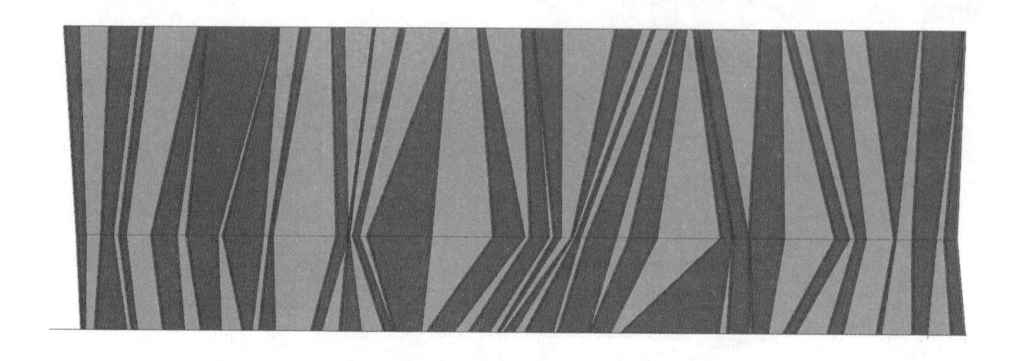

通常几何体构建输入端要求输入一组数据，例如放样组件 Loft 输入端 Curves 要求输入的数据可以是只具有一个路径分支的线性数据，也可以是具有多个路径分支的树型数据，但是组件默认操作流程的关键是把每一路径下的数据看作一组，分别进行放样，因此数据结构的组织直接影响几何体构建；同时，例如使用组件 Random 生产随机数据，如果输入端种子 Seed 的值不是一个，而是多个，那么输出端将会获得与输入端 Seed 等同数量的路径构成的树型数据，每一路径下项值的数量与输入端 Number 的值等同。

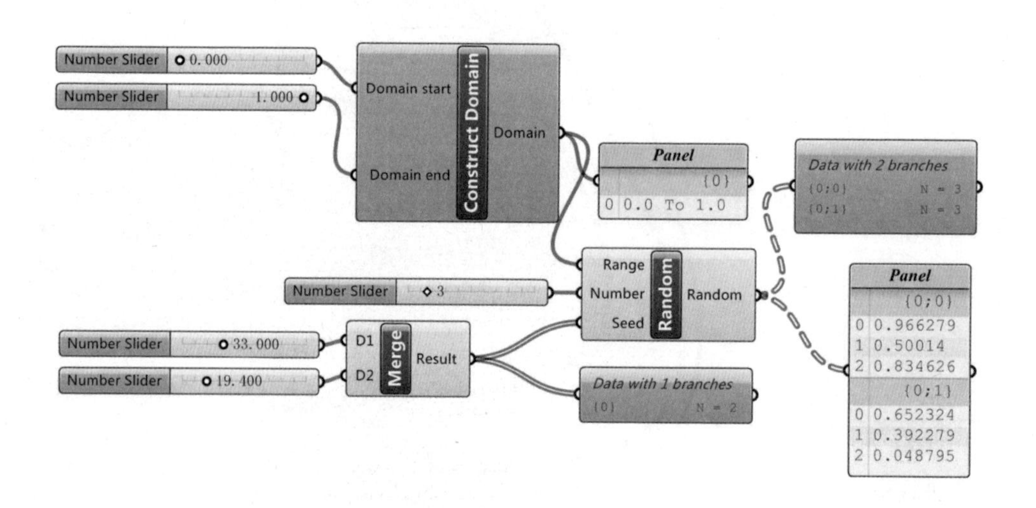

在逻辑构建过程中，经常会变换数据结构，将线性数据分组为多个路径组成的树型数据，或者将树型数据展平为一个路径下的数据，这个变化的过程是由设计的目的所确定，而设计的千变万化，必然带来数据处理的多样性，以具体实例随机分割的墙来说明这个变化的过程，更能直观地感受到数据变化对几何体操作的影响。

1– 基础直线

2– 偏移复制直线

3– 获取随机点

4– 连为折线

5– 两两放样

6– 模式分组与拉伸

随机分割的墙，基本逻辑构建过程的思路是建立一条基本的直线作为基础，对该直线沿垂直即Z方向偏移复制，并按顺序获取各自直线上的随机点，翻转矩阵连为折线，组织数据后，两两放样成面，模式分组，将其中一组沿面的垂直方向拉伸获得墙体。

几何构建逻辑

1- 基础直线

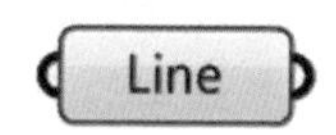

● 使用 Line 组件右键 Set one Line 在 Rhinoceros 空间中建立一条直线，作为最基本的控制直线。

2- 偏移复制直线

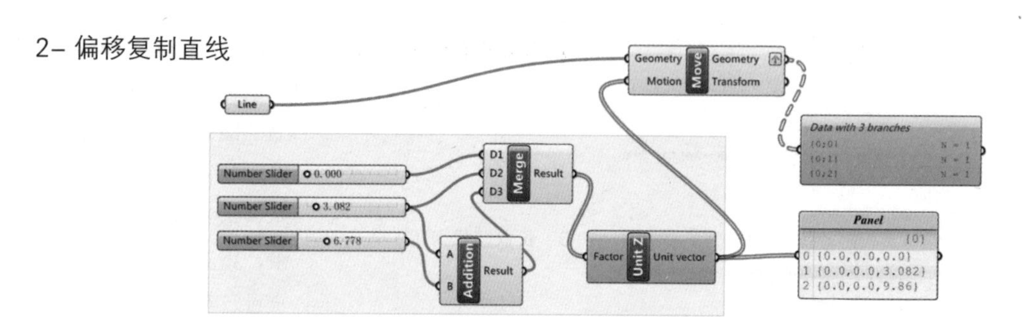

● 组件 Move 可以按照输入端 Motion 输入的向量方向移动几何体对象，这里构建了一个沿 Z 方向向量的线性数据，包含三个向量，其中一个 {0.0，0.0，0.0} 在原位复制，另外两个通过组件 Addition 加法工具构建相互的参数关系，Move 的输出端会获得具有三个路径分支的数据，每一个路径下的项值即为复制的直线。

3- 获取随机

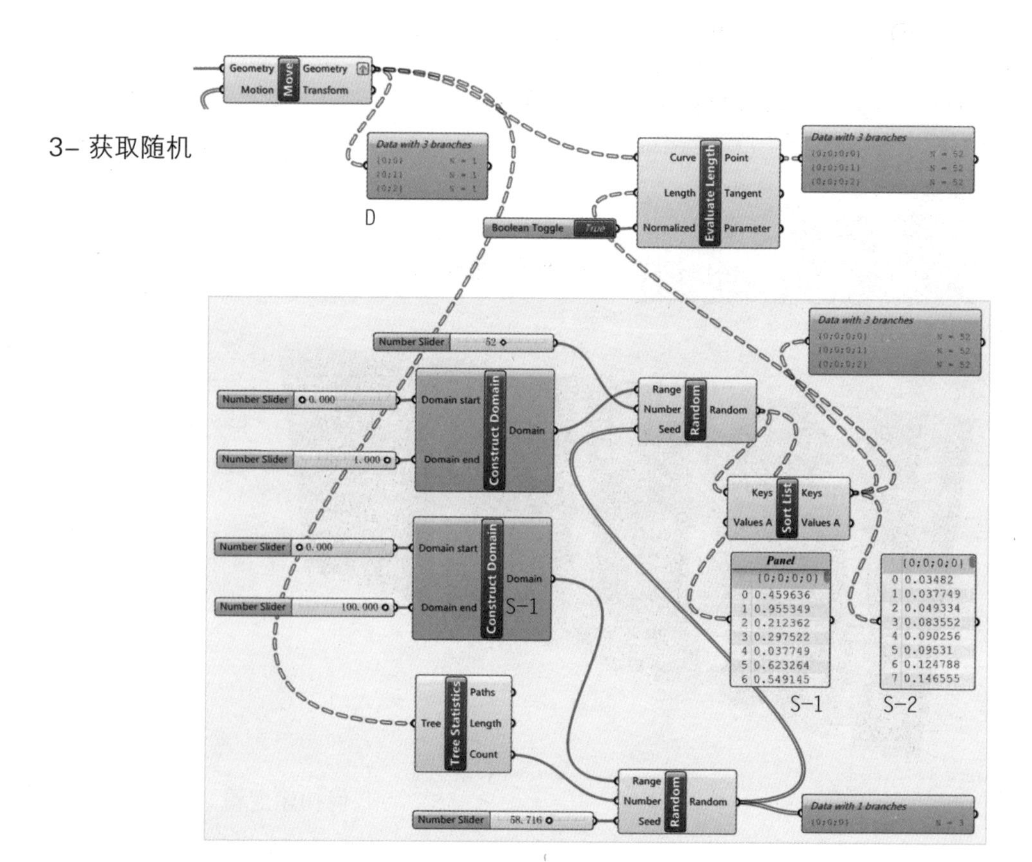

● 已经获取了分别位于各自的三条直线路径分支之下，然后在每一条直线上随机提取等数量的随机点，可以使用组件 Evaluate Length 提取线上的点，当输入端 Normalized 为 True 时，视曲线的长度区间在 0 ~ 1，为 False 时为实际的曲线长度。因为是三个路径分支，因此需要获取与之路径相同的随机数数据，可以通过对组件 Random 随机数输入端的种子 Seed 提供三个随机数即可，而这三个随机数的获取仍旧使用组件 Random 获得，其数量控制由统计组件 Tree Statistics 获取输入数据路径的数量。由于获取的随机数并不是按照 0 ~ 1 的顺序排列 S-1，因此在各自曲线上提取的多个点将不是按照沿曲线的方向顺序提取，因此预先将各个路径下的随机数使用组件 Sort List 进行大小排序 S-2。提取点后，数据结构保持最初输入端的数据结果，即为三个路径分支，而每一条直线上提取的点分别位于各自的路径分支之下。

4- 连为折线

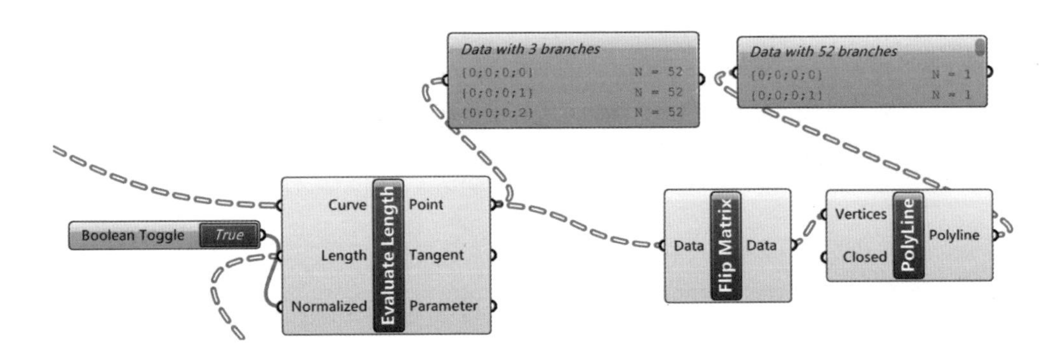

● 需要重新组织获取的各个直线提取的点，将每一条直线垂直方向对位的点连为一条折线，即需要把各自路径下索引值相同的数据依次放置于一个路径分支之下，使用组件 Flip Matrix 翻转矩阵达到重组数据的目的，再使用组件 PolyLine 连为折线。

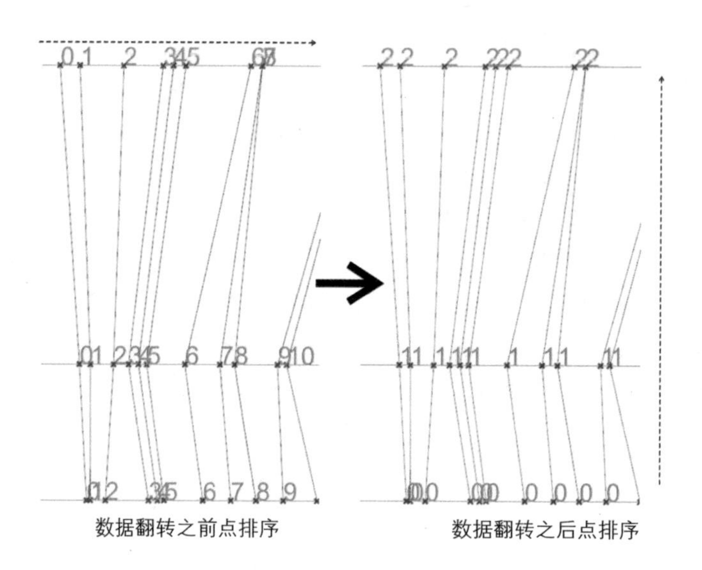

数据翻转之前点排序　　　　数据翻转之后点排序

数据的排序往往是与几何体的空间排序一一对应的，因此不能够空谈数据的各种组织方式，而不顾实际几何体的空间组成，点的排序空间标识是使用组件 Point List 在三维空间中标示，而对于直线、曲面、格网、体的空间排序往往也是通过获取对象上的一个点，再使用组件 Point List 标示。

5- 两两放样

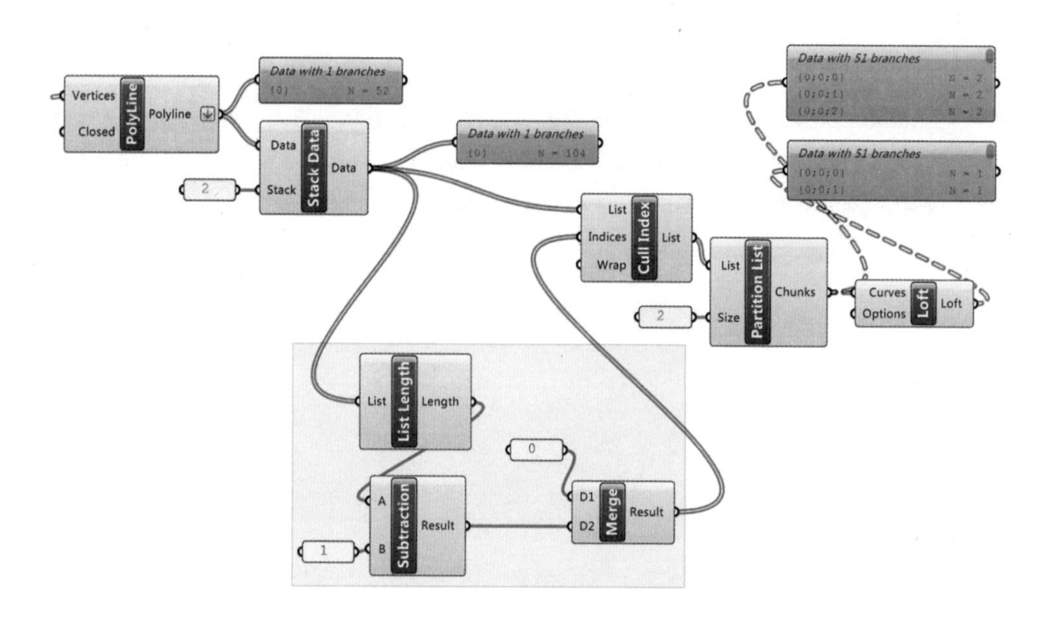

● 将获得的所有折线在输出端右键 Flatten 展平在一个路径之下，以便对所有折线重新组织达到两两放样的目的，因为两两放样，对于位于一个路径分支下的所有数据应该达到索引值 0 与 1 配为一组，1 与 2 配为一组，2 与 3 配为一组，依次类推、那么除了项值位于两端的数据，其余的均使用了两次，因此使用组件 Stack Data 将线性数据列表中的项值每一个均按照输入端 Stack 值复制了一次，由原来的 52 个项值变为 104 个。同时使用灰色区域部分的组件组合剔除首尾端数据，首端索引值一定为 0，末端视列表长度确定，索引值比列表长度小 1，所以使用 List Length 组件计算原数据的列表长度，并用组件 Substraction 减法减 1。放样组件 Loft 仅对同一路径下的数据进行分别放样，使用组件 Partition List 将剔除首尾数据的线性列表数据逐一每两个放置于一个路径之下，从而获得了 51 个路径分支，每一分支下包含两个数据，代表依次相邻的两个折线，再依次放样成面，获得 51 个单独的面，并与输入的路径结构保持一致。

6- 模式分组与拉伸

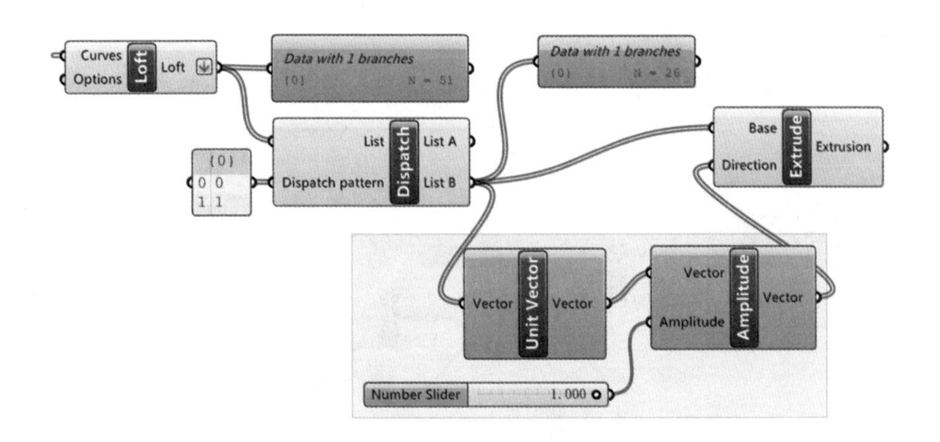

● 将放样后的曲面在输出端右键 Flatten 展平在一个路径分支之下，使用组件 Dispatch 按照输入端 0、1 的模式即 False、True 的顺序分别逐一输出到 List B 和 List A 输出端。Grasshopper 中的曲面可以直接连接单位向量组件 Unit Vector 提取垂直于该面的向量，并用 Amplitude 组件调整向量的大小，输入到拉伸组件 Extrude 输入端的 Direction，拉伸模式分组后 List B 中的曲面数据。

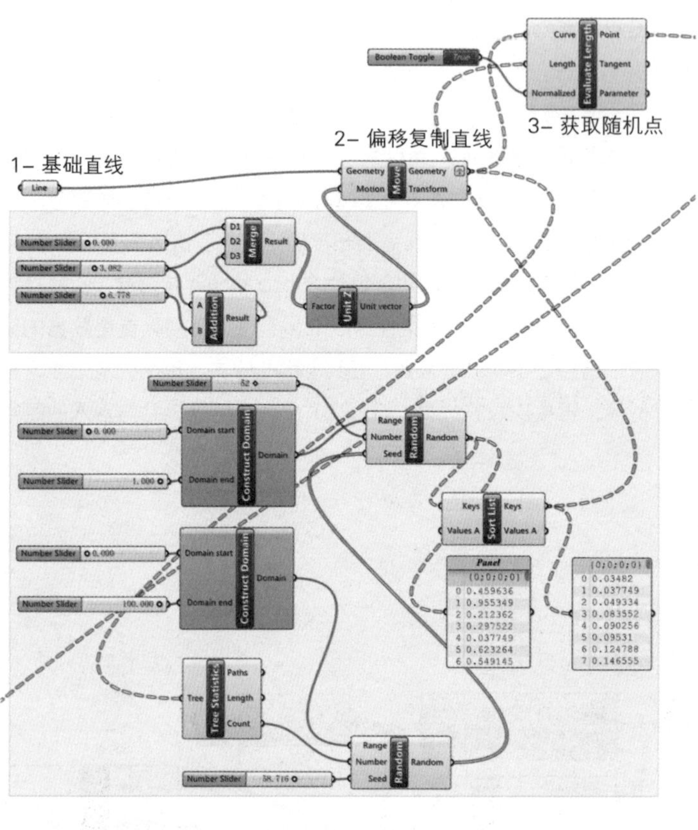
3– 获取随机点
2– 偏移复制直线
1– 基础直线
Boolean Toggle
True
Curve
Length
Normalized
Evaluate Length
Point
Tangent
Parameter
Line
Geometry
Motion
Move
Geometry
Transform
Number Slider
D1
D2
D3
Merge
Result
A
B
Addition
Result
Factor
Unit Z
Unit vector
Domain start
Domain end
Construct Domain
Domain
Range
Number
Seed
Random
Random
Keys
Values A
Sort List
Keys
Values A
Panel
Tree
Tree Statistics
Paths
Length
Count

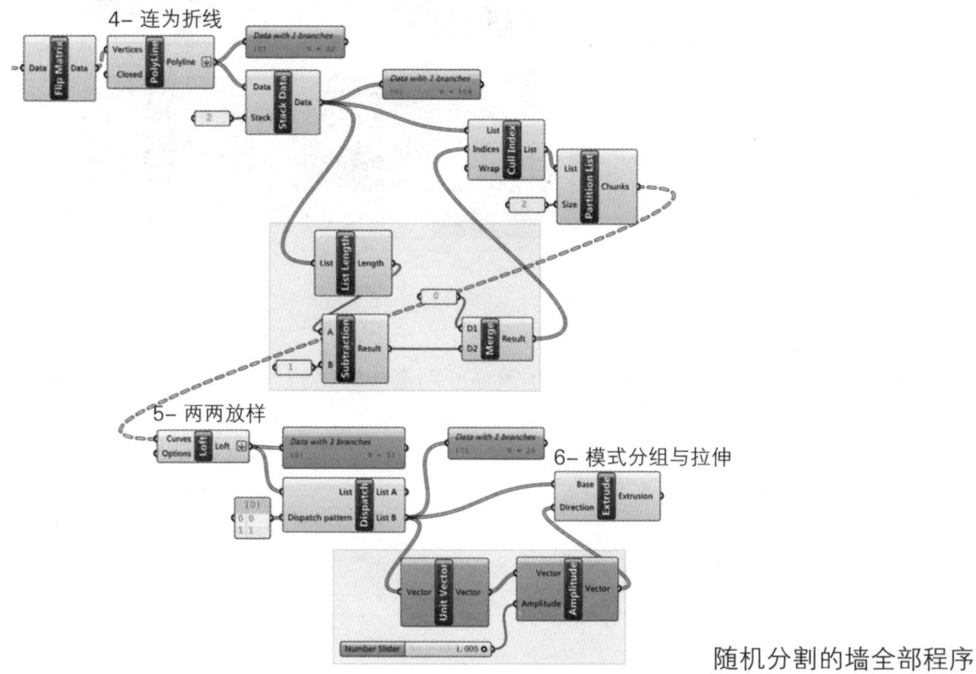
4– 连为折线
Data
Flip Matrix
Data
Vertices
Closed
PolyLine
Polyline
Data with 1 branches
Data
Stack
Stack Data
Data
List
Indices
Wrap
Cull Index
List
List
Size
Partition List
Chunks
List
List Length
Length
A
B
Subtraction
Result
D1
D2
Merge
Result
5– 两两放样
Curves
Options
Loft
Loft
List
Dispatch pattern
Dispatch
List A
List B
6– 模式分组与拉伸
Base
Direction
Extrude
Extrusion
Vector
Unit Vector
Vector
Vector
Amplitude
Amplitude
Vector
Number Slider

随机分割的墙全部程序

不同参数条件下获取的结果

Tree树型数据类

● List 列表类主要是对线性列表数据进行数据处理，Tree 中的组件则是对树型数据，即多个单一数据或者线性数据的组合进行数据处理。树型数据较为复杂，在数据处理过程中应该时刻使用 Para Viewer 和 Panel 面板组件查看数据分支结构，根据目的来控制路径及数据的变化。

A.Clean Tree 数据清理：

选择性移除数据中的空值和无效值；

B.Flatten Tree 展平路径：

将所有路径下的项值放置于单独的一个路径之下；

C.Graft Tree 移植项值：

将所有路径下的项值分别放置于各自的路径之下；

D.Prune Tree 按长度提取路径：

根据输入端 Minimum 和 Maximum 确定的列表长度，提取符合要求的路径及其所有项值；

E.Simplify Tree 简化路径：

在保持路径数量、索引值和项值不变的前提下，简化路径名；

F.Tree Statistics 路径统计：

统计数据的路径名及其路径长度和列表长度；

G.Trim Tree 修剪路径：

根据输入端 Depth 数值，从后往前移除路径名项；

H.Unflatten Tree 展平复原：

将输入的数据按照指定的数据路径结构复原路径分支结构；

I.Entwine 展平组合：

将输入的所有数据先分别展平，再分别顺序放置于各自的路径分支之下；

J.Explode Tree 路径炸开：

将所有路径炸开为单独的线性数据列表输出；

K.Flip Matrix 翻转矩阵：

将所有路径下索引值相同的项值放置于同一个路径之下；

L.Merge 合并数据：

保持所有输入端的数据路径名不变的条件下进行合并，只有路径名相同的才会合并到一个路径名之下。

I + II

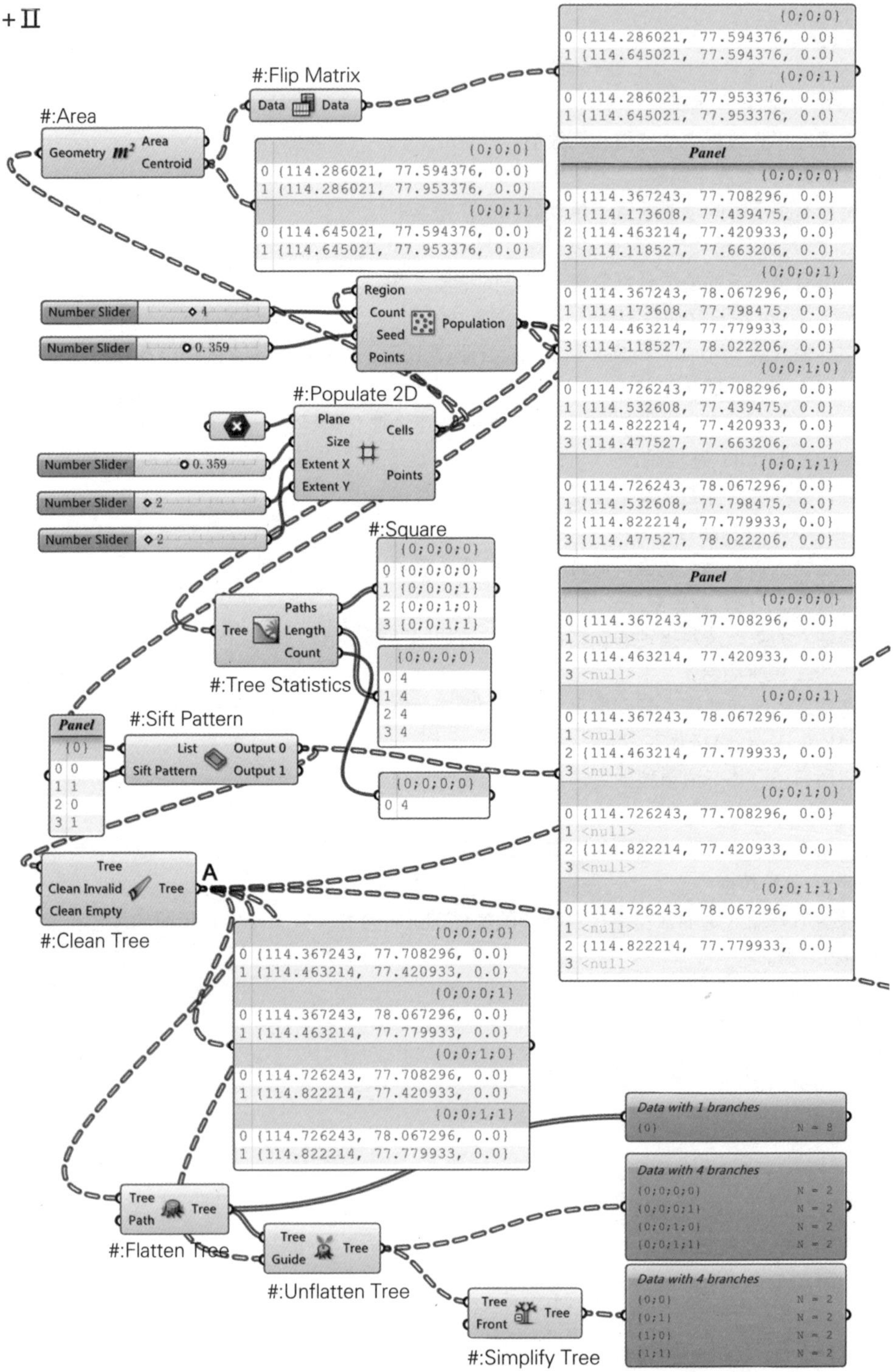
#:Area
Geometry
Area
Centroid
#:Flip Matrix
Data
Data
{0;0;0}
0 {114.286021, 77.594376, 0.0}
1 {114.645021, 77.594376, 0.0}
{0;0;1}
0 {114.286021, 77.953376, 0.0}
1 {114.645021, 77.953376, 0.0}
{0;0;0}
0 {114.286021, 77.594376, 0.0}
1 {114.286021, 77.953376, 0.0}
{0;0;1}
0 {114.645021, 77.594376, 0.0}
1 {114.645021, 77.953376, 0.0}
Panel
{0;0;0;0}
0 {114.367243, 77.708296, 0.0}
1 {114.173608, 77.439475, 0.0}
2 {114.463214, 77.420933, 0.0}
3 {114.118527, 77.663206, 0.0}
{0;0;0;1}
0 {114.367243, 78.067296, 0.0}
1 {114.173608, 77.798475, 0.0}
2 {114.463214, 77.779933, 0.0}
3 {114.118527, 78.022206, 0.0}
{0;0;1;0}
0 {114.726243, 77.708296, 0.0}
1 {114.532608, 77.439475, 0.0}
2 {114.822214, 77.420933, 0.0}
3 {114.477527, 77.663206, 0.0}
{0;0;1;1}
0 {114.726243, 78.067296, 0.0}
1 {114.532608, 77.798475, 0.0}
2 {114.822214, 77.779933, 0.0}
3 {114.477527, 78.022206, 0.0}
Number Slider
4
Number Slider
0.359
Region
Count
Seed
Points
Population
#:Populate 2D
Plane
Size
Extent X
Extent Y
Cells
Points
Number Slider
0.359
Number Slider
2
Number Slider
2
#:Square
{0;0;0;0}
0 {0;0;0;0}
1 {0;0;0;1}
2 {0;0;1;0}
3 {0;0;1;1}
Tree
Paths
Length
Count
{0;0;0;0}
0 4
1 4
2 4
3 4
#:Tree Statistics
{0;0;0;0}
0 4
Panel
{0}
0 0
1 1
2 0
3 1
#:Sift Pattern
List
Sift Pattern
Output 0
Output 1
Panel
{0;0;0;0}
0 {114.367243, 77.708296, 0.0}
1 <null>
2 {114.463214, 77.420933, 0.0}
3 <null>
{0;0;0;1}
0 {114.367243, 78.067296, 0.0}
1 <null>
2 {114.463214, 77.779933, 0.0}
3 <null>
{0;0;1;0}
0 {114.726243, 77.708296, 0.0}
1 <null>
2 {114.822214, 77.420933, 0.0}
3 <null>
{0;0;1;1}
0 {114.726243, 78.067296, 0.0}
1 <null>
2 {114.822214, 77.779933, 0.0}
3 <null>
Tree
Clean Invalid
Clean Empty
Tree
A
#:Clean Tree
{0;0;0;0}
0 {114.367243, 77.708296, 0.0}
1 {114.463214, 77.420933, 0.0}
{0;0;0;1}
0 {114.367243, 78.067296, 0.0}
1 {114.463214, 77.779933, 0.0}
{0;0;1;0}
0 {114.726243, 77.708296, 0.0}
1 {114.822214, 77.420933, 0.0}
{0;0;1;1}
0 {114.726243, 78.067296, 0.0}
1 {114.822214, 77.779933, 0.0}
Data with 1 branches
{0} N = 8
Data with 4 branches
{0;0;0;0} N = 2
{0;0;0;1} N = 2
{0;0;1;0} N = 2
{0;0;1;1} N = 2
Tree
Path
Tree
#:Flatten Tree
Tree
Guide
Tree
#:Unflatten Tree
Data with 4 branches
{0;0} N = 2
{0;1} N = 2
{1;0} N = 2
{1;1} N = 2
Tree
Front
Tree
#:Simplify Tree

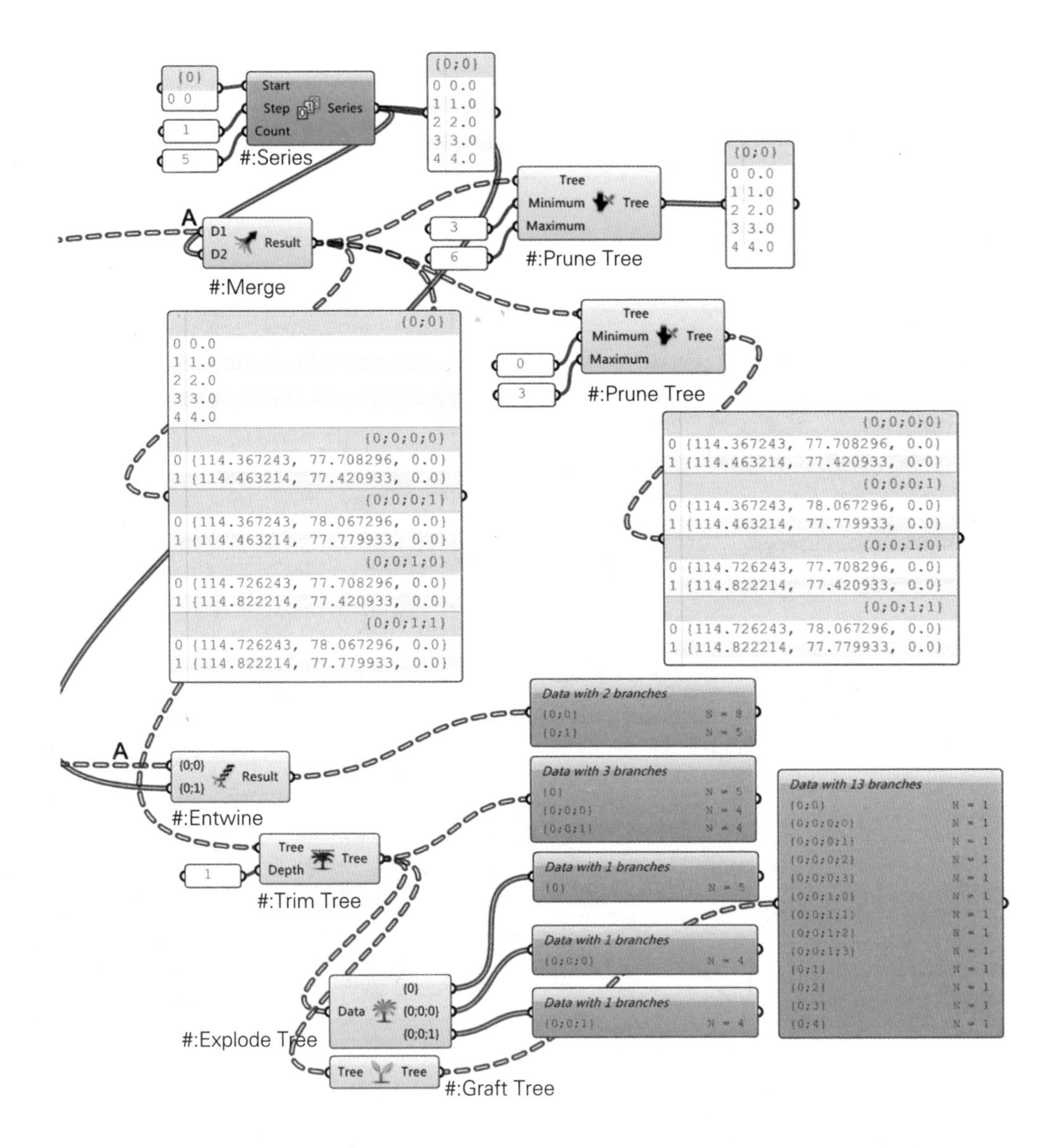

M.Match Tree 路径匹配:

Tree 输入端数据路径将被匹配为 Guide 端输入的数据路径结构，项值保持不变;

N.Path Mapper 路径编辑:

根据提供的语法编写路径结构，达到路径结构调整的目的;

O.Shift Paths 移位路径:

根据输入端 Offset 数值从前往后移除路径名项;

P.Split Tree 掩码提取:

根据 Mask 输入端提供的掩码路径提取数据，路径掩码位置项可以使用? 或者 * 通配符替代;

Q.Stream Filter 流入控制:

由 Gatc 输入端指定的输入序号输出数据；

R.Stream Gate 流出控制：

由 Stream 输入端指定的输出序号输出数据。

Ⅲ+Ⅳ

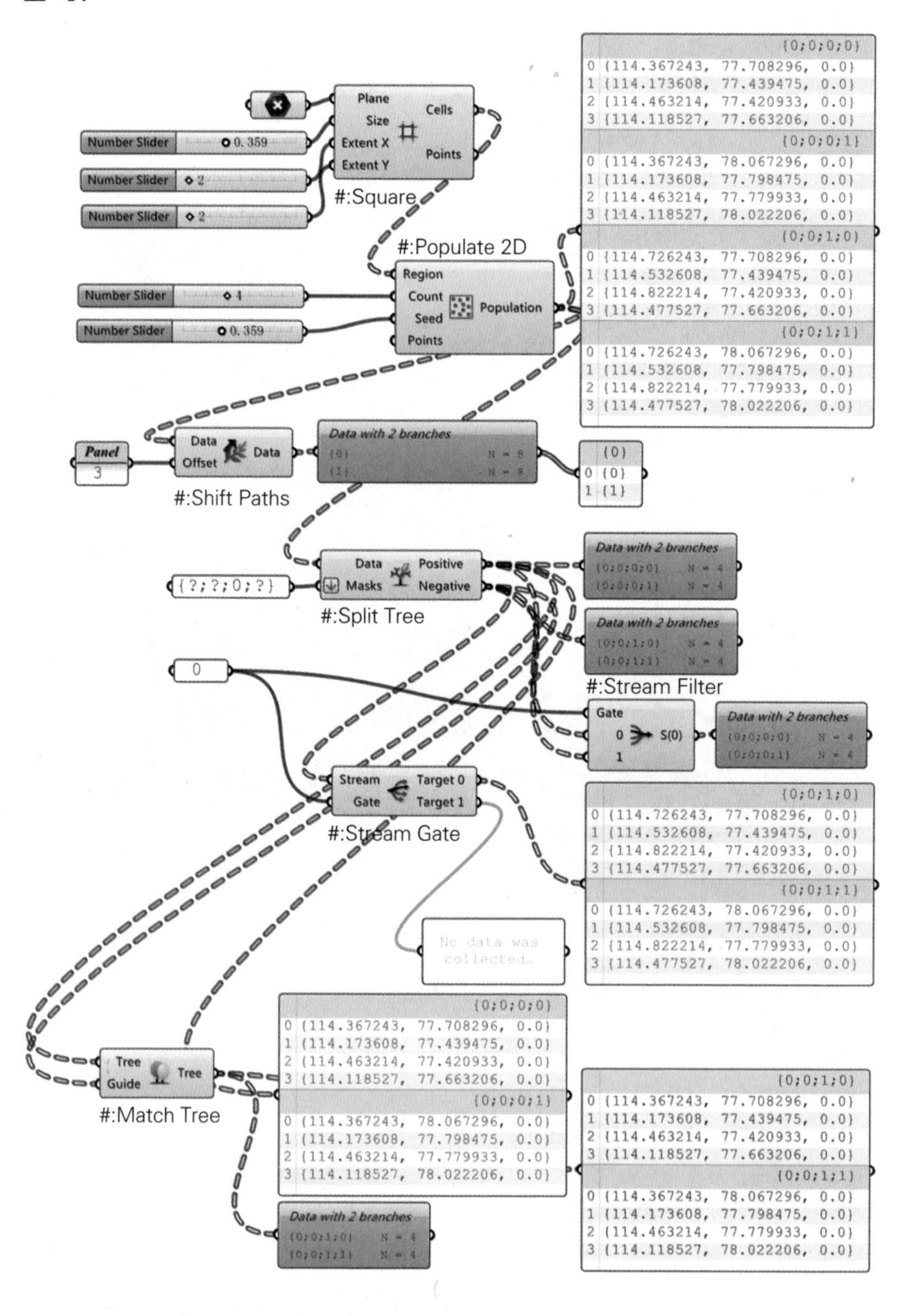

V +VI

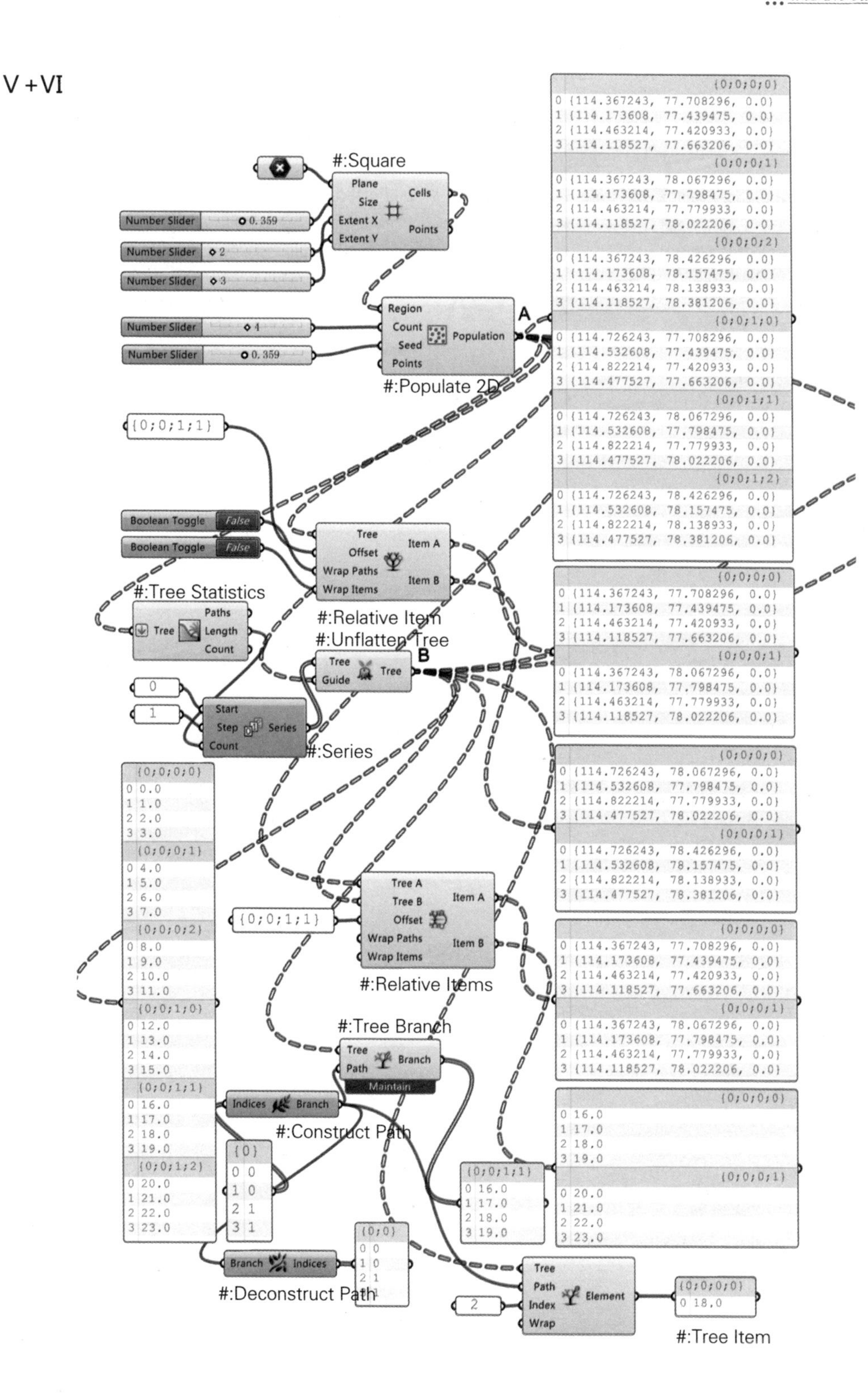
#:Square
Plane
Size
Extent X
Extent Y
Cells
Points
Number Slider
0.359
2
3
4
Region
Count
Seed
Points
Population
A
#:Populate 2D
{0;0;1;1}
Boolean Toggle
False
Tree
Offset
Wrap Paths
Wrap Items
Item A
Item B
#:Tree Statistics
Paths
Length
Count
#:Relative Item
#:Unflatten Tree
Guide
B
0
1
Start
Step
Series
#:Series
Tree A
Tree B
#:Relative Items
#:Tree Branch
Path
Branch
Maintain
Indices
#:Construct Path
#:Deconstruct Path
Index
Wrap
Element
#:Tree Item
{0;0;0;0}
{114.367243, 77.708296, 0.0}
{114.173608, 77.439475, 0.0}
{114.463214, 77.420933, 0.0}
{114.118527, 77.663206, 0.0}
{0;0;0;1}
{114.367243, 78.067296, 0.0}
{114.173608, 77.798475, 0.0}
{114.463214, 77.779933, 0.0}
{114.118527, 78.022206, 0.0}
{0;0;0;2}
{114.367243, 78.426296, 0.0}
{114.173608, 78.157475, 0.0}
{114.463214, 78.138933, 0.0}
{114.118527, 78.381206, 0.0}
{0;0;1;0}
{114.726243, 77.708296, 0.0}
{114.532608, 77.439475, 0.0}
{114.822214, 77.420933, 0.0}
{114.477527, 77.663206, 0.0}
{0;0;1;1}
{114.726243, 78.067296, 0.0}
{114.532608, 77.798475, 0.0}
{114.822214, 77.779933, 0.0}
{114.477527, 78.022206, 0.0}
{0;0;1;2}
{114.726243, 78.426296, 0.0}
{114.532608, 78.157475, 0.0}
{114.822214, 78.138933, 0.0}
{114.477527, 78.381206, 0.0}
{0;0;0;0}
0.0 1.0 2.0 3.0
{0;0;0;1}
4.0 5.0 6.0 7.0
{0;0;0;2}
8.0 9.0 10.0 11.0
{0;0;1;0}
12.0 13.0 14.0 15.0
{0;0;1;1}
16.0 17.0 18.0 19.0
{0;0;1;2}
20.0 21.0 22.0 23.0
{0}
{0;0}
{0;0;0;0}
0 18.0

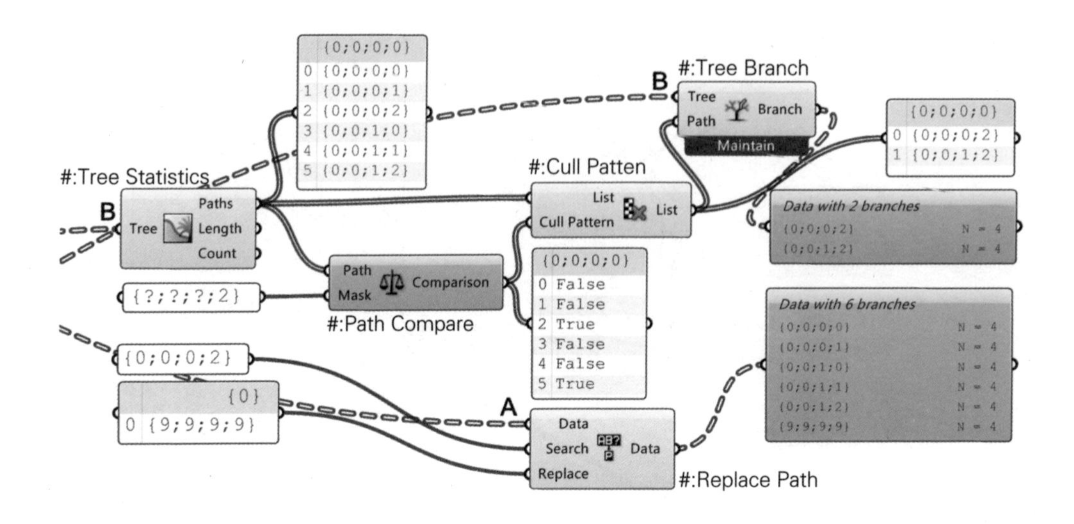

S.Relative Item 相对项值：

根据输入端 Offset 提供的路径名，提取该路径及其向下的路径，同时返回从路径索引值开始的位置向下与之相同数量的路径；

T.Relative Items 相对项值（M）：

与 Relative Item 功能一样，但是返回的是输入端另一个数据所对应的路径；

U.Tree Branch 获取分支：

根据输入的路径名提取数据所对应的路径及其项值；

V.Tree Item 获取项值：

根据输入的路径名和项值索引值提取数据所对应路径下的项值；

W.Construct Path 建立路径 ：

将列表转化为路径名；

X.Deconstruct Path 路径分解：

将路径分解为列表数据；

Y.Path Compare 路径判断：

与输入端 Mask 提供的掩码路径比较，判断路径是否与之对应，如果一致则输出 True，否则为 False。

Z.Replace Paths 替换路径：

将输入端 Search 提供的路径替换为输入端 Replace 提供的路径，项值保持不变。

Tree类核心组件Path Mapper

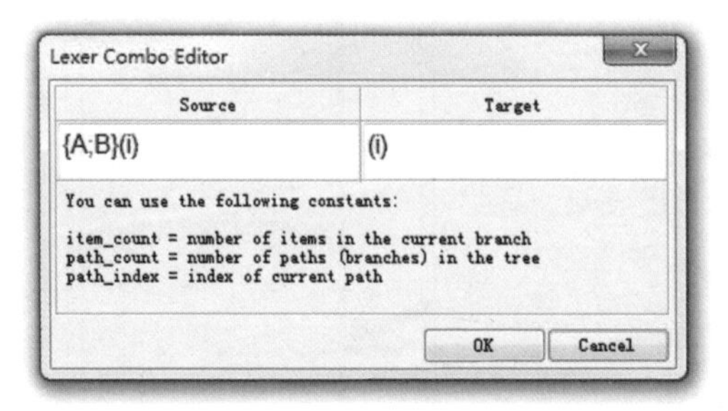

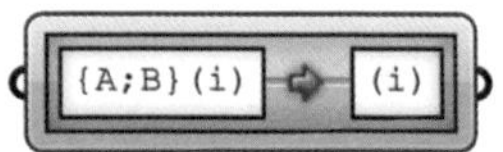

Path Mapper

● Tree 组中 Path Mapper 组件在调整路径结构上较之其他组件具有更多的灵活性，通过编写路径可以重新组织数据分支结构，并可以替代某些其他组件使用。双击组件即可进入路径编辑界面，{A; B}为路径分支，(i)为项值索引。

Path Mapper-a

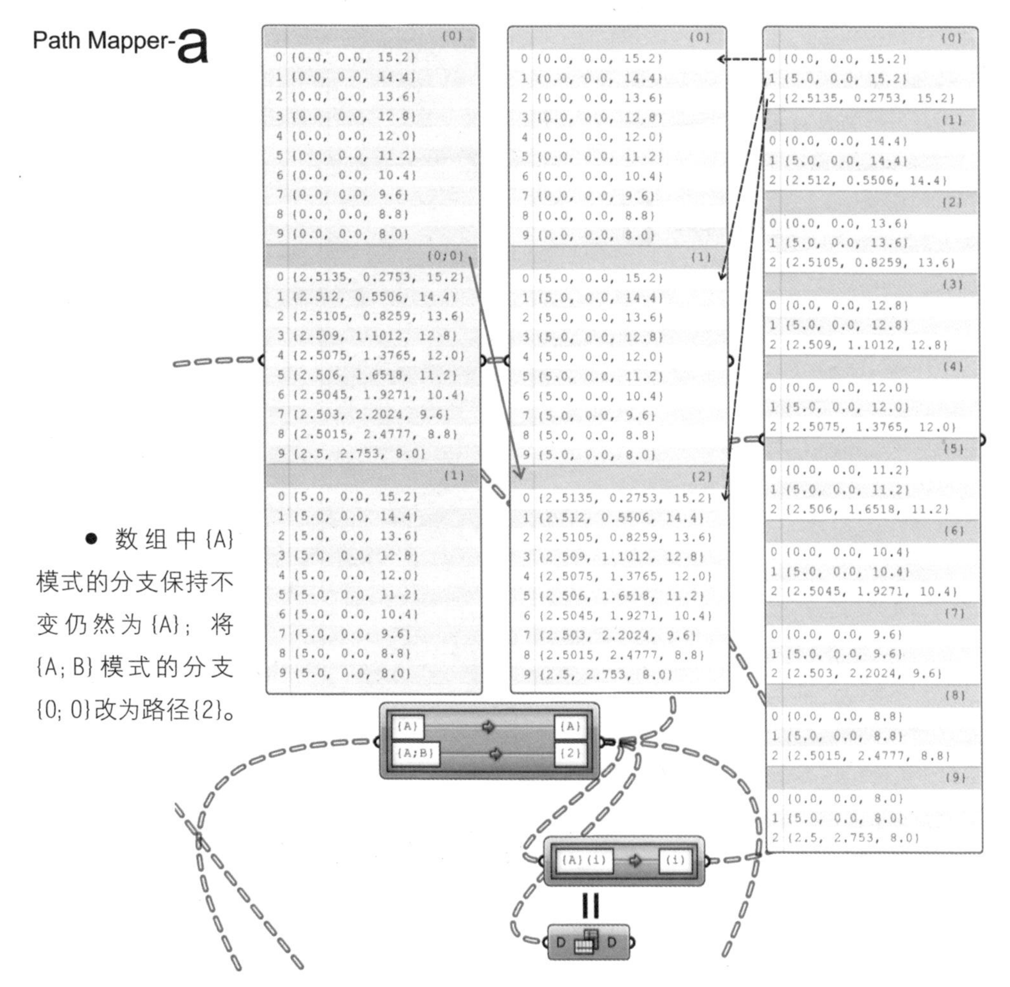

● 数组中{A}模式的分支保持不变仍然为{A}；将{A; B}模式的分支{0; 0}改为路径{2}。

● {A; B} (i) 模式与 Flip Matrix 组件功用相同，即翻转行列矩阵。

● 将{A; B}(i)模式的路径翻转为{A; i}，即保持分支A不变，而将分支B与项值索引i翻转。

Path Mapper-b

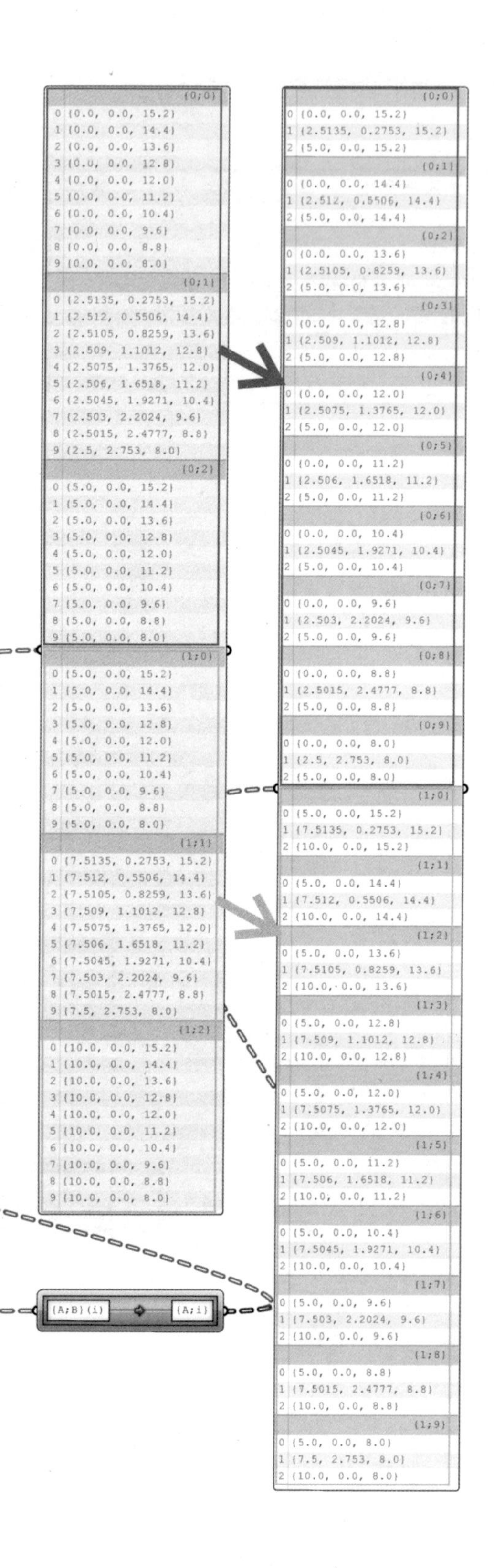

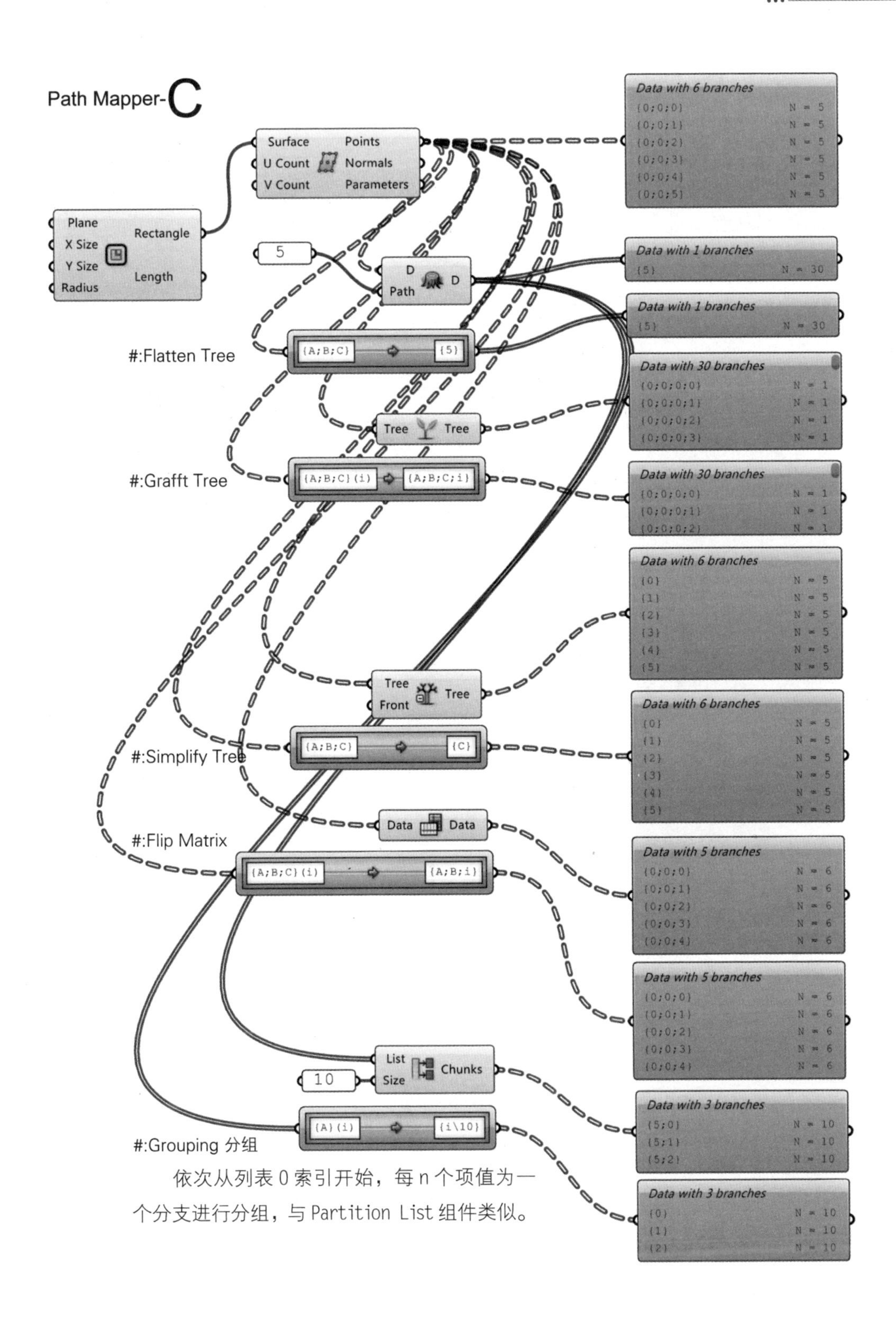

Path Mapper-C
Surface
U Count
V Count
Points
Normals
Parameters
Plane
X Size
Y Size
Radius
Rectangle
Length
5
D
Path
D
#:Flatten Tree
{A;B;C}
{5}
Tree
Tree
#:Grafft Tree
{A;B;C}(i)
{A;B;C;i}
Tree
Front
Tree
#:Simplify Tree
{A;B;C}
{C}
Data
Data
#:Flip Matrix
{A;B;C}(i)
{A;B;i}
List
Size
Chunks
10
{A}(i)
{i\10}
Data with 6 branches
{0;0;0} N = 5
{0;0;1} N = 5
{0;0;2} N = 5
{0;0;3} N = 5
{0;0;4} N = 5
{0;0;5} N = 5
Data with 1 branches
{5} N = 30
Data with 1 branches
{5} N = 30
Data with 30 branches
{0;0;0;0} N = 1
{0;0;0;1} N = 1
{0;0;0;2} N = 1
{0;0;0;3} N = 1
Data with 30 branches
{0;0;0;0} N = 1
{0;0;0;1} N = 1
{0;0;0;2} N = 1
Data with 6 branches
{0} N = 5
{1} N = 5
{2} N = 5
{3} N = 5
{4} N = 5
{5} N = 5
Data with 6 branches
{0} N = 5
{1} N = 5
{2} N = 5
{3} N = 5
{4} N = 5
{5} N = 5
Data with 5 branches
{0;0;0} N = 6
{0;0;1} N = 6
{0;0;2} N = 6
{0;0;3} N = 6
{0;0;4} N = 6
Data with 5 branches
{0;0;0} N = 6
{0;0;1} N = 6
{0;0;2} N = 6
{0;0;3} N = 6
{0;0;4} N = 6
Data with 3 branches
{5;0} N = 10
{5;1} N = 10
{5;2} N = 10
Data with 3 branches
{0} N = 10
{1} N = 10
{2} N = 10

#:Grouping 分组

依次从列表 0 索引开始，每 n 个项值为一个分支进行分组，与 Partition List 组件类似。

Path Mapper-D

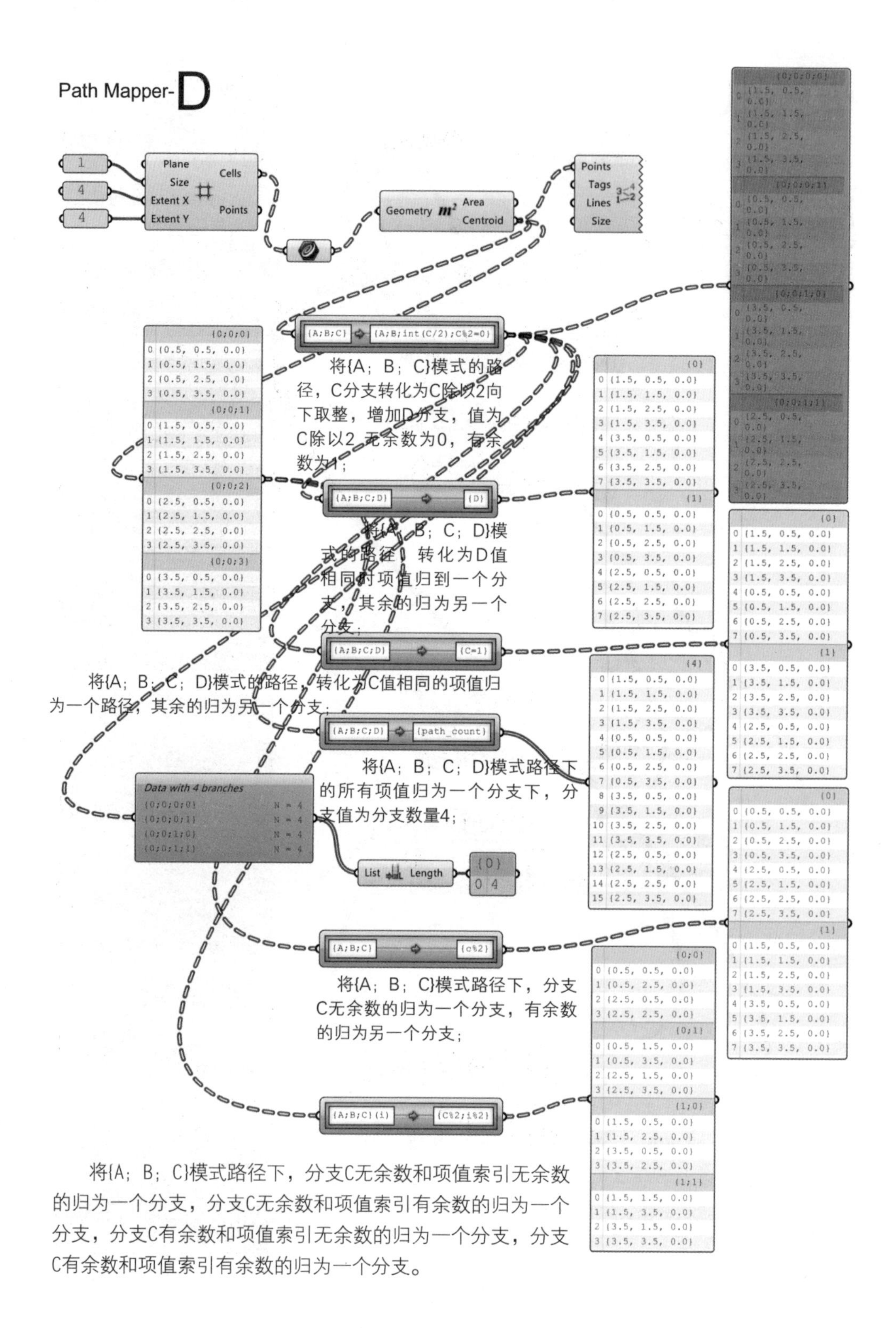

Plane
Size
Extent X
Extent Y
Cells
Points
Geometry
Area
Centroid
Points
Tags
Lines
Size
{A;B;C} → {A;B;int(C/2);C%2=0}
将{A；B；C}模式的路径，C分支转化为C除以2向下取整，增加D分支，值为C除以2 无余数为0，有余数为1；
{A;B;C;D} → {D}
将{A；B；C；D}模式的路径，转化为D值相同时项值归到一个分支，其余的归为另一个分支；
{A;B;C;D} → {C=1}
将{A；B；C；D}模式的路径，转化为C值相同的项值归为一个路径，其余的归为另一个分支；
{A;B;C;D} → {path_count}
将{A；B；C；D}模式路径下的所有项值归为一个分支下，分支值为分支数量4；
Data with 4 branches
List Length
{A;B;C} → {c%2}
将{A；B；C}模式路径下，分支C无余数的归为一个分支，有余数的归为另一个分支；
{A;B;C}(i) → {C%2;i%2}
将{A；B；C}模式路径下，分支C无余数和项值索引无余数的归为一个分支，分支C无余数和项值索引有余数的归为一个分支，分支C有余数和项值索引无余数的归为一个分支，分支C有余数和项值索引有余数的归为一个分支。

Path Mapper组织数据结构应用

Path Mapper 组件大幅度提升了数据结构组织的灵活性，可以根据路径{A; B; C; D...}各项不同的运算方法，灵活组织数据结构，例如 +、-、×、÷、%（余数）等运算，获取不同特征数据的组织提取。

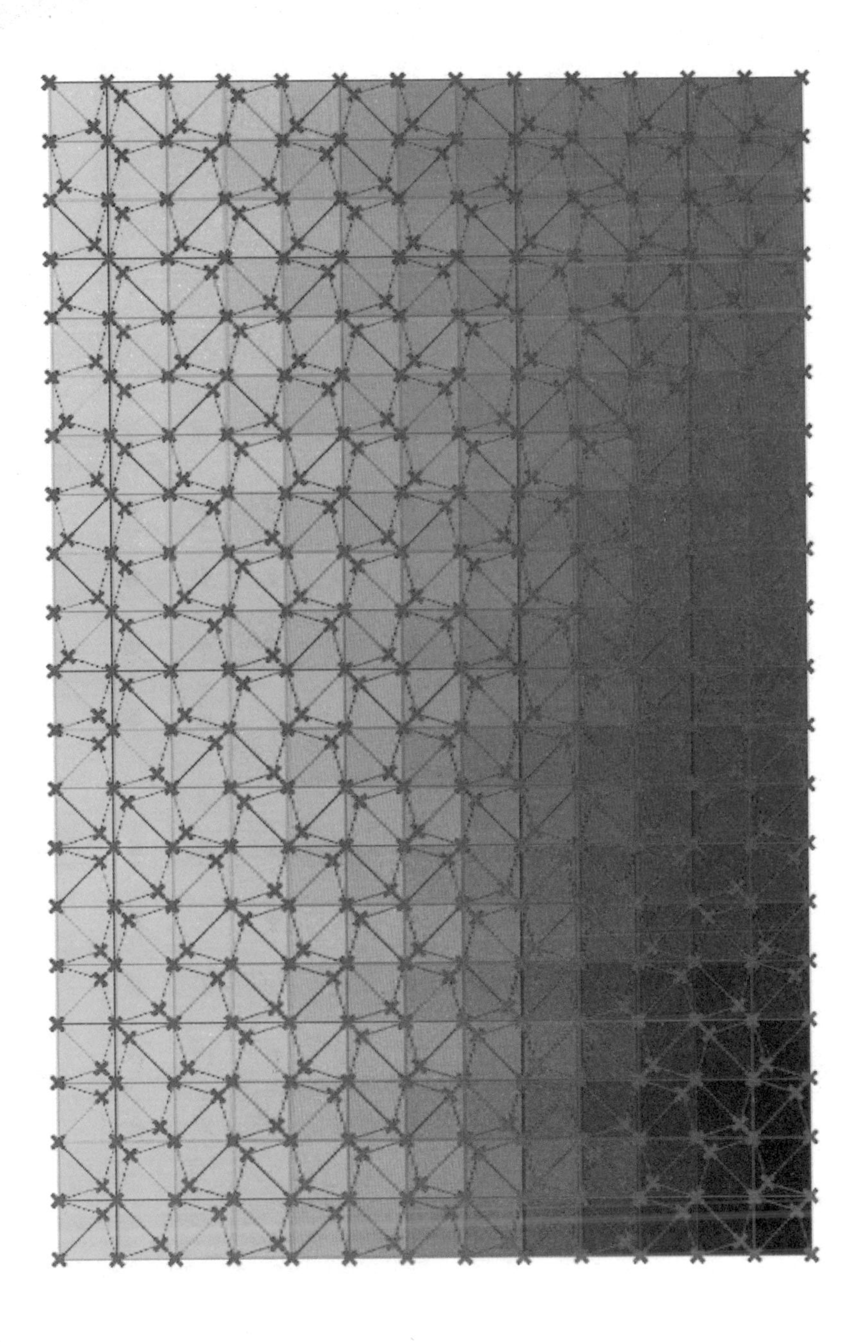

1- 拾取一个点

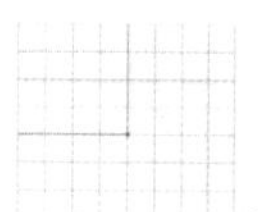

2- 建立参考平面

3- 构建格网

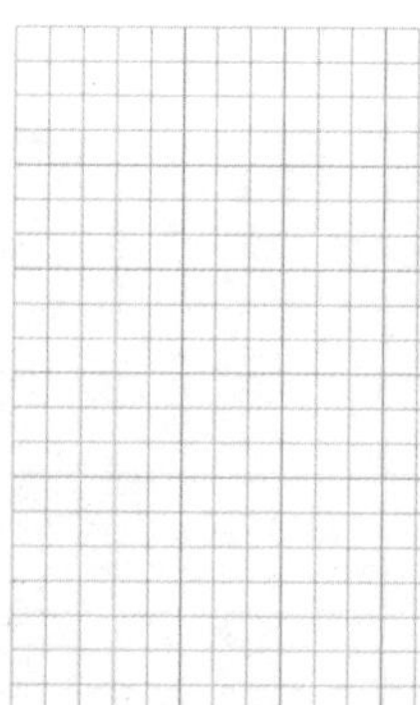

8-特征点移动后成面

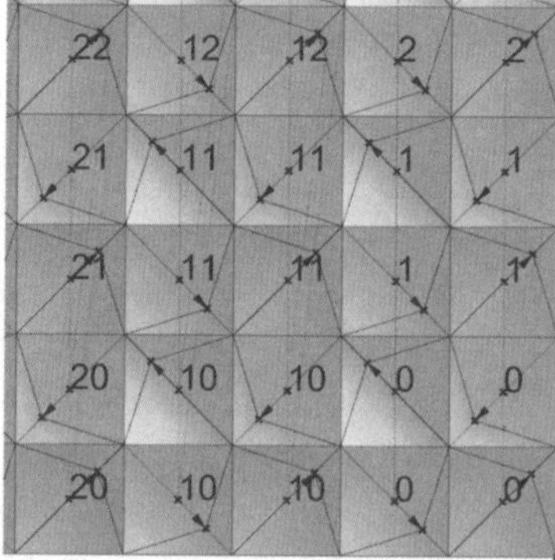

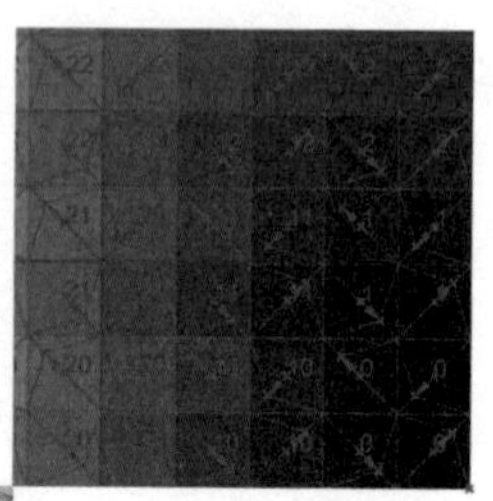

9-赋予颜色参数

变化的单元表面，使用 Path Mapper 组件来组织数据结构，其基本的逻辑构建过程是在 Rhinoceros 空间中拾取一个点，建立格网。由 Path Mapper 对路径的项和索引值求余数，建立基本的 4 个特征分组，根据特征分组构建的规律，针对不同特征分组构建特征向量，按照特征向量移动格网每一单元几何中心点的位置，并连同每一格网单元的四边点使用组件 Delaunay Mesh 建立 Mesh 格网。最后根据每一单元格网几何中心点的 X、Y、Z 坐标的数值作为颜色赋予的参数，获取变化的格网颜色。

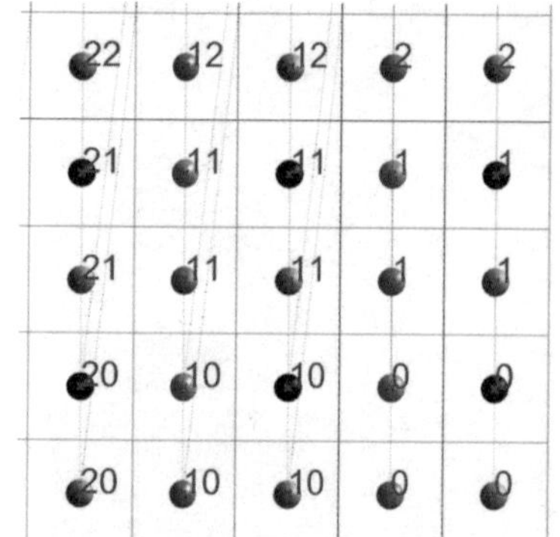

4- 特征分组

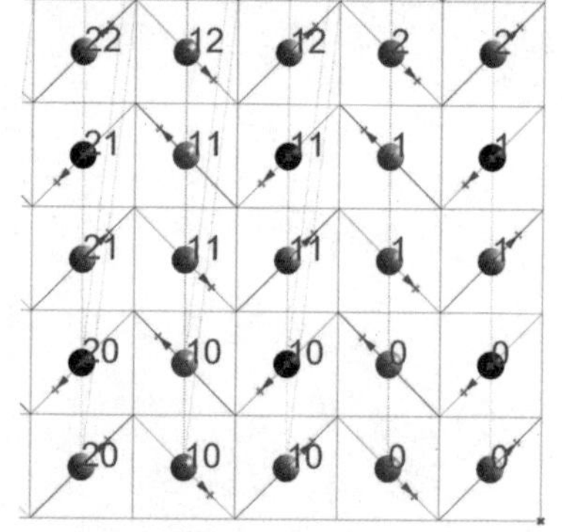

7- 按特征移动点

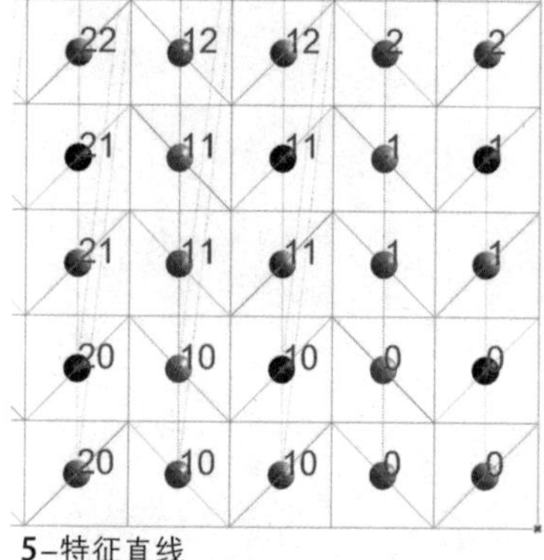

5-特征直线

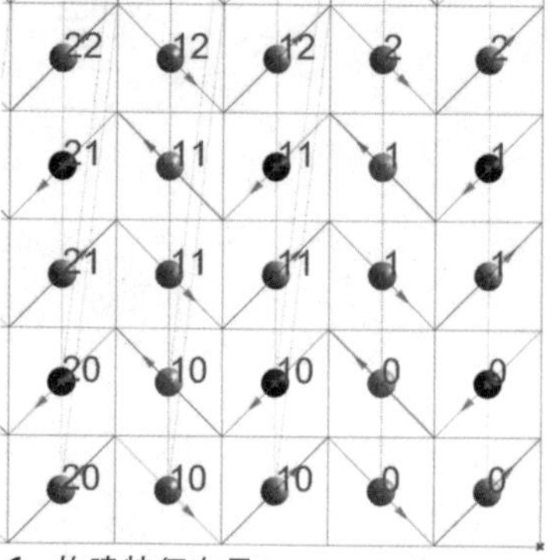

6- 构建特征向量

1-拾取一个点

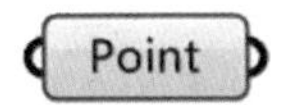

● 在 Point 组件上右键 Set One Point，在 Rhinoceros 空间中拾取一个点。

2-建立参考平面

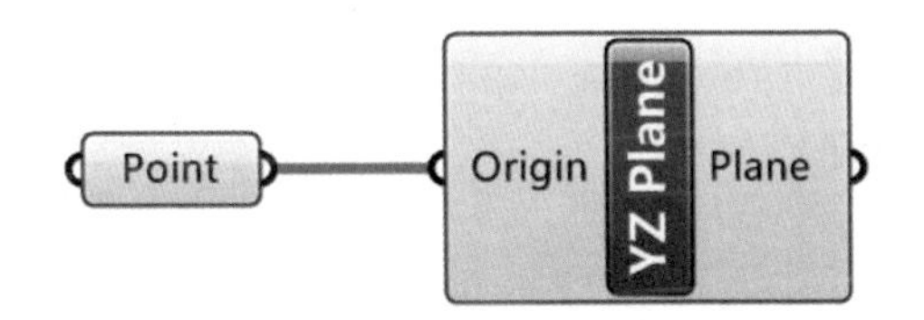

● 一些几何体的建立需要确定绘制的位置，默认情况下一般为 XY 参考平面，某些情况下将点直接输入，即默认为以该点为原点的 XY 参考平面。本例中使用 YZ 方向的参考平面，当然不管使用哪个方向的参考平面作为基准面，都不会影响核心的逻辑构建过程，即几何体的空间构成方式，关键是要保持后面程序的参考平面与之保持一致。

3- 构建格网

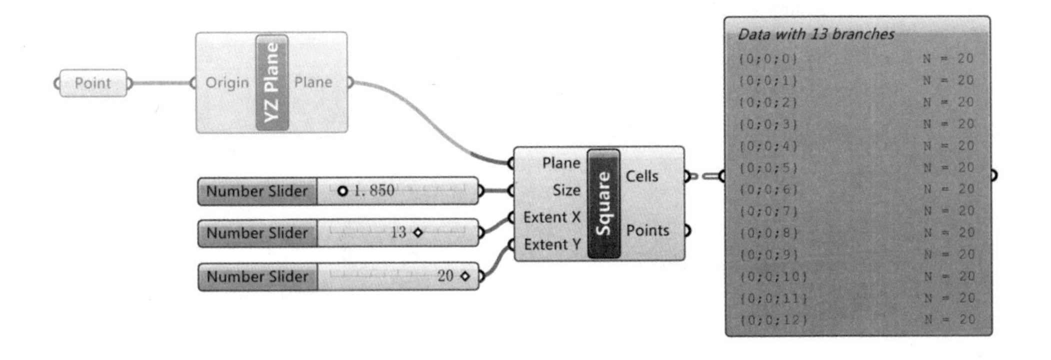

● 组件 Square 是构建方形格网，格网和 Mesh 格网在数据组织上类似，即整个面是由多个单元对象组成。Square 组件输入端 Plane 为绘制格网的基本参考平面，Size 输入端为单元的大小，Extent X/Y 分别为 X、Y 方向上单元的数量，在输出端数据组织上，X 方向代表总共的路径分支，而 Y 方向则为各个分支下的项值。对格网单元组织方式的理解是灵活使用格网构建各类几何体和空间的核心。

4-特征分组

● 在特征分组之前，使用组件 Area 将各个单元面的几何中心点提取出来，并沿着参考平面的垂直方向移动一定距离。对移动后的点特征分组，使用 Path Mapper 组织数据路径结构，其表达式 Source 为 {A；B；C}(i)，Target 为 {C%2;i%2}，将 {A；B；C} 模式路径下，分支 C 无余数和项值索引无余数的归为一个分支，分支 C 无余数和项值索引有余数的归为一个分支，有余数的归为另一个分支，分支 C 有余数和项值索引无余数的归为一个分支，分支 C 有余数和项值索引有余数的归为一个分支。组织后的数据将划分为 4 个路径分支，每一个路径分支代表一种特征，各个路径下的数据即为满足各自特征表达式的点。

为了能够很好地观察特征点的分布，在各个特征点的位置构建小球，并赋予 4 种颜色代表不同的特征点，从而更加容易地观察到特征点分布的特点。

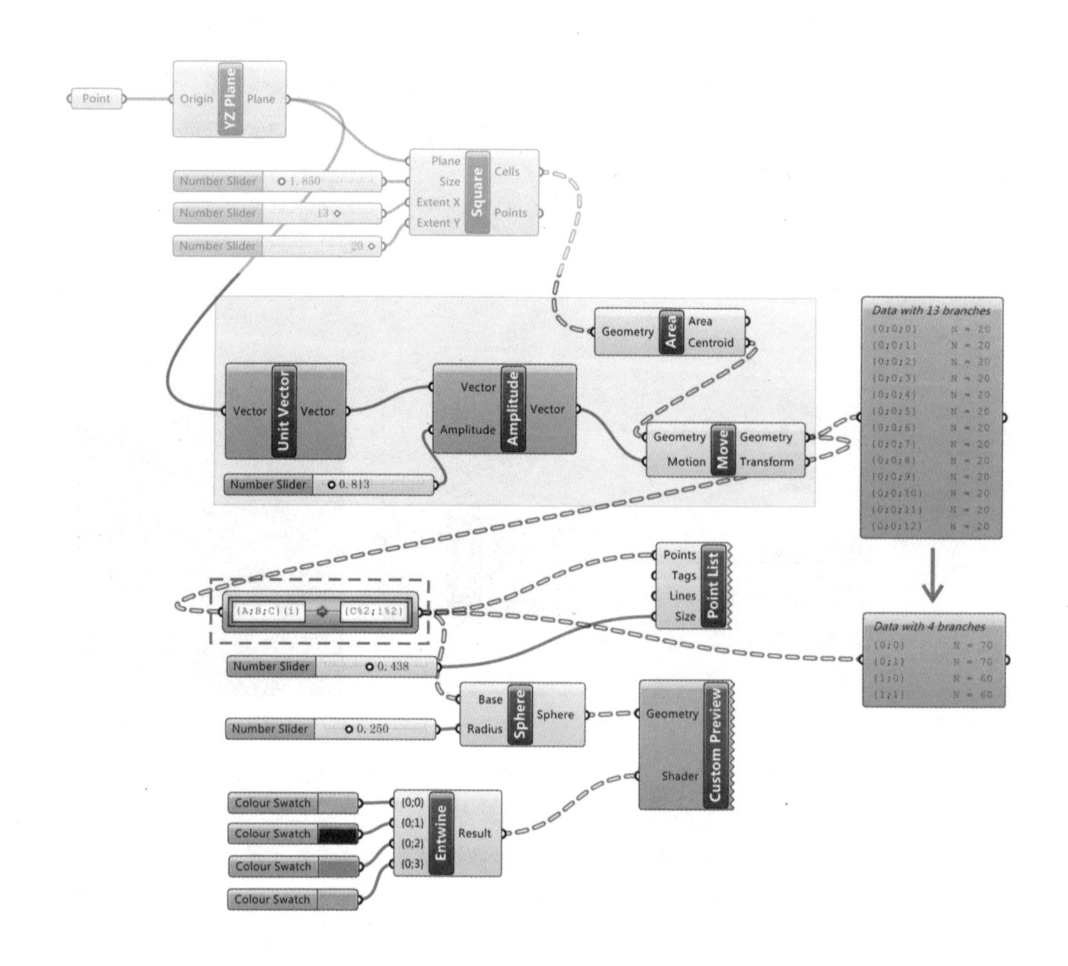

● 为了便于观察特征数据的变化，将格网 X、Y 方向的数量均减少到 4 个，图式绿线所连接索引值为 0、1、2、3 的项值为一个特征分类，依次类推，黑色球、蓝色球和粉色球分别代表不同的特征分类。

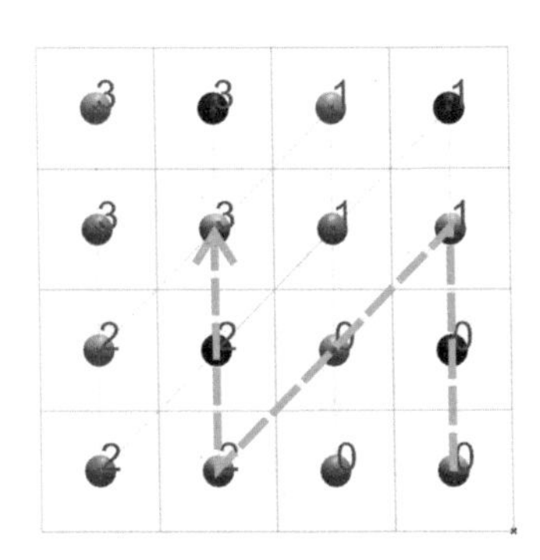

5-特征直线

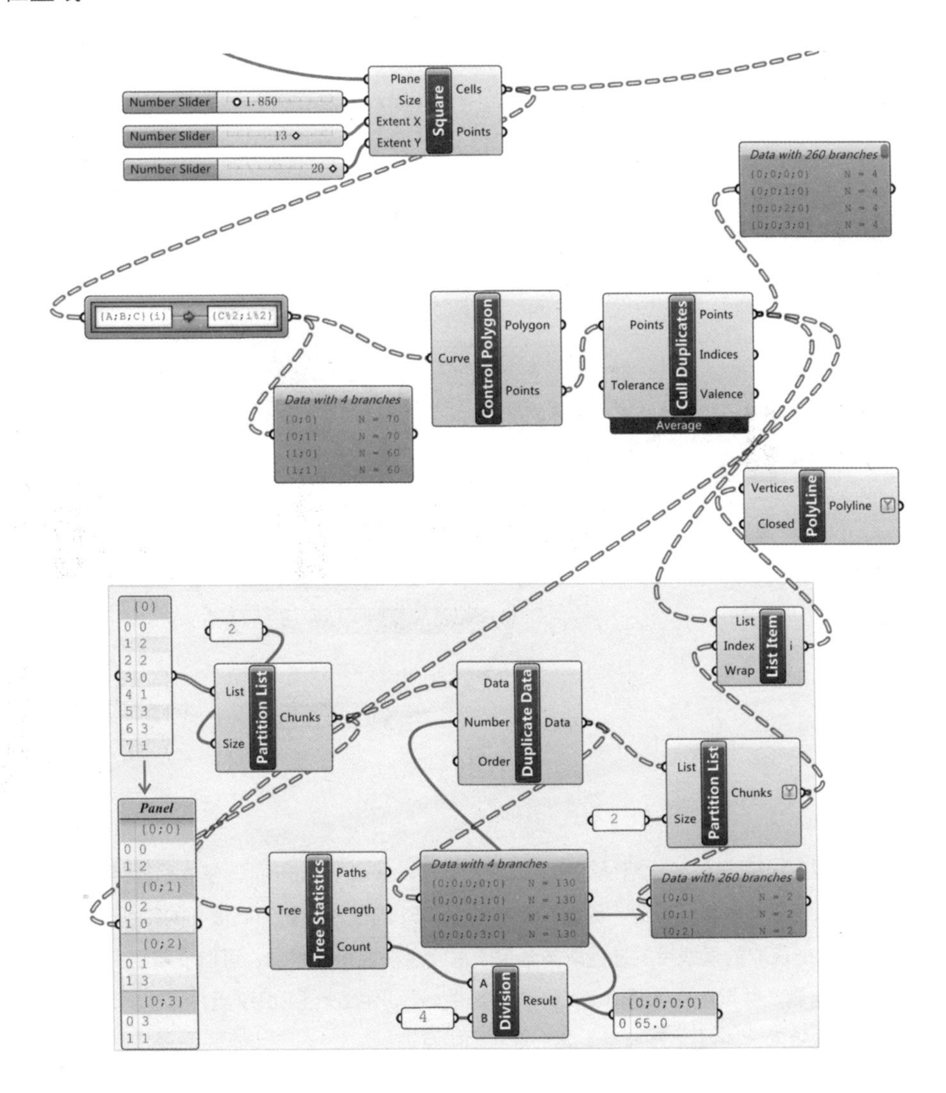

● 采取与单元点特征分组相同的 Path Mapper 表达式 Source 为 {A;B;C}(i)，Target 为 {C%2;i%2}，将格网单元边线分组，使用组件 Control Polygon 获取单元边线的控制点，并将首尾重叠的点使用组件 Cull Duplicates 剔除一个点，这时的输出数据结构为 260 个分支，分支路径的模式为 {A; B; C; D}，A 与 B 项保持了输入端特征分组后的路径结构，即 {0; 0}、{0; 1}、{1; 0}、{1; 1} 四个特征分组。对 A、B 项代表的四种特征分组分别采取不同单元四角点提取两个点的方式构建提取点的索引值列表，首先建立特征索引值提取列表，并使用 Partition List 每两项放置于一个路径分支之下 P-1，所获取的数据并不能与剔除点后的特征分组数据的 260 个路径分支保持一致，因此需要使用组件 Duplicate Data 对各自特征分组的索引值复制，复制的数量应该使用数据的统计工具 Tree Statistics 输出端 Count 获取数据分支的数量，因为有四个特征分组，除以 4 即可获得每一个特征分组索引值复制的次数。复制的过程是对各个路径分支下的项值顺序复制的过程，因此复制的数据位于原路径分支之下，需要再次使用 Partition List 每两项放置于一个路径分支之下 P-2，将获取的数据结构用于 List Item 列表按索引值提取的输入端 Index，并将各分支路径下提取的两个点连线。

6-构建特征向量

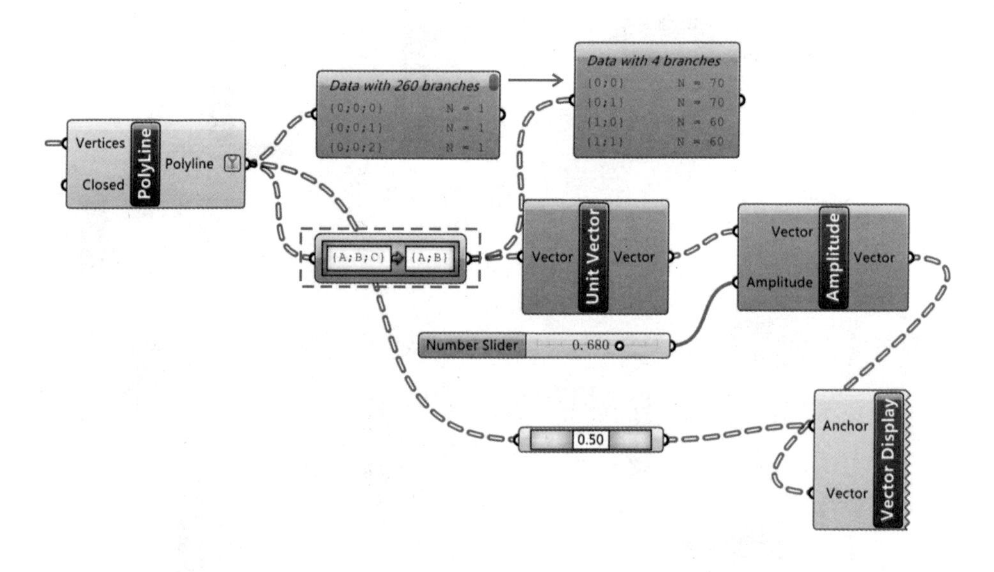

● 简化输出后直线数据路径结构，去除了 D 项，保留了 {A; B; C} 基本路径结构项，其中 A、B 项是继承了最初的特征分组，因此可以按照 {A; B} 的模式重新回到最初的特征分组数据路径结构 P。按特征获取的直线目的是提取向量用于单元点按照特征移动，可以使用组件 Unit Vector 单元化直线向量，并用组件 Amplitude 调整向量的大小，Vector Display 组件可以显示非几何体对象的向量，其输入端 Anchor 基准点为各个直线的中点。

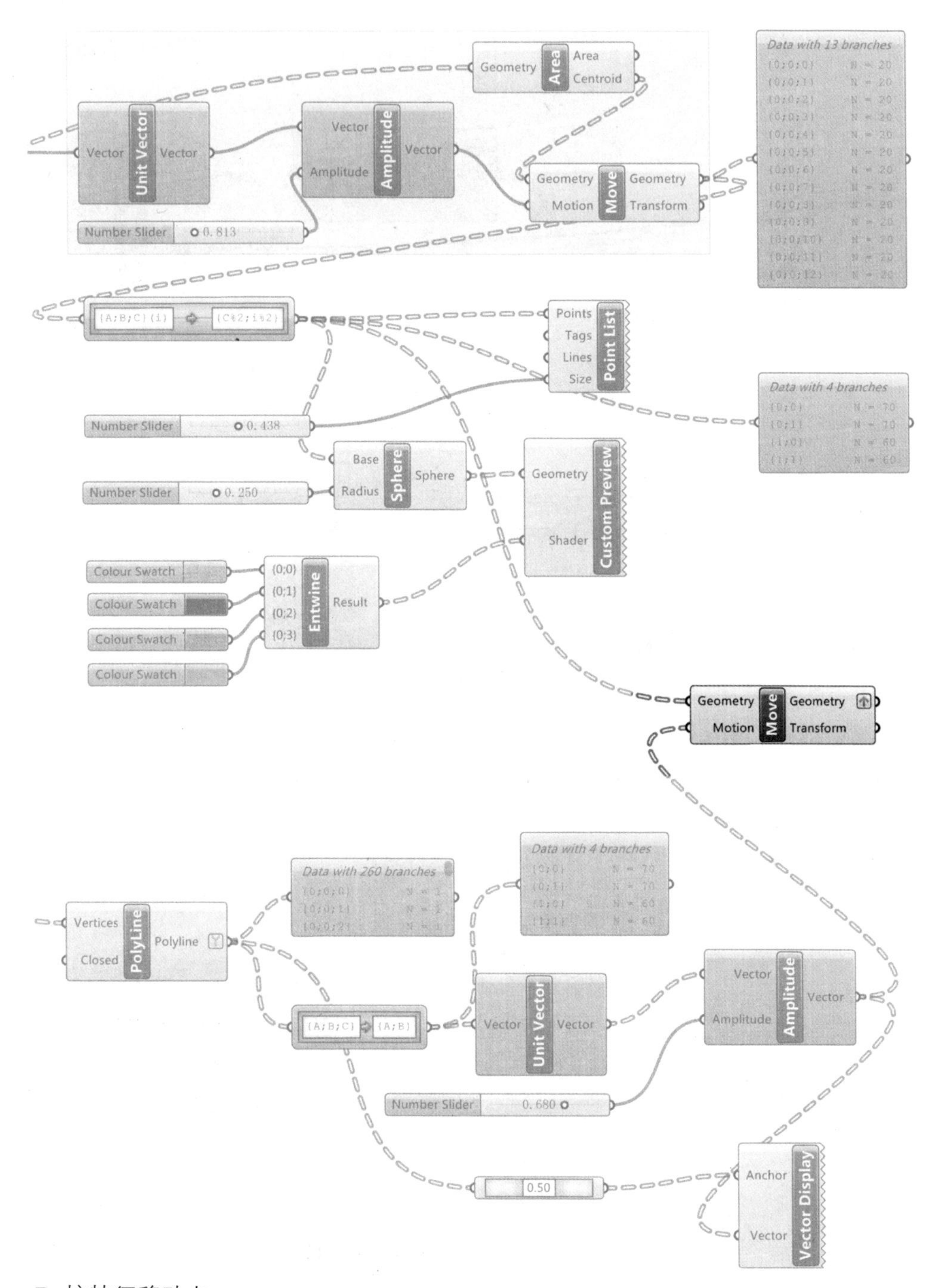

7–按特征移动点

- 使用 Move 组件将特征分组后的单元点按照特征分组构建的向量移动，获取特征移动的点。

8–特征点移动后成面

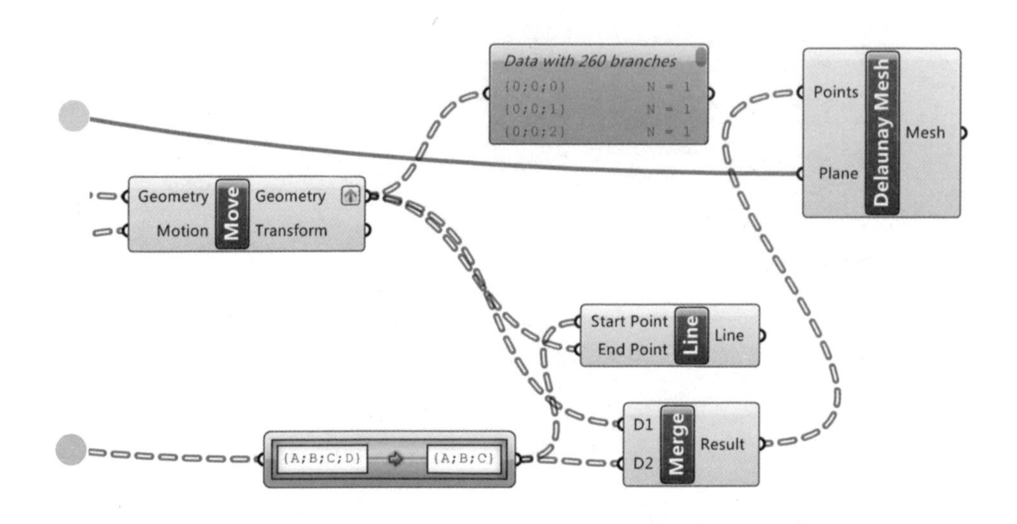

● 需要将移动后的单元点以及与单元点位于同一个单元的四角点放置于一个路径分支之下，首先将输出后的单元点在输出项 Geometry 上右键 Graft 移植项值，即将各个路径分支下的项值分别各自放置于单一的路径之下，青色标示的输入项为步骤 5- 特征直线程序中组件 Cull Duplicates 输出端 Points，即单元的四角点，去除多余的路径 D 项，保留{A; B; C}的路径模式，与移动后的单元点使用组件 Merge 融合数据，将路径相同的项值融合在一个路径之下，再使用建立格网的三角剖分算法组件 Delaunay Mesh 获得 Mesh 格网面。

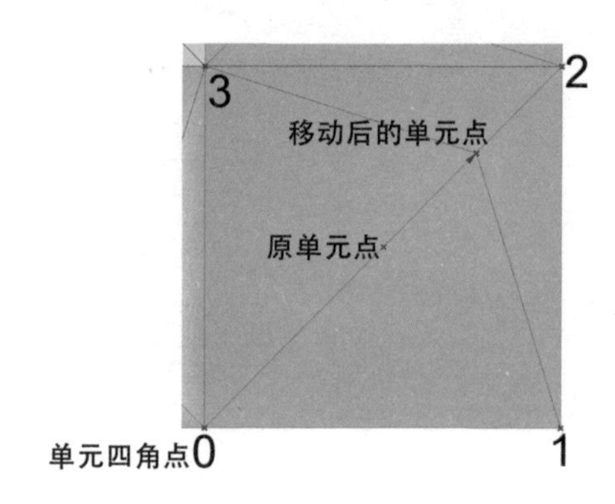

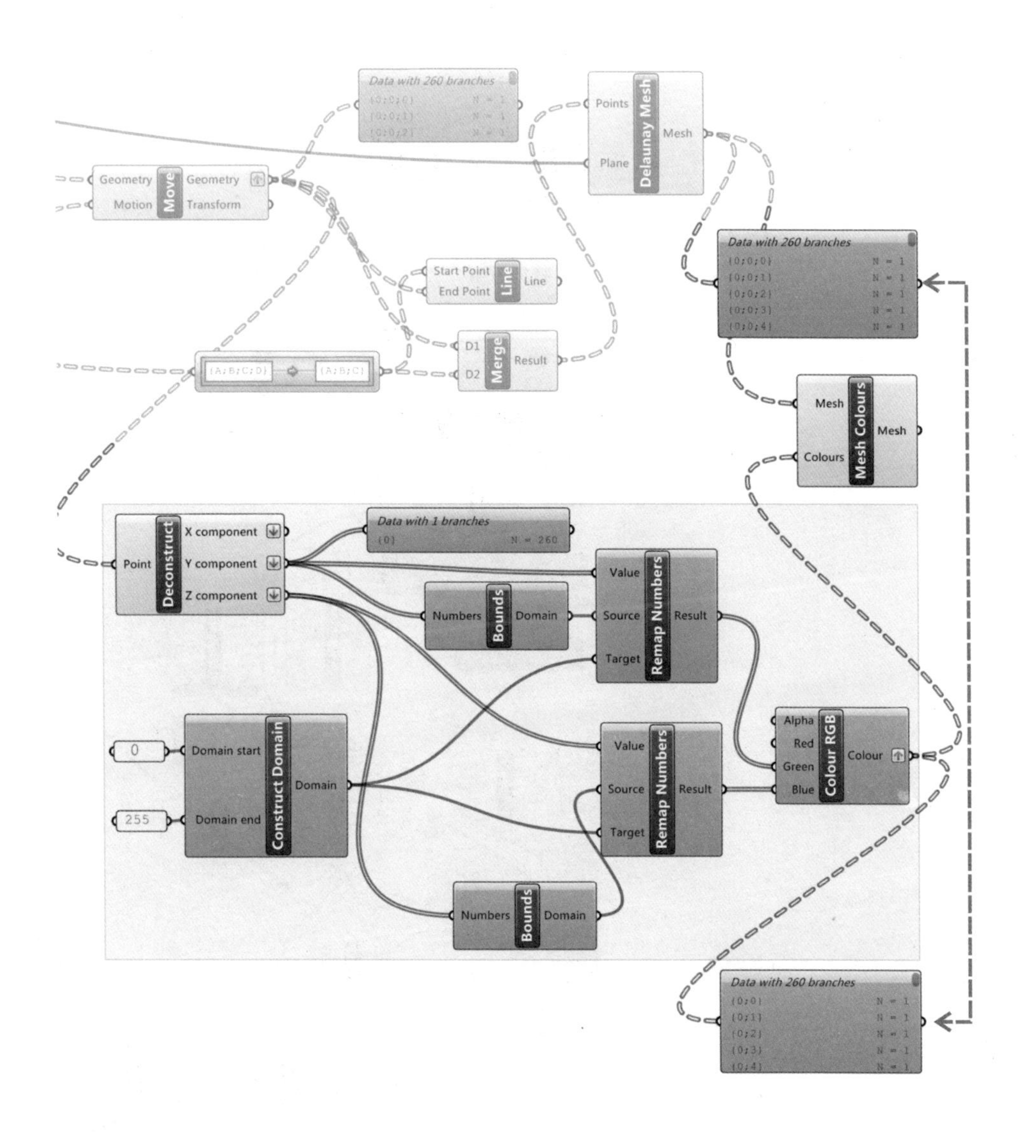

9-赋予颜色参数

● 参数化的核心思想就是建立前后相互关联的有机整体，在获取的 Mesh 面赋予颜色的设计上也基于这种核心思想构建了一个与各个 Mesh 面单元点坐标相关的参数。使用组件 Deconstruct 将单元点坐标分解为 X、Y、Z 三个值，并在输出端右键 Flatten 展平在一个路径分支之下，因为颜色值位于 0 ~ 255 之间，需要将分解后的坐标值使用组件 Remap Numbers 重设在该范围区间之内。Remap Numbers 组件输入端 Value 为原始的输入数据，只针对数据中各个路径分支下的线性数据列表操作，Source 端为原始数据的区间，可以使用组件 Bounds 获取，Target 端为目标区间，使用组件 Construct Domain 建立一维区间。最后将获得的颜色输出数据 Graft 转化为与赋予颜色组件输入端 Mesh 数据相同的路径结构。

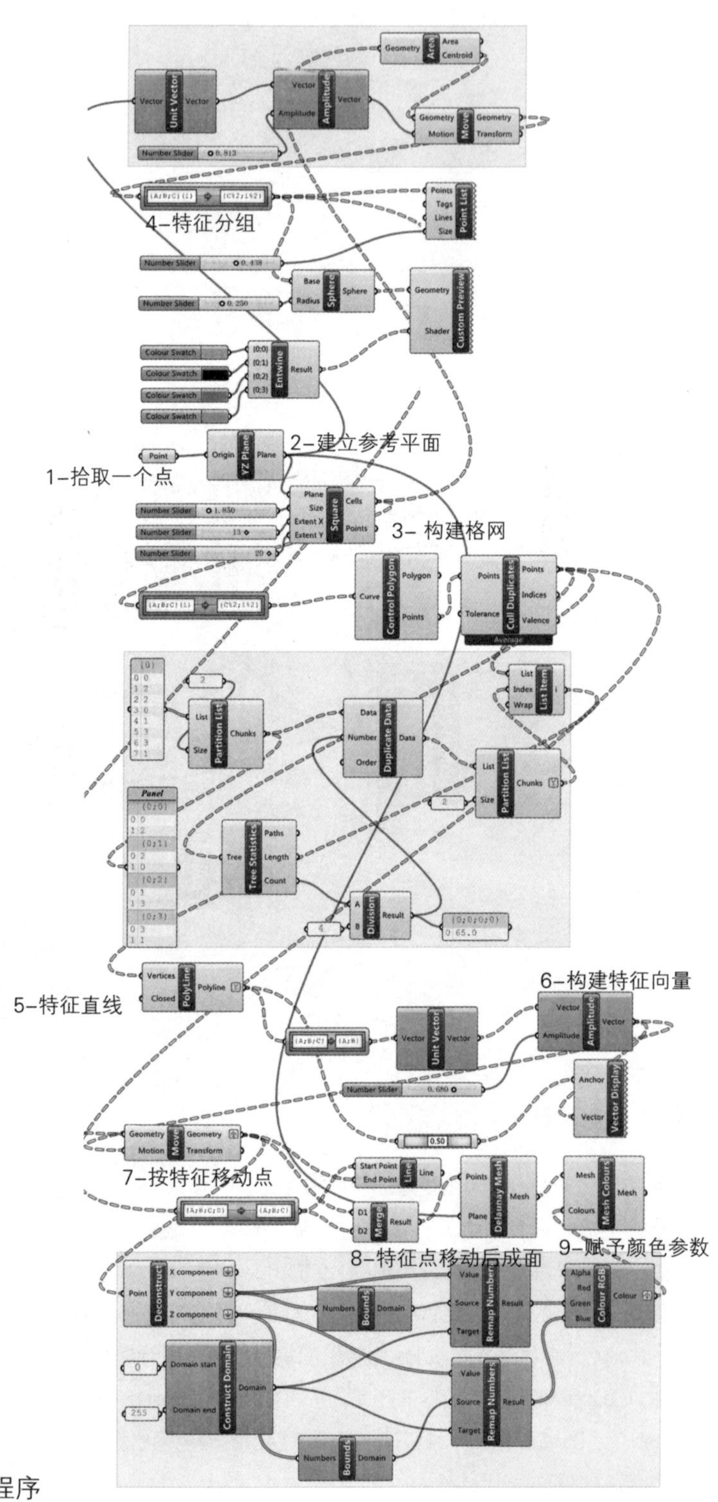

变化的单元表面全部程序

3 外部数据的调入

大部分数据都可以以文本的形式存在，例如逐时气象数据、地理信息数据、生态技术分析数据、几何模型数据等，Grasshopper 可以读取文本文件从而把数据调入使用。但是对于大部分初学者来说会耗费太多精力在文本数据的提取上，因此 Grasshopper 逐步提供了可以直接调入指定数据类型的组件直接读取并处理。

	Atom Data	原子数据
XYZ	Import Coordinates	调入坐标文件
PDB	Import PDB	调入.pdb蛋白质三维结构数据
	Read File	读取文件
3DM	Import 3DM	调入.3dm格式文件
IMG	Import Image	调入图像
SHP	Import SHP	调入.shp地理信息数据

蛋白质数据库

● 对于蛋白质数据库 .pdb 数据的支持，使得 Grasshopper 的应用领域进一步拓展，但是对于非生物学专业的建筑、景观和规划设计者，似乎没有必要深入地研究蛋白质及核酸的三维结构信息，但也许可以给予设计灵感。

案例中使用的 .pdb 数据为 4F5T，Crystal Structure of Equine Serum AlbuminChain(s): A

Authors: Bujacz, A., Bujacz, G.

Release: 2012-10-03

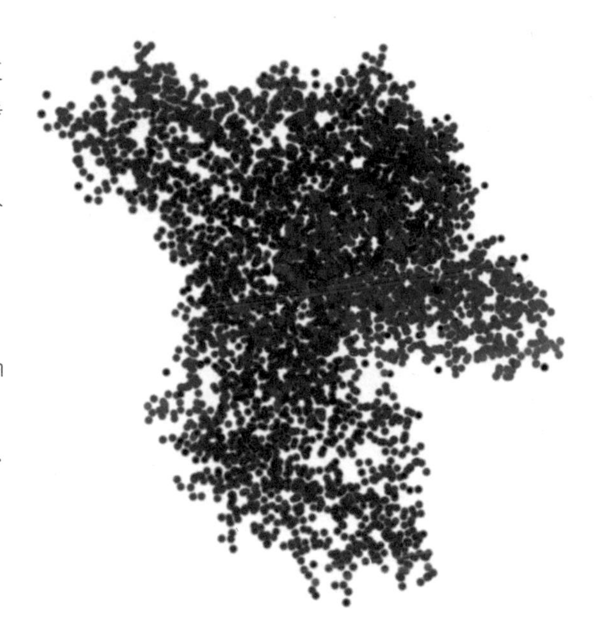

调入任何外部数据都需要使用 File Path 组件指定路径，再使用对应数据类型的组件读取，这里调入 .pdb 格式文件，使用 Import PDB 组件读取，并配合 Atom Data 读取原子数据。为了能够直观地观察每个坐标点位置温度值的变化情况，使用 Cloud Display 点云组件，颜色的输入值由温度值控制，因为颜色值在区间 0~255，因此需要使用 Remap Number 重设区间组件将 Value 输入的温度数据重新设置在输入端 Target 指定的区间范围，其中 Source 输入端要求输入初始数据即 Value 端输入数据的原始区间值，可以使用 Bounds 界限组件获取，Target 输入端的区间使用 Construct Domain 建立一维区间。

蛋白质数据库是一个专门收录蛋白质及核酸的三维结构资料的数据库。这些资料和数据一般是世界各地的结构生物学家经由 X 射线晶体学或 NMR 光谱学实验所得，并释放到公有领域供公众免费使用。

蛋白质数据库是一个蛋白质、核酸等生物大分子的结构数据的数据库，由 Worldwide Protein Data Bank 监管。PDB 可以经由网络免费访问，是结构生物学研究中的重要资源。为了确保 PDB 资料的完备与权威，各个主要的科学杂志、基金组织会要求科学家将自己的研究成果提交给 PDB。在 PDB 的基础上，还发展出来若干依据不同原则对 PDB 结构数据进行分类的数据库，例如 GO 将 PDB 中的数据按基因进行了分类。

PDB 的历史可以追溯到 1971 年，当时 Brookhaven 国家实验室的 Walter Hamilton 决定在 Brookhaven 建立这个数据库。1973 年 Hamilton 去世后，Tom Koeztle 接管了 PDB。1994 年 1 月，Joel Sussman 被任命为 PDB 负责人。在 1998 年 10 月，PDB 被移交给了 Research Collaboratory for Structural Bioinfor-matics(RCSB),并与 1999 年 6 月移交完毕,新的负责人是 Rutgers 大学(RCSB 成员) 的 Helen M. Berman。2003 年，PDB 作为 wwPDB 的核心，成了一个国际性组织。同时，wwPDB 的其他成员，包括 PDBe、PDBj、BMRB，也为 PDB 提供了数据积累、处理和发布的中心。值得一提的是，虽然 PDB 的数据是由世界各地的科学家提交的，但每条提交的数据都会经过 wwPDB 工作人员的审核与注解，并检验数据是否合理。PDB 及其提供的软件现在对公众免费开放。

蛋白质数据库 .pdb 文件可以在 http://www.wwpdb.org/、http://www.rcsb.org/pdb/home/home.do 等蛋白质数据库网络资源中获取。Grasshopper 提供了 Import PDB 用于读取 .pdb 格式的文件，结合使用 Atom Data 组件可以读取 .pdb 蛋白质及核酸的三维结构信息，并以可视化的方式呈现。

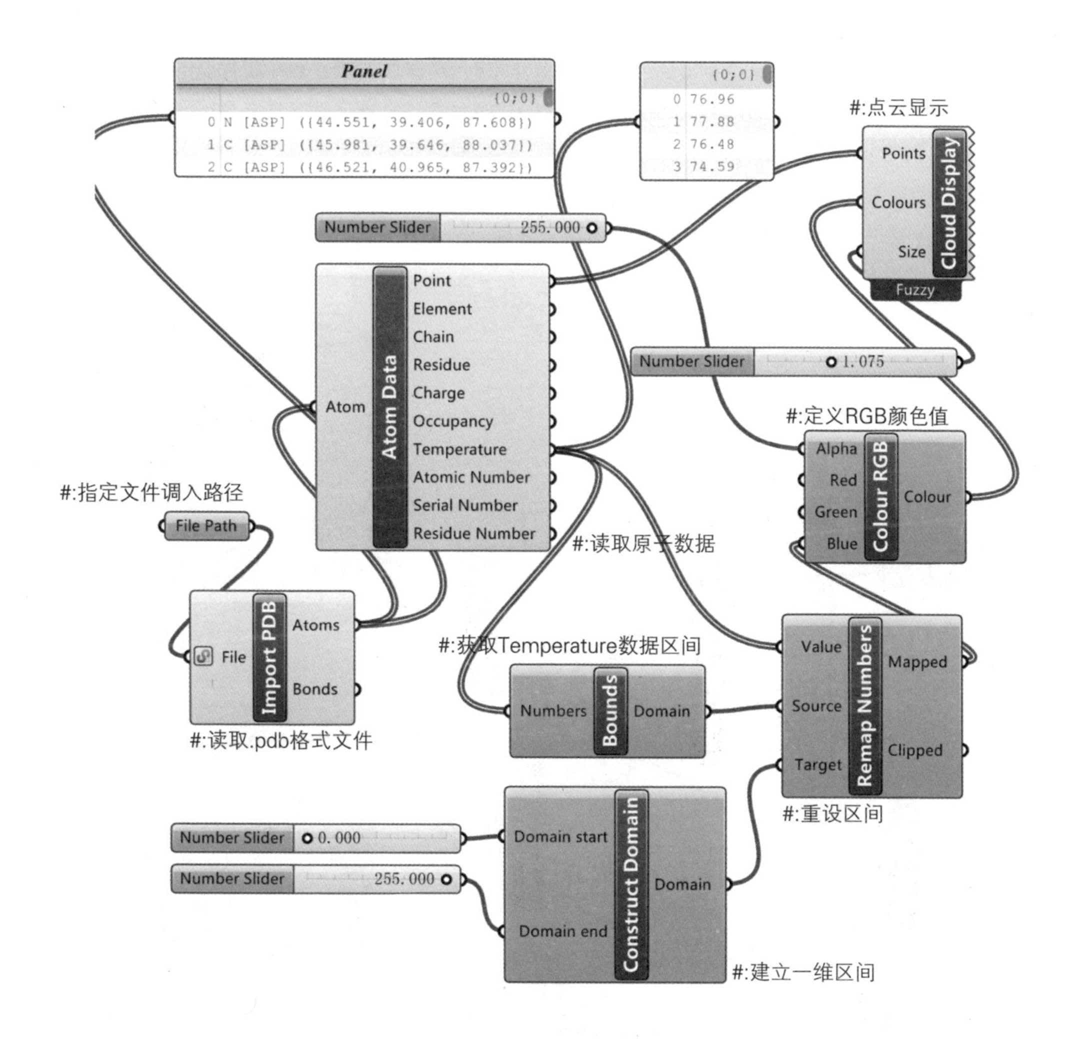

调入高程数据

-140.059804, 104.683256, 56.242994

-133.865419, 21.234937, 55.685249

-133.865419, 24.112466, 55.734534

-133.865419, 26.989994, 55.783819

...

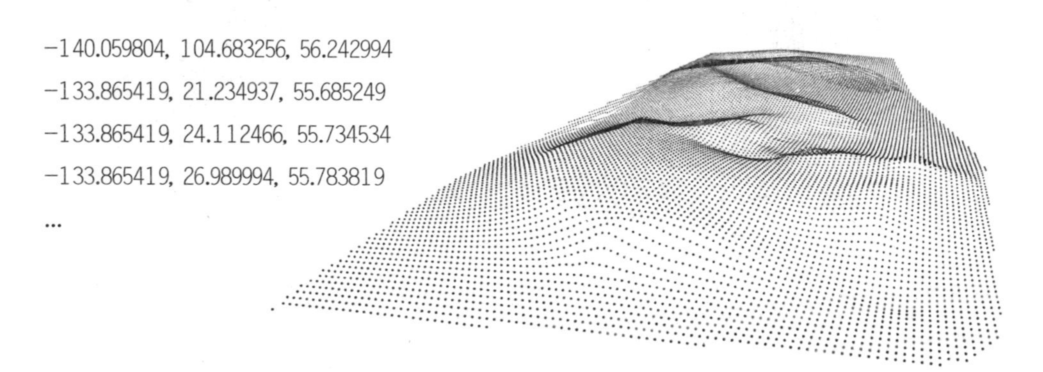

使用 File Path 指定调入文件的路径，文件为 .txt 的 XYZ 坐标文件，每个坐标点的三个坐标值位于唯一一行，之间用逗号隔开。使用 Import Coordinates 组件读取坐标文件并直接建立高程点。可以使用 Contour 等值线组件，在 Distance 端指定等高线间距绘制等高线，为了能够从最低点开始绘制，使用 Sort List 组件按照提取的 Z 值排序点，那么索引值为 0 的点即为最低点。可以使用 Dot Display 显示点并使用 Delaunay Mesh 建立地形表面。

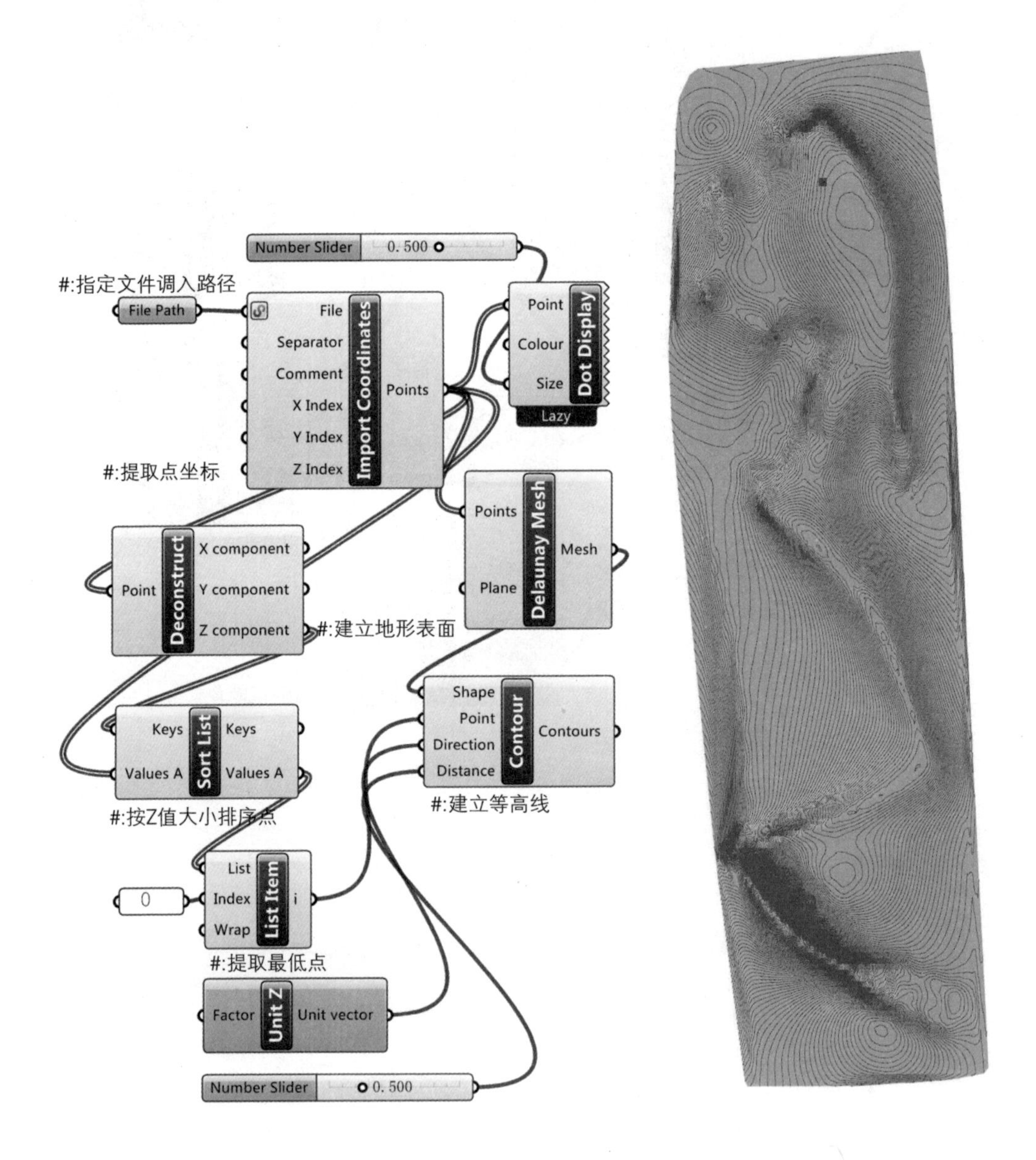

因为调入的高程数据为 .txt 文本形式，因此可以直接使用 Read File 读取字符串，并使用切分字符串工具以逗号作为分隔符切分字符串，获得一个树型数据，每一个分支下分别为 X、Y、Z 坐标，直接使用 Numbers to Points 组件建立点。

Read File 不仅可以读取 .txt 格式文件，其他任何具有文本形式的格式都可以读取，例如 .csv、.kml 等。

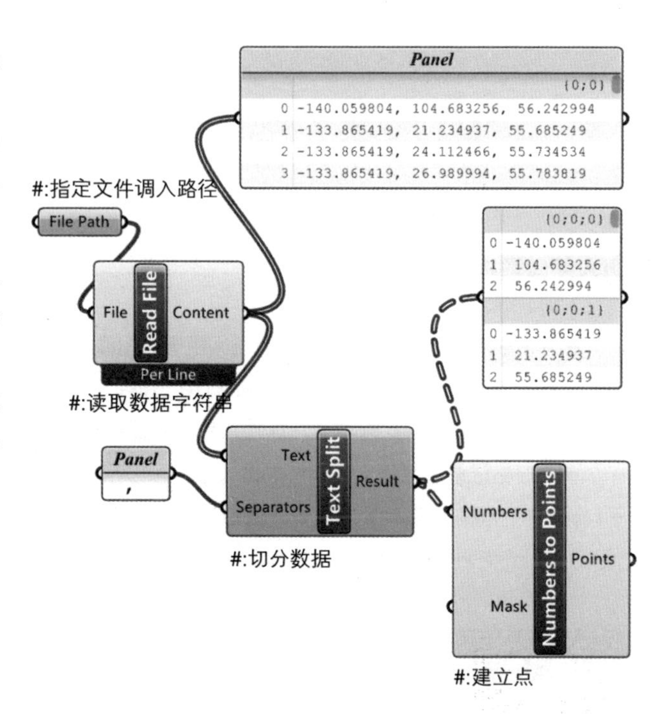

.shp地理信息数据的调入

.shp 是地理信息系统常用的一种表示点、线、面几何对象的格式，对于一个几何对象除了记录其几何形式外，还包含 .prj 投影文件、.dbf 存储要素属性信息的数据以及 .sbx 存储要素空间索引的文件等。在 Grasshopper 中，Import SHP 组件目前仅能够调入纯粹的几何对象，同时在调入过程中需要确保GIS平台下的数据为长度单位而不是度，对.shp地理信息数据的详细阐述可以参考“面向设计师的编程设计知识系统”的《Grasshopper 参数模型构建》部分和《地理信息系统（GIS）在风景园林和城市规划中的应用》部分。

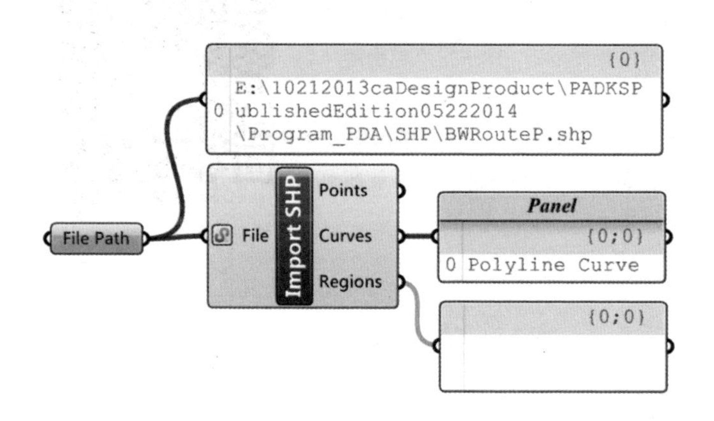

Import SHP 组件输出端为 Points、Curves、Regions，分别代表 .shp 要素类的三种几何形式——点、线和面。如果调入的文件为路径 Curve，则其他两个输出端值为空。

调入图像数据

很多时候希望能够在 Grasshopper 空间中调入图像文件，除了基本的显示之外，调入的图像文件包含基本的属性，例如红、绿、蓝和 Alpha 通道，以及色相、饱和度和亮度值等。调入的图像在 Grasshopper 中以 Mesh 栅格形式存在，划分的栅格越精细，单元栅格尺度越小，精度越高。每一个单元栅格记录了图像文件相关的属性值，可以根据相关属性值提取图像为矢量形式，或者用于目标地物的提取以及相关的设计分析等。

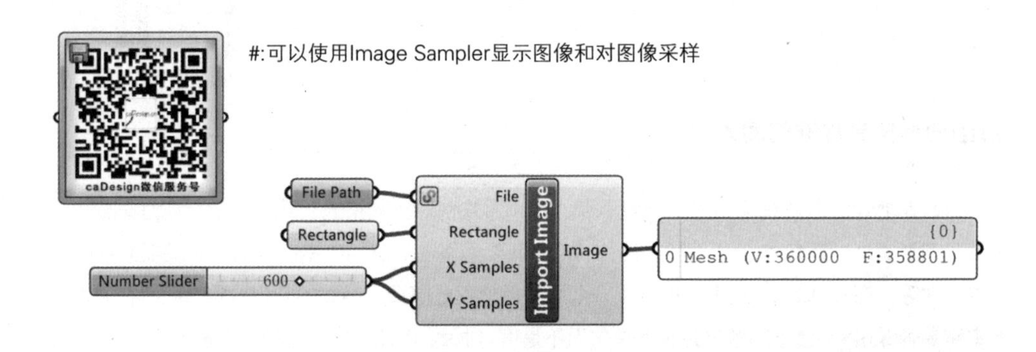

Import Image 组件直接调入图像文件并按照 Rectangle 输入端指定的矩形显示，输出数据为 Mesh 面，Mesh 具有记录颜色的属性，当输入端 X、YSamples 输入值越大，划分的格网越细，即采样点越密集，图像也就越清晰。

获取的图像因为使用 Mesh 面显示，因此可以进一步借助对 Mesh 的各种操作以及属性的提取对图像进行处理，或者作为某种逻辑的参数因子。

#:调入的图像

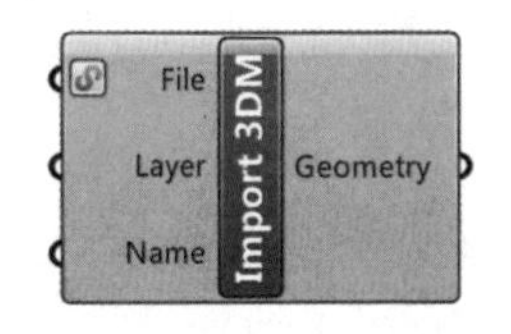

Import 3DM 可以调入 Rhinoceros 格式的文件，其输入端可以指定 Layer 图层和 Name 名称过滤待调入的 .3dm 数据。

4

Spatial Orientation and Position

空间方向与定位

几何体是存在于空间中的对象，定义的空间本身也具有空间的三维属性，那么对于几何体在空间中的位置一般是由参考平面 Plane 定义与控制，从默认的三维世界空间体系 XY 方向、XZ 以及 YZ 方向上的参考平面到几何体本身，尤其面所具有的参考平面属性，或者由基本的参考平面偏移、旋转、移动变换得到新的参考平面，都是对几何体位置的一种定义；几何体不仅存在位置的属性，对其进行移动等变换的操作需要向量 Vector 来指引变换的方向，向量与参考平面类似在三维世界空间体系中存在默认的三个方向 X、Y 和 Z 三个方向上的向量，而几何体本身诸如线、面同样具有向量的属性，线上一点提取的该点在该线上的向量一般是其线在该点的切线方向，面则是该点在该面上的垂直方向。不管是参考平面还是向量，实际的操作过程不应局限于自行构建的过程，最多关注的应是几何体本身提取的参考平面和向量的属性，再在此基础上进一步操作几何体的变换。例如提取线上各点垂直于该线的参考平面，并在各个参考平面上绘制截面或者按照面上各点垂直于其面的向量移动对象。参考平面和向量是几何体空间位置和方向的基本属性，是编程设计逻辑构建过程必然涉及的方面。

1 空间方向 -Vector 向量

向量（Vector）是数学、物理学和工程学等多个自然科学中的基本概念，指一个同时具有大小和方向的几何对象，因常常以箭头符号表示区别于其他量而得名。直观上，向量通常被表示为一条带箭头的线段。线段的长度可以表示向量的大小，而向量的方向也就是箭头所指的方向。与矢量概念相对的是只有大小而没有方向的标量。

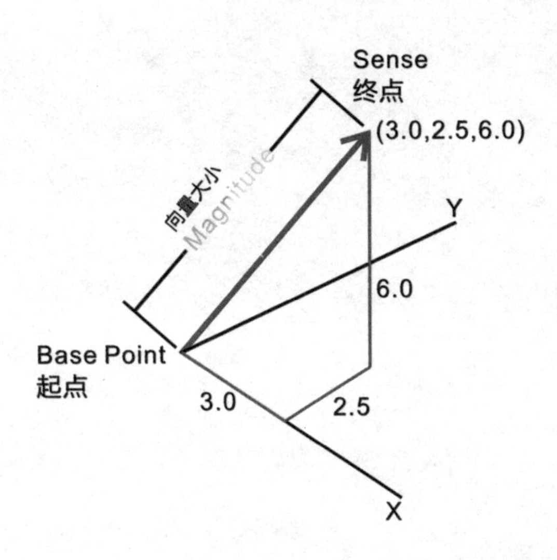

I	A	Decompose	向量组成	将向量分解为X、Y、Z三个方向的数值;
	B	Vector XYZ	组成向量	与向量组成相反，由X、Y、Z三个方向的数值建立向量;
II	C	Unit Vector	单元向量	将向量单元化，长度归为1
	D	Unit Y	Y向量	与Y轴平行的向量;
	E	Unit X	X向量	与X轴平行的向量;
	F	Unit Z	Z向量	与Z轴平行的向量;
III	G	Amplitude	向量大小	以乘积方式设置向量大小;
	H	Cross Product	叉积	建立与两个输入向量均垂直的向量;
	I	Reverse	反向	反转向量方向;
	J	Vector 2Pt	两点向量	由输入的两个点建立向量;
	K	Angle	向量角度	计算两个向量间的夹角;
	L	Dot Product	点积	两个向量所构成平行四边形的面积，为一数值;
	M	Rotate	向量旋转	根据旋转轴，输入旋转角度旋转输入向量;
	N	Vector Length	向量长度	计算输入向量的长度;
IV	O	Vector Display	显示向量	输入起点、向量以显示向量;
	P	Vector Display Ex	显示向量	除输入起点、向量，可以调整向量显示的色彩和线形。

Deform-变形

变形是几何体处理的一种方式，顾名思义就是对原有几何体的一些形体变化，既然存在变化，一般就需要方向，一种是从其关联的几何体对象中提取方向向量用于其身，再者用本身几何体表面的属性获得方向向量，这两者都是为了构建与某一对象的参数关系，从而使其具备参数化的核心精神。除非特殊情况，否则很少单独构建与任何几何对象没有关联的向量用于变形。

表面被拉伸的球体，是一种变形的方式，首先在其表面随机提取一些点，构建球心到提取点的向量，将球体在提取点的位置按照构建的向量方向拉伸其表面获取类似刺猬的变化球体。

Deform–变形_1:Surface表面变形

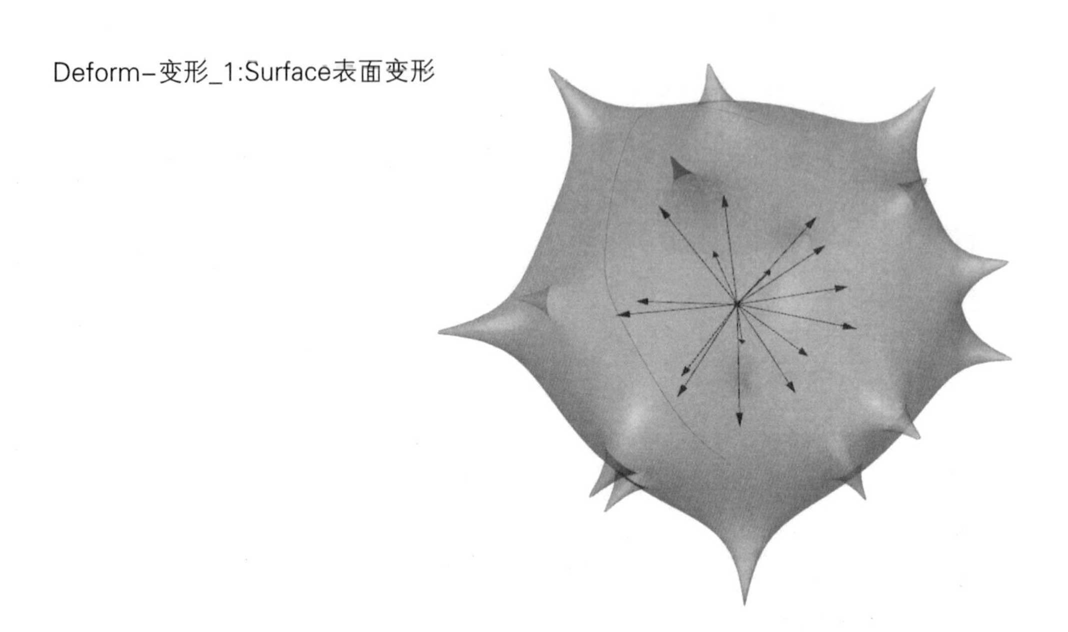

Surface表面变形全部程序

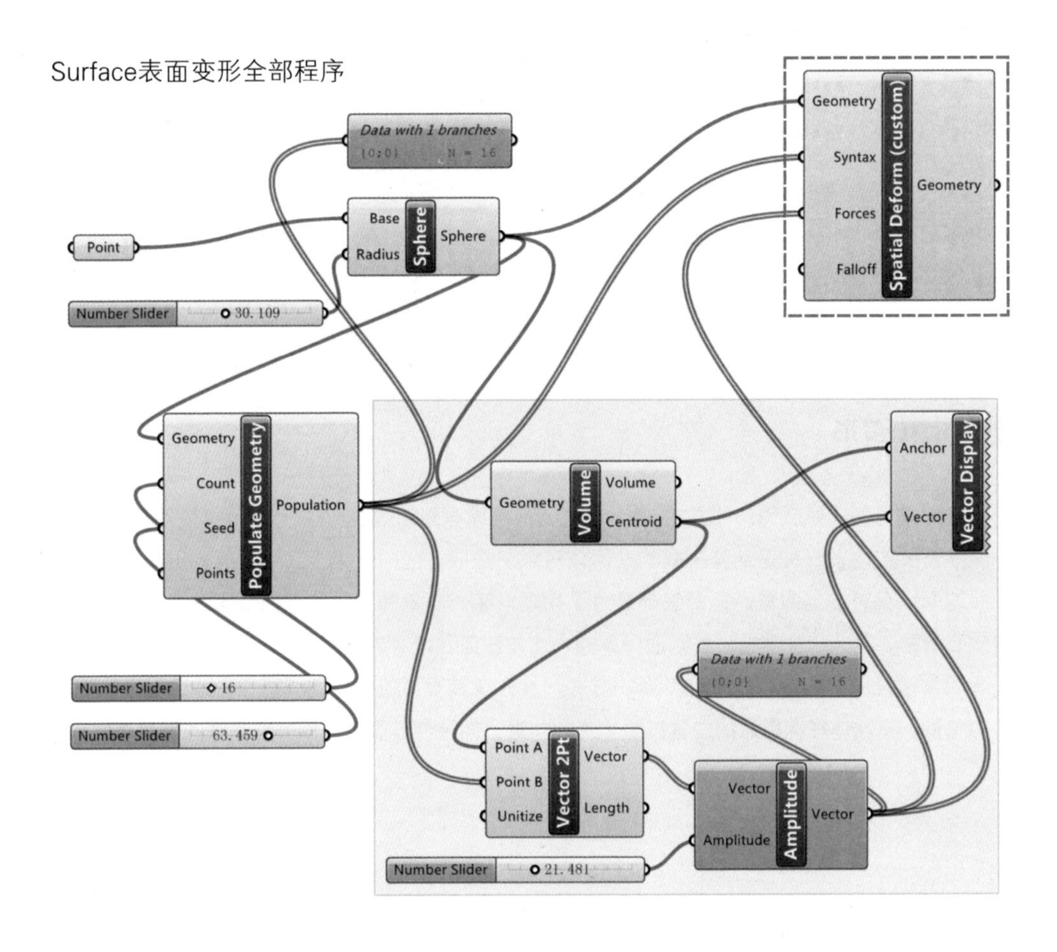

● 表面被拉伸的球体核心组件是 Spatial Deform，其输入端 Geometry 是被拉伸的对象，Syntax 输入端是被拉伸对象曲面上的点，Forces 输入端为拉伸的向量。拉伸向量的建立是由球心与组件 Populate Geometry 随机获取对象上的随机点作为组件 Vector 2Pt 的两个输入端获取向量，并使用组件 Amplitude 调整向量大小。向量因为并非实际的几何体，因此需要使用 Vector Display 组件在 Rhinoceros 三维空间中显示其方向和大小。

Deform-变形_2:Mesh格网表面变形

变形的核心因素有两个，一个是核心组件 Spatial Deform，另外一个就是方向向量的确定，而几何体的形式应该是跟随设计千变万化的。在 Grasshopper 中，面的种类主要有两个，一个是 Surface 曲面，一个是 Mesh 格网。这里使用 Mesh 格网递归细分变化的形态做变形的基础。

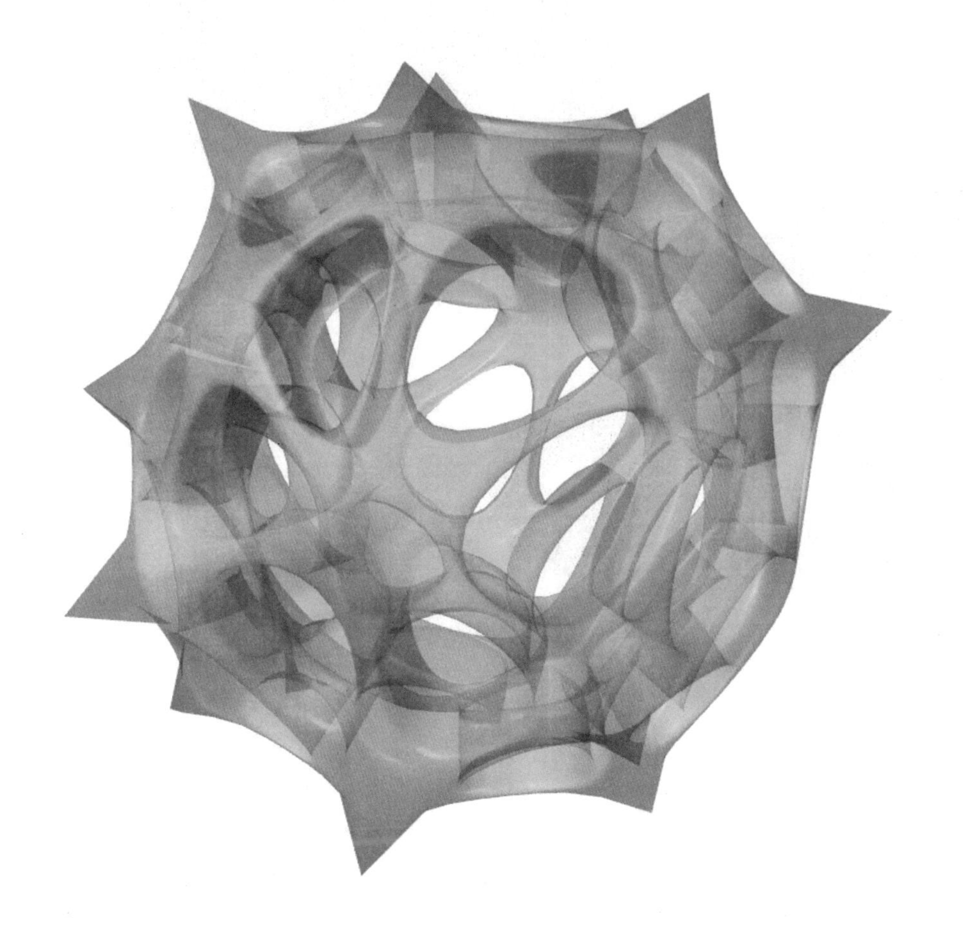

几何构建逻辑

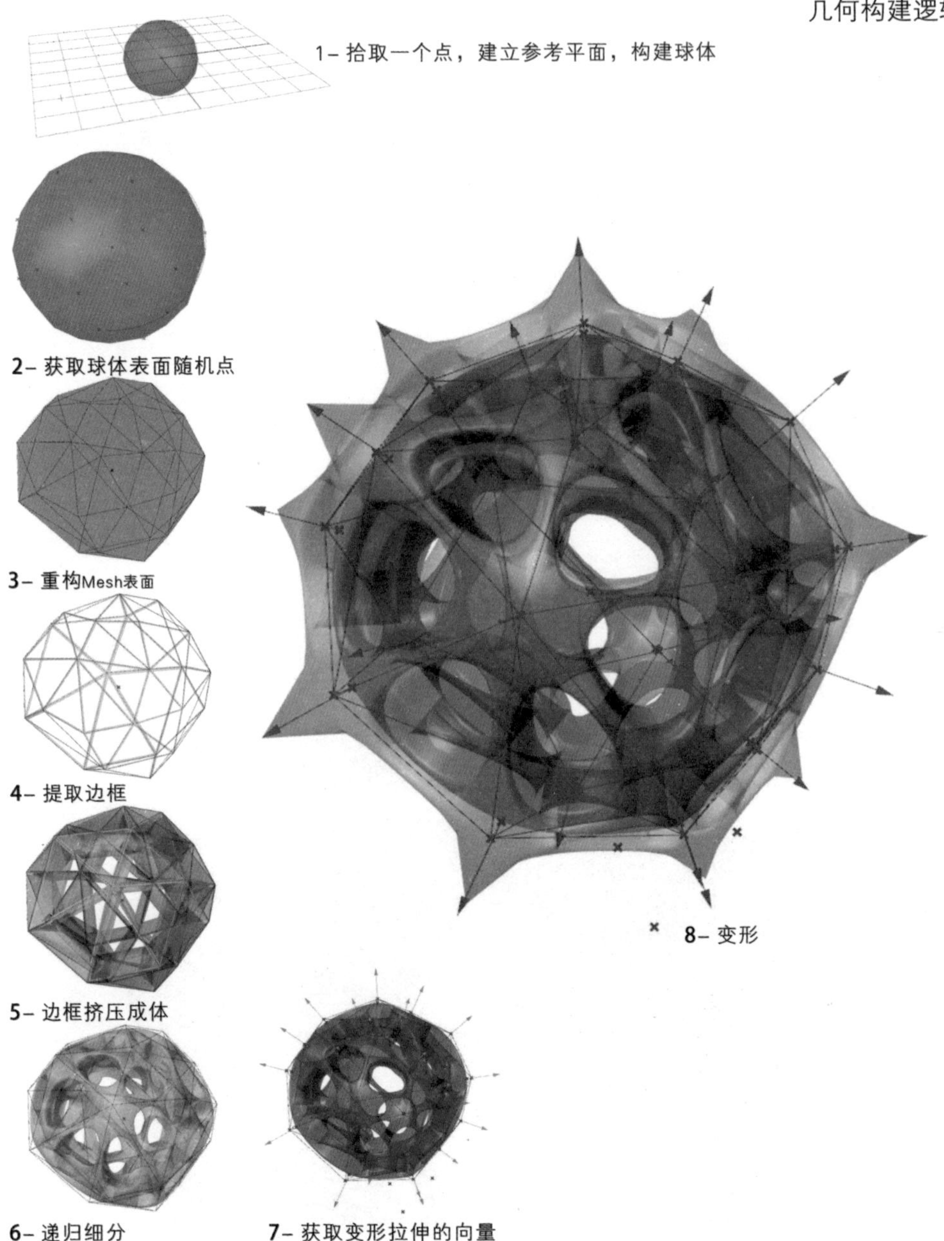
1- 拾取一个点，建立参考平面，构建球体
2- 获取球体表面随机点
3- 重构Mesh表面
4- 提取边框
5- 边框挤压成体
6- 递归细分
7- 获取变形拉伸的向量
8- 变形

Mesh 格网表面变形，在 Rhinoceros 空间中拾取一个点，建立参考平面确定几何体构建的空间位置，建立球体获取球体表面随机点，利用随机点再重建 Mesh 格网面，按照格网单元提取边框并挤压出一定厚度，对其递归细分，柔化形体，投影最初随机点在细分后的格网表面上，并获取其垂直向量，调整向量大小用于细分后格网表面的变形。

1-拾取一个点，建立参考平面，构建球体

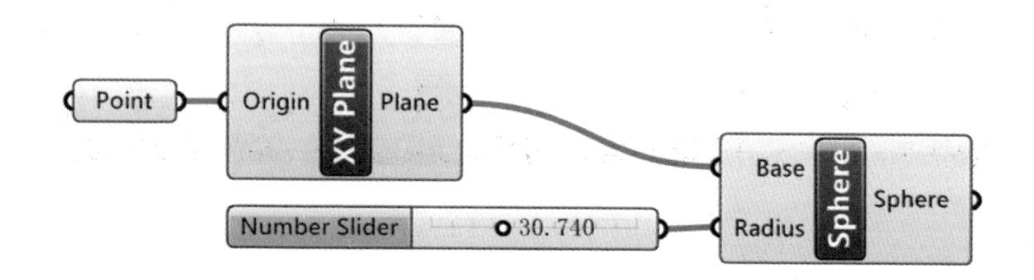

● 在组件 Point 上右键 Set one Point 在 Rhinoceros 三维空间中拾取一个点，并建立 XY 方向上的参考平面用于几何体在三维空间中的定位，使用组件 Sphere 构建球体。

2-获取球体表面随机点

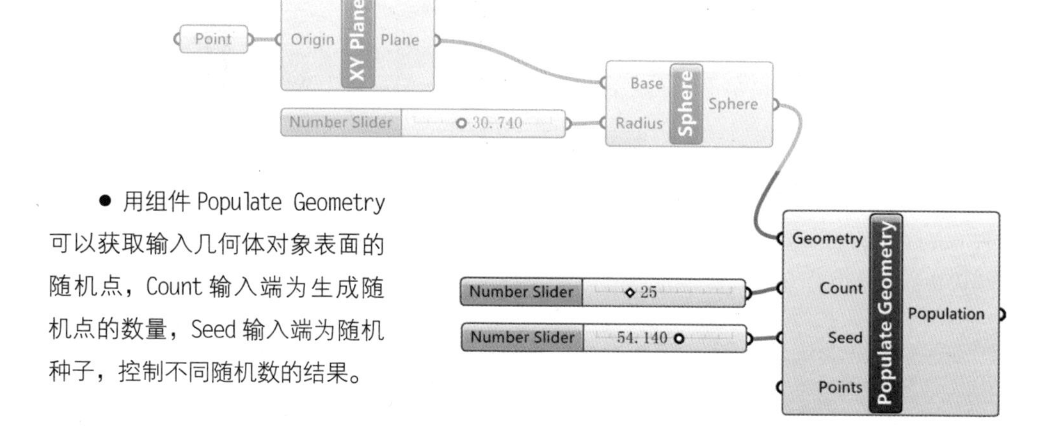

● 用组件 Populate Geometry 可以获取输入几何体对象表面的随机点，Count 输入端为生成随机点的数量，Seed 输入端为随机种子，控制不同随机数的结果。

3-重构Mesh表面

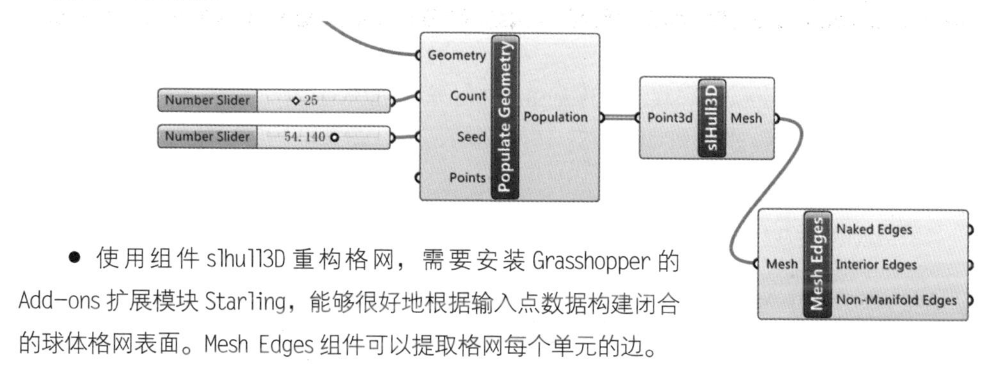

● 使用组件 slhull3D 重构格网，需要安装 Grasshopper 的 Add-ons 扩展模块 Starling，能够很好地根据输入点数据构建闭合的球体格网表面。Mesh Edges 组件可以提取格网每个单元的边。

Starling 扩展模块官方网站 http://www.grasshopper3d.com/group/starling

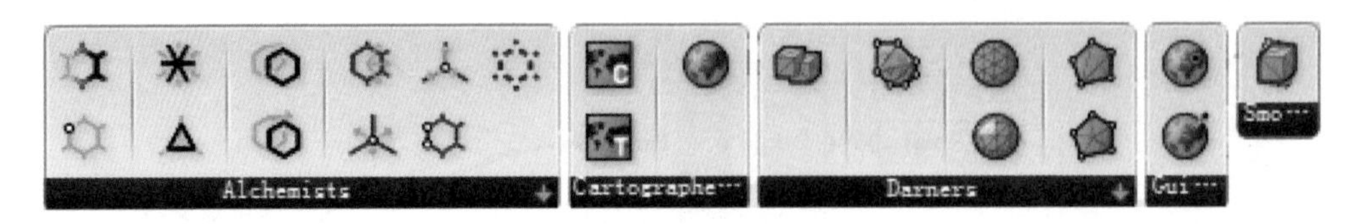

4-提取边框+5-边框挤压成体

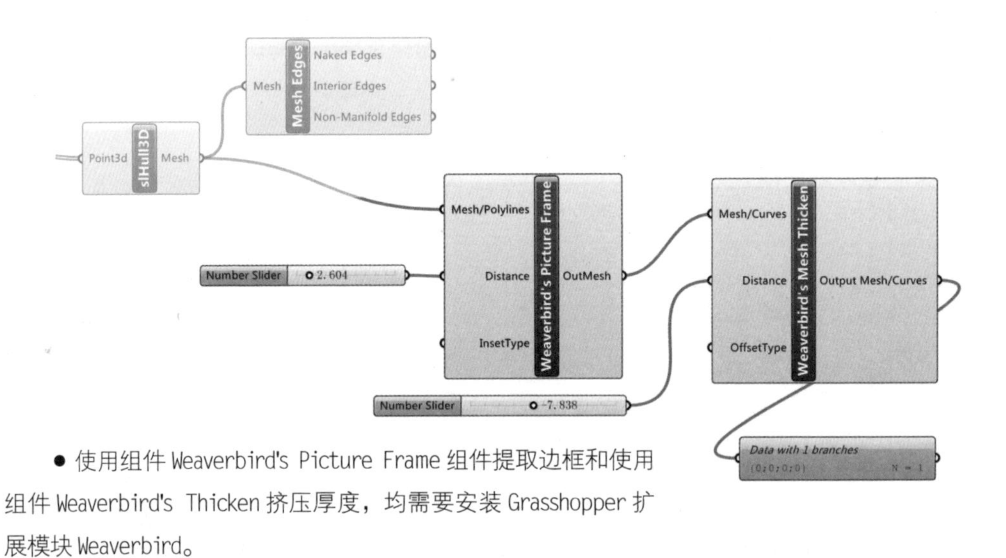

● 使用组件 Weaverbird's Picture Frame 组件提取边框和使用组件 Weaverbird's Thicken 挤压厚度，均需要安装 Grasshopper 扩展模块 Weaverbird。

Weaverbird 扩展模块官方网站 http://www.grasshopper3d.com/group/weaverbird

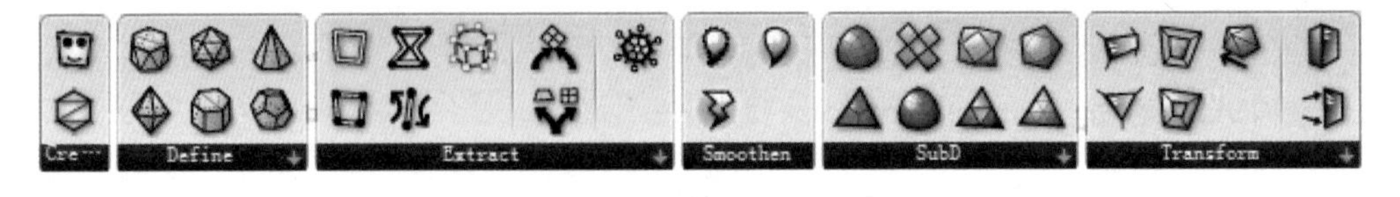

Catmull-Clark smoothing (wbCatmullClark)：1978 年 Edwin Catmull 与 Jim Clark 首次提出的网格递归细分方法。根据递归的次数，结果网格将由不同数量和形式的四边形构成；

Split mesh into Quads (wbSplitQuad)：用于计算产生一个新的网格细分，获得的新网格与原有网格近似，可以认为是 Catmull-Clark smoothing 方法的一种拓扑；

Loop smoothing (wbLoop)：根据 Charles Loop1987 年首次在他论文中所描述的网面递归细分类型进行计算，获得的结果网格由多个三角面组成；

- Split mesh with inner face (wbSplitPolygons)：从每一个原始面边缘的中心分离出一个新面，并使用 Sierpinski 三角形封面；
- Sierpinsky Triangles subdivision (wbSierpinskyTriangle)：在每一个面里产生一个或多个三角面，而每次居中的面为开敞的三角形；
- Frame (wbFrame)：在每一个面的中心开洞，洞口的形式与原有面近似，产生一种类似于画框的几何形式，边缘的方式为内外四角点连接；
- Carpet (wbCarpet)：在每一个面的中心开洞，洞口的形式与原有面近似，边缘的方式沿洞口边缘线延伸；
- Window (wbWindow)：在内部产生一个新面替代原有面，组成面的边数与原有面一致。

6-递归细化

● 使用 Weaver Bird 扩展模块组件 Weaverbird's Catmull-Clark Subdivision 网格递归细分，获得格网的柔化。

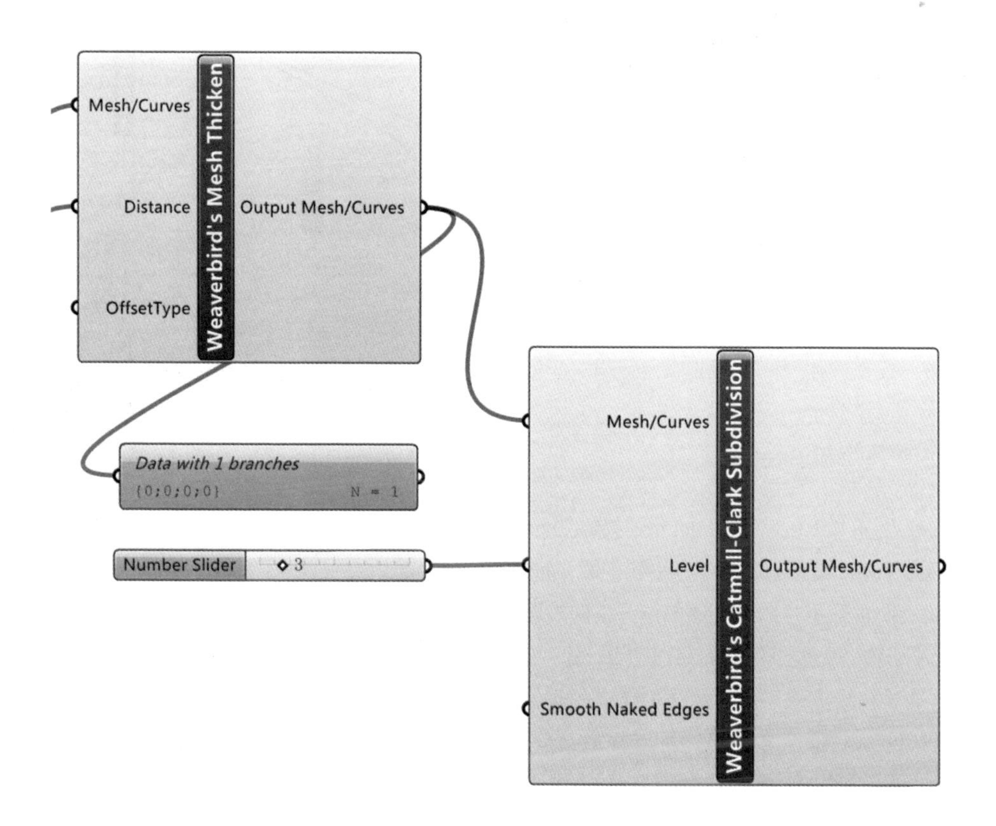

7-获取变形拉伸的向量+8-变形

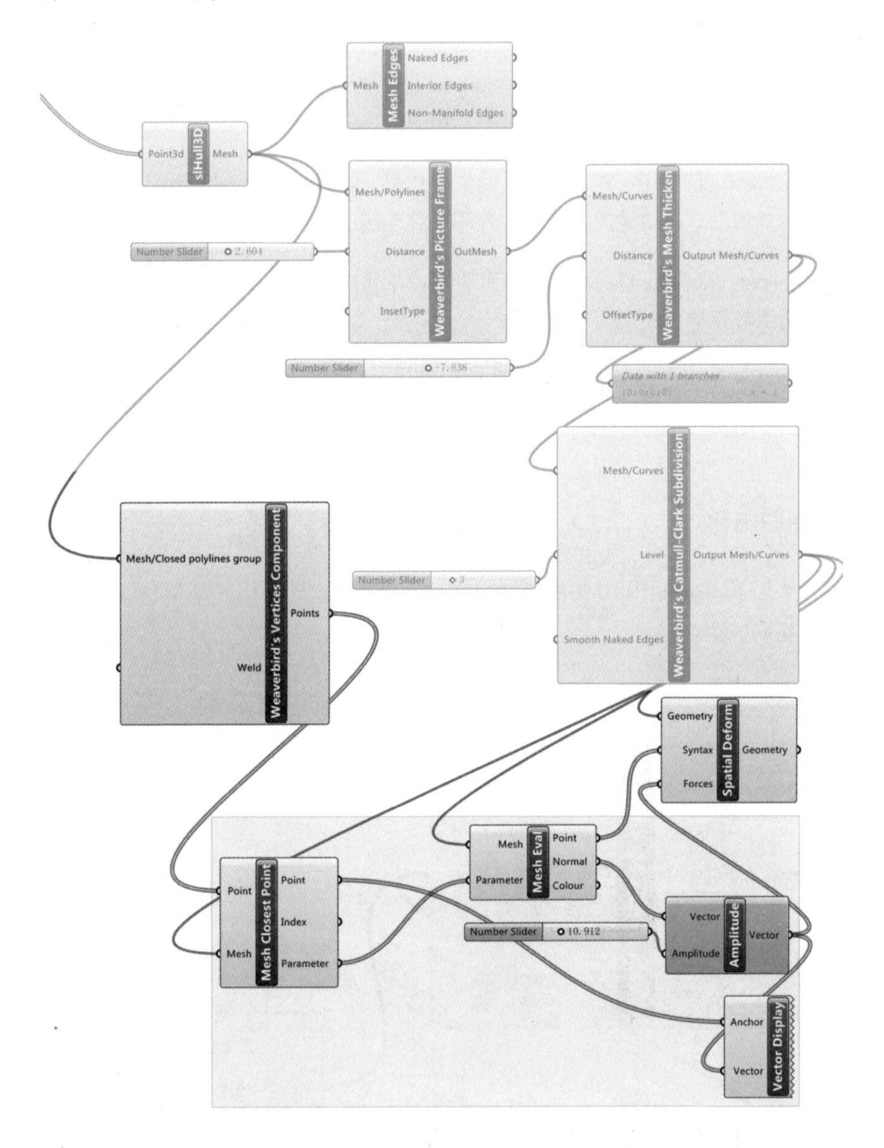

● 使用Weaverbird's Vertices Component组件提取重建格网的顶点，将顶点使用Mesh Closest Point投影到递归细分格网表面，将其输出的参数Parameter作为组件Mesh Eval输入端Parameter的数据输入，在递归细分格网表面上拾取点和该点在其表面的垂直向量，并调整向量的大小，作为变形组件Spatial Deform输入端Forces的参数。

这里直接提取了点在曲面位置上的垂直向量，对于几何对象，曲线、曲面和Mesh格网，Grasshopper提供了多种组件可以提取几何对象的各类属性，而一些组件的输出端例如Mesh Closest Point的Parameter，即可以作为提取其相关属性例如组件Mesh Eval的输入端参数。

磁场

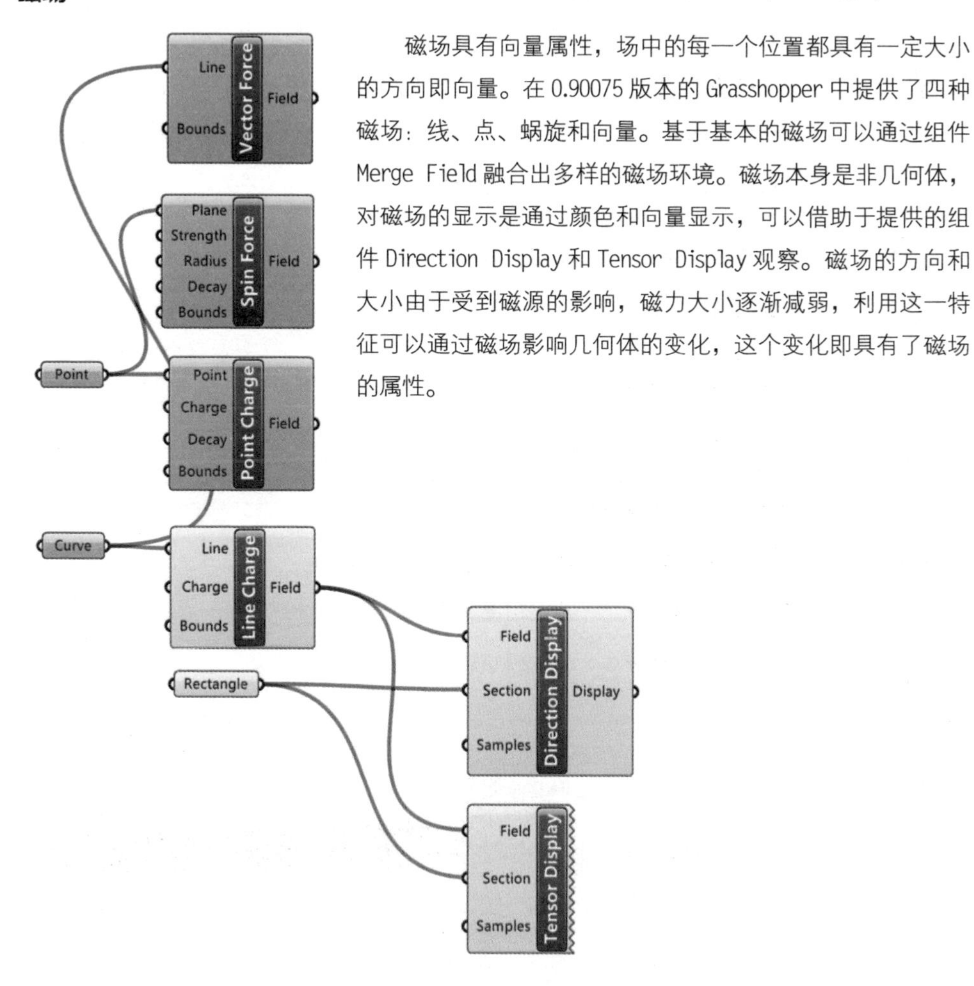

磁场具有向量属性，场中的每一个位置都具有一定大小的方向即向量。在 0.90075 版本的 Grasshopper 中提供了四种磁场：线、点、蜗旋和向量。基于基本的磁场可以通过组件 Merge Field 融合出多样的磁场环境。磁场本身是非几何体，对磁场的显示是通过颜色和向量显示，可以借助于提供的组件 Direction Display 和 Tensor Display 观察。磁场的方向和大小由于受到磁源的影响，磁力大小逐渐减弱，利用这一特征可以通过磁场影响几何体的变化，这个变化即具有了磁场的属性。

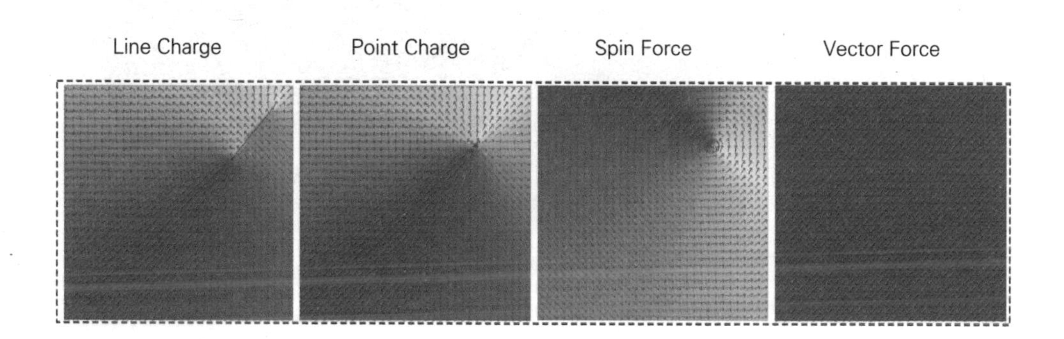

		名称	中文	说明
I	A	Line Charge	线磁场	输入一条直线建立磁场;
	B	Point Charge	点磁场	输入一个点建立磁场;
	C	Spin Force	蜗旋场	输入参考平面、强度、半径、衰减参数建立磁场;
	D	Vector Force	向量场	根据向量建立磁场;
II	E	Break Field	分解场	分解合并的磁场为各个单独的磁场;
	F	Merge Fields	合并场	合并各个单独的磁场为一个磁场;
III	G	Evaluate Field	场属性	指定点位置提取该点磁场的属性、场张量和强度;
	H	Field Line	场线段	指定点位置提取该点磁场的直线;
IV	I	Direction Display	场力向	显示场磁力方向;
	J	Perpendicular Display	场垂直域	显示垂直域正负力向;
	K	Scalar Display	场标量	显示场标量;
	L	Tensor Display	场张量	显示场张量。

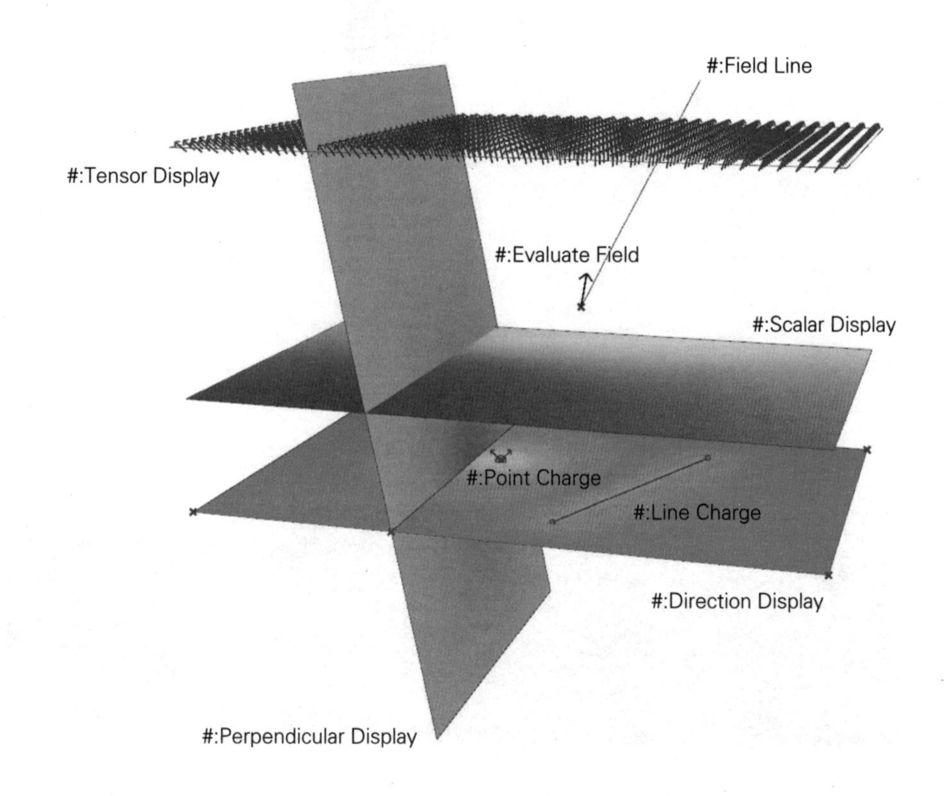

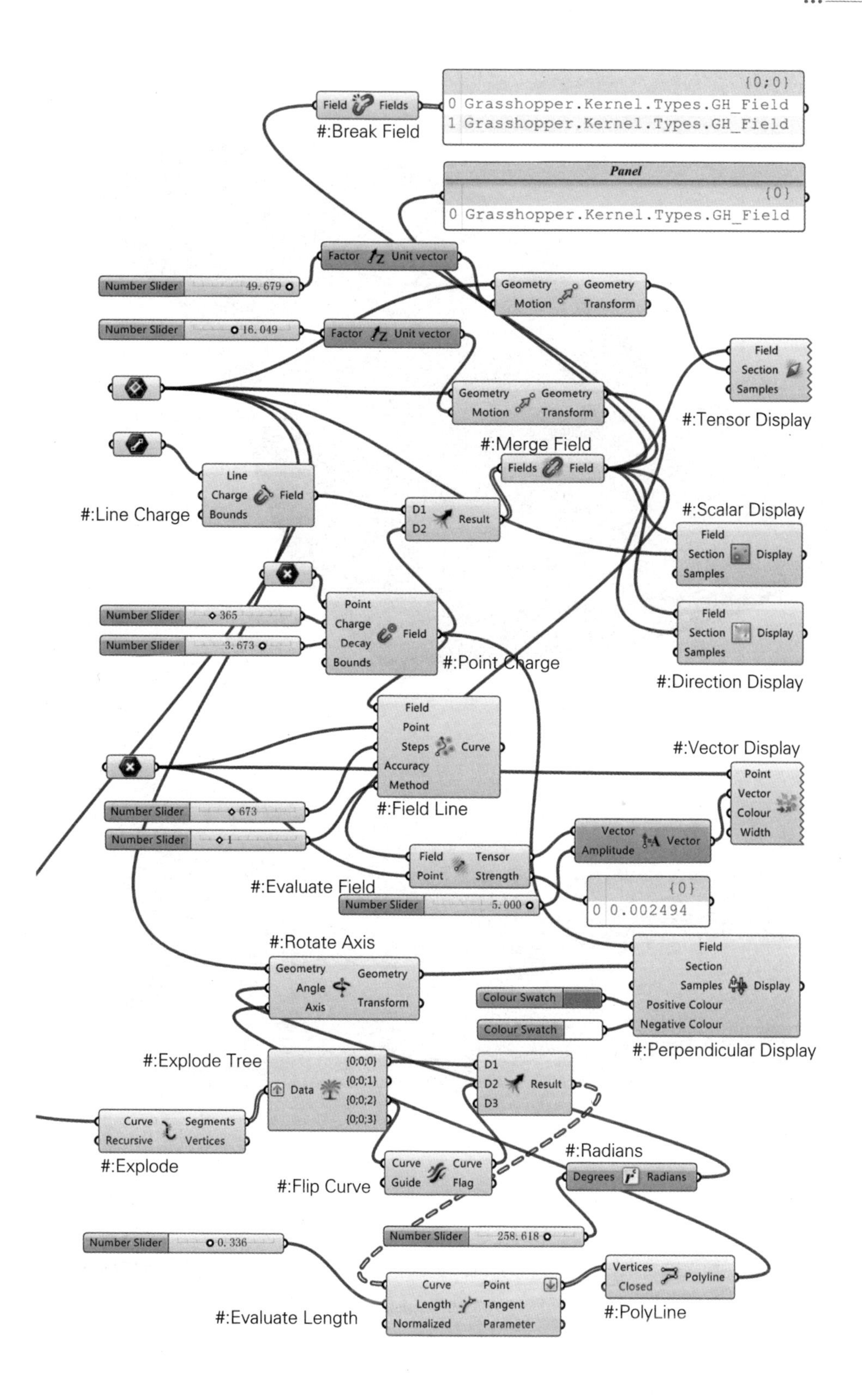
#:Break Field
Field
Fields
{0;0}
0 Grasshopper.Kernel.Types.GH_Field
1 Grasshopper.Kernel.Types.GH_Field
Panel
{0}
0 Grasshopper.Kernel.Types.GH_Field
Factor
Unit vector
Number Slider
49.679
Number Slider
16.049
Geometry
Motion
Transform
#:Tensor Display
Section
Samples
#:Merge Field
#:Line Charge
Line
Charge
Bounds
D1
D2
Result
#:Scalar Display
Display
Number Slider
365
3.673
Point
Decay
#:Point Charge
#:Direction Display
Steps
Curve
Accuracy
Method
#:Field Line
#:Vector Display
Vector
Colour
Width
Number Slider
673
1
Amplitude
Tensor
Strength
#:Evaluate Field
5.000
0 0.002494
#:Rotate Axis
Angle
Axis
Colour Swatch
Positive Colour
Negative Colour
#:Perpendicular Display
#:Explode Tree
Data
{0;0;0}
{0;0;1}
{0;0;2}
{0;0;3}
D3
Segments
Recursive
Vertices
#:Explode
#:Radians
Degrees
Radians
#:Flip Curve
Guide
Flag
Number Slider
0.336
258.618
Closed
Polyline
#:PolyLine
#:Evaluate Length
Length
Normalized
Tangent
Parameter

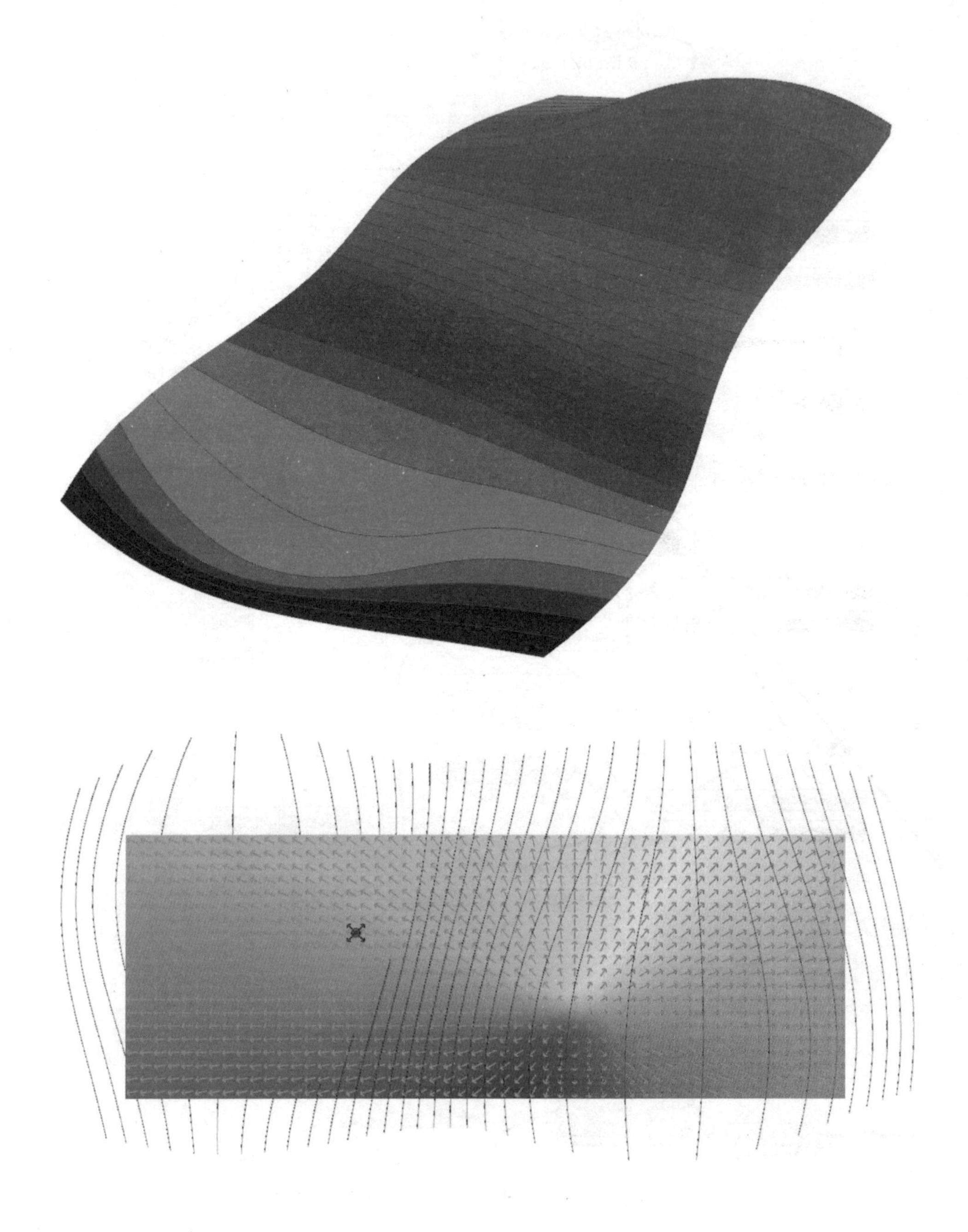

磁场影响：利用磁场来影响几何体的变化，可以将待变化的几何体对象放置于磁场中，利用磁场向量的方向性和大小移动几何体，从而获得几何形式的规律变化。

几何构建逻辑

磁场影响逻辑构建过程：首先拾取点，使用 Line SDL 组件建立直线并偏移复制，在两条直线上等分点，将数据翻转矩阵后连为直线，再次等分获取各个直线上的多个点。建立点磁场，获取磁场中各等分点的向量移动点。再次建立点磁场，获取向量移动点，并按照最初的数据结构分别连为曲线。对曲线进行数据组织，各复制一份并去除首尾曲线数据，每相邻两条曲线放置于一个路径分支之下，两两放样成面。获取各面的几何中心点，分解中心点坐标为 X、Y、Z 值，作为颜色的参数，赋予各个面颜色。

1– 拾取一个点，建立直线并偏移复制

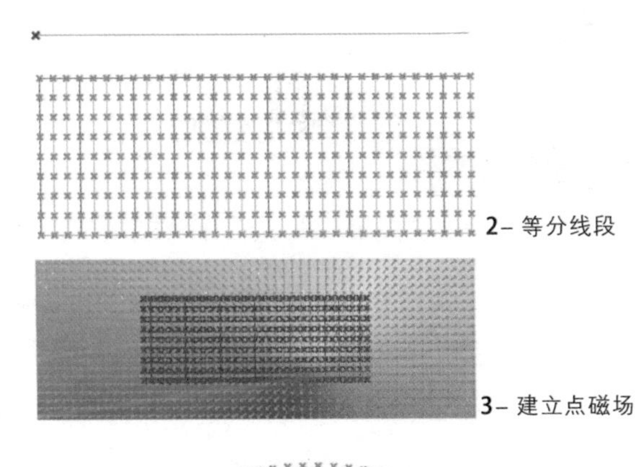

2– 等分线段

3– 建立点磁场

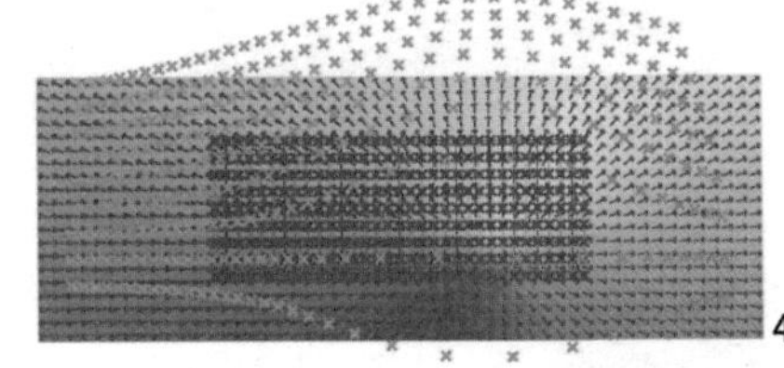

4– 根据磁场向量移动点

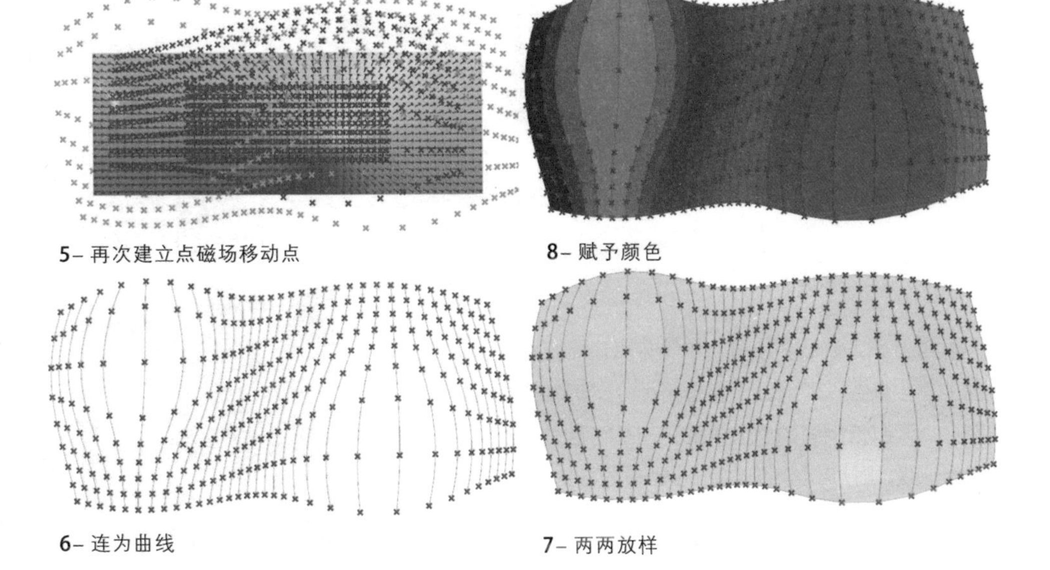

5– 再次建立点磁场移动点

8– 赋予颜色

6– 连为曲线

7– 两两放样

1–拾取一个点，建立直线并偏移复制

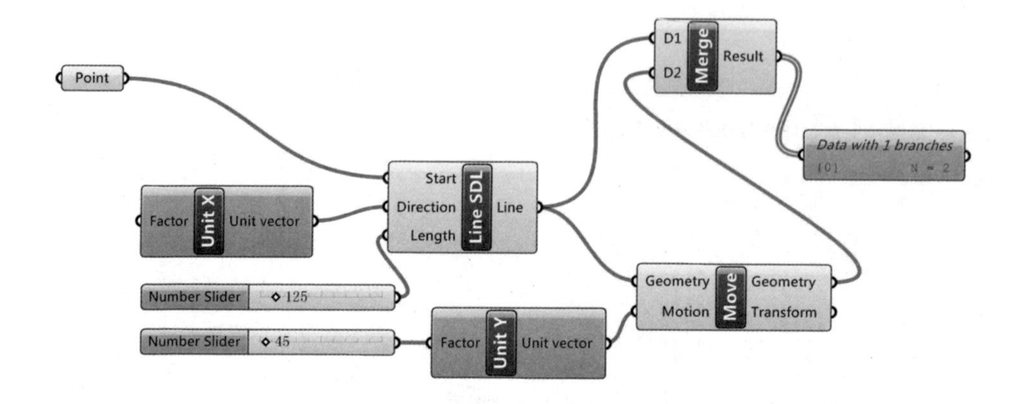

● 在组件 Point 上右键 Set one Point，在 Rhinoceros 三维空间中拾取一个点，使用 Line SDL 根据输入端 Direction 输入的 X 向量方向和 Length 端直线的长度建立直线，并沿 Y 方向使用组件 Move 移动复制该直线，将两条直线使用组件 Merge 合并在一个数据之下。

2–等分线段

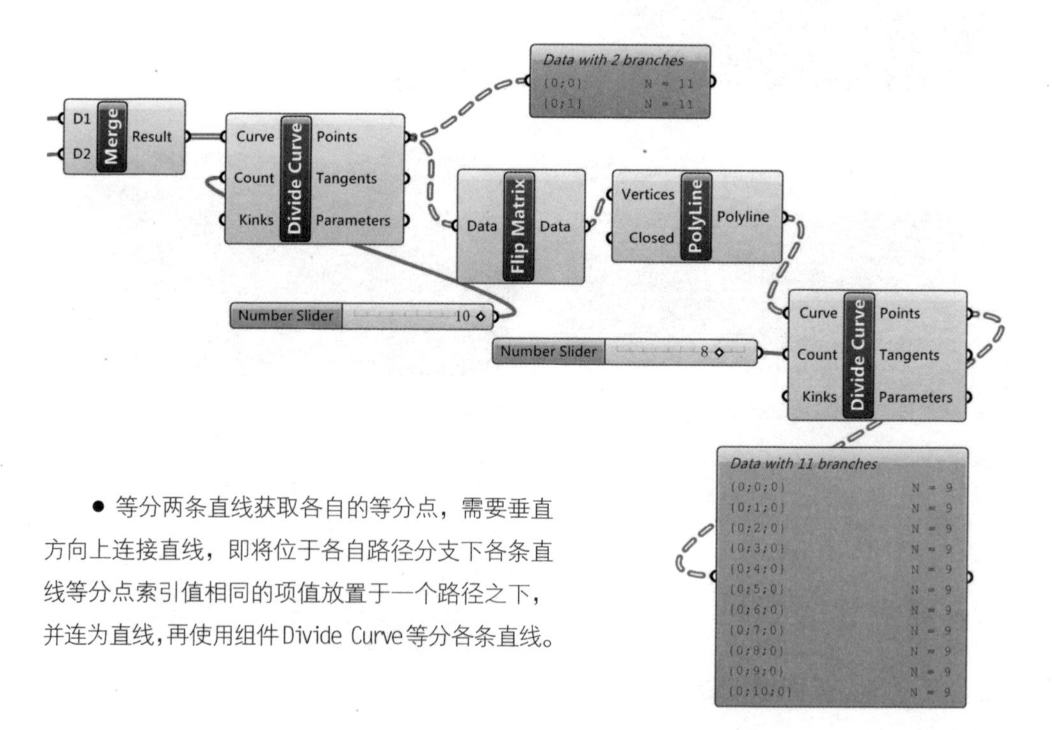

● 等分两条直线获取各自的等分点，需要垂直方向上连接直线，即将位于各自路径分支下各条直线等分点索引值相同的项值放置于一个路径之下，并连为直线，再使用组件Divide Curve等分各条直线。

3-建立点磁场

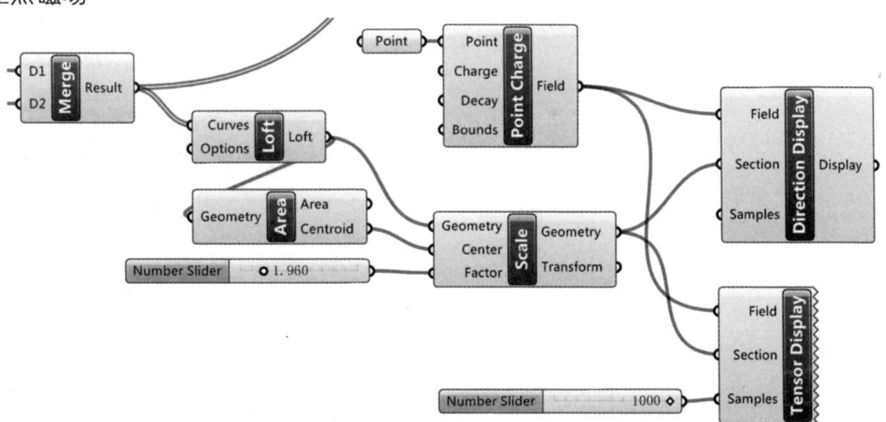

● 组件 Point Charge 可以建立点磁场，输入端 Point 为磁场源即点数据，Charge 输入端为磁荷强度，Decay 为磁荷的衰减，Bounds 为磁场边界。在建立磁场边界数据时，使用最初的两条直线放样成面，并放大覆盖提取的等分点的区域。磁场的可视化可以通过组件 Direction Display 和组件 Tensor Display 获取。

4-根据磁场向量移动点

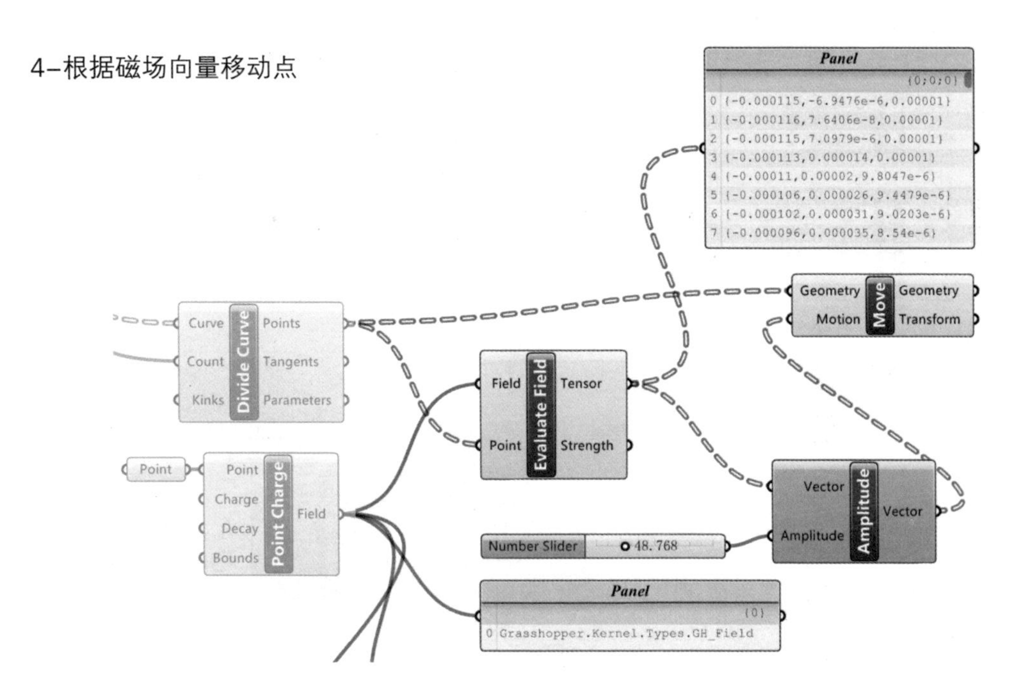

● 单独建立的磁场是 Grasshopper 内嵌的对象，为 Grasshopper.Kernel.Types.GH_Field，需要使用组件 Evaluate Field 根据输入端 Point 点的位置提取磁场在该点的属性，Tensor 即为该点具有磁场的向量属性，将等分点的移动参数设置为该点在磁场中的向量，使用组件 Amplitude 调整向量的大小，使 Move 移动点更加明显，或者可以直接调整磁场输入端 Charge 磁荷的大小。

5–再次建立点磁场移动点

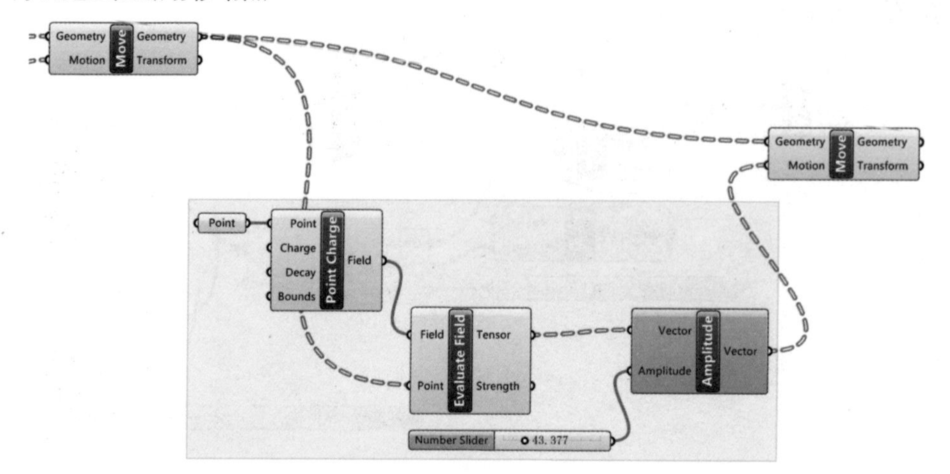

● 在区域的其他位置拾取点建立点磁场，点的位置不局限于XY平面，磁场本身就是三维的，因此可以在三维空间中变动，再次提取点在磁场中的磁场属性向量，调整向量大小移动第一次移动后的点。

6–连为曲线+7–两两放样

● 很多逻辑构建过程程序的某一部分往往是相似甚至相同的，例如通过曲线数据两两放样成面的逻辑构建过程，可以直接使用随机分割的墙第5步两两放样的程序，直接粘贴复制调整数据连接即可，其逻辑构建过程的解释可以参考分割的墙第5步两两放样。对于常用的一些逻辑构建过程可以打包成组，更方便地供其他程序构建时使用。

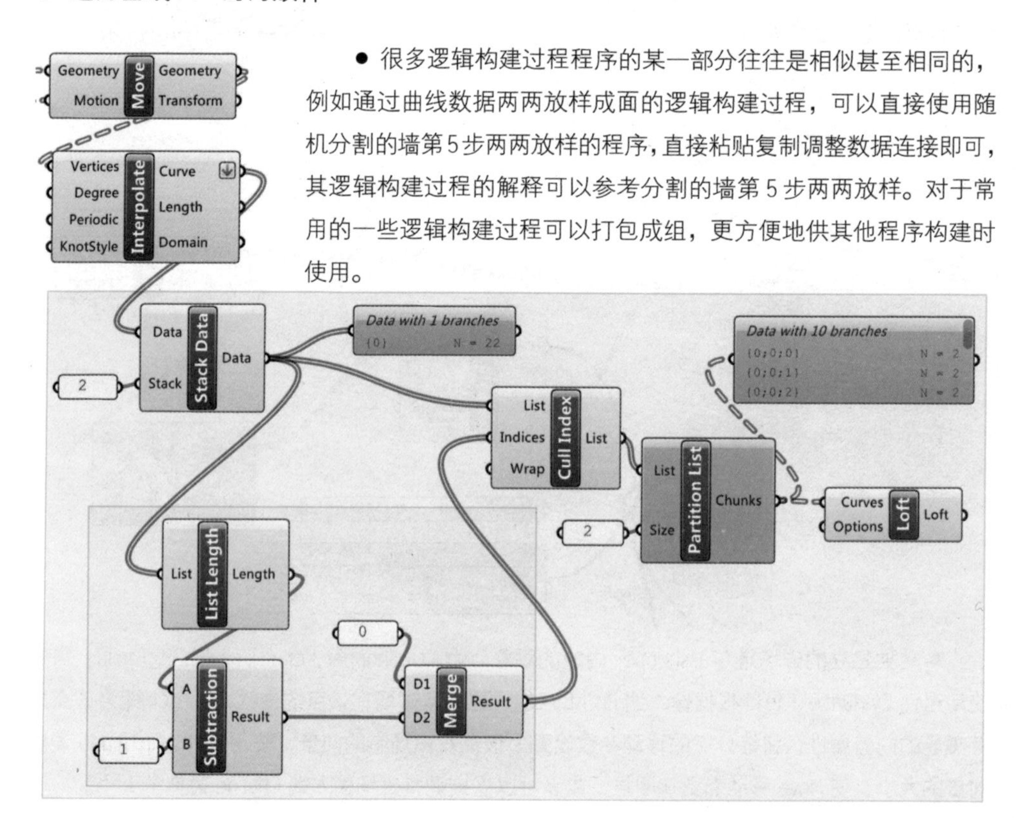

8-赋予颜色

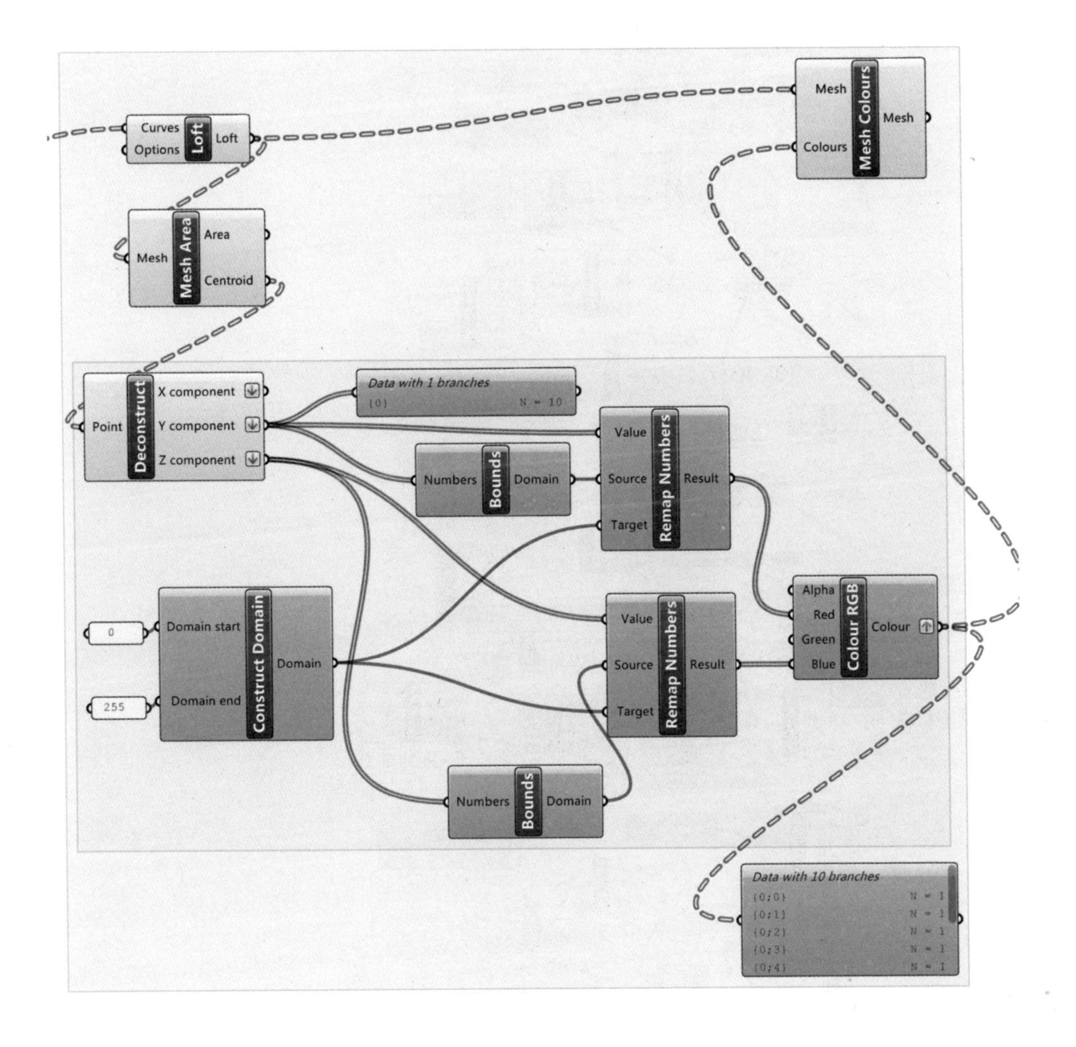

● 赋予颜色也并不需要再单独编写其逻辑构建程序，可以直接复制变化的单元表面第 9 步赋予颜色参数的程序，具体的解释可以从该章节中获得。

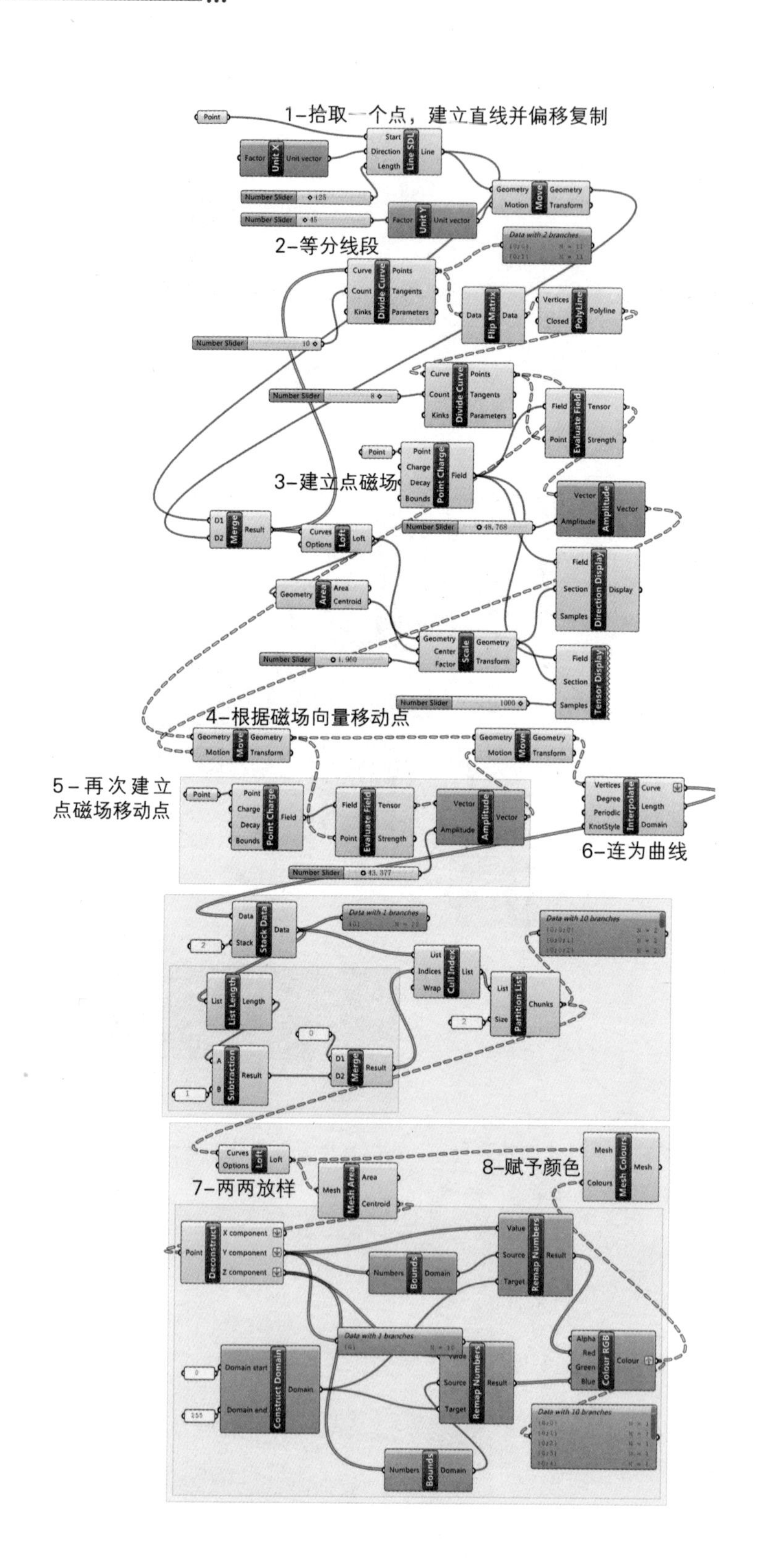
1–拾取一个点，建立直线并偏移复制
2–等分线段
3–建立点磁场
4–根据磁场向量移动点
5–再次建立点磁场移动点
6–连为曲线
7–两两放样
8–赋予颜色

2 空间定位 -Plane 参考平面

参考平面 Plane 用于定位三维空间几何体的位置，尤其从存在的几何体曲线上、表面上获取参考点位置的参考平面，用于进一步的几何构建。

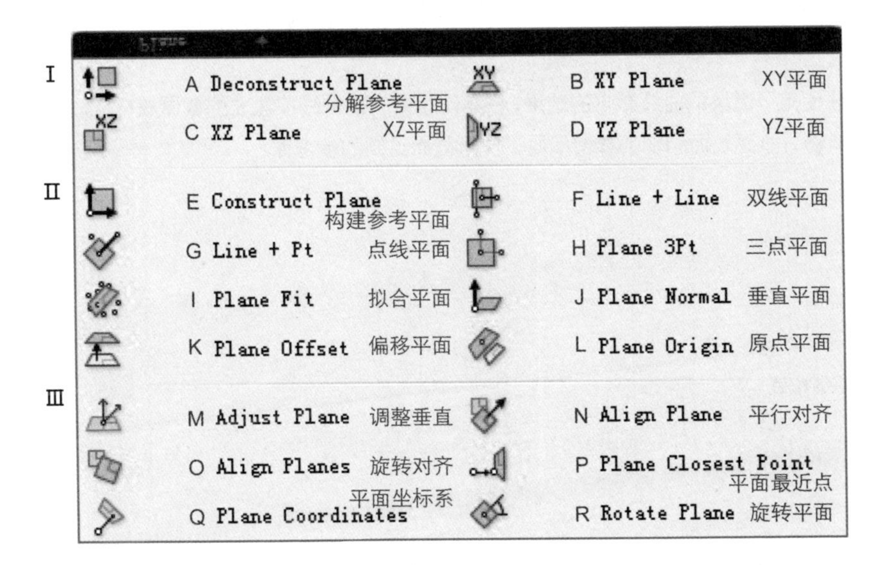

A.Deconstruct Plane 分解参考平面：将平面分解为 X、Y、Z 三个轴向的向量和原始点；
B.XY Plane XY 平面：平行 XY 轴向的参考平面；
C.XZ Plane XZ 平面：平行 XZ 轴向的参考平面；
D.YZ Plane YZ 平面：平行 YZ 轴向的参考平面；
E.Construct Plane 构建参考平面：由指定原点和 X、Y 轴确定一个参考平面；
F.Line+Line 双线平面：由输入的两条直线确定一个参考平面，穿过一条并作为 X 轴向，平行另一直线；
G.Line+Pt 点线平面：穿过直线并作为 X 轴向，同时穿过指定点；
H.Plane 3Pt 三点平面：三点确定一个平面，并以第一个输入点作为原点；
I.Plane Fit 拟合平面：由输入的点群拟合一个参考平面；
J.Plane Normal 垂直平面：指定原点，并与一条直线垂直；
K.Plane Offset 偏移平面：偏移复制平面；
L.Plane Origin 原点平面：将输入的参考平面移到指定的原点位置；
M.Adjust Plane 调整垂直：保持原点不变，调整位置使之垂直于输入的向量；
N.Align Plane 平行对齐：保持原点不变，旋转该平面使之 X 轴向与输入向量在该平面的投影平行；
O.Align Planes 旋转对齐：将输入的多个参考平面旋转对齐输入端 Master 提供的参考平面的一个轴向；
P.Plane Closest Point 平面最近点：找到指定点到输入参考平面上的最近投影点；
Q.Plane Coordinates 平面坐标系：按照指定的参考平面输出点坐标值；
R.Rotate Plane 旋转平面：以垂直于参考平面原点的向量为轴，旋转该参考平面。

截面

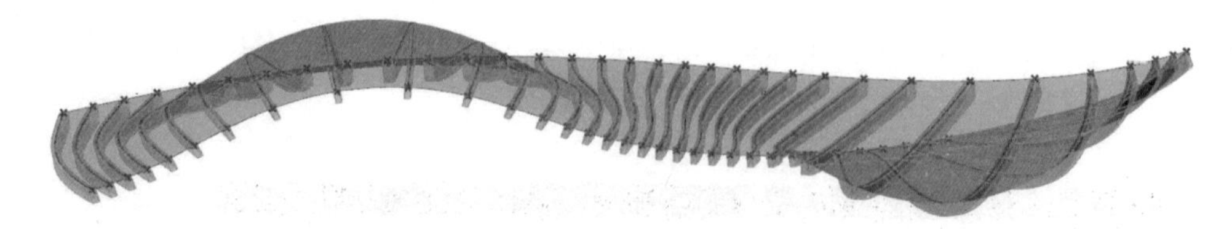

基本的结构线使用了磁场的曲线影响的结果，将其作为梁的结构线按建立的截面放样成体，其中关键是建立能够与曲面表面相切的参考平面，作为截面绘制的参考面。

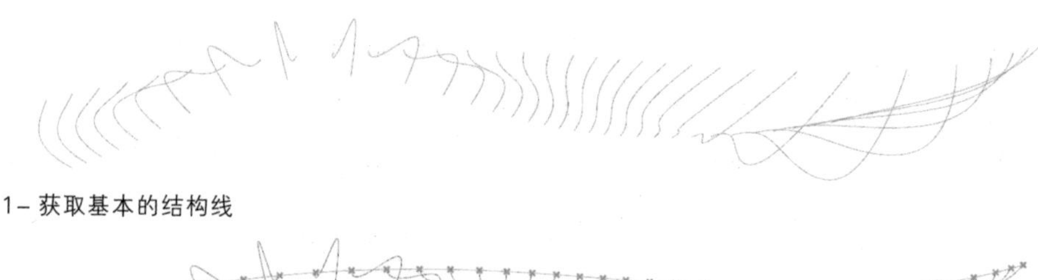

1– 获取基本的结构线

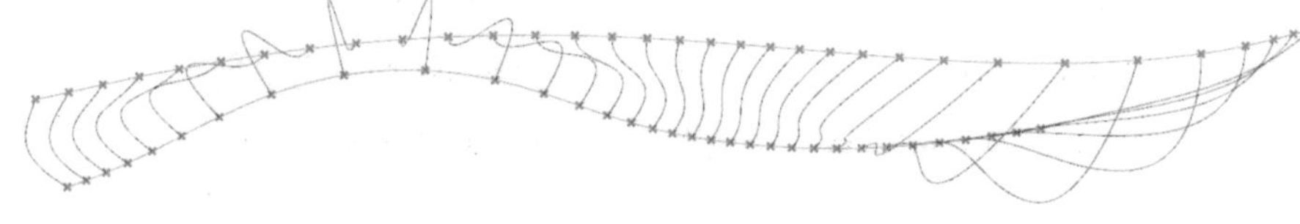

2– 两侧连线

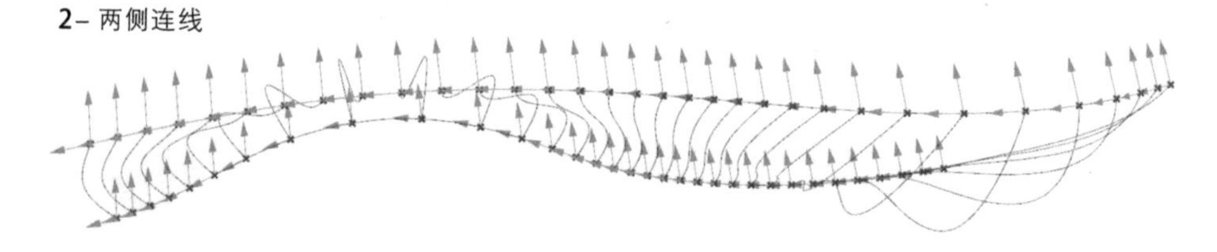

3–提取向量建立参考平面

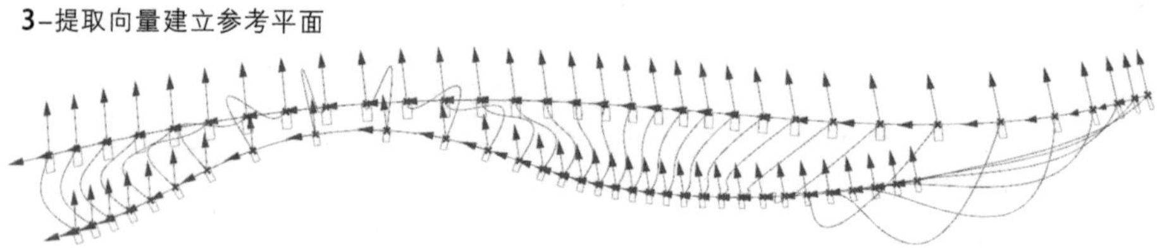

4– 依据参考平面绘制截面

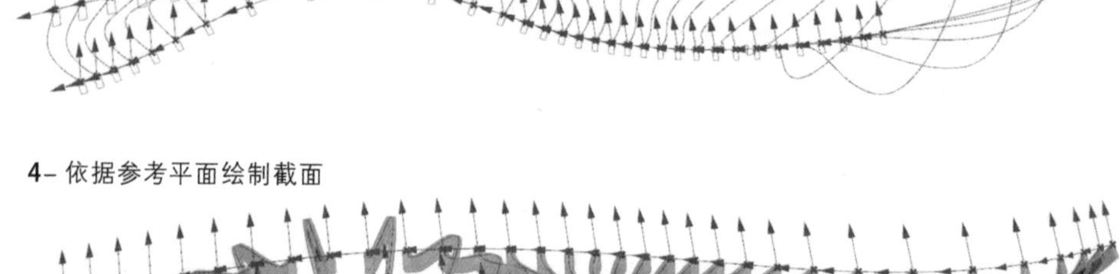

5– 单轨扫描成体

为了获取与曲面相切的参考平面，提取梁结构线两侧的端点连为曲线，该曲线与梁截面线放样的曲面保持一致的曲率，将端点使用 Curve Closest Point 组件投影到两侧的曲线上，并利用输出端的 Parameter 参数作为 Evaluate Curve 组件在各个端点处提取两侧曲线属性的基本参数输入端，获取端点在两侧曲线位置的切线方向，同时建立 Z 方向在端点处的向量，由两向量构建参考平面，绘制截面单轨扫描成体。

1-获取基本的结构线

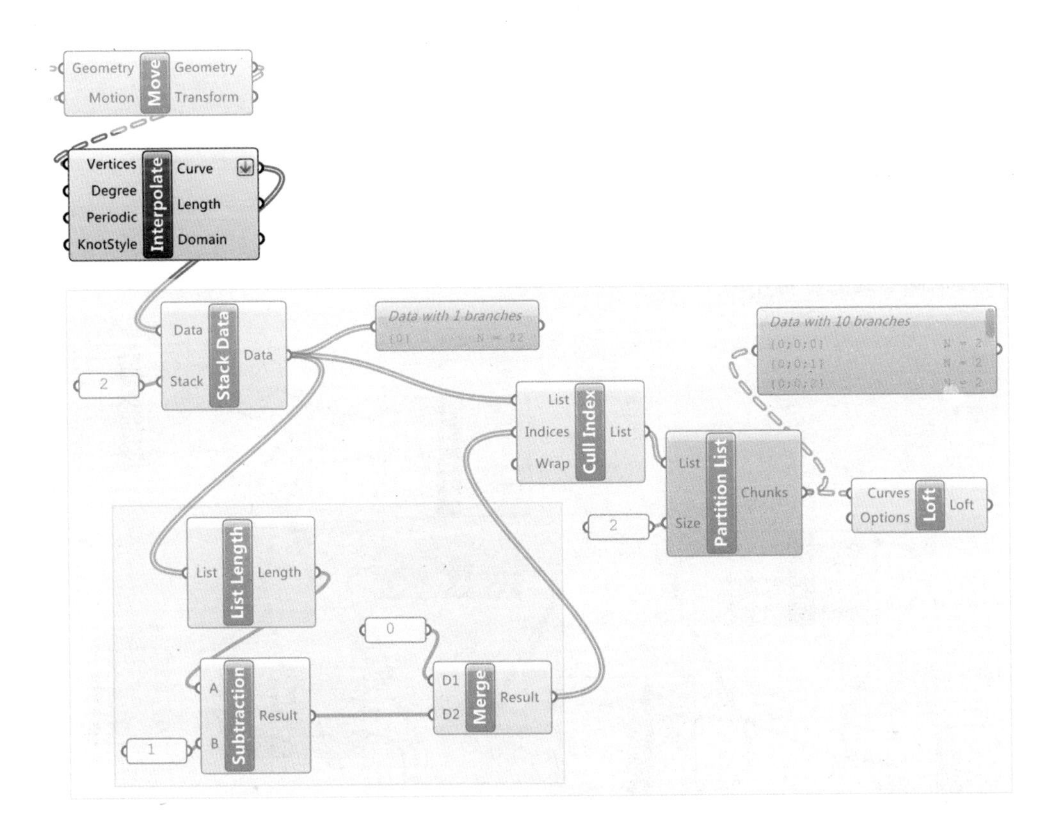

● 基本的结构线使用了磁场的曲线影响的结果，直至第 6 步。

2–两侧连线

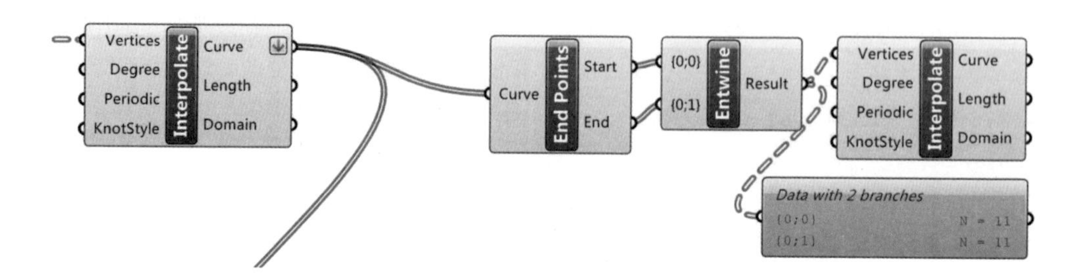

● 提取梁结构线的两侧端点，并使用组件 Entwine 展平组合放置于一个数据之下，但是输入端每组数据分别被放置于各自的路径分支之下，并用组件 Interpolate 内插值曲线法建立曲线。

3–提取向量建立参考平面

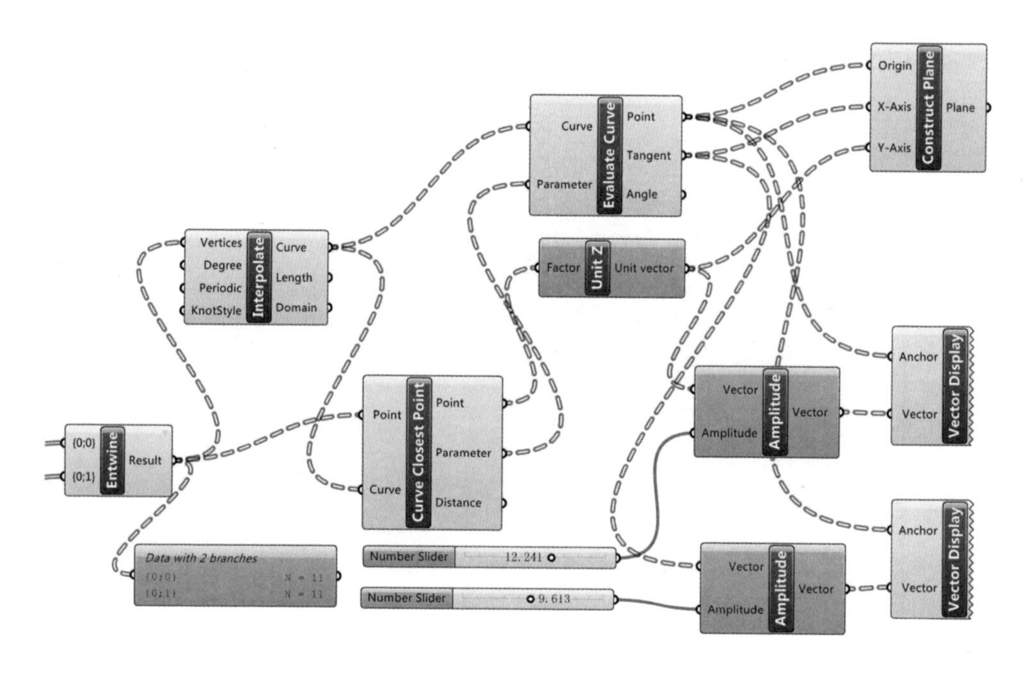

● 使用 Curve Closest Point 组件将提取展平组合的点数据投影到两侧曲线上，以获取两侧曲线上的点及点在曲线上的参数 Parameter，将 Parameter 参数作为组件 Evaluate Curve 输入端

参数的数据，获取投影点在两侧曲线上的切向向量，并在投影点位置直接使用组件 Unit Z 建立 Z 方向上的向量，将这两组向量作为组件 Construct Plane 构建参考向量的输入端参数，建立与曲面（曲线）平行相切的参考平面。

参考平面的获取一般不是直接孤立构建的，而是根据设计的目的通过相关几何体对象的属性提取用于构建参考平面的条件。

4–依据参考平面绘制截面

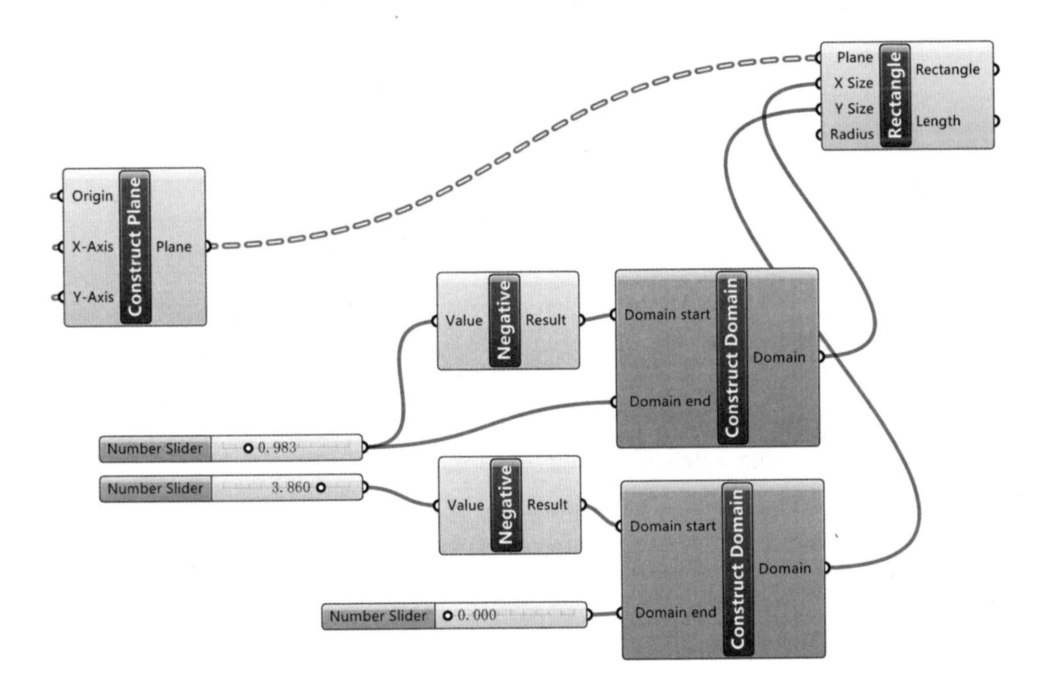

● 在构建的参考平面上使用组件 Rectangle 绘制矩形，通过构建一维区间控制矩形与参考平面原点的相对位置。

5–单轨扫描成体

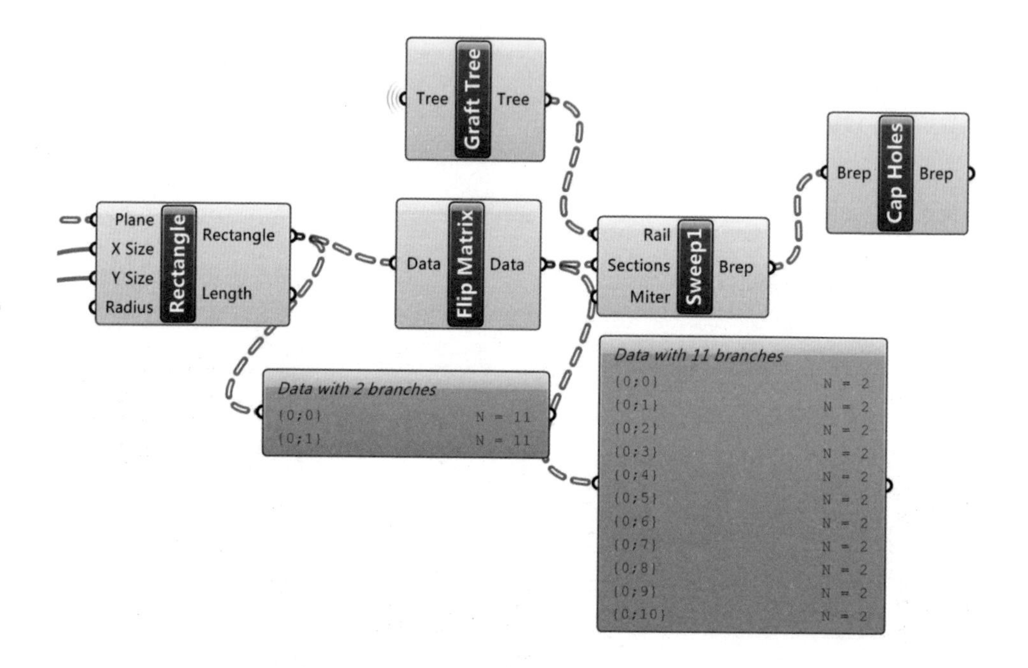

● Graft Tree 组件的输入端接最初梁的结构线，将每一根梁的结构线放置于各自单一的路径分支之下，使用组件 Flip Matrix 翻转矩阵的方法将位于梁结构线两端的截面放置于同一个路径分支之下，使用 Sweep1 单轨扫描组件完成扫描成体，建立梁构件，直接扫描截面的矩形折线，而不是曲面的话，两侧端口并不封闭，使用 Cap Holes 封闭两端开口。

5

Domain，Sequence and Random
区间、数列和随机

1 区间

Domain 区间是逻辑构建过程中组织数据的重要方式。对于大部分对象，包括几何体或者纯粹数据都需要使用区间来控制变化及其属性，例如角度一圈的变化在 0 ~ 360 度或者 0 ~ 2π，颜色输入值在 0 ~ 255，正余弦在定义域 -1 ~ +1，而任何曲线或者曲面上的部分，例如曲线的片断和部分曲面都是曲线或者曲面的子区间。

Grasshopper 提供了建立和分解一维区间和二维区间，以及等分区间、区间判断等组件工具。

两个数值确定一个区间；

将区间分解为开始与结束区间列表；

确定输入列表的区间范围；

从列表数组中建立连续区间；

将区间分成相等的几个部分区间；

找到输入数值的指定区间；

判断输入数值是否在输入区间范围内，给出布尔值和最近距离；

重新限定区间的范围；

通过4个输入值确定二维区间；

通过一维区间确定二维区间；

将二维区间分解为UV初始与结束数值列表；

将二维区间分解为一维区间；

通过输入的一组点确定二维区间范围；

将二维区间分成相等的几个部分。

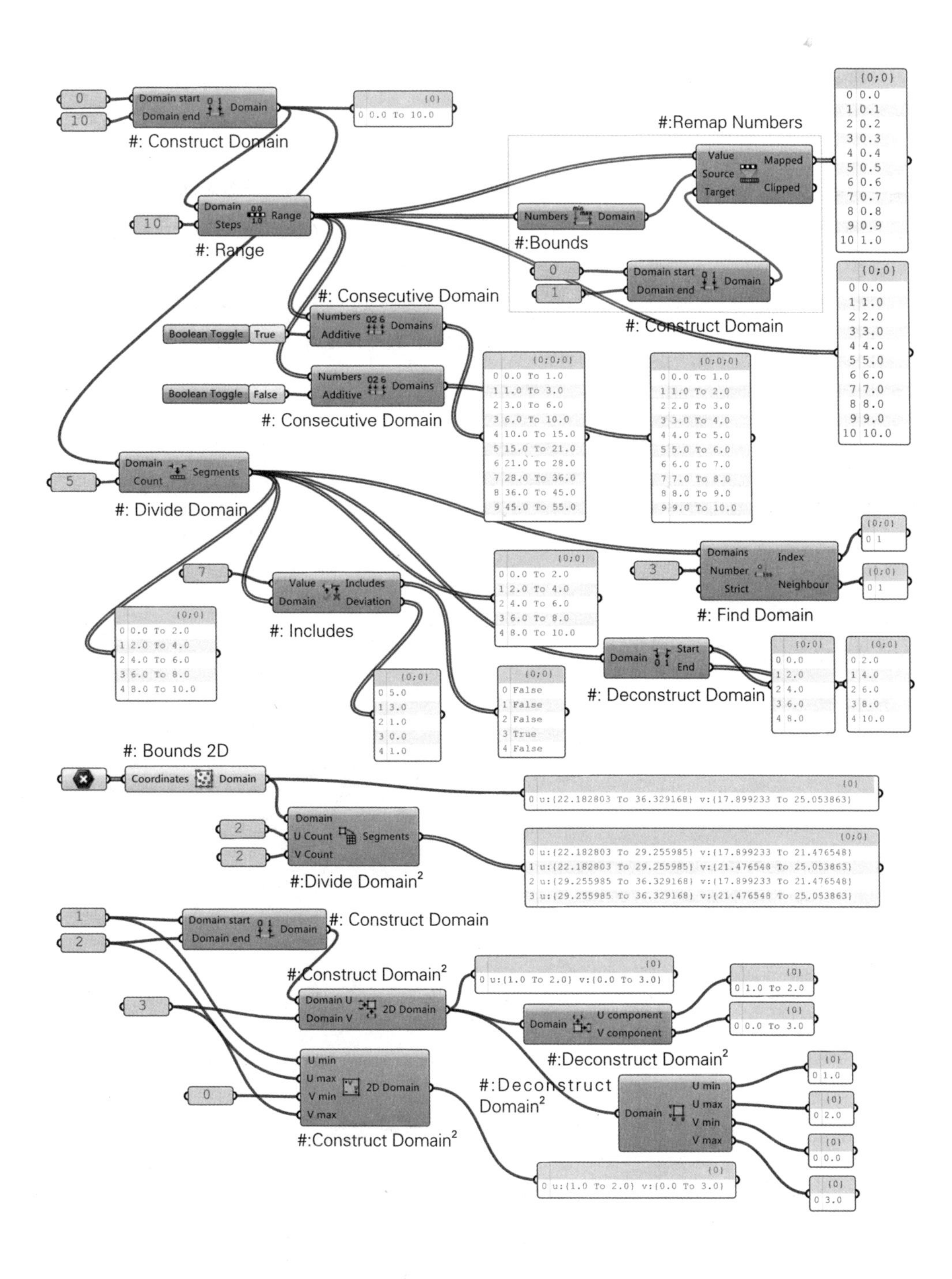
#: Construct Domain
Domain start
Domain end
Domain
#: Range
Steps
Range
#:Remap Numbers
Value
Source
Target
Mapped
Clipped
Numbers
#:Bounds
#: Consecutive Domain
Additive
Domains
Boolean Toggle
True
False
#: Divide Domain
Count
Segments
Index
Number
Strict
Neighbour
#: Find Domain
Includes
Deviation
#: Includes
Start
End
#: Deconstruct Domain
#: Bounds 2D
Coordinates
#:Divide Domain²
U Count
V Count
#:Construct Domain²
Domain U
Domain V
2D Domain
U component
V component
#:Deconstruct Domain²
U min
U max
V min
V max
0 u:{22.182803 To 36.329168} v:{17.899233 To 25.053863}
0 u:{22.182803 To 29.255985} v:{17.899233 To 21.476548}
1 u:{22.182803 To 29.255985} v:{21.476548 To 25.053863}
2 u:{29.255985 To 36.329168} v:{17.899233 To 21.476548}
3 u:{29.255985 To 36.329168} v:{21.476548 To 25.053863}
0 u:{1.0 To 2.0} v:{0.0 To 3.0}

Domain：区间

对数螺旋

使用自然对数构建螺旋线，其中建立了 0 ~ 720 度的一维区间数值，使用 Radians 组件转换为弧度值，用于向量旋转 VRot(Rotate) 组件的角度输入项。

关于对数

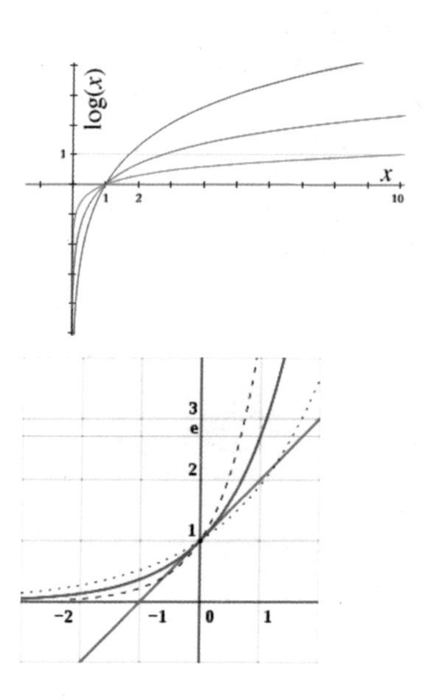

e是在x=0点上f (x)=ex（蓝色曲线）的导数（切线的斜率）值为 1 的唯一的一个数。对比一下，函数 2x（虚点曲线）和 4x（虚线曲线）和斜率为 1 的直线（红色）并不相切。

各种底数的对数：红色函数底数是 e，绿色函数底数是 10，而紫色函数底数是 1.7。在数轴上每个刻度是一个单位。所有底数的对数函数都通过点（1，0），因为任何数的 0 次幂都是 1，而底数 β 的函数通过点（β，1），因为任何数的 1 次幂都是其自身。因为 x=0 的奇异性曲线接近 y 轴但永不触及它。

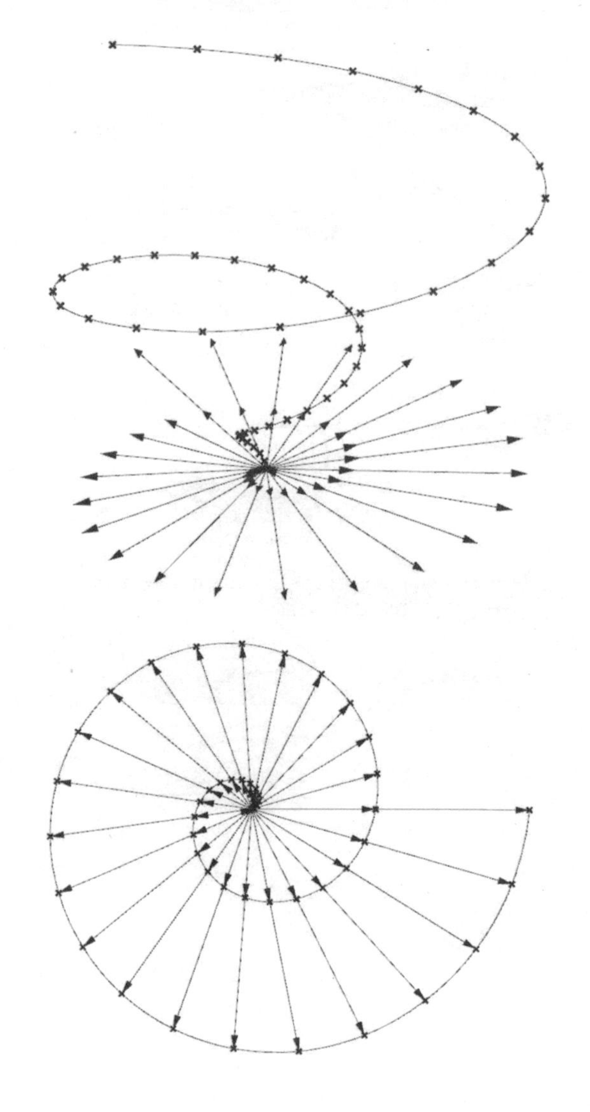

G_05-01

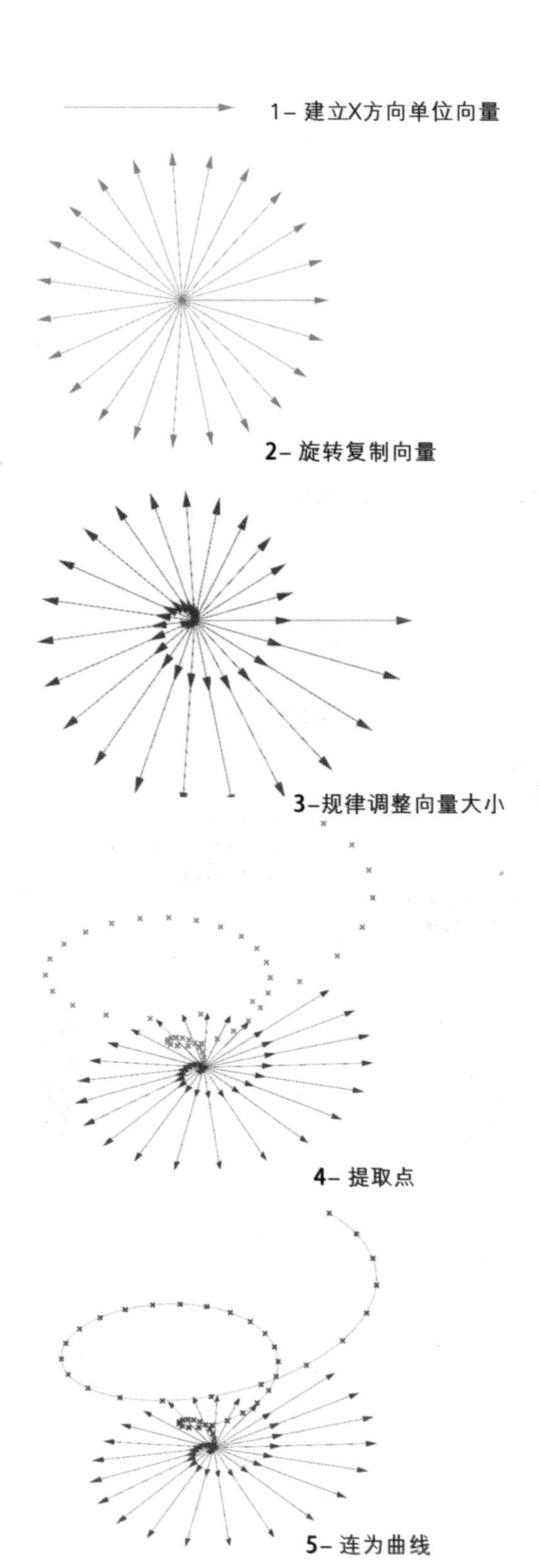

首先建立 X 方向上的单位向量，对其进行旋转复制，旋转的角度值由一维区间控制。被复制的向量需要调整大小，通过组件 Range 建立区间数列，并求该数列与自然对数的乘积，获得用于调整向量大小的数据，Decompose（VComp）分解向量获取 X、Y、Z 的输出值，使用 Construct Point 重构点，同时重建数列用于 Z 数值的输入，获得三维空间上的变化。

1–建立X方向单位向量

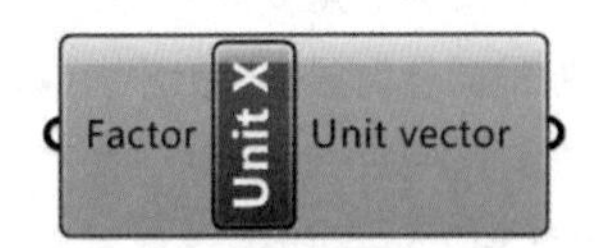

● 直接调入组件 Unit X 即可建立 X 方向上的单位向量，输入端 Factor 默认值为 1。

2–旋转复制向量

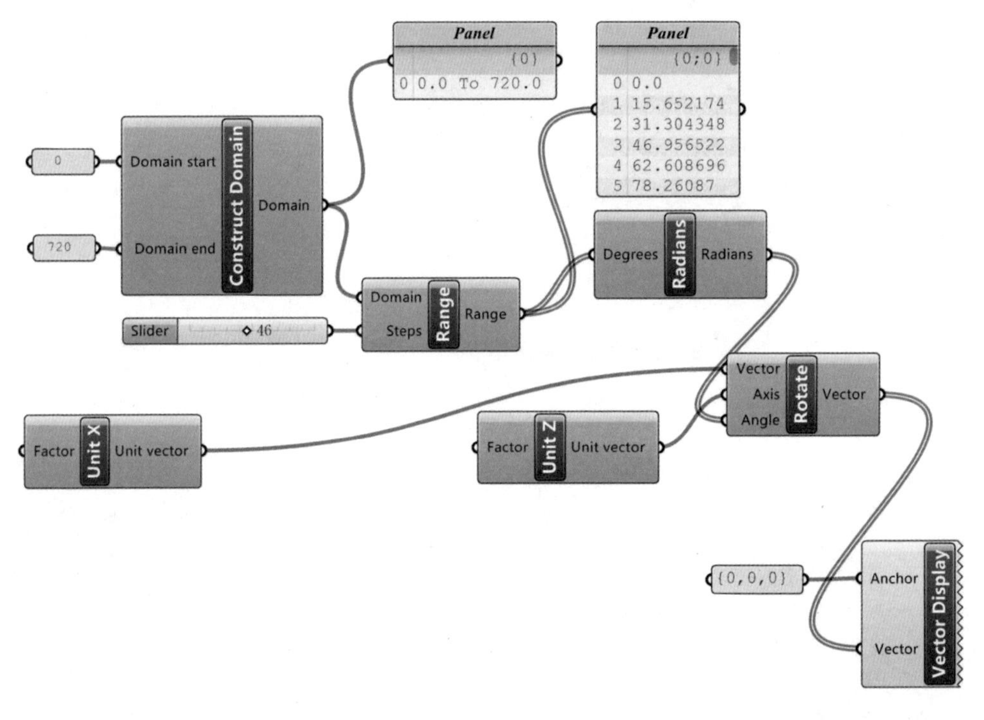

● 通过组件 Construct Domain 建立了 0 ~ 720 的区间，即旋转两圈，为了获取该区间内定义数量的数列，使用组件 Range 区间数列获得。但是在 Grasshopper 中大部分角度值都为弧度，因此需要使用组件 Radians 把度转化为弧度，作为组件 Rotate 旋转输入端 Angle 的输入项数据。向量不是具体的几何体对象，需要使用组件 Vector Display 显示，这里将输入端 Anchor 设定在坐标原点。

3–规律调整向量大小

● 对 Range 组件获取的等差数列使用 Natural Logarithm 求自然对数并各自乘以其本身，用组件 Amplitude 调整旋转复制向量的大小。

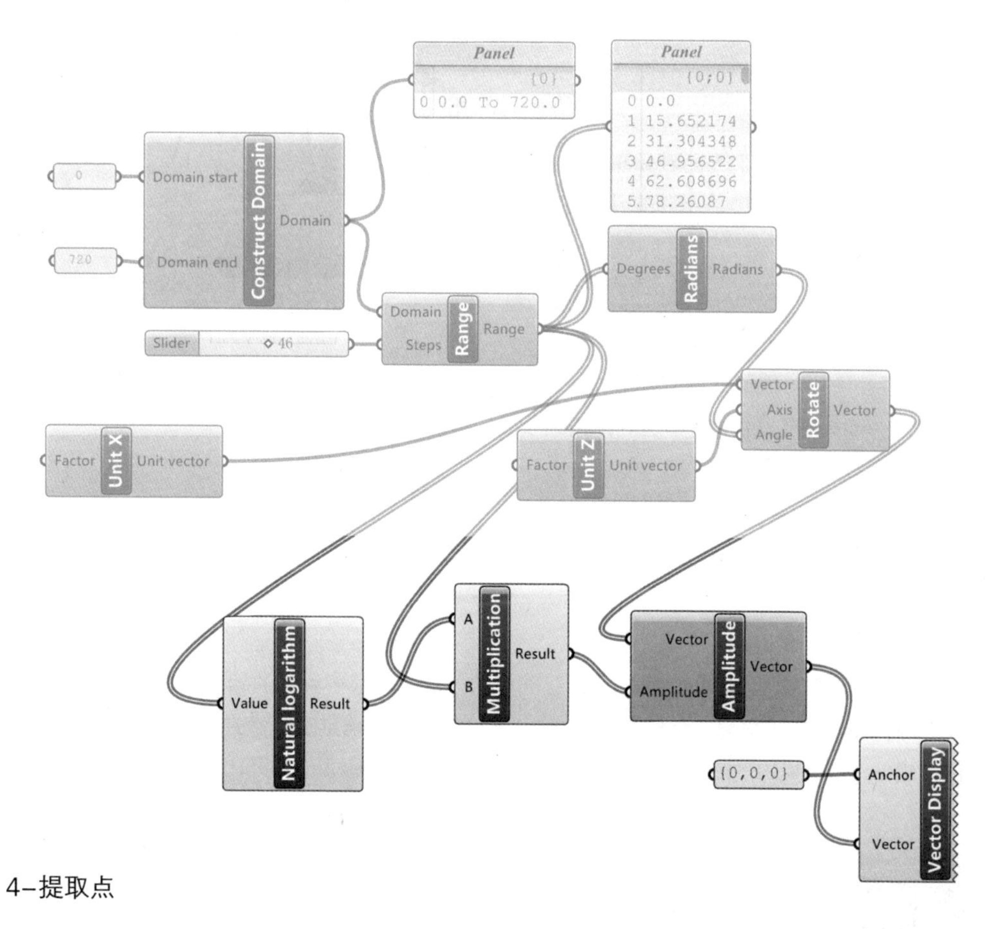

4-提取点

● 将调整大小后的向量分解，获得 X、Y、Z 三个值即向量尾端的点坐标，Z 坐标值均为 0，未来获得三维空间上的变化，使用组件 Series 建立数列，数量为第 2 步建立 Range 数列时 Steps 输入端数据加 1，因为 Steps 为数据等分区间的数量，等分后数量必然多一个。

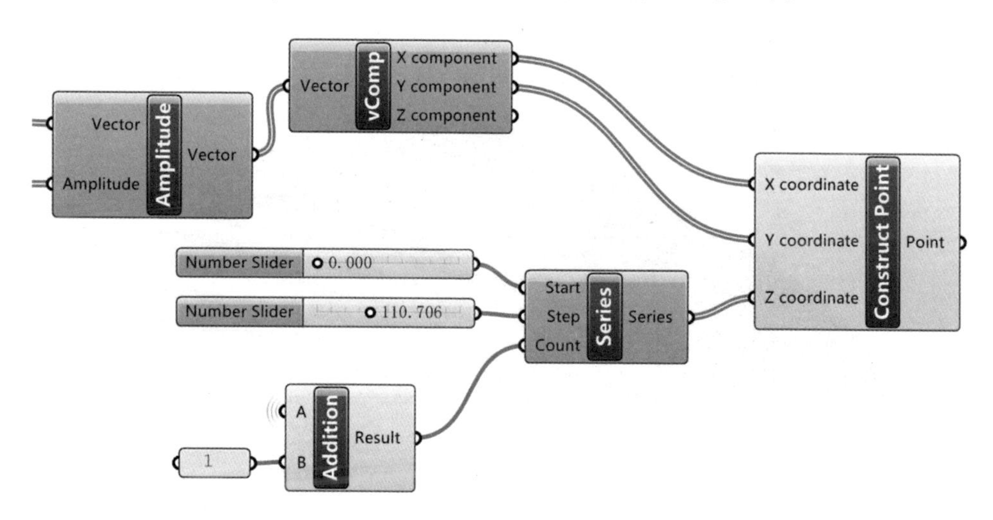

5-连为曲线

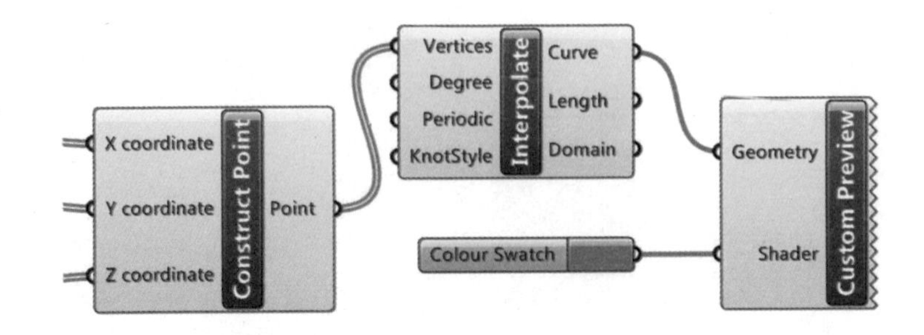

● 直接使用内插值曲线组件 Interpolate 将点连为曲线。在 Grasshopper 中可以通过组件 Custom Preview 赋予几何对象颜色，从而利于区分观察对象。

弧线段放样

区间的使用往往只是整个编程设计过程中的一部分，很多组件的输入端需要输入区间，例如组件 Range 区间数列，组件 Random 获取随机数也需要确定随机数产生的范围，使用 Sub Curve 组件提取曲线的一部分也要求输入区间等。

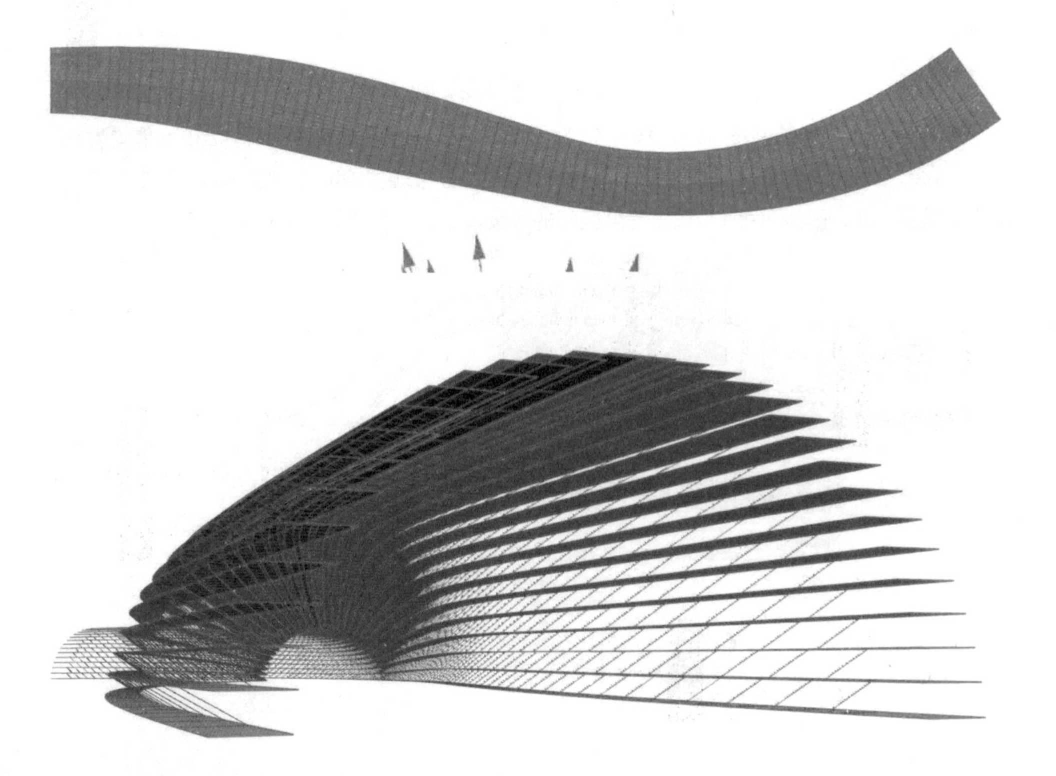

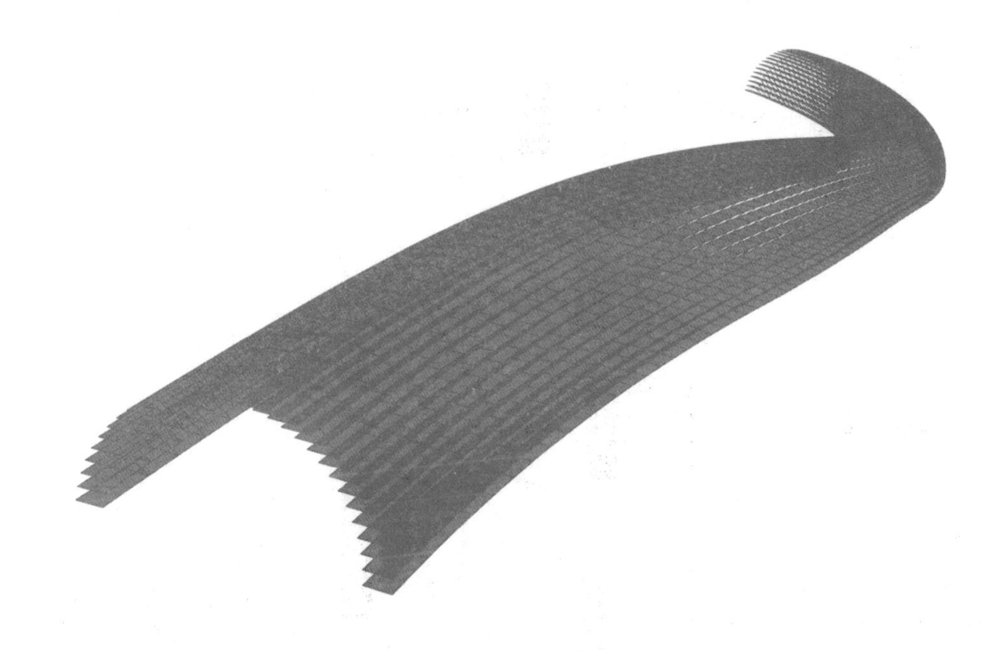

1–建立弧线段

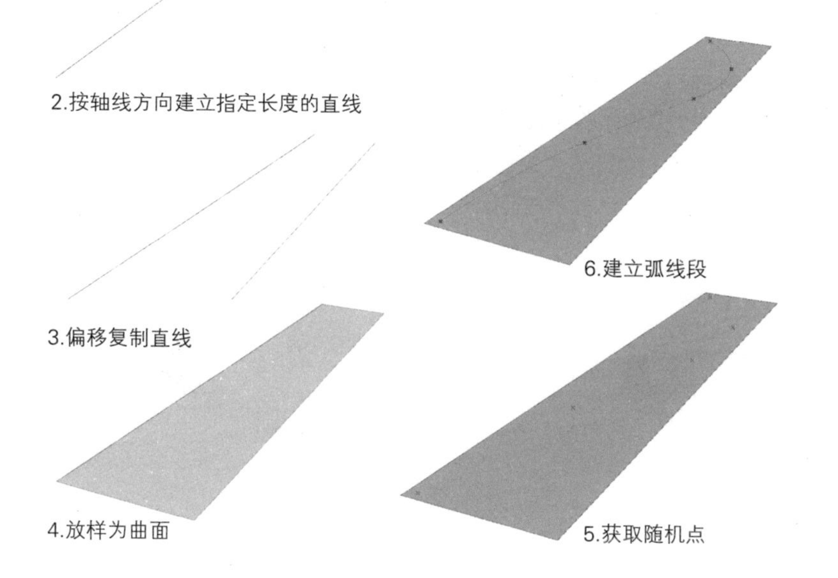
1.建立任意长度的定位轴线
2.按轴线方向建立指定长度的直线
3.偏移复制直线
4.放样为曲面
5.获取随机点
6.建立弧线段

几何构建逻辑

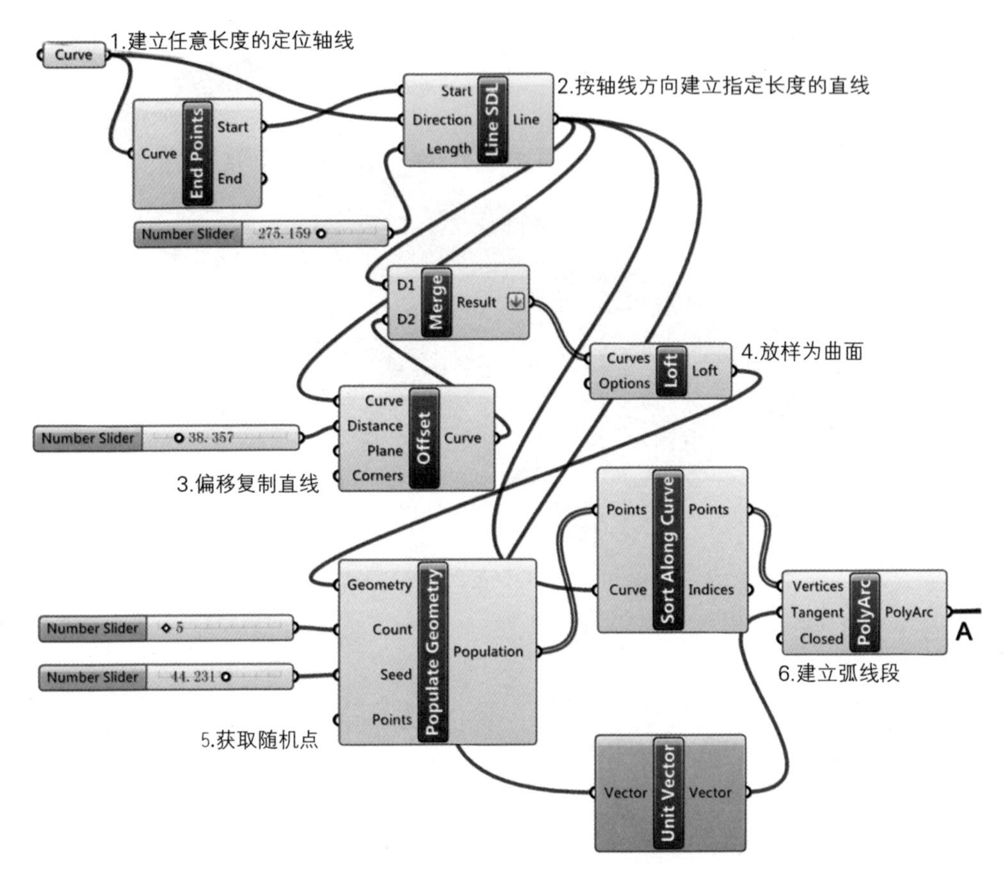

● 以编程设计的思维方式进行设计，往往会思考如何构建前后关系紧密联系的有机整体，同时会思考在同一个逻辑下获取任意随机的结果。因此不会直接构建基础的弧线段轴线，而是思考如何获取多种弧线段的形式结果，曲线一般由点构建，组件 Populate Geometry 可以根据输入的几何体对象在其表面获取随机点，进而构建矩形曲面，通过指定定位轴线，使用 Line SDL 建立沿轴线方向一定长度的直线，其输入端 Direction 要求输入方向即向量，可以直接使用定位轴本身的方向属性。使用 Offset 偏移复制建立的直线，使用 Merge 组件合并直线与偏移复制的直线在一个路径分支之下，对其使用 Loft 放样成面。

2-建立基于图形函数的变化圆

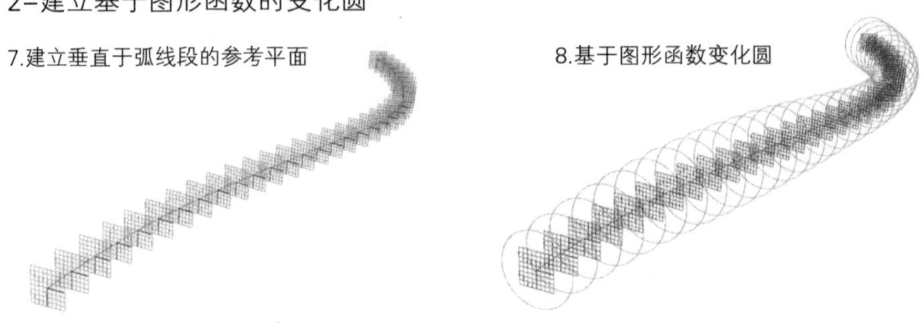

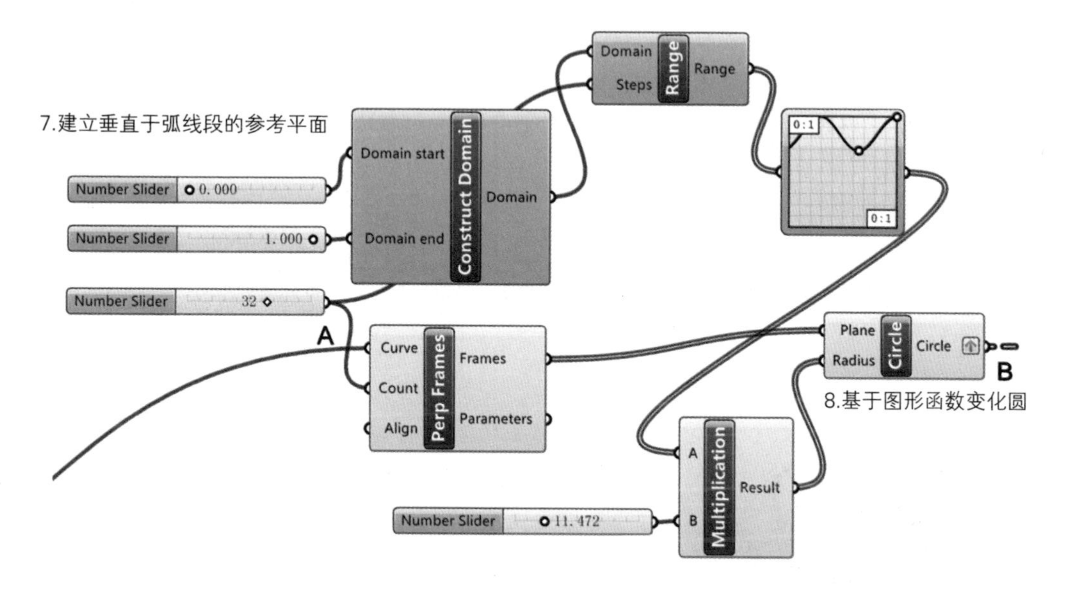

7.建立垂直于弧线段的参考平面

8.基于图形函数变化圆

● 圆的大小都一样也许会缺少变化，因此希望出现有韵律的形式结果，一般函数都存在某种潜在的数据变化规律，这些规律往往在视觉上使人愉悦，因此使用图形函数 Graph Mapper 建立有韵律的数据列表。因为诸如正弦、余弦等函数在 0~1 区间变化，因此使用 Range 区间数列建立 0~1 的等差数列列表，函数的输出值乘以一个倍数，调整数据的大小使之适合设计目的的尺度。

3–提取部分圆并保持端点水平

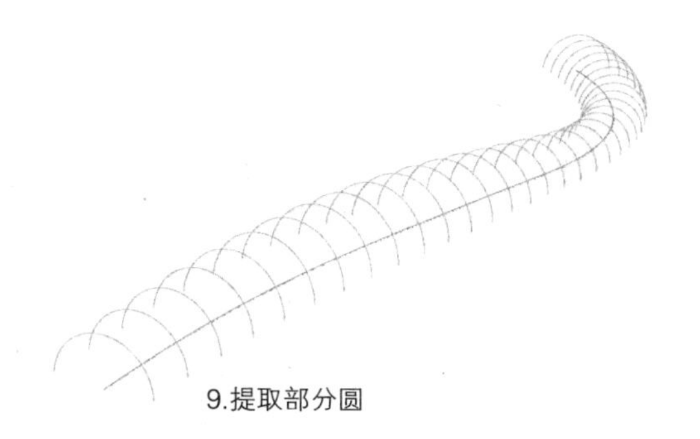

9.提取部分圆

● 直接使用组件 Sub Curve 根据指定的区间即能提取部分圆，但是设计的意图会考虑到实际的构建，希望提取的部分圆能够位于一个水平面上。那么就需要思考如何达到这个设计的要求。首先调整圆的接合点，任何闭合曲线都有首尾的接合点，可以使用组件 Evaluate Length 提取观察 Length 输入值为 0 位置的点即接合点，此时圆的接合点位于侧面，因此分别计算圆的长度并除以 4(也可能是 -4) 作为组件 Seam 的输入参数，调整圆接合点的位置到最低点。使用 Evaluate Length

提取点获取该点位置参数时，将 Normalized 输入端设置为 False，即以曲线实际长度作为曲线区间的最大值，因此输入提取点位置的实际长度（从接合点开始计算）和被实际曲线长度减去的数值，就可以获得位于一个水平面上各个圆的两个点，同时获取每个圆两个点的位置参数，使用 Consecutive Domains 连续区间组件建立区间作为 Sub Curve 子曲线的 Domain 输入端。

因为随机获取的弧线段，随机种子的变化可能使得根据弧线段建立的圆的接合点位于侧面的另一侧，那么就会提取圆的下半部分，可以使用 Stream Filter 流入控制组件结合 Flip Curve 调整曲线方向组件处理这两种情况，一旦发现提取的是向下凹的圆，可以变化布尔值。

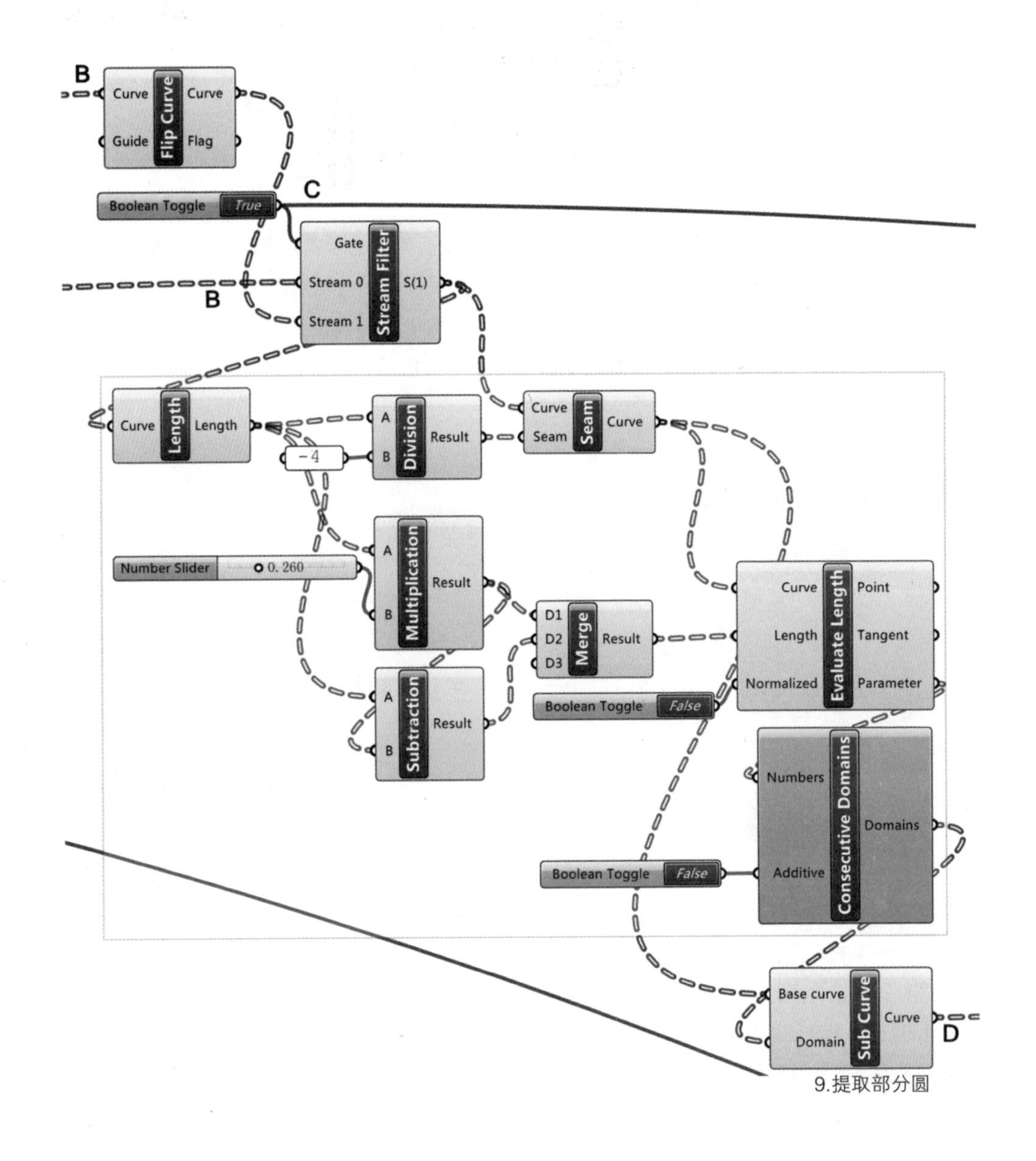

9.提取部分圆

4-建立水平结构

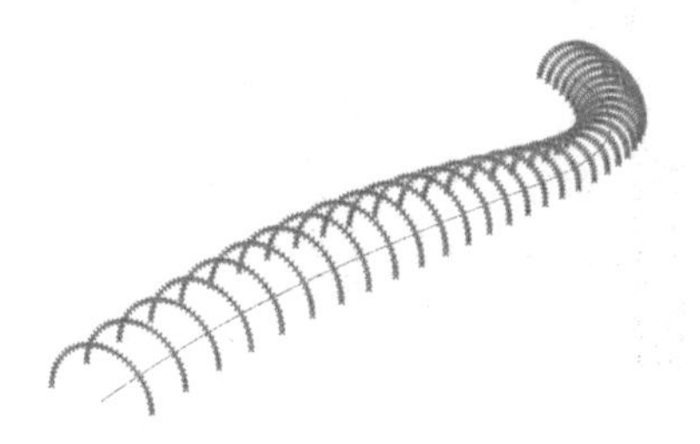

10.等分点

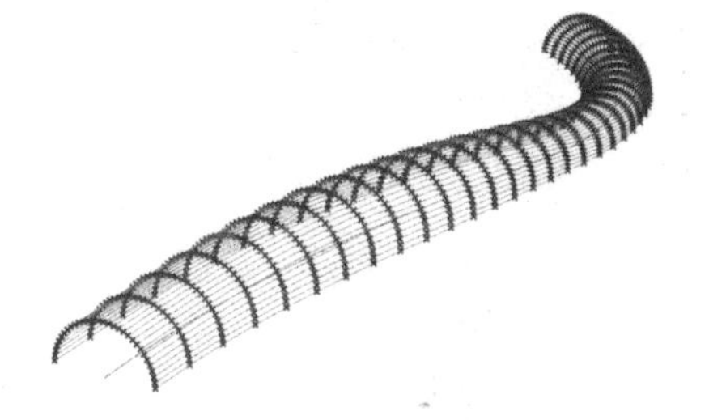

11.建立纵向曲线

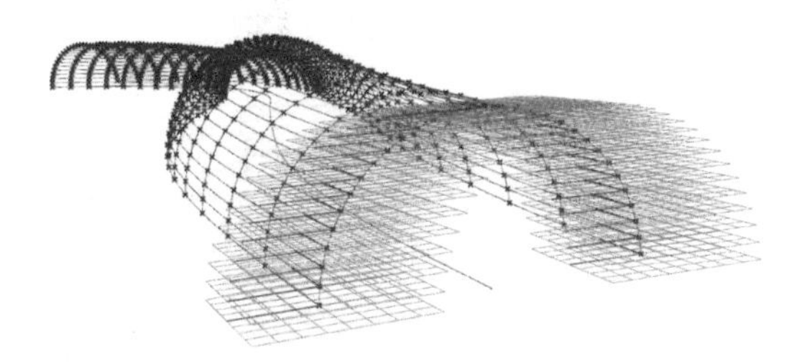

12.获取相切曲线水平参考平面

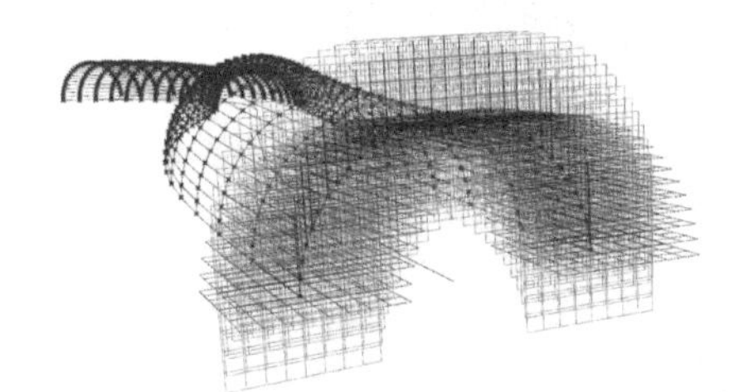

13.建立水平垂直参考平面

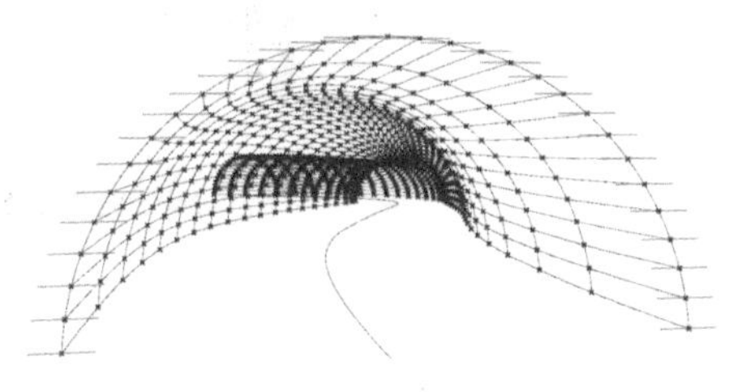

14.建立矩形截面

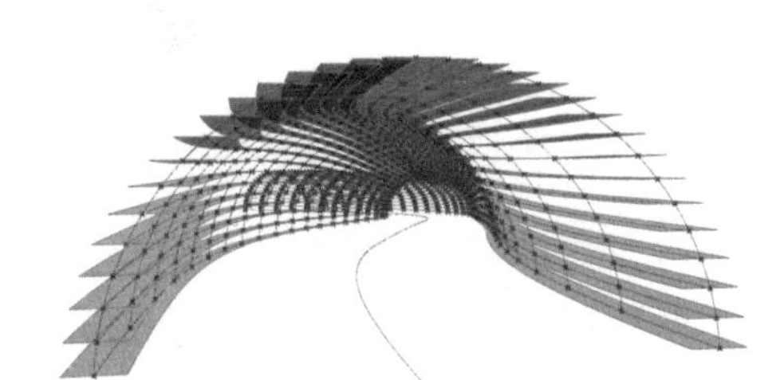

15.单轨扫描建立水平结构

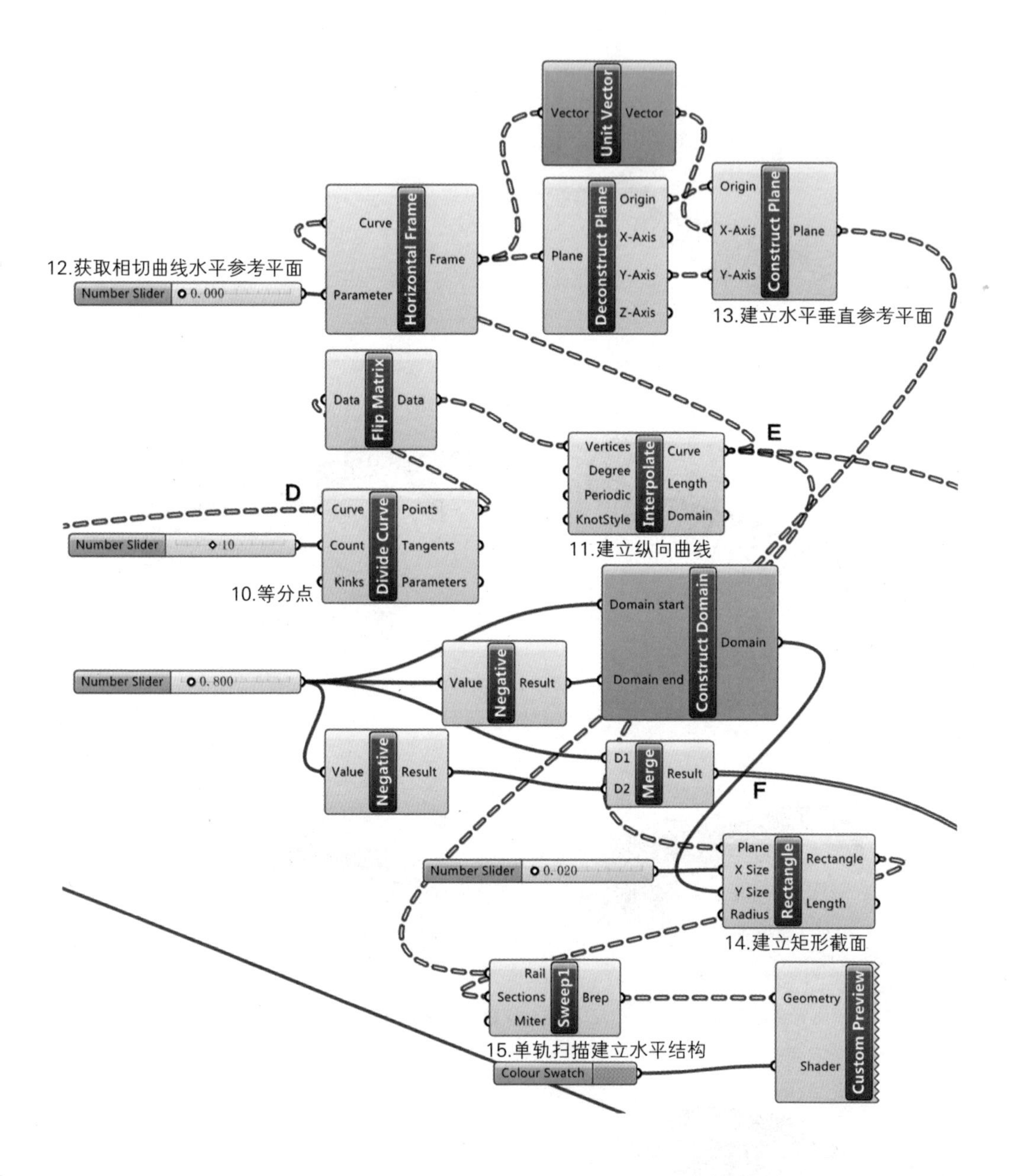

● Divide Curve 组件等分提取的圆可以获得等分点，在建立纵向水平结构时，需要把每个圆等分点索引值相同的放置于一个路径分支之下，才可以使用组件 Interpolate 内插值曲线建立水平向的结构曲线，可以使用 Flip Matrix 翻转矩阵调整数据结构。另外一个问题是建立矩形截面，矩形截面要求水平，因此需要获取纵向曲线端点处的水平垂直参考平面，首先使用 Horizontal Frame 水平标架组件提取首端相切于曲线的水平参考平面，即可获取垂直于该参考平面的向量，

并使用 Deconstruct Plane 分解参考平面，结合使用其输出端 Y-Axis 向作为 Construct Plane 的两个输入向量建立水平垂直参考平面，绘制矩形截面，用 Sweep1 单轨扫描成体建立水平结构。

建立准确的几何形体，保证构建的精确，需要深入理解与灵活运用向量和参考平面，并善于从已有的几何对象中提取向量和参考平面的属性，用于进一步的几何体构建。

5-提取横向支撑结构点

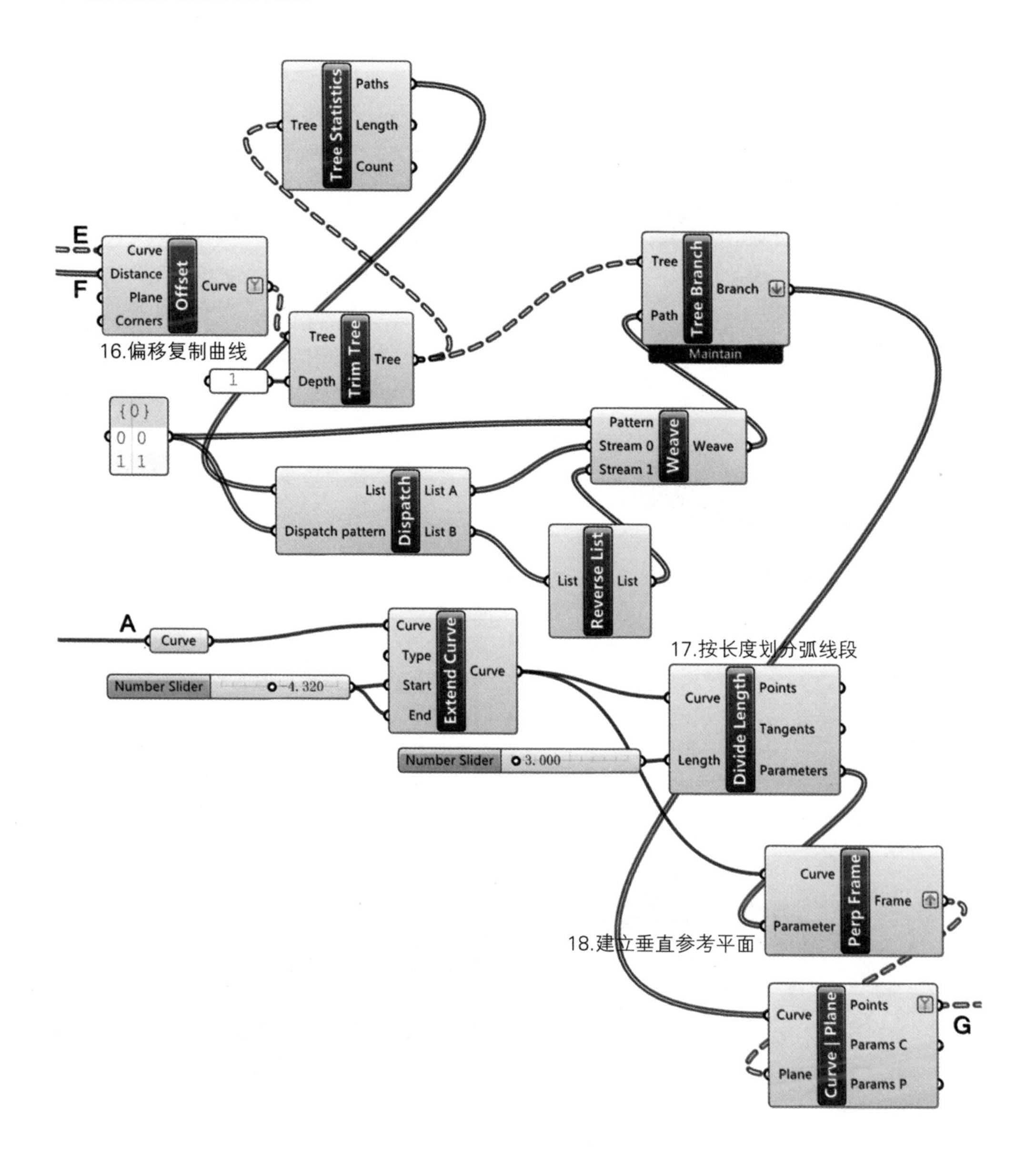

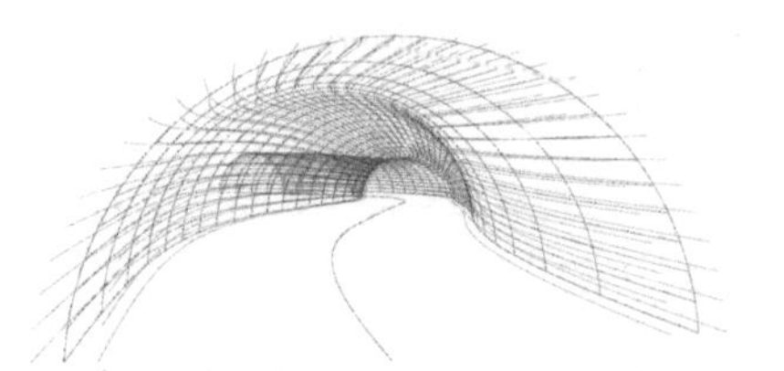
16.偏移复制曲线

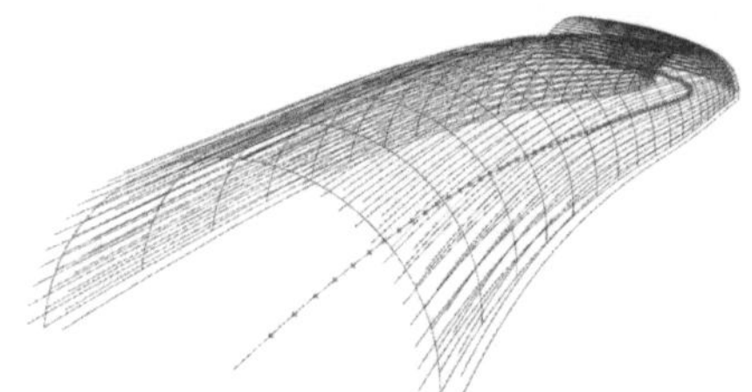
17.按长度划分弧线段

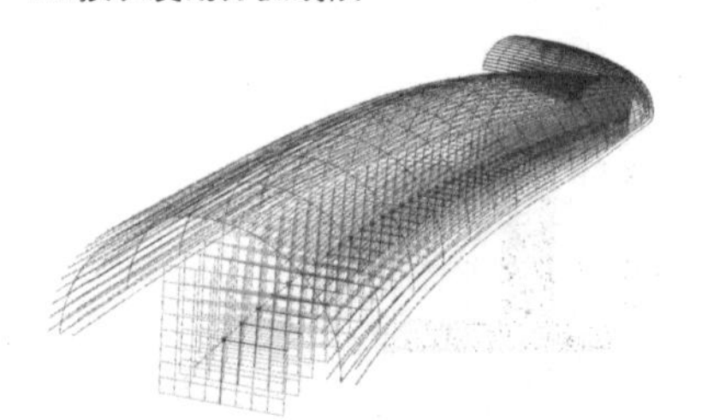
18.建立垂直参考平面

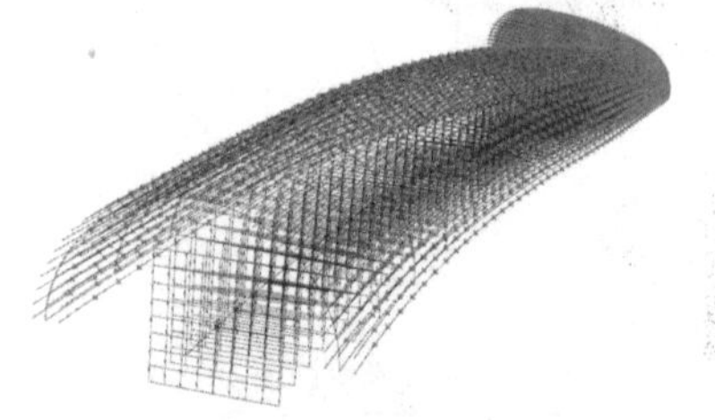
19.获取相交点

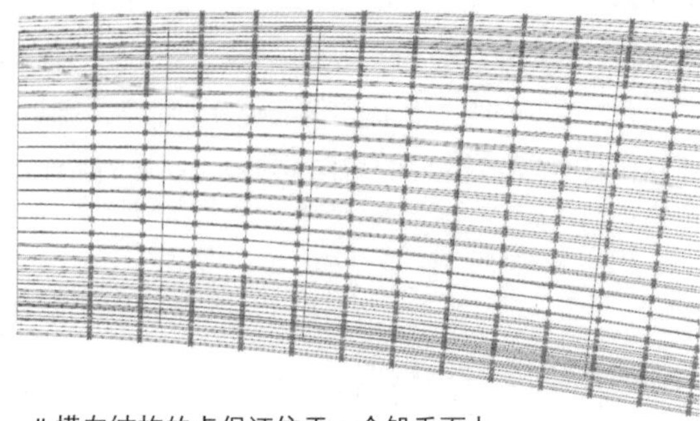
#:横向结构的点保证位于一个铅垂面上

● 希望横向结构的设计多些变化，即Z形交错连线，同时在结构设计上的考虑是横向结构必须位于一个铅垂面上，以保证最好的受力情况。因此并不是直接等分纵向结构线再翻转矩阵连为横向结构线，这种方法无法保证横向结构位于一个铅垂面中。首先将原始的弧线段使用Extend Curve组件通过输入负值适当缩短保证最后相交不为空，使用Divide Length按长度等分弧线段，其输出端Parameters参数值作为Prep Frame垂直标架的输入参数，建立垂直参考平面，用Curve | Plane获取参考平面和纵向曲线的相交点。

另外一个需要处理的是，如何获得Z形的支撑结构，要对偏移的每组两条纵向结构线重新组织，使用Dispatch模式分组和Weave编织重组调整数据结构，将其中一组使用Reverse List反转列表。

6-建立横向结构

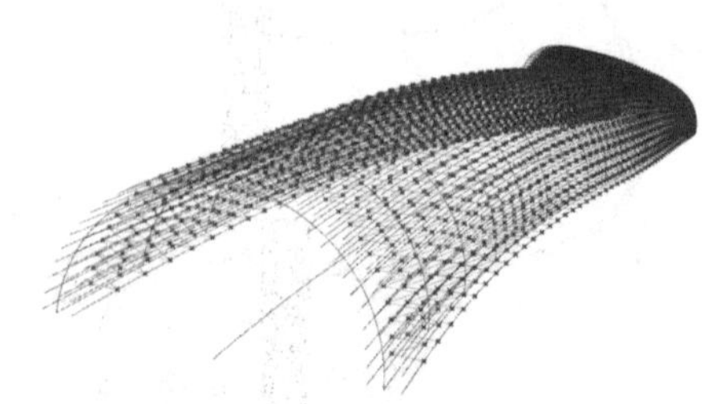
20.连为横向结构

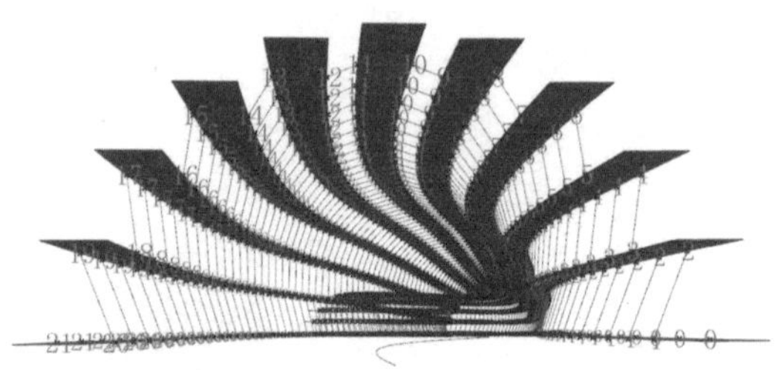
21.横向结构点索引排序

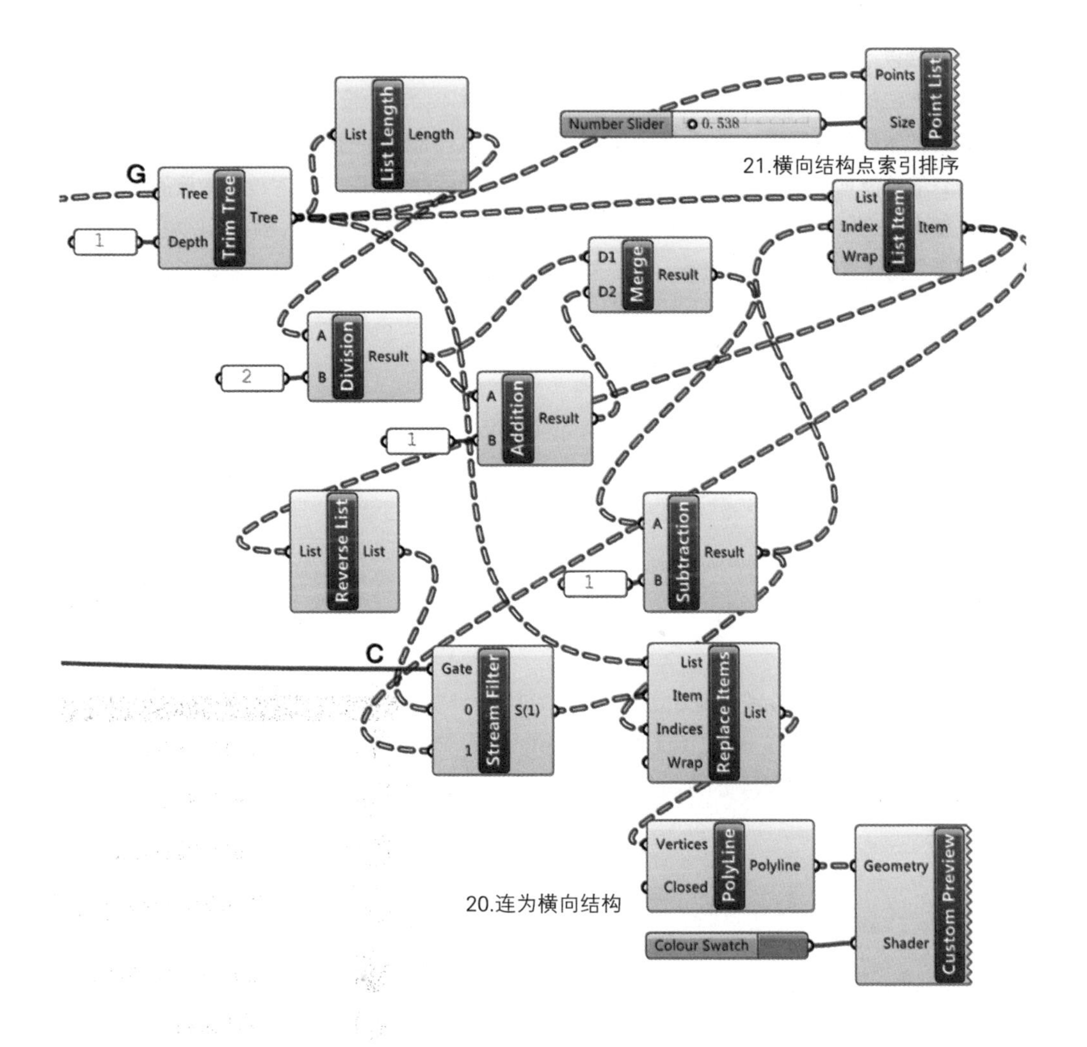

21.横向结构点索引排序

20.连为横向结构

● 建立横向结构线时，需要处理最顶端隶属于同一条最顶端纵向结构线偏移后相交获取的两个点，因为反转列表使得横向连线交错。位于最顶部的横向结构点，因为建筑结构左右对称，那么最顶端的两个点则位于数据列表的中间，可以使用 List Length 计算列表长度，通过适宜的运算获取最顶端两个点的索引值，将其提取并反转列表，再使用组件 Replace Items 替换项值，达到调整错误数据的目的。

这里与第三步一样使用了 Stream Filter 流入控制组件调整数据结构，Gate 输入项的布尔值与第三步同步。

对编程设计的方法深入了解之后，包括深入理解数据结构和数据管理，对 Grasshopper 所有组件使用方法的掌握和灵活运用，一般模型构建部分并不会成为设计进程中的障碍，核心最终归于设计的本质和编程设计逻辑过程的构建。设计的本质是设计的创造性，任何形式的产生都需要设计者不断地修正，编程设计的方法则渗透在设计的过程中，包括对设计本质的影响，往往会从基本形式如何成为一个构建的逻辑，即不会直接思考获取一个图式，例如本例中的弧线段，而是思考如何获取这个图式的过程，那么这个逻辑构建就已经被强调，并进而影响设计的本质。

2 数列和随机

Grasshopper 给出了几种数列建立的方法，同时可以使用 Stack Data 组件、Repeat Data 组件和 Duplicate Data 组件获得不同的复制数列的方法。

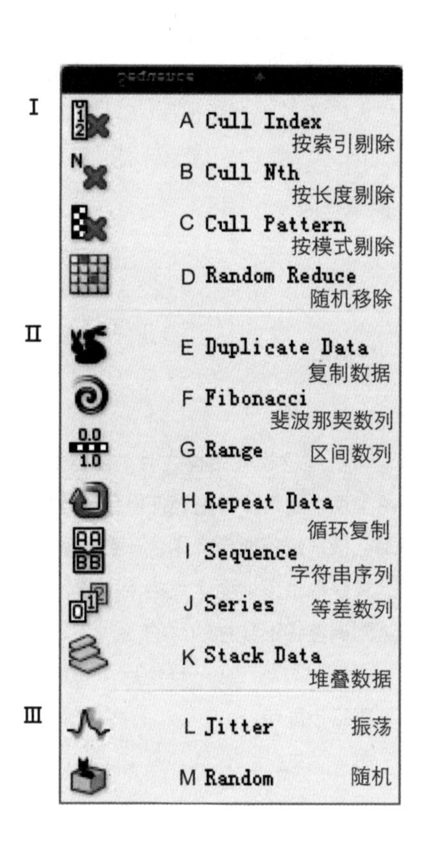

I

A.Cull Index 按索引剔除：

根据输入的索引值剔除列表中对应的项值；

B.Cull Nth 按长度剔除：

每隔输入端 Cull frequency 指定的数值，剔除该对应的项值，或者理解为按照 Cull frequency 指定的数值循环切分列表，剔除各自末尾项；

C.Cull Pattern 按模式剔除：

输入端 Cull Pattern 为布尔值，True 时保留，Flase 时剔除；

D.Random Reduce 随机移除：

输入端 Reduction 为移除的数量，Seed 为随机种子控制不同的移除结果。

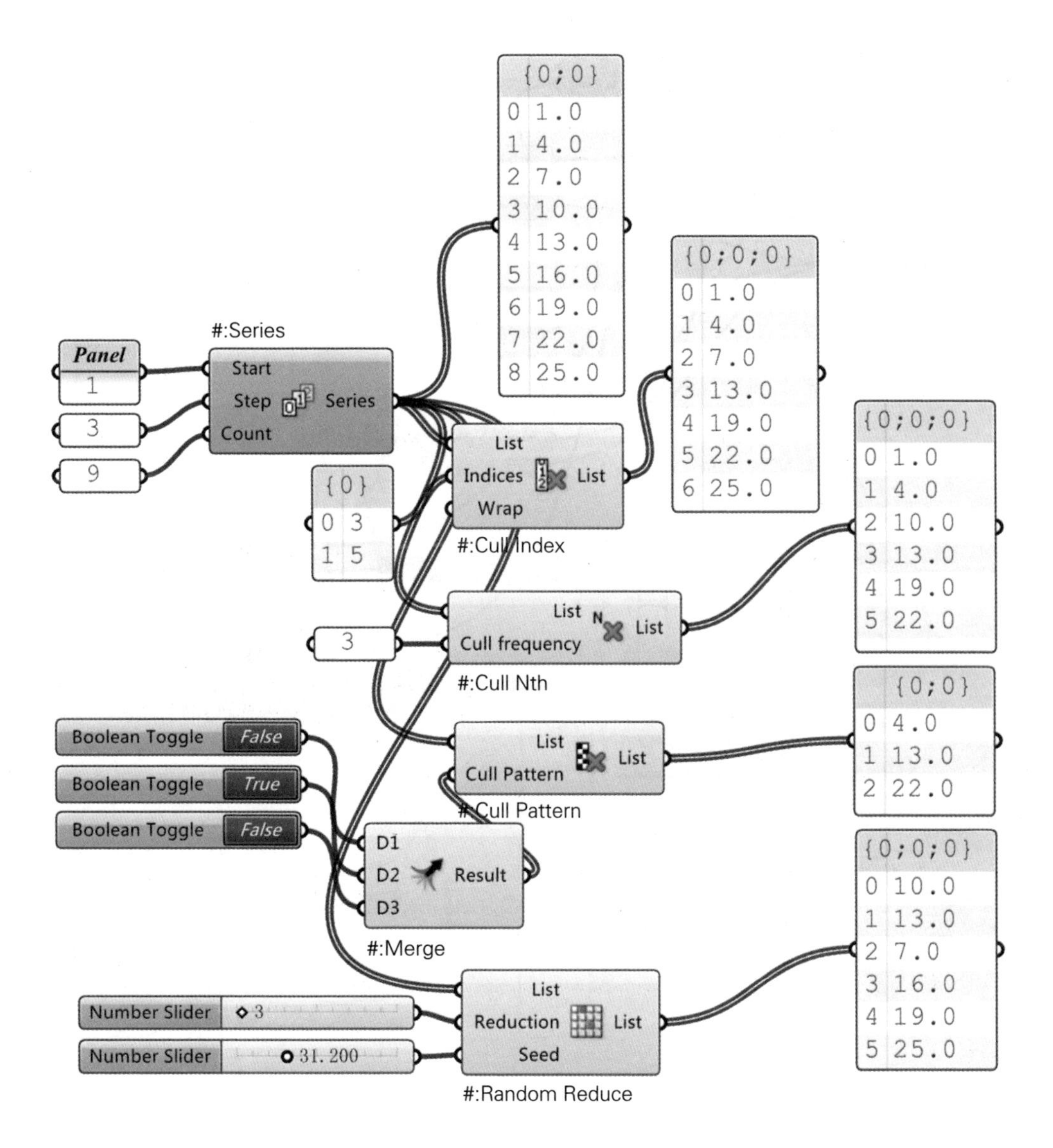

{0;0}
0 1.0
1 4.0
2 7.0
3 10.0
4 13.0
5 16.0
6 19.0
7 22.0
8 25.0
{0;0;0}
0 1.0
1 4.0
2 7.0
3 13.0
4 19.0
5 22.0
6 25.0
Panel
1
3
9
#:Series
Start
Step
Count
Series
List
Indices
Wrap
List
#:Cull Index
{0}
0 3
1 5
{0;0;0}
0 1.0
1 4.0
2 10.0
3 13.0
4 19.0
5 22.0
List
Cull frequency
List
#:Cull Nth
{0;0}
0 4.0
1 13.0
2 22.0
Boolean Toggle False
Boolean Toggle True
Boolean Toggle False
List
Cull Pattern
List
#:Cull Pattern
D1
D2
D3
Result
#:Merge
{0;0;0}
0 10.0
1 13.0
2 7.0
3 16.0
4 19.0
5 25.0
Number Slider 3
Number Slider 31.200
List
Reduction
Seed
List
#:Random Reduce

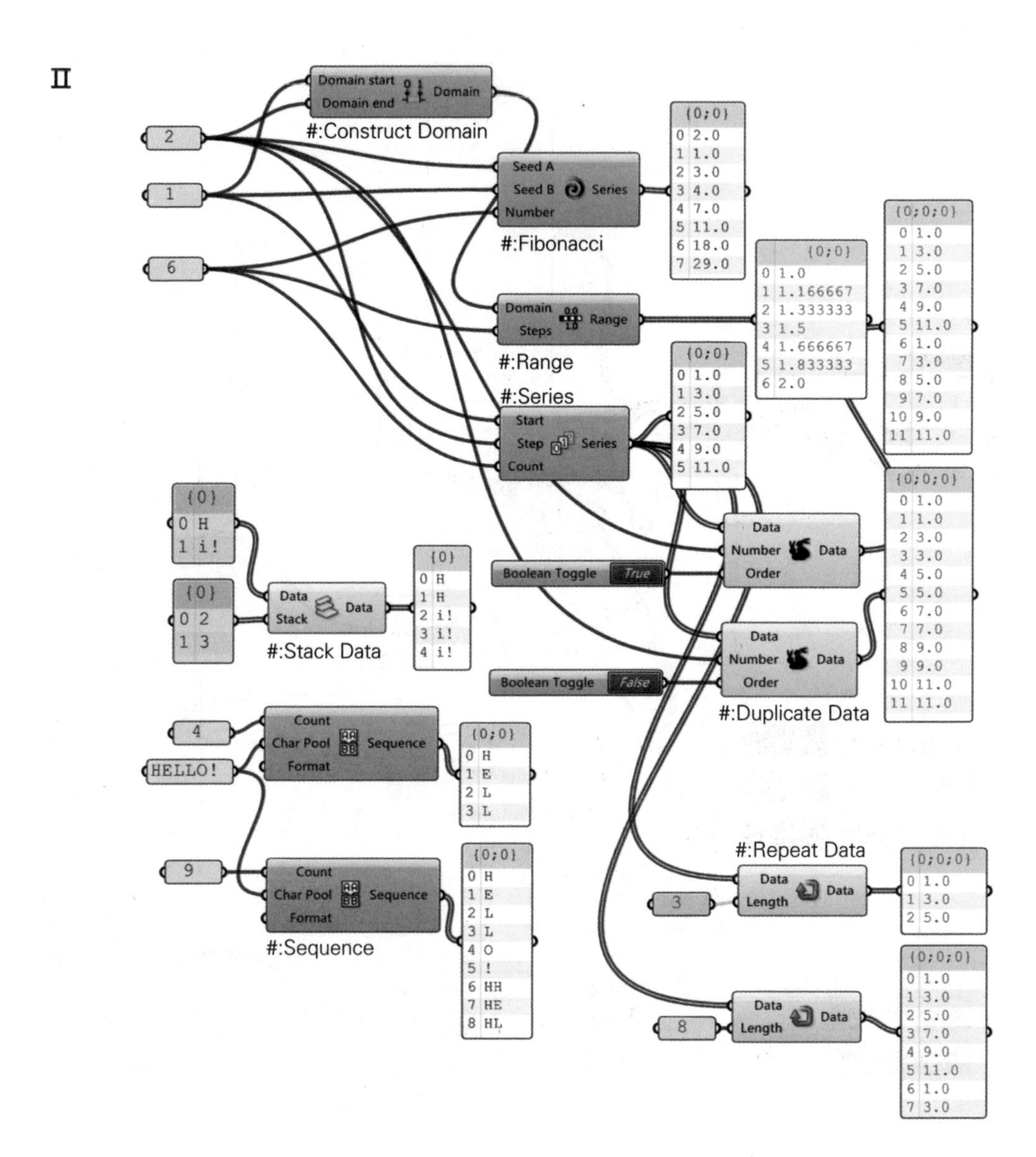

E.Duplicate Data 复制数据：

根据指定的 Number 输入端数值复制列表，Order 输入端可以指定复制项值放置的位置；

F.Fibonacci 斐波那契数列：

建立 Fibonacci 数列，后一个项值是紧随前两个项值之和；

G.Range 区间数列：

在指定区间范围内，等分区间获取数列；

H.Repeat Data 循环复制：

根据输入端 Length 指定的复制列表长度进行复制，大于列表长度则循环复制；

I.Sequence 字符串序列：

将字符串按照输入端 Count 指定的数量分解为列表，每个字符串占据一个索引值位置；

J.Series 等差数列：

由初始值 Start、步幅值 Step 和数量 Count 建立一个等差数列；

K.Stack Data 堆叠数据：

将输入端 Stack 指定的数值作为 Data 输入端列表各项值复制的次数，并循环该数值。

Ⅲ

很难使用传统手工操作获得较自然的设计形式，Jitter 振荡和 Random 随机组件可以建立随机数，能够较好地用于表达参差、随意、散落等自然的几何形态。

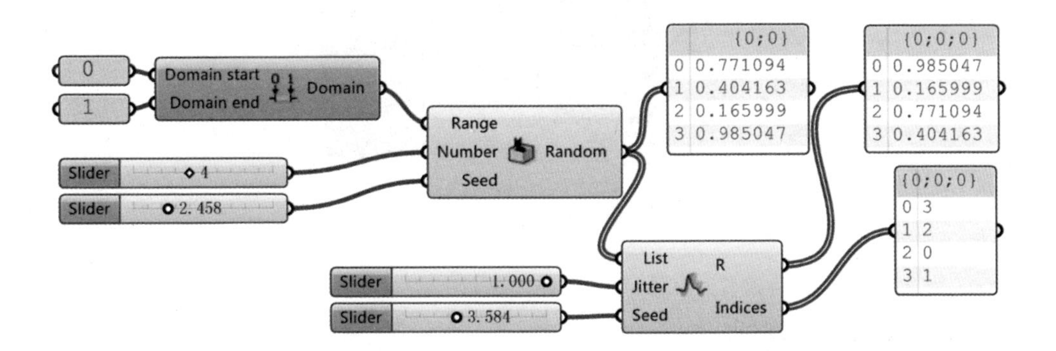

Random：

R：设置区间范围；

N：获得随机项值的数量；

S：随机种子；

I：是否强制生成整数，True 为是，False 为否。

Jitter：

L：输入列表；

J：振荡强度，0 为无，1 为最大振幅（列表长度）；

S：随机种子。

Populate Random Points填充随机点

可以直接建立随机的数据列表，Grasshopper 也提供了获取随机点的方法。Populate 2D、Populate 3D、Populate Geometry 可以根据数据的二维矩形、盒体、几何对象填充随机点。通过构建随机点进而建立几何体空间对象，根据随机种子的改变，调整随机数的变化，进而影响几何体对象的形式，可以在同一个逻辑构建过程获取很多随机的形式。

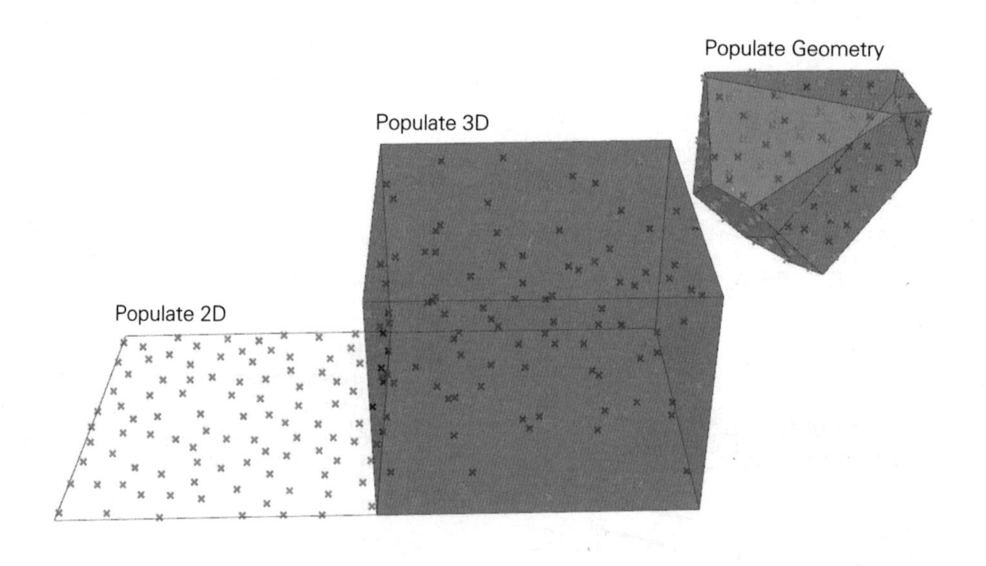

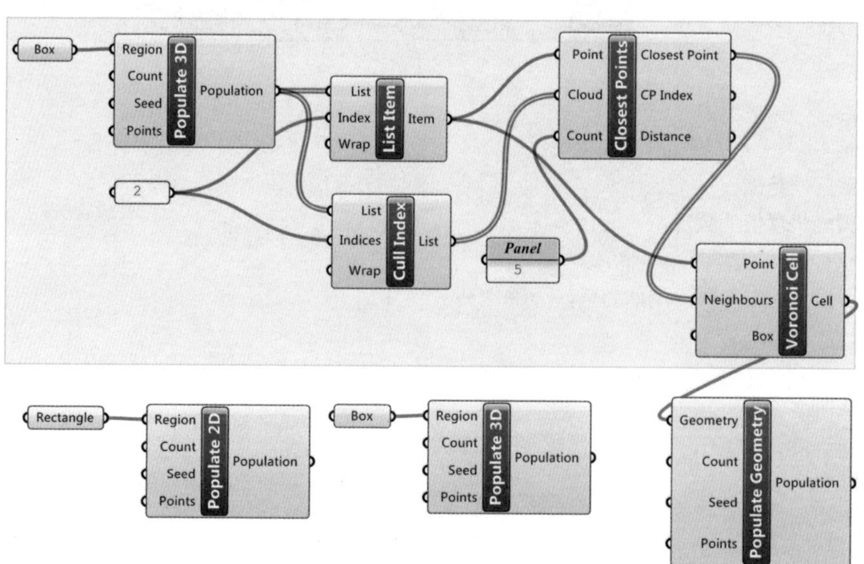

Populate 2D、Populate 3D、Populate Geometry对应的程序

Random Reduce 随机移除

Random Reduce 随机移除与 Jitter 振荡项值和 Random 随机获得某一区间一定数量的随机数类似，都具有随机的性质，可以用于自然属性的几何构建，为了使得移除具有一定的规律性，可以结合数据结构，设置移除的比例序列，例如从一端递减移除。

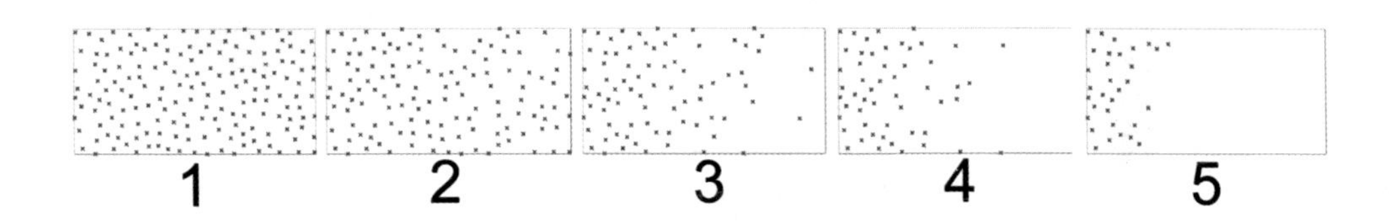

如何将获取的随机点按照一定的顺序从一端到另一端逐渐减少？组件 Random Reduce 的输入端并没有提供按顺序减少的选项，需要编写相应的逻辑构建过程达到这个目的。将获取的随机点分别放入依次排序的多个矩形中，只要将放置于每一个矩形中的点数据放置于各个路径分支之下，即位于同一矩形中的点位于同一个路径分支，按照矩形的排序设置移除点逐渐增多或减少的数列，就会获得随机点从一端开始逐渐减少的过程。这里关键的一个核心处理程序，是如何将没有顺序的随机点放置于位于同一个矩形的数据的路径分支下，使用组件 Point in Curves 判断点与矩形的关系；另一个关键的处理点是如何建立与被原矩形包含的多个子矩形，需要首先获得原矩形的区间，并等分区间，按照等分的区间再建立矩形。

G_05-03

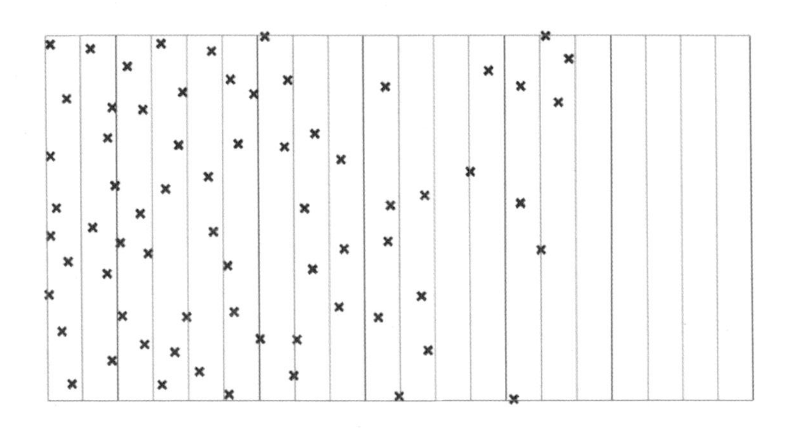

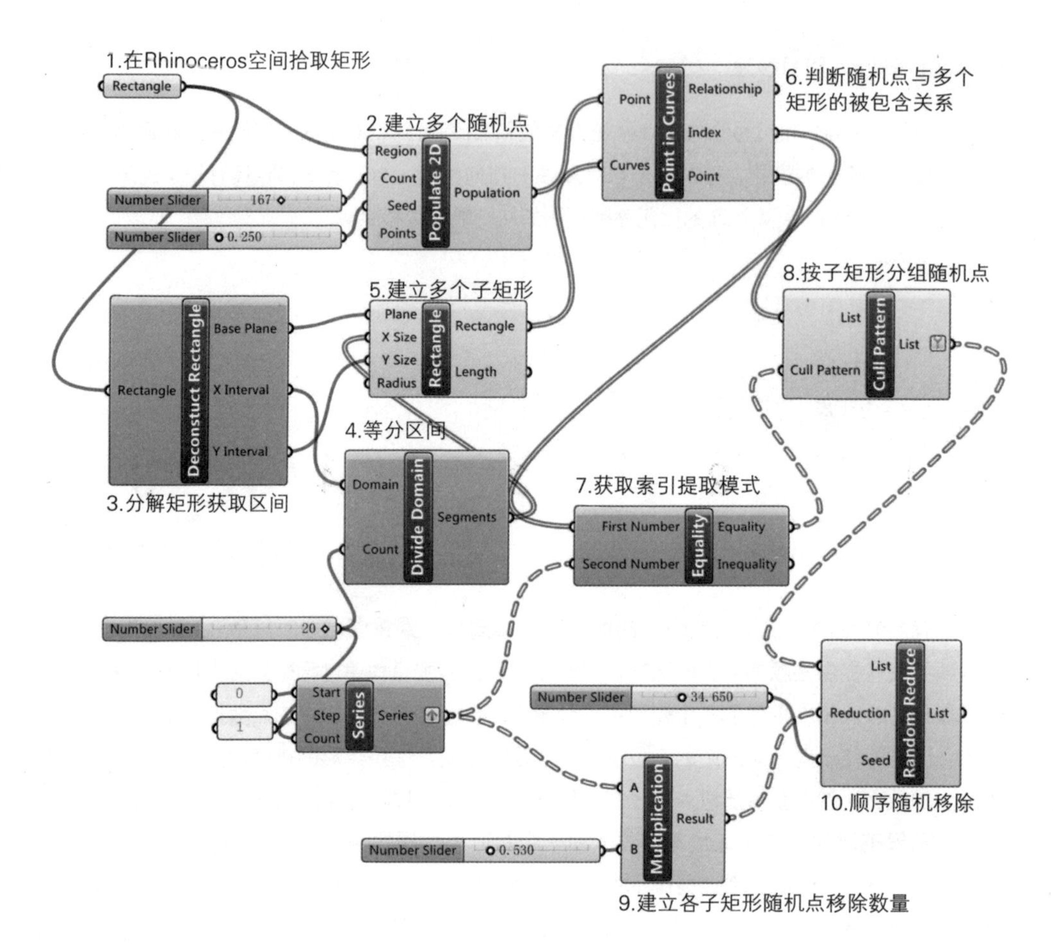
1.在Rhinoceros空间拾取矩形
Rectangle
2.建立多个随机点
Region
Count
Seed
Points
Populate 2D
Population
Number Slider 167
Number Slider 0.250
6.判断随机点与多个矩形的被包含关系
Point
Curves
Point in Curves
Relationship
Index
Point
5.建立多个子矩形
Plane
X Size
Y Size
Radius
Rectangle
Rectangle
Length
Deconstuct Rectangle
Base Plane
X Interval
Y Interval
3.分解矩形获取区间
4.等分区间
Domain
Count
Divide Domain
Segments
8.按子矩形分组随机点
List
Cull Pattern
Cull Pattern
List
7.获取索引提取模式
First Number
Second Number
Equality
Equality
Inequality
Number Slider 20
0
1
Start
Step
Count
Series
Series
Number Slider 34.650
List
Reduction
Seed
Random Reduce
List
10.顺序随机移除
A
B
Multiplication
Result
Number Slider 0.530
9.建立各子矩形随机点移除数量

随机的图案

世界上非人造的事物存在的各种形式往往并不是规则的几何体，但是却渗透着某些几何的规律，这些规律是单元组合的前提。整个逻辑构建过程是从这些规律开始的，即潜在的图式。而有机形体的特性则是随机的体现，一般没有一模一样的两个对象，但是两者之间却存在拓扑的关系。

逻辑构建过程是从辐射的格网开始，获取每个单元一定数量的随机点，再提取各自单元随机点的外轮廓线（凸包）。颜色值参数是由单元外轮廓线几何中心点的空间坐标到圆心的距离，因此同一放射圆基本等距的单元颜色趋于一致。

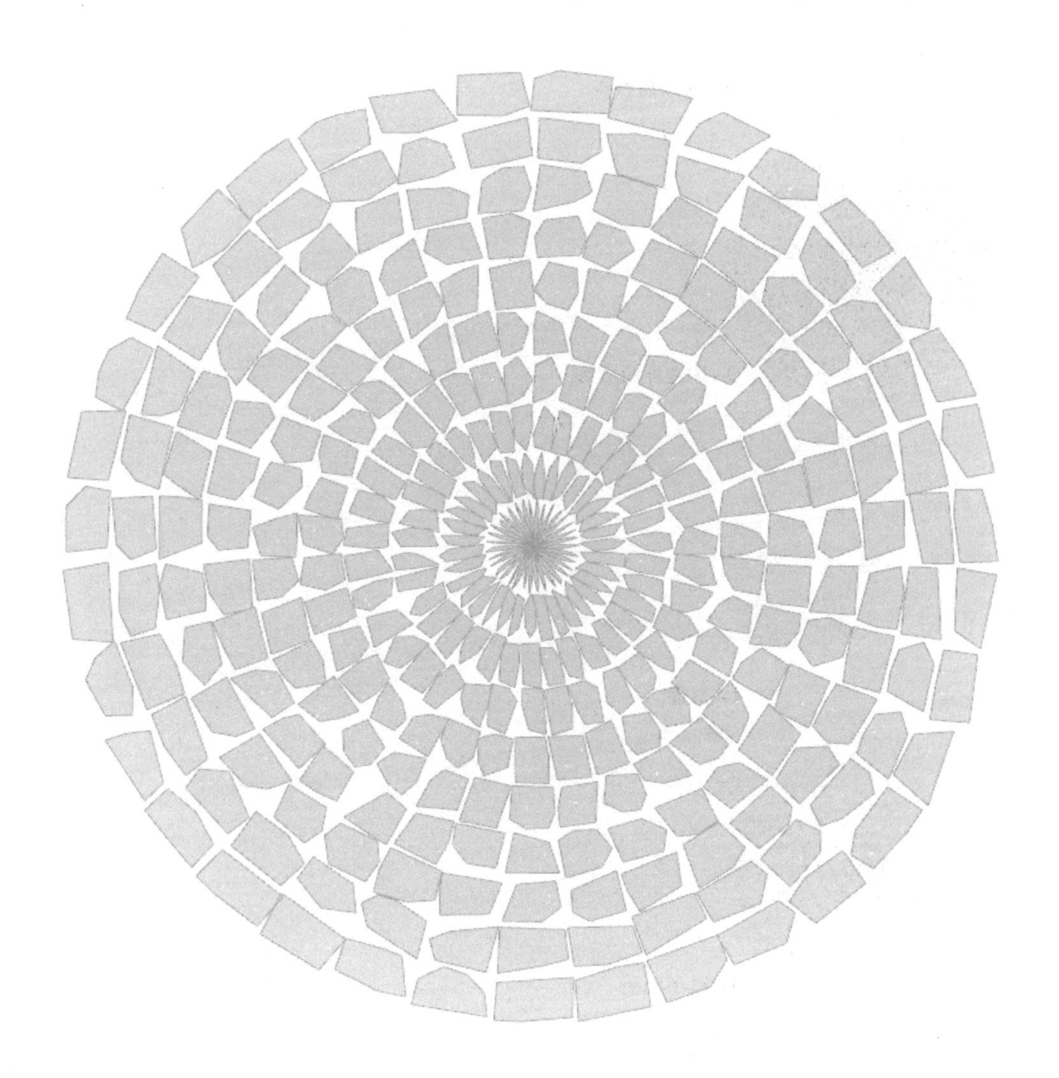

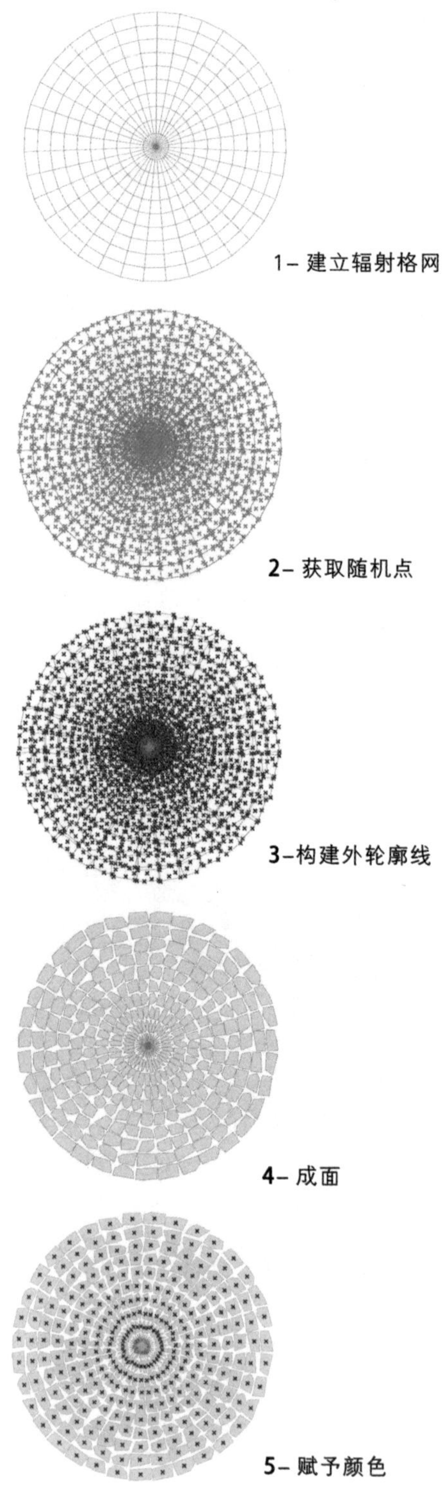

使用组件 Radial 建立辐射格网，程序的关键点在于如何在格网的每一个单元中获取随机点，并且各个单元的随机点位置并不相同，进而获取各个单元的外轮廓线成面，计算单元几何中心点到原中心点的距离作为颜色参数。由于格网数据结构的特殊性，一般一个方向可能是 X 方向表达为各个路径，而另一个方向可能是 Y 方向表达为各个路径分支下的每一个项值。在操作过程中需要谨慎处理格网的数据结构。

几何构建逻辑

1–建立辐射格网

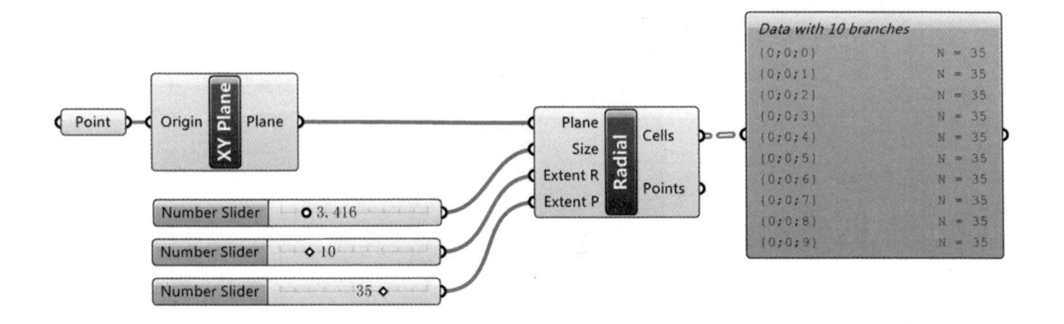

● Radial 组件建立辐射格网，输入端 Plane 为参考平面，Size 为单元尺寸，Extent R 与 P 分别为延伸的格网数量以及旋转方向上的格网数量，反映在输出的数据结构上，R 向为 10 个路径，而 P 向为各个路径下的 35 个项值，总共的数据量为 10×35=350 个项值。

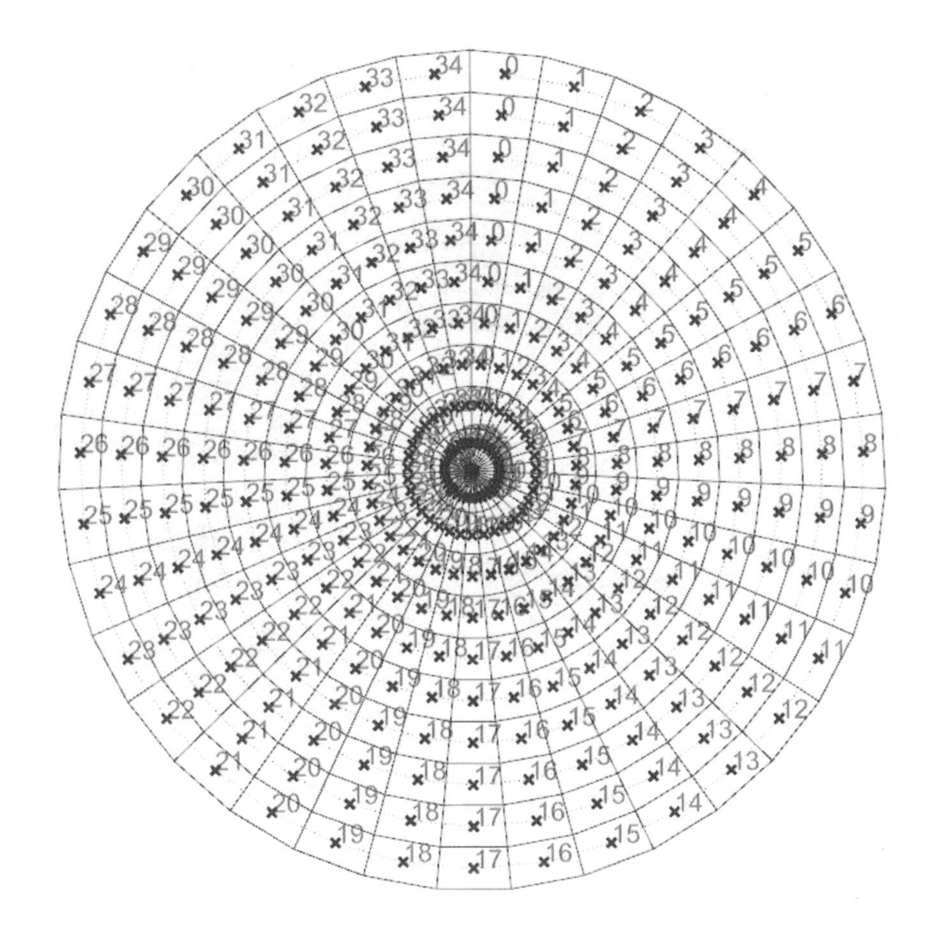

2-获取随机点

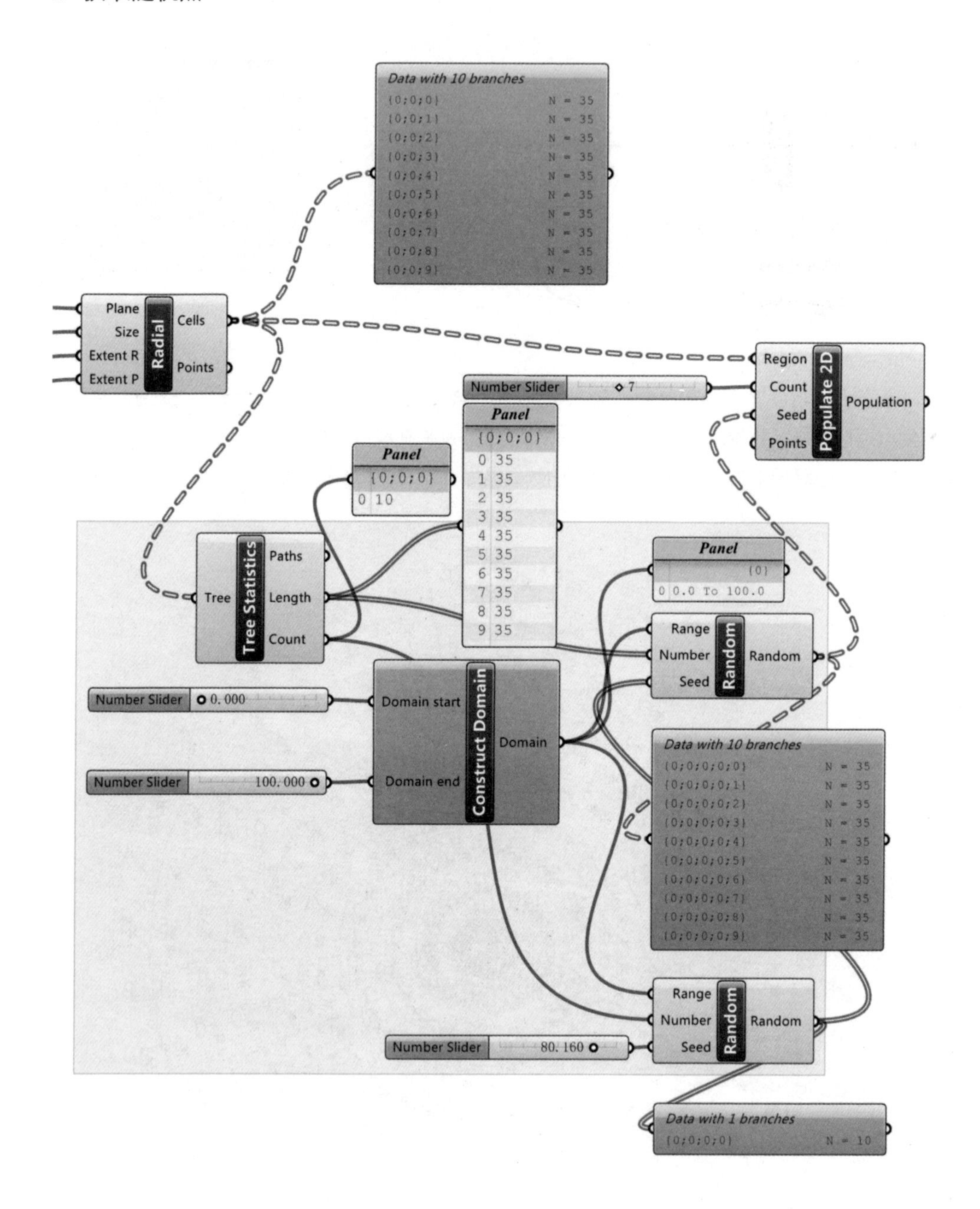
Data with 10 branches
{0;0;0} N = 35
{0;0;1} N = 35
{0;0;2} N = 35
{0;0;3} N = 35
{0;0;4} N = 35
{0;0;5} N = 35
{0;0;6} N = 35
{0;0;7} N = 35
{0;0;8} N = 35
{0;0;9} N = 35
Plane
Size
Extent R
Extent P
Radial
Cells
Points
Region
Count
Seed
Points
Populate 2D
Population
Number Slider
7
Panel
{0;0;0}
0 35
1 35
2 35
3 35
4 35
5 35
6 35
7 35
8 35
9 35
Panel
{0;0;0}
0 10
Tree
Tree Statistics
Paths
Length
Count
Panel
{0}
0 0.0 To 100.0
Range
Number
Seed
Random
Random
Number Slider
0.000
Number Slider
100.000
Domain start
Domain end
Construct Domain
Domain
Data with 10 branches
{0;0;0;0;0} N = 35
{0;0;0;0;1} N = 35
{0;0;0;0;2} N = 35
{0;0;0;0;3} N = 35
{0;0;0;0;4} N = 35
{0;0;0;0;5} N = 35
{0;0;0;0;6} N = 35
{0;0;0;0;7} N = 35
{0;0;0;0;8} N = 35
{0;0;0;0;9} N = 35
Range
Number
Seed
Random
Random
Number Slider
80.160
Data with 1 branches
{0;0;0;0} N = 10

● 在使用组件 Populate 2D 获取各个格网单元随机点时，如果保持格网的原始路径结构不变，同时需要各单元随机点均各不相同，则需要在其输入端 Seed 随机种子输入与格网一致路径结构的数据。使用 Tree Statistics 组件统计格网数据，获得路径数量 Count 和各路径下列表长度 Length，使用两次 Random 组件，首先获取等于路径数量的 10 个随机数，再将其作为下一个 Random 组件 Seed 输入端种子，第二个 Random 的 Number 端为统计各个路径的列表长度，从而获得路径为 10、各路径下分别有 35 个项值的路径结构。当然可以思考如果将格网数据结构 Graft 移植项值，即所有路径分支下的项值均各自放置于一个路径之下，那么后续的程序应该如何编写呢?

3-构建外轮廓线+4-成面

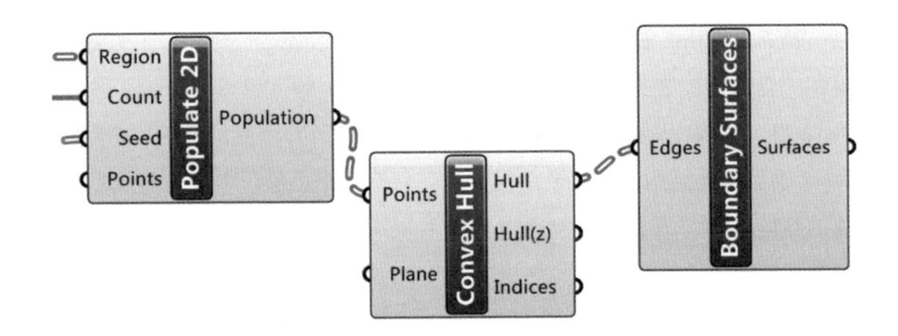

● 使用组件 Convex Hull 获取各个随机点的外轮廓线，并用组件 Boundary Surface 成面。

5-赋予颜色

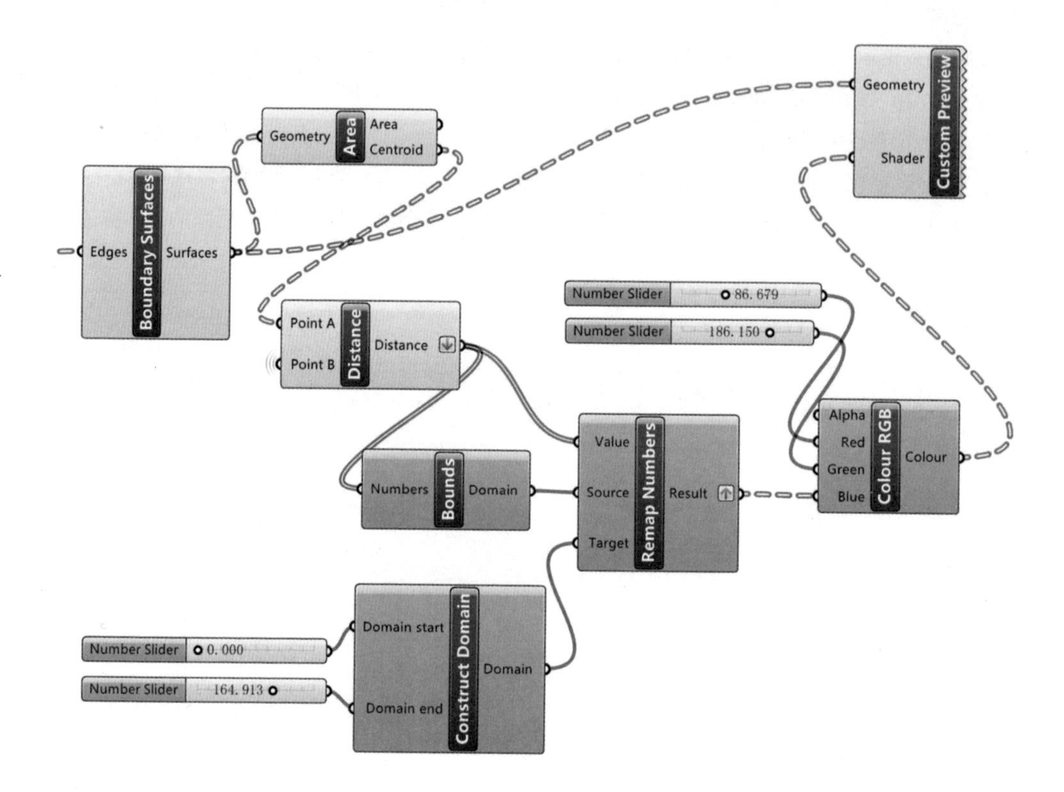

● 使用组件 Area 获取每一个单元的几何中心点，用 Distance 组件计算各单元的几何中心点与输入端 Point B 即原中心的距离，并使用 Remap Numbers、Bounds、Construct Domain 三个组件的组合重新映射距离列表的区间范围，因为映射区间是针对一个列表数据的操作，因此在 Distance 组件输出端右键 Flatten 展平分支，将所有项值放置于一个路径之下，重设区间之后再 Graft 回原路径结构，即每个路径分支下只有一个项值。将重设区间的数据作为颜色的 Blue 输入端的数值，Red、Green 可以通过数值滑块调节获取不同的融合色彩，使用组件 Custom Preview 赋予几何颜色。

Programming and Cluster
程序编写与封装

6

Grasshopper 是参数化设计平台，但是更应该将其看作可视化的节点编程方法。大多数人并不认为 C #、VB、Python 等纯粹语言是参数化软件，而是一门语言，但是也许是由于 Grasshopper 更加直观的编程方法和直接对几何体设计空间的操作，尤其构建互相关联、联动变化的几何空间的有机整体，和开发者最初有意识地将其向参数构建的方向靠近，使 Grasshopper 更多地被看作是参数化设计平台，甚至产生一些误解，将其仅仅看作类似 Maya 等三维模型构建工具。

然而如果能够把 Grasshopper 视作一种编程工具，将会更大程度上打开设计的思路，将设计的范畴扩展到更广阔的领域，例如地理信息系统、生态辅助设计分析、机械加工、结构分析等领域。同时结合纯粹的语言编写，例如 Python 搭建更加灵活、适应性更强的编程辅助设计平台。

有些时候，设计的很多内容是可以创造性地使用语言来编写的，供其他设计使用，或者作为一种形式的探索来编写一个逻辑构建过程。例如设计中经常使用的台阶、道路系统、地形、建筑表皮、古建筑的基本组成——斗拱等，按照设计的意图编写完成之后可以将程序进行封装成单独的组件使用，可以对编写封装的组件设置密码保护，使其他使用者仅能够按照设计的组件使用方法操作，而不能窥视程序本身。这样一个过程实际上就是程序的开发，只是由具有编程能力的设计师自行完成。

为什么这个逻辑构建的过程必须要由具有编程能力的设计师自行完成？设计的过程千变万化，从传统的 AutoCAD 制图和三维的构建来看，软件平台的功能很大程度上限制了设计的创造性，甚至带来了繁琐的操作过程。正如 Linux 系统开源的方式，带来的是 Linux 社区的繁荣与无限的创意，设计本身的创新性在信息化的时代，必然向更加智能化的方向发展，而这个过程正是探触到“设计源代码”的过程，也是对信息化时代设计者提出的最基本的要求。

1 台阶程序编写与封装

台阶是设计过程中经常使用到的元素，台阶的类型也是丰富多样的，不同的台阶类型的设计是由设计师来完成，那这个编写的逻辑构建过程也应该由设计师来完成。在 BIM 建筑信息化的平台下，例如 Revit 提供的台阶样式是有限的，而且设计本身是创造性的过程，不应该沦落为纯粹建筑对象的组装，可以推测在不久的未来，BIM 系统应该在解决建筑信息化的同时，通过融入程序编写的方法，增加设计过程本来就应该具有的创造性。

选取一种台阶的逻辑构建过程，最基本的位置由输入的轴线控制，其他设计的可调控输入端为总宽、台阶高度、总高度、台阶宽度、相错距离、梁高和梁厚；输出端为台阶、梁，并增加了栏杆控制线，可以在此基础上，对栏杆单独进行进一步的设计。

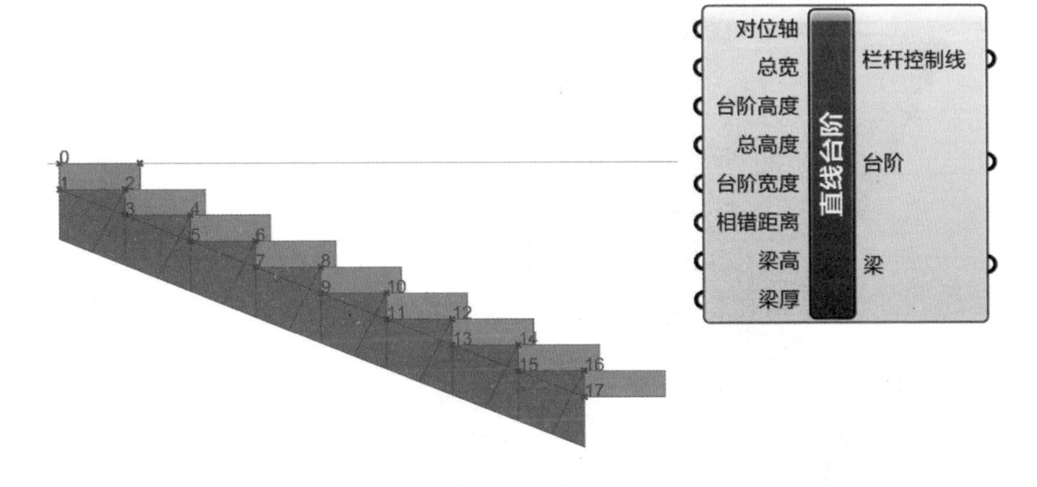

台阶程序编写

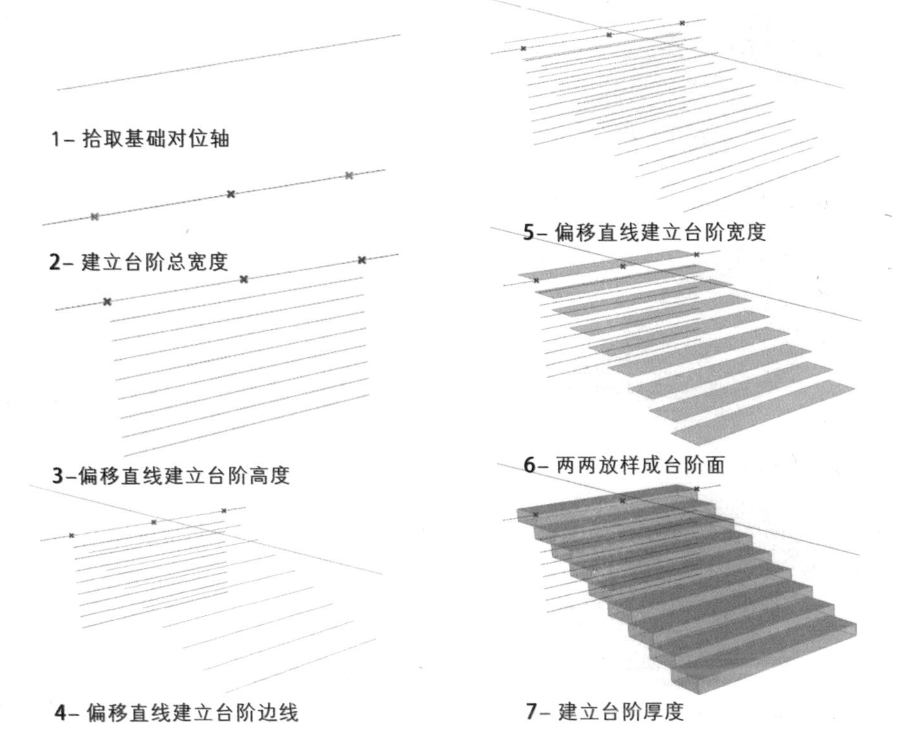

1– 拾取基础对位轴

2– 建立台阶总宽度

3–偏移直线建立台阶高度

4– 偏移直线建立台阶边线

5– 偏移直线建立台阶宽度

6– 两两放样成台阶面

7– 建立台阶厚度

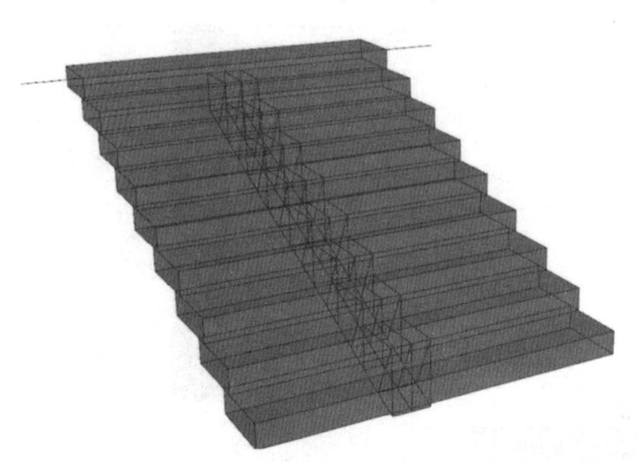

12- 提取台阶栏杆控制线

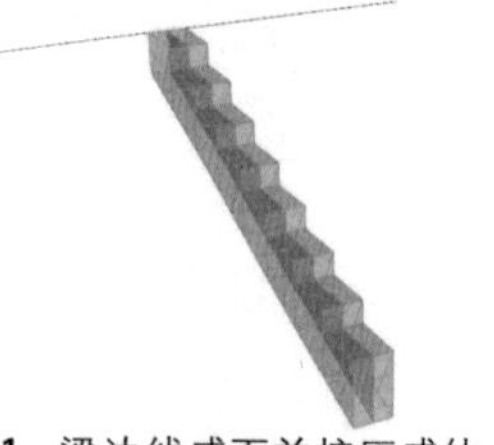

11- 梁边线成面并挤压成体

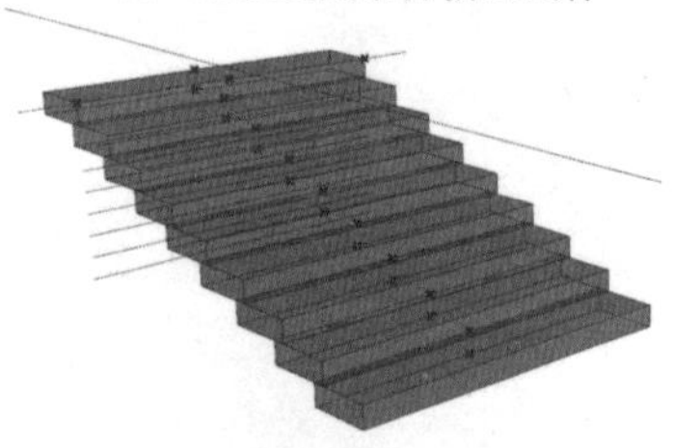

10- 构建梁底边线

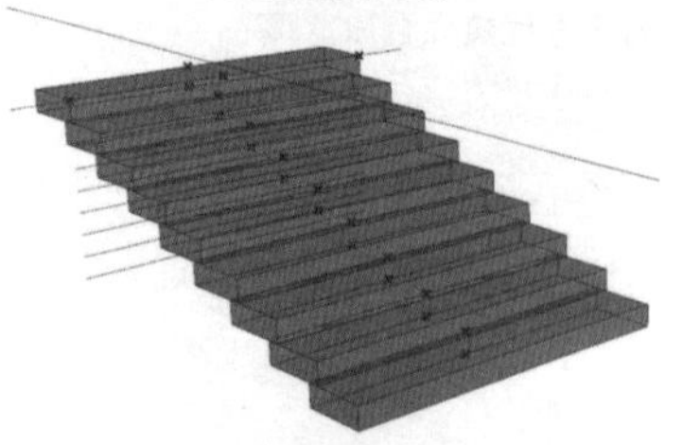

9- 构建梁顶边线

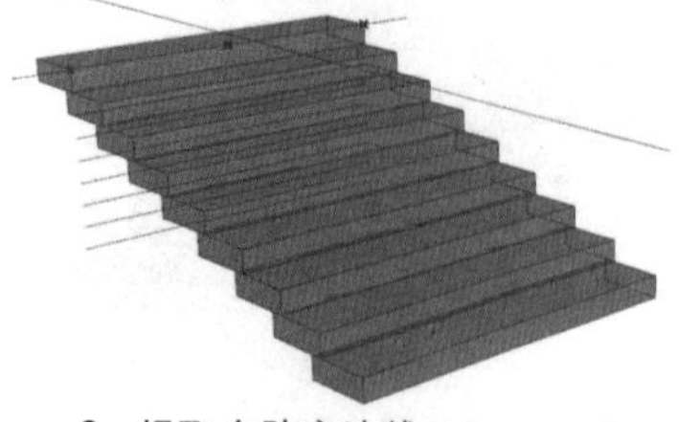

8- 提取台阶底边线

台阶组件程序的编写并不复杂，只需关注几个关键的点：一个为如何控制台阶的三维空间定位，使用直线作为对位轴来控制与其他几何对象的连接；另一个是逻辑构建过程要通过数学的方法控制各个参数之间的联动关系；最后确定有哪些数据需要输出以便进一步的设计操作。

几何构建逻辑

1-拾取基础对位轴

Curve

● 在组件 Curve 上右键拾取 Rhinoceros 三维空间的一条对位轴线，该时位轴线一般从相关几何对象中提取，从而能够将台阶附着在该几何体对象上。

2-建立台阶总宽度

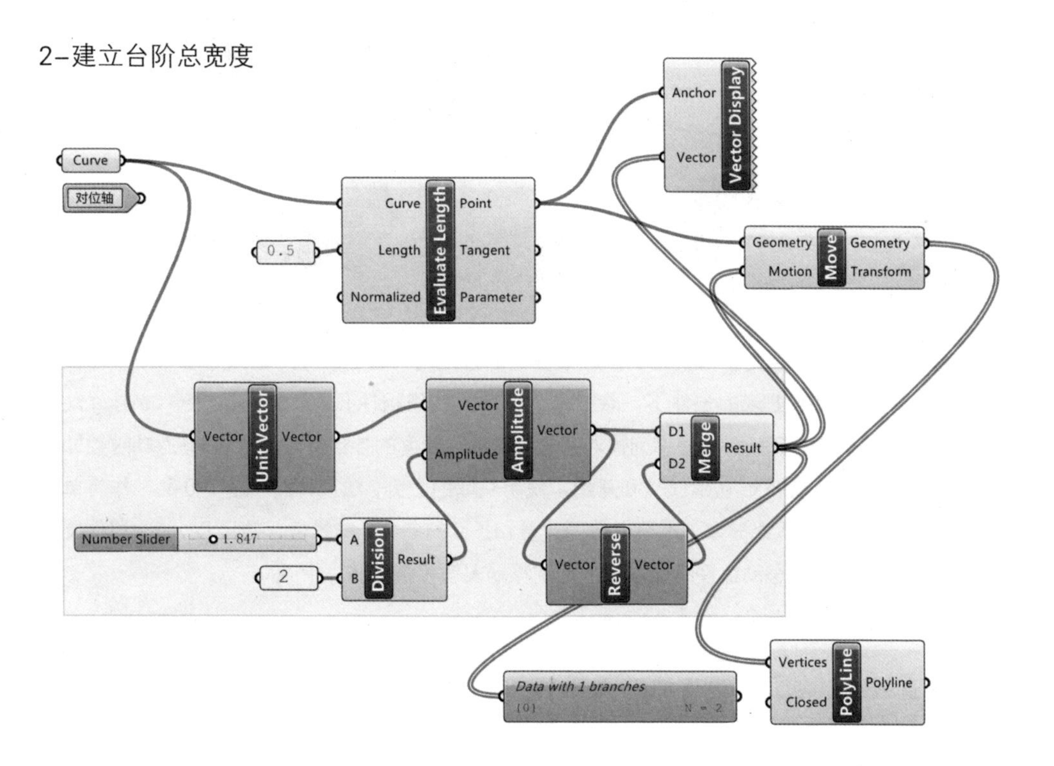

● 在拾取的直线上使用组件 Evaluate Length 提取中心点，当 Normalized 输入端参数为 True 时，Length 输入端参数在 0 ~ 1 之间，为 False 时为实际长度区间。输入 Length 参数为 0.5 时，即在直线上提取的点位于其中心点。对中心点沿轴线的两侧方向分别移动，则需要在输入组件 Move 的 Motion 输入端提供向量。曲线本身就具有向量属性，可以使用组件 Unit Vector 提取，并调整向量的大小，因为中心点向两端移动，则使用组件 Reverse 获取相反的向量，共同使用 Merge 组件放置于一个路径之下，移动点连为直线。这里需要注意的是对于向量大小的调整，即台阶的宽度使用了除法，以使输入参数控制为台阶的总宽度，而不是一半的长度，类似的技巧在编程设计过程中会经常用到。

在 Curve 组件下放置了 Cluster Input 组件，并双击该组件命名为对位轴，待整个程序编写完，用该组件来替代上方的 Curve 组件连接到下一个组件的输入端。程序其他的该类组件与此作用一致，为未来组件封装使用。

3-偏移直线建立台阶高度

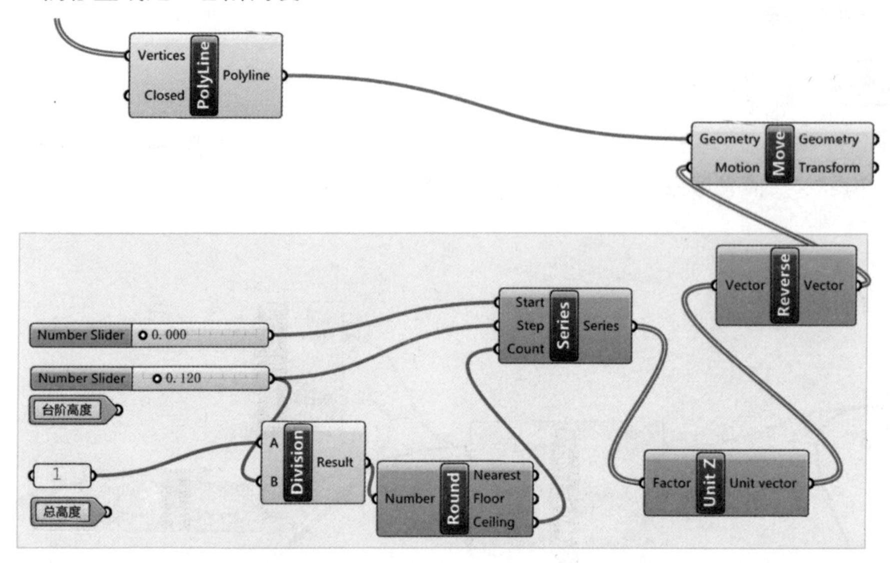

● 需要垂直移动复制多条直线，但是被复制的直线两两之间的间距应该等于台阶的高度，因此在输入总高度为 1 米的条件下，除以台阶高度并使用组件 Round 提取输出端 Ceiling 向下取整的数值作为组件 Series 构建序列输入端 Count 数列长度的参数值，其 Step 输入端阶数即为台阶的高度，Start 输入端初始值从 0 开始。使用获取的数列，0、0.12、0.24、0.36…作为单元 Unit Z 向量组件的输入端参数，即获得数列数量和长度的多个 Z 向量值，并用 Reverse 组件反转向下的方向作为 Move 移动组件的输入端，控制移动复制多条直线。

4-偏移直线建立台阶边线+5-偏移直线建立台阶宽度

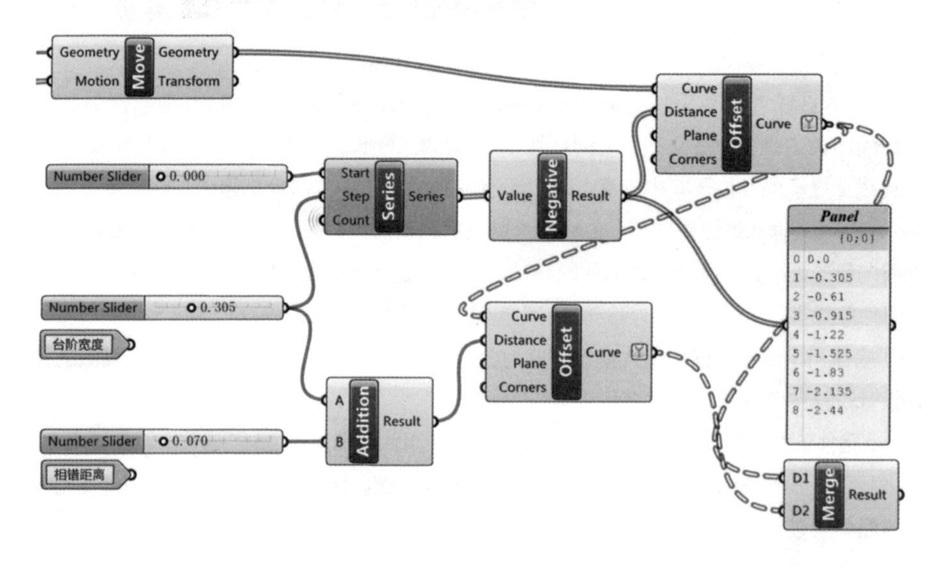

● 将垂直偏移复制的直线再沿水平方向偏移复制，建立步幅值仍然为台阶宽度，初始值为0的数列，数量Count输入端与第3步组件Round输出端Ceiling数值相同，即台阶的数量。偏移复制之后，需要对偏移复制之后的直线再进行偏移，偏移的距离等于台阶的宽度加上可能台阶间相错的距离，将两次偏移复制的直线在输出端右键Graft，将各项值放置于单独的路径分支之下进行合并，从而形成每一个路径分支下有两个直线数据的路径结构，即台阶的两条边线放置于一个路径分支之下，以进行放样成面。

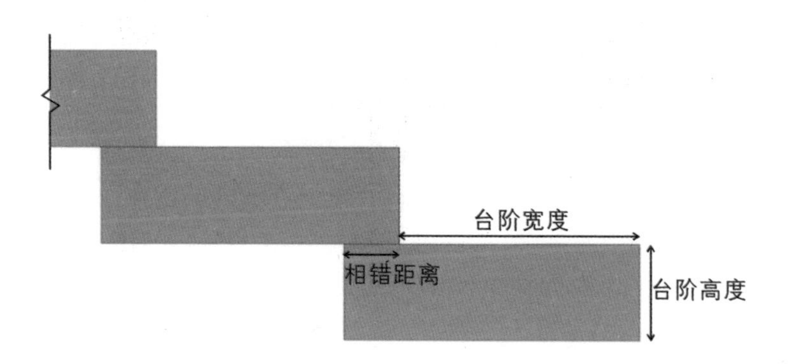

6-两两放样成台阶面+7-建立台阶厚度

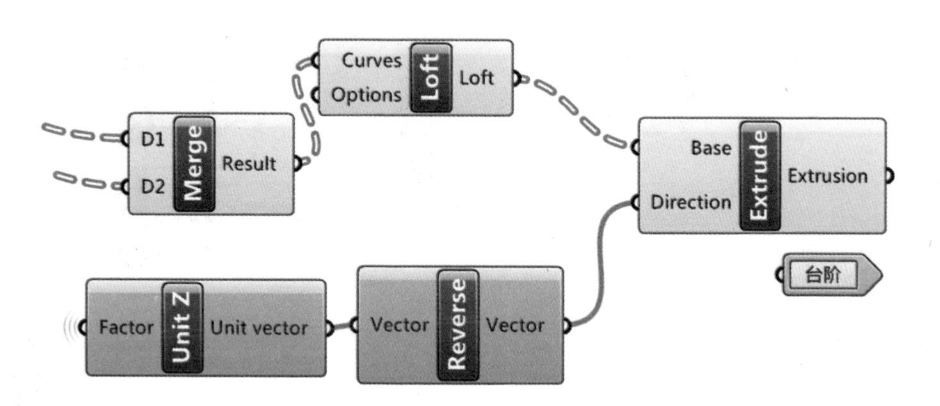

● 将合并后的台阶边线两两放样成面，并使用组件Extrude挤压成体，其拉伸的高度为台阶的高度，即Unit Z输入端参数为台阶的高度，与第3步的台阶高度数值滑块相连。黄色组件为Cluster Output用于封装组件输出端。

8-提取台阶底边线

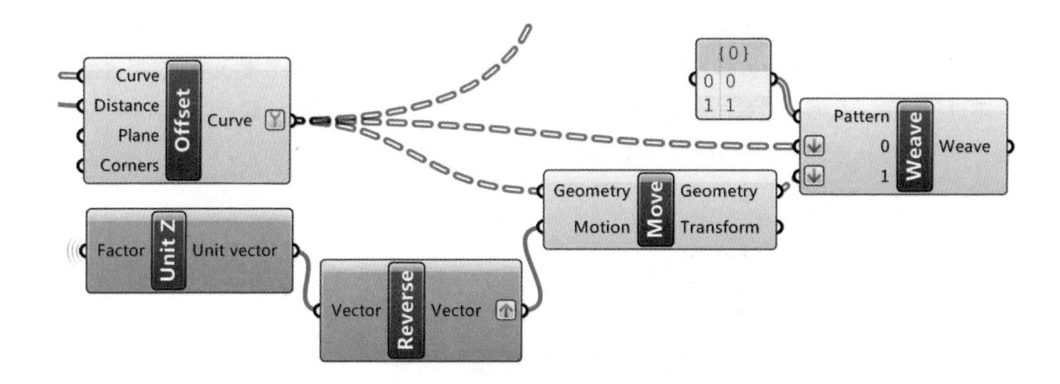

● Unit Z 组件的输入端数据为台阶的高度，将第 4 步偏移直线建立边线下的组件 Offset 输出端数据作为移动的对象，即台阶的边线，将台阶的边线与移动后的直线数据通过组件 Weaver 进行编织，使其按照从一端到另一端的顺序合并与排列数据。

9-构建梁顶边线

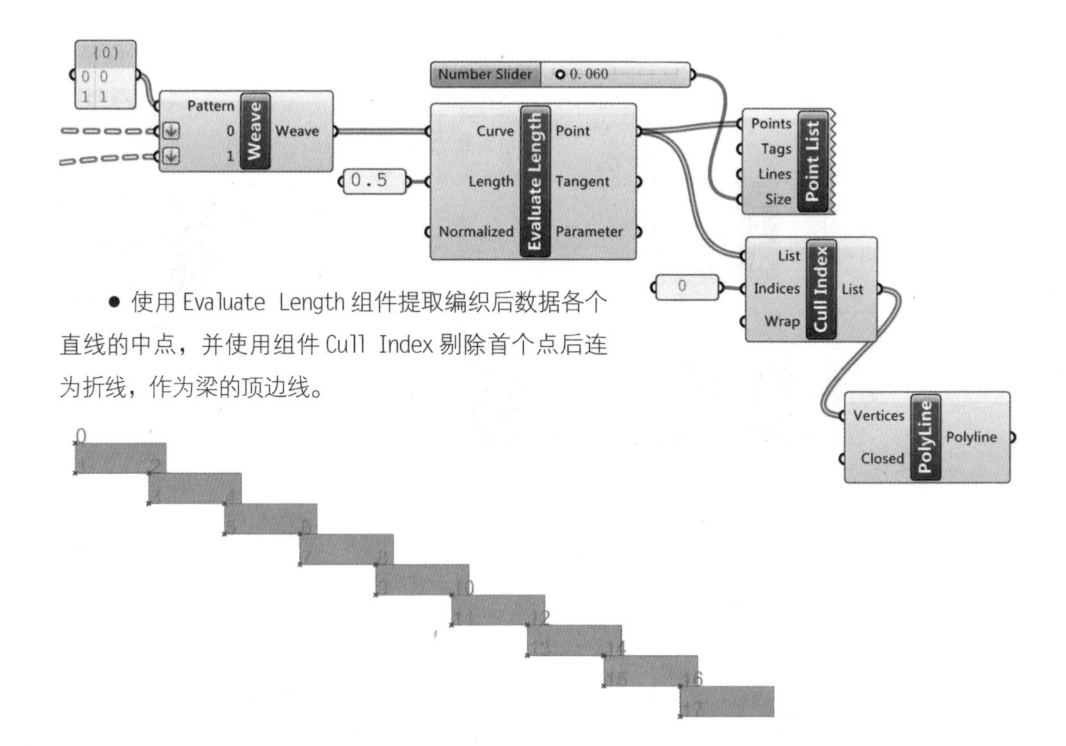

● 使用 Evaluate Length 组件提取编织后数据各个直线的中点，并使用组件 Cull Index 剔除首个点后连为折线，作为梁的顶边线。

10-构建梁底边线

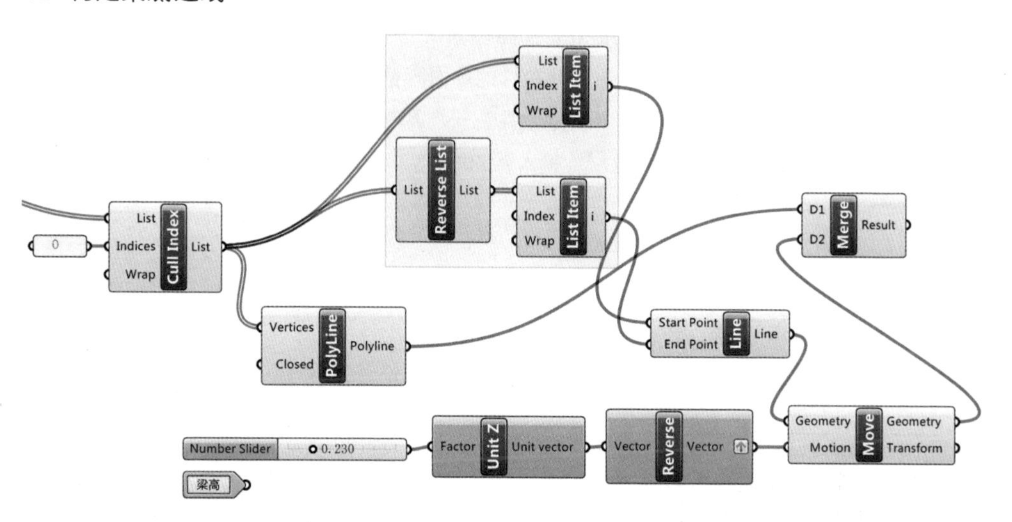

● 梁顶边线受台阶边线控制，即台阶参数发生变化，梁顶边线也会随之变动，这样就构建了一个联动的有机体，那么梁底边线也应该纳入整个联动的体系中，这里梁底边线由梁顶边线的控制点作为参数，通过 List Item 拾取其首点，通过组件 Reverse List 反转列表点数据，再使用 List Item 提取其首点，即原数据列表的尾点，将首尾点连线并沿垂直方向移动获取梁的高度。

11-梁边线成面并挤压成体

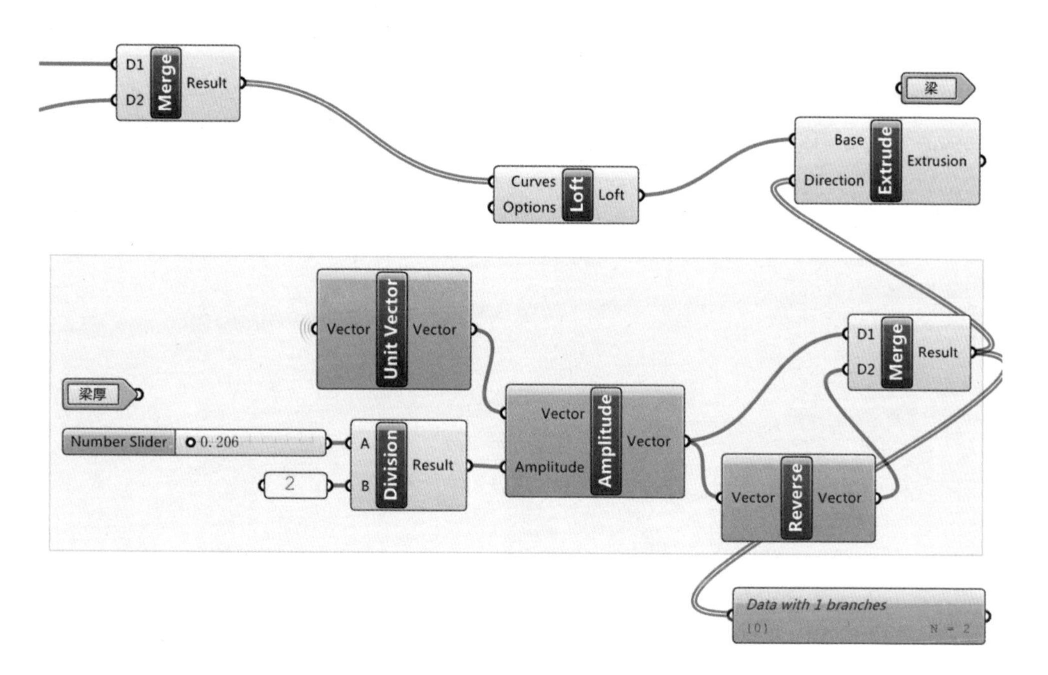

● 直接将合并之后的梁边线使用组件 Loft 放样，并沿对位轴方向使用组件 Extrude 拉伸成面，拉伸的向量由最初的对位轴直接提取，即组件 Unit Vector 单元化向量的输入端 Vector 直接连接最初的对位轴。向量的大小由梁边线放样的平面即截面向两侧拉伸，因此调整向量的大小并翻转一次向量与原向量使用组件 Merge 合并在一个数据之下，作为组件 Extrude 拉伸输入端 Direction 的参数。同样为了更加直观地输入梁的厚度，而不是梁厚度的一半，使用除法组件 Division 处理。

12–提取台阶栏杆控制线

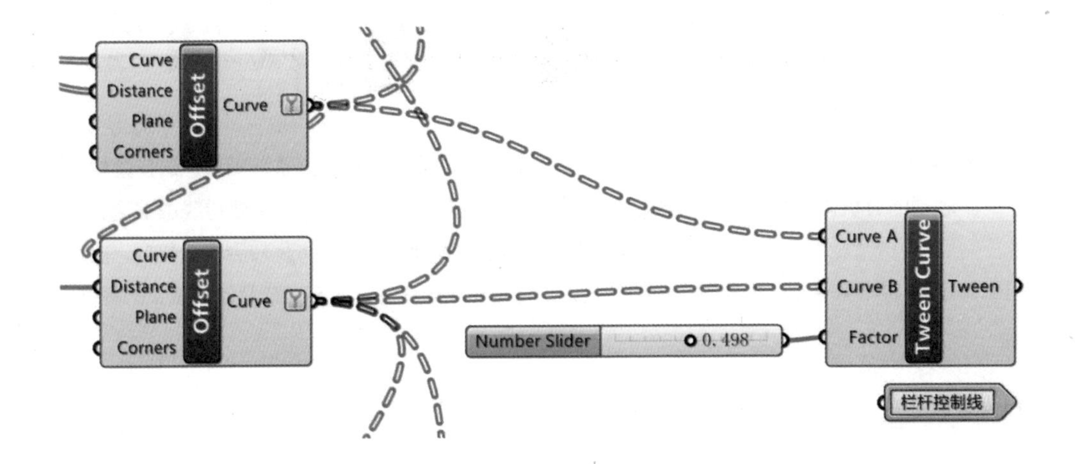

● 在封装程序之前需要确定除了基本的几何体之外，还有哪些数据需要输出用于控制与台阶相关的一些几何体的建立，例如台阶的栏杆需要与台阶本身构建联系，因此使用第 4 步两次偏移的数据即台阶边线，使用组件 Tween Curve 获取两条边线拟合的中间线，中间线的位置可以由输入端 Factor 控制。

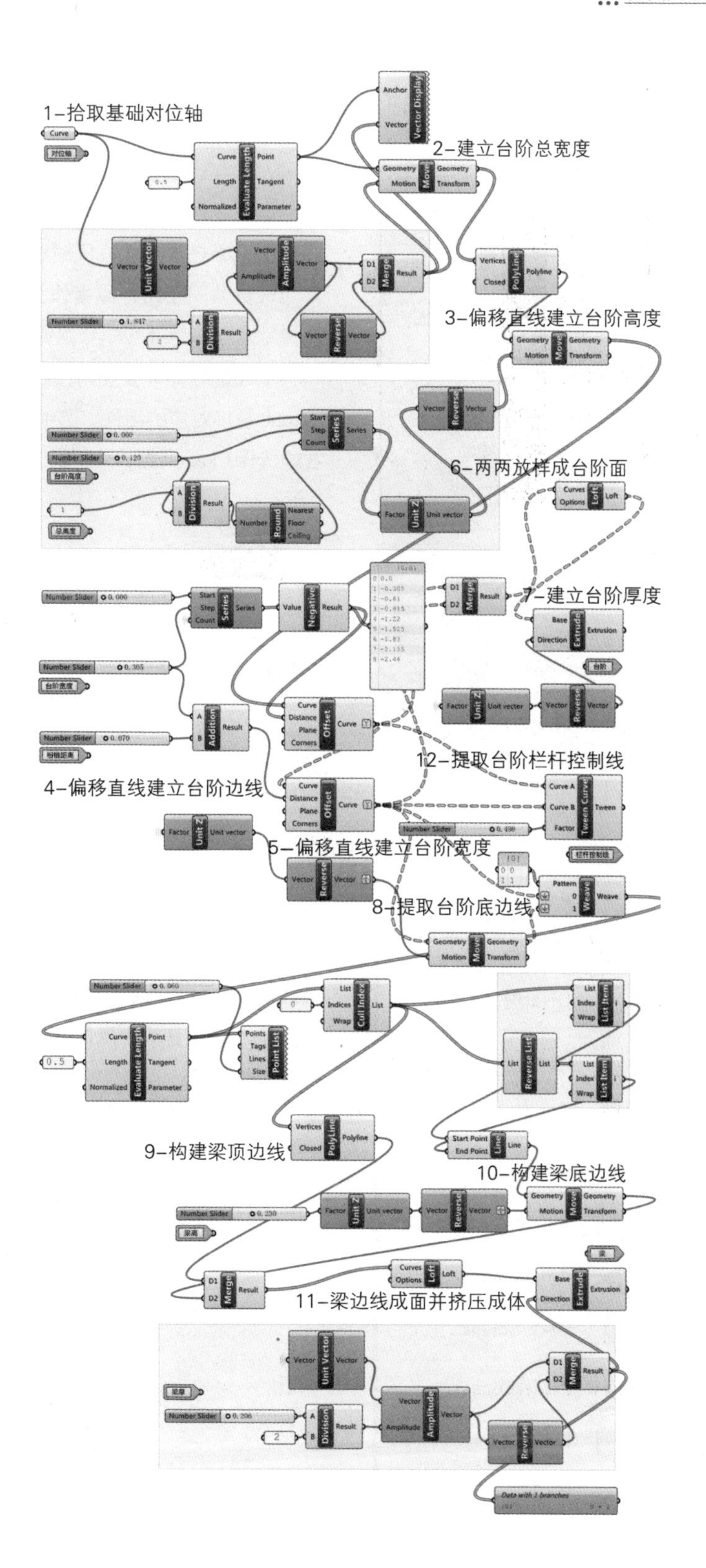
1-拾取基础对位轴
2-建立台阶总宽度
3-偏移直线建立台阶高度
6-两两放样成台阶面
7-建立台阶厚度
12-提取台阶栏杆控制线
4-偏移直线建立台阶边线
5-偏移直线建立台阶宽度
8-提取台阶底边线
9-构建梁顶边线
10-构建梁底边线
11-梁边线成面并挤压成体

台阶全部程序

台阶程序封装

编写完所有的程序之后，如果每次都复制粘贴所有的程序，使用不是很方便，同时程序的编写有时需要和设计团队其他成员共同使用，或者作为具有知识产权的二次开发，需要将所有程序封装在一个组件中。

上述的程序需要使用已经放置的 Cluster Input 和 Cluster Output 替换对应的组件。选中所有的程序，按住中间滑轮或者右键选择 Cluster 图标即可封装所有组件。

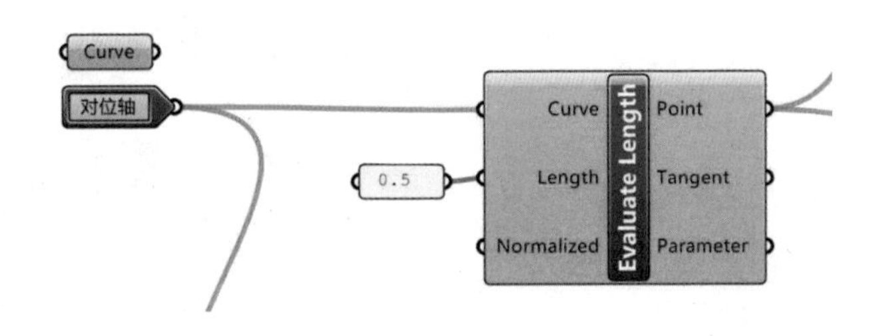

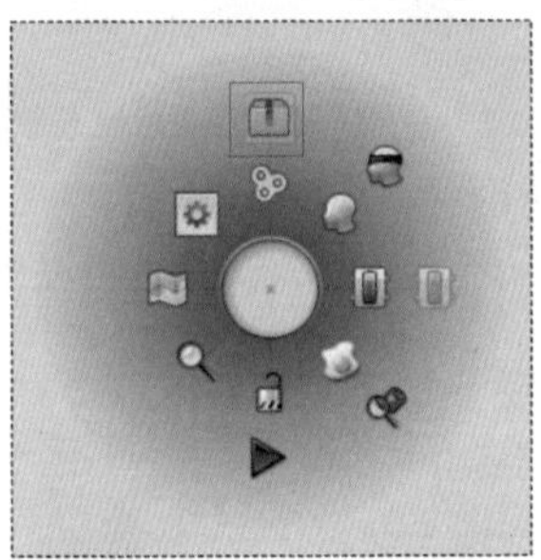

中间滑轮菜单

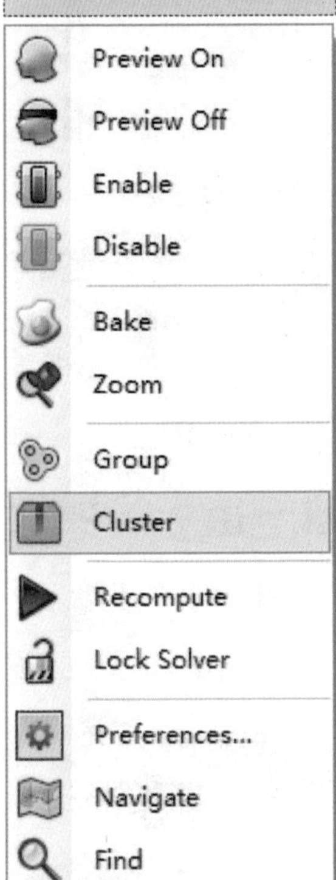

右键菜单

封装后的组件可以在其组件上右键设置 Password 密码，可以使用 Properties 输入作者、版权、公司、地址、网址、E-mail、电话等信息，也可以更换封装后组件的图标。另外如果需要修正输入端或者输出端的名字，可以在输入端或者输出端上右键修改即可。

设置密码

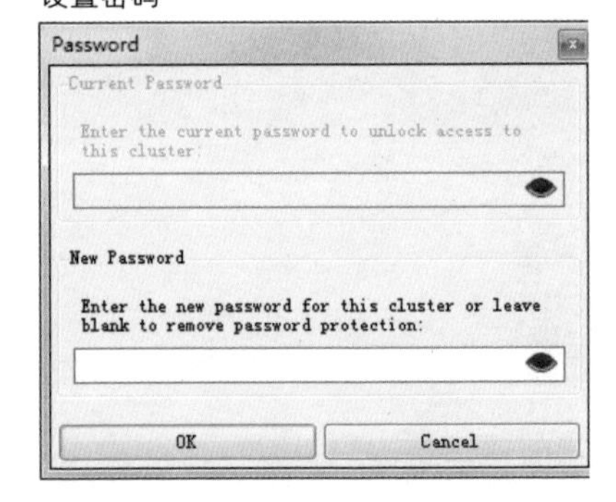

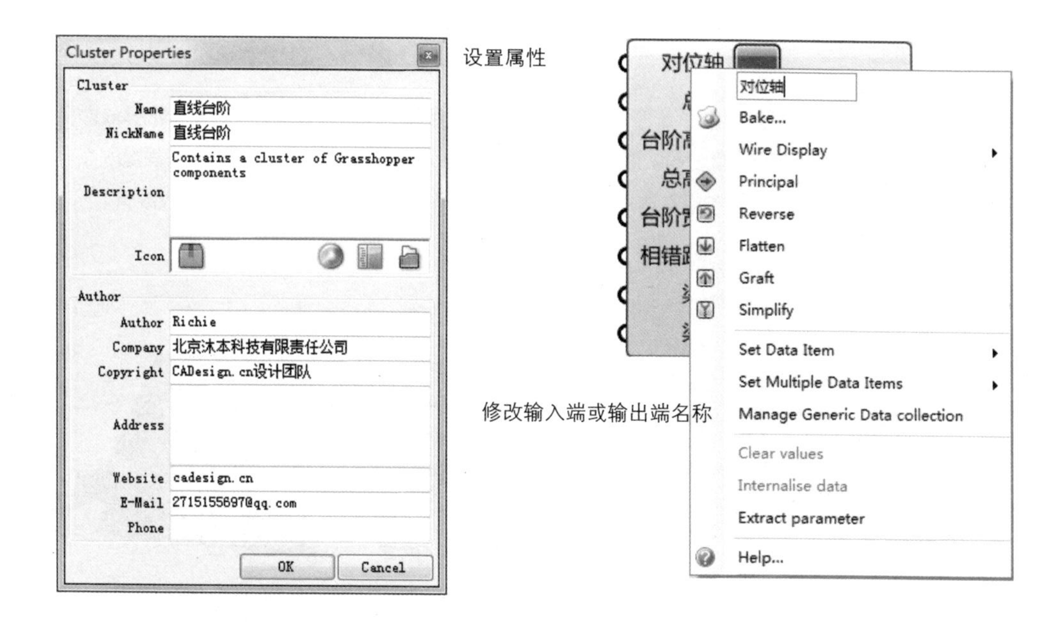

封装后的组件类似于一个单独的模块，可以直接使用。在进一步的设计里，构建了一个室外的平台，平台距离地面有一定的距离，需要使用台阶连接。首先提取需要设定台阶的对位轴，连接封装的台阶组件即可。对于台阶栏杆，因为已经预留了栏杆控制线，可以在此基础上进一步设计栏杆形式。

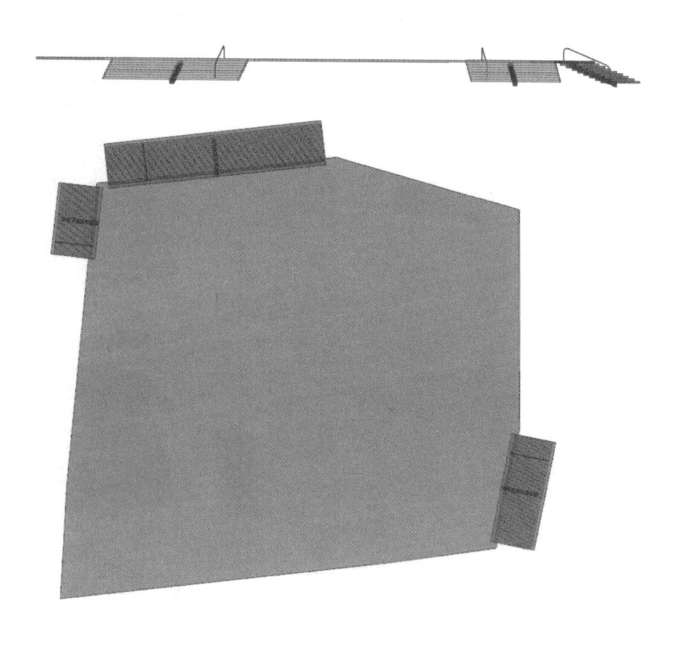

几何构建逻辑

建立基本平台时，首先建立了一个矩形用于获得一定数量的随机点，再构建其外轮廓线即台的边线，提取不同台的边线放置台阶。对于台阶的栏杆部分，首先根据输出的台阶控制线提取点，仅保留首尾点并向上移动后，与原首尾点一次组织在一个路径分支的数据之下连为折线成管。

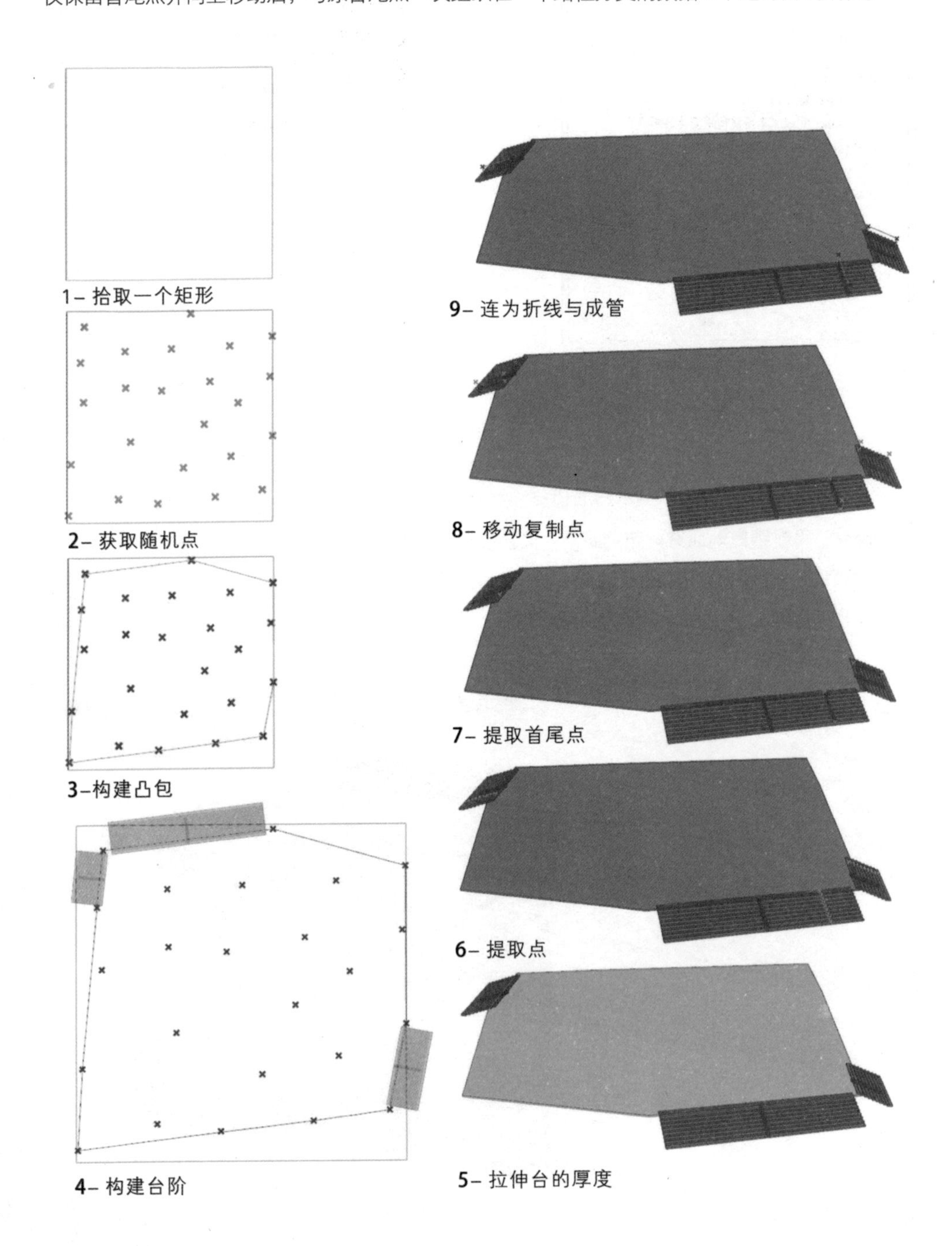

1– 拾取一个矩形

2– 获取随机点

3–构建凸包

4– 构建台阶

5– 拉伸台的厚度

6– 提取点

7– 提取首尾点

8– 移动复制点

9– 连为折线与成管

1-拾取一个矩形+2-获取随机点+3-构建凸包

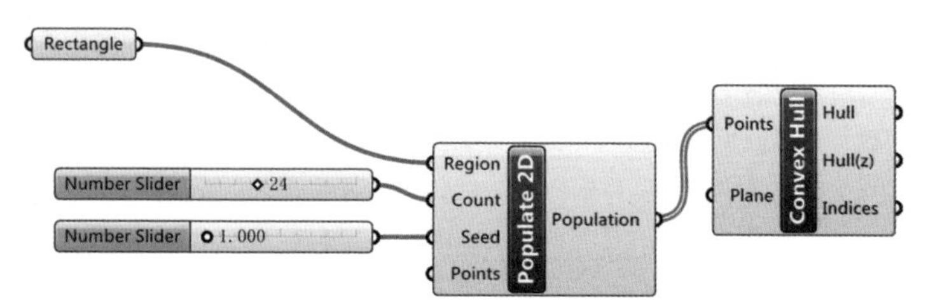

● 在组件 Rectangle 上右键在 Rhinoceros 空间拾取一个矩形，通过组件 Populate 2D 获取随机点，其中输入端 Count 为获取点的数量，Seed 为随机种子。组件 Convex Hull 则可以获取随机点的外轮廓线。根据获取二维随机数随机种子的变化，外围的轮廓线随之变化，能够获得无数种该逻辑构建过程下的结果。

4-构建台阶

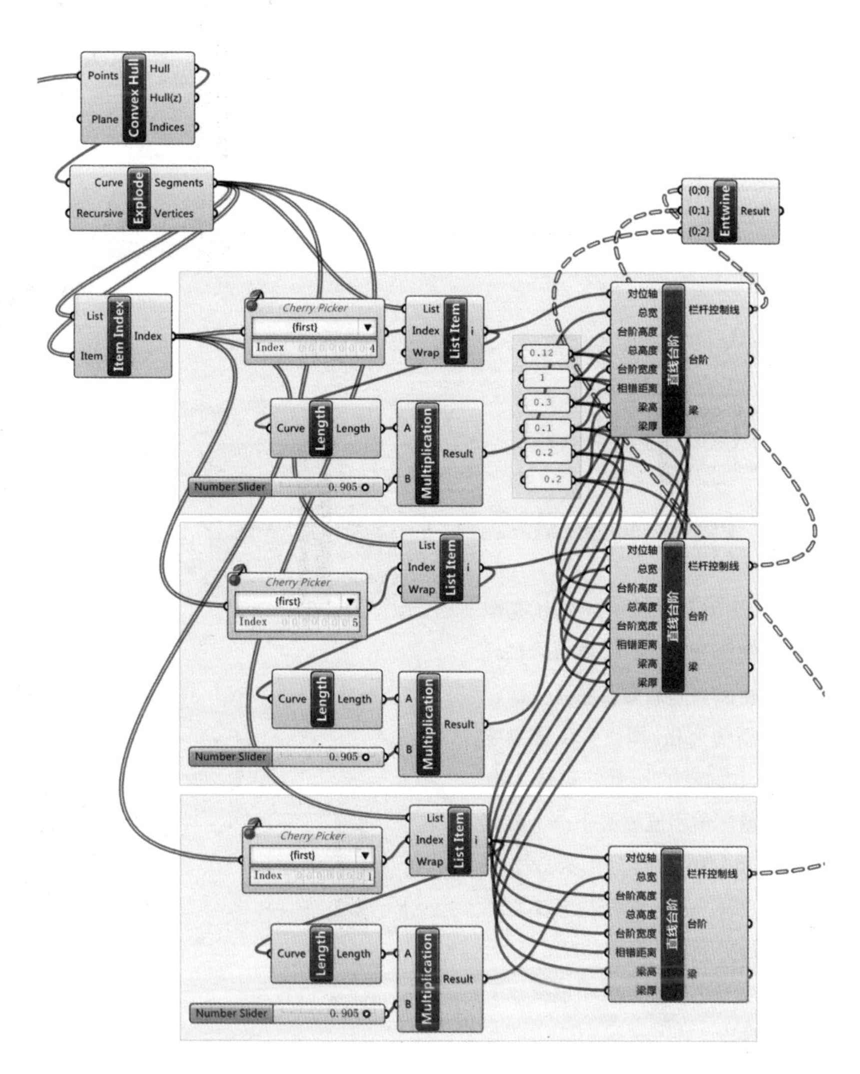

● 将外轮廓线使用组件 Explode 打散成一段一段的，使用 Item Index 组件获取索引值，使用 Cherry Picker 可以提取想要的索引值，并用 List Item 将对象提取出来，即台的一个边线段作为封装后直线台阶的对位轴。在台阶总宽的控制上，通过计算提取对位轴的长度，并乘以一个 0 ~ 1 的数，可以获取不会超过台阶边线段即对位轴长度的台阶。使用 Entwine 组件将栏杆控制线放置于一个数据之下，但是分别位于各自的路径分支之下。直线台阶的各输入端根据情况进行调整。

5-拉伸台的厚度

● 对于获取的随机点外轮廓线使用组件 Boundary Surface 建立面，并使用组件 Extrude 对该面拉伸成体，拉伸的方向为 Z 方向并向下。

6-提取点+7-提取首尾点

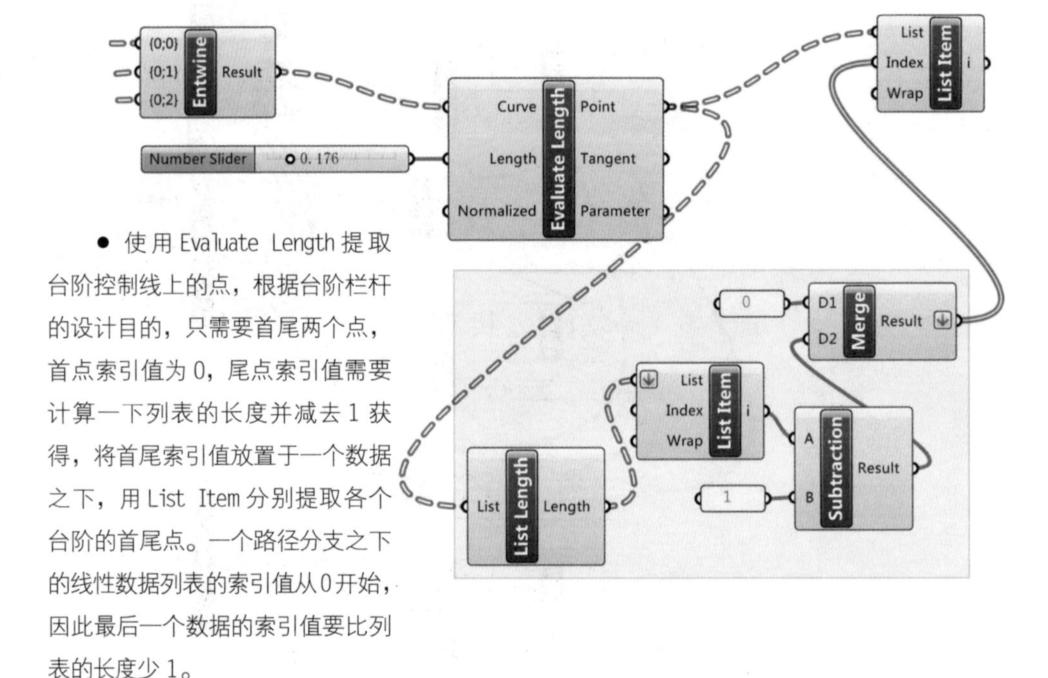

● 使用 Evaluate Length 提取台阶控制线上的点，根据台阶栏杆的设计目的，只需要首尾两个点，首点索引值为 0，尾点索引值需要计算一下列表的长度并减去 1 获得，将首尾索引值放置于一个数据之下，用 List Item 分别提取各个台阶的首尾点。一个路径分支之下的线性数据列表的索引值从 0 开始，因此最后一个数据的索引值要比列表的长度少 1。

8-移动复制点+9-连为折线与成管

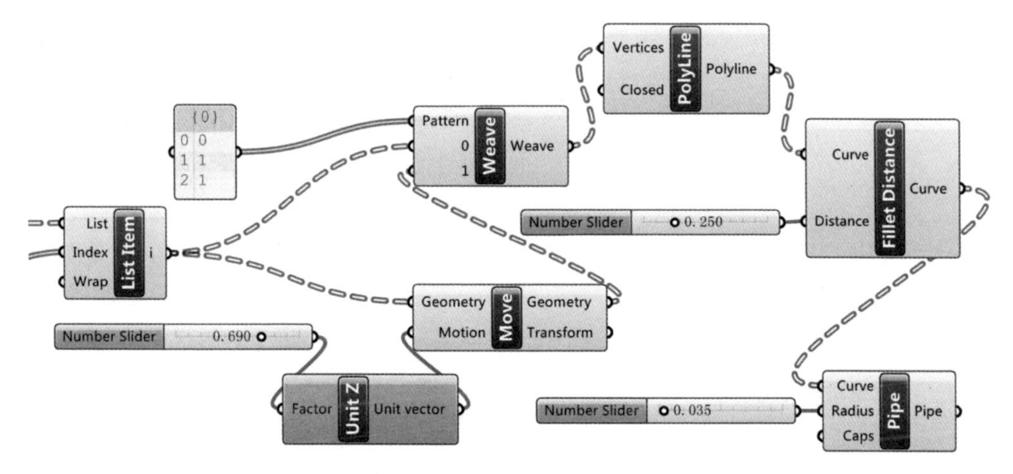

● 将提取的点沿 Z 方向移动，需要将移动后的点与原来的点放置于一个路径分支之下，因为要连为折线，因此需要排序点的顺序，使用组件 Weave 组织数据列表点的次序。连为折线的栏杆结构线，出于安全上的考虑，使用组件 Fillet Distance 对其倒圆角，并 Pipe 成管。

2 道路程序编写与封装

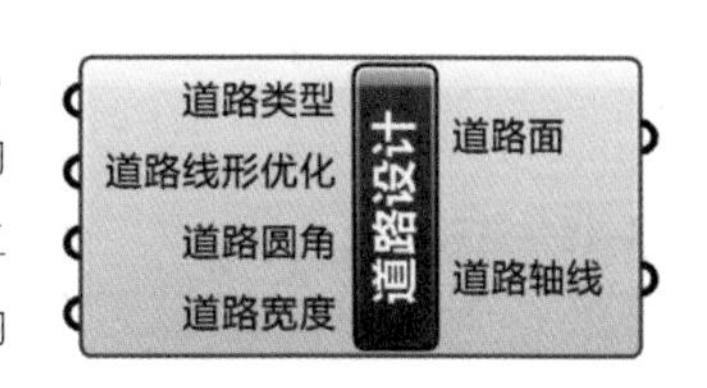

城市规划、景观规划与设计、建筑设计都会涉及道路的构建，如果按照传统的构建方法逐一绘制必然会增加工作量，将宝贵的时间过多地消耗在繁琐的制图上。将 Grasshopper 作为基本的“二次开发”工具，可以根据设计师的设计意图自由调整道路设计的逻辑构建过程，这个逻辑构建过程也并不唯一，毕竟设计创造是自由的，不应该局限于已经开发好供设计师使用的程序。设计师应该有能力编写改变设计过程方法的程序。

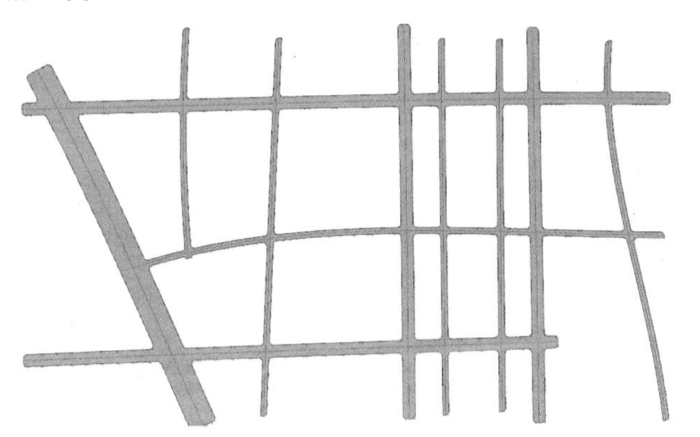

道路程序编写

几何构建逻辑

建立不同Rhinoceros的层，每一个层存放同一个道路宽度的轴线，组件Geometry Pipeline可以按层将其调入Grasshopper平台。调入Grasshopper平台的轴线，先进行曲线的优化，优化的程度可以通过数值控制，或者不优化，各层调入的轴线放置于不同的路径分支之下，并偏移复制不同的道路宽度，封住端口成面后，再融合为一个面提取边线倒圆角再成面。道路中心线是确定道路走向的重要信息，优化后的曲线即道路中心线可以作为未来封装后的输出项。

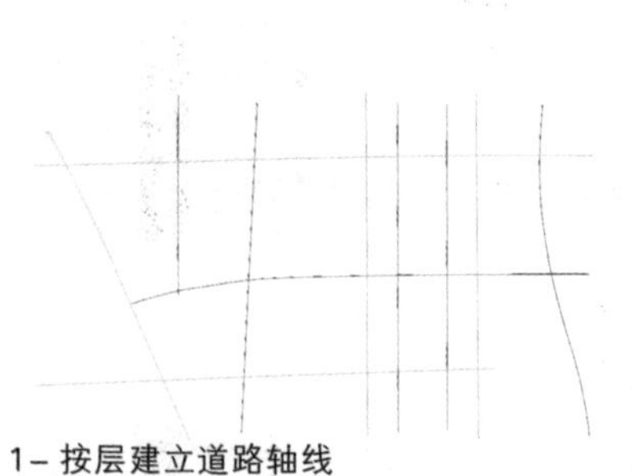
1– 按层建立道路轴线

2– 调入Grasshopper空间

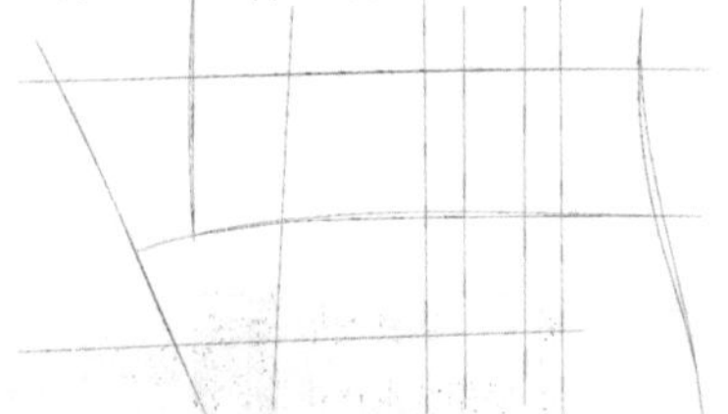
3–优化道路轴线

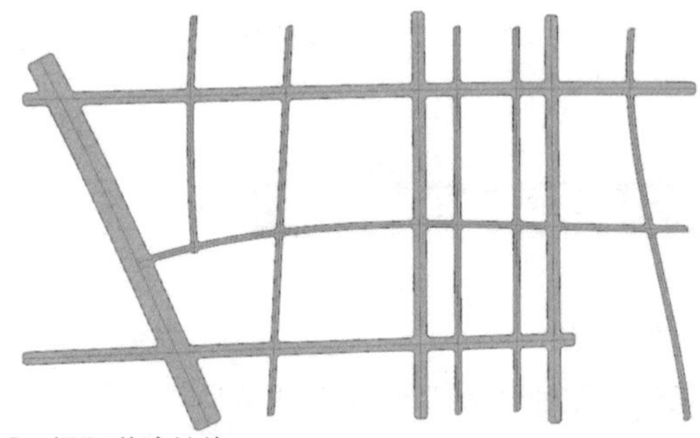
8– 提取道路轴线

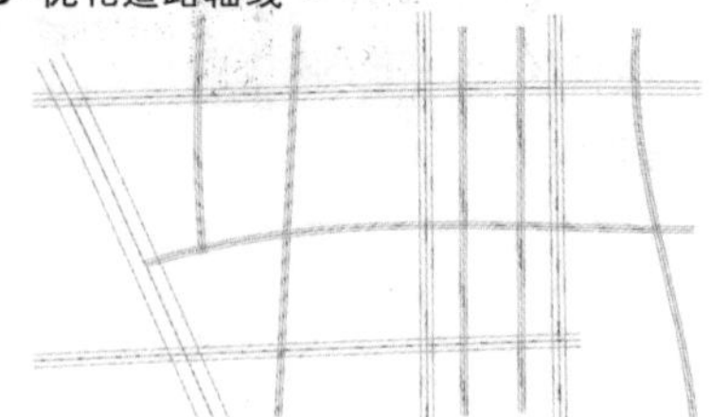
4– 构建道路宽度

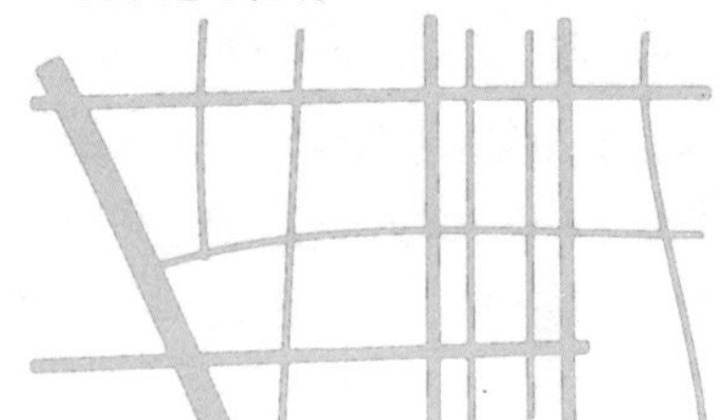
7– 倒角道路

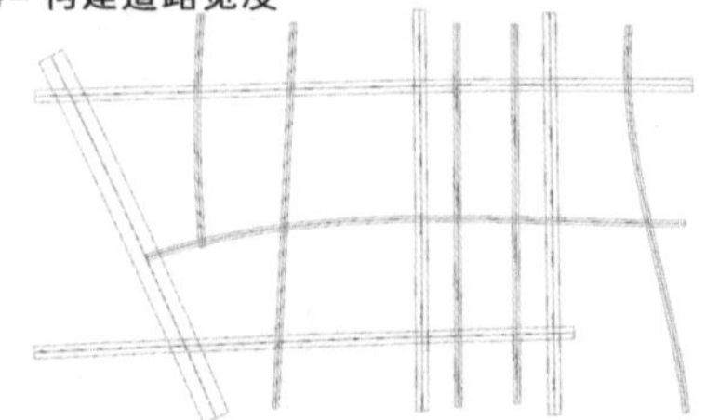
5– 封口道路

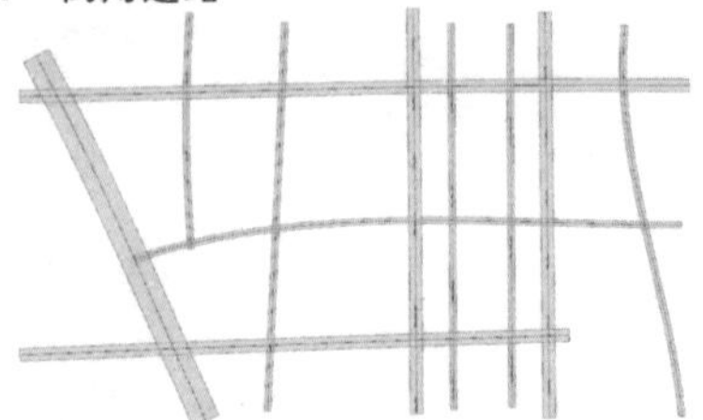
6– 建立道路面与融合

1-按层建立道路轴线+2-调入Grasshopper空间

● Geometry Pipeline 组件能够很好地将 Rhinoceros 对象按层调入 Grasshopper 平台，从而实现 Rhinoceros 和 Grasshopper 更进一步的互动，即在 Rhinoceros 里调整对象，甚至改变整个层的对象布局，Grasshopper 都可以适应其变化做出反应。调入 Grasshopper 对象道路轴线，因为每一层道路宽度不同，因此使用组件 Entwine 将其分别放置于同一个数据之下，但是位于各自的路径分支，方便进一步的程序编写。

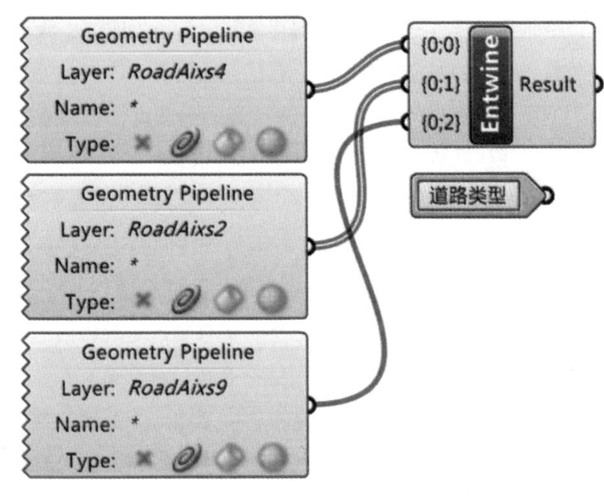

3-优化道路轴线+4-构建道路宽度

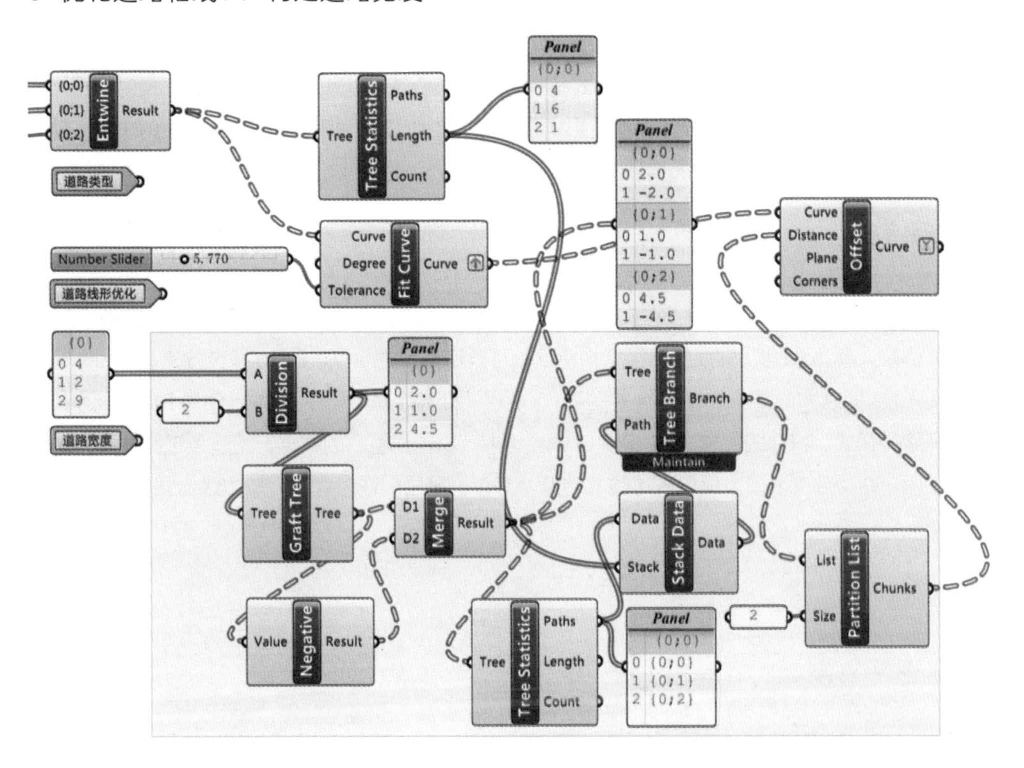

● 在 Rhinoceros 三维空间中构建的道路轴线，有些时候可能并不理想，曲线并不是很顺滑，可以使用组件 Fit Curve 优化曲线，输入端 Tolerance 为优化的程度，为 0 时不优化。对于每一层的道路轴线需要根据道路宽度偏移复制出各自的道路边线。Entwine 组件已经将同一宽度的道路轴线放置于各自的路径分支之下，在优化曲线 Fit Curve 的输出端右键 Graft 展平分支，将每一个路径下的所有项值分别单独放置于一个路径分支之下，如果需要对道路偏移复制，则要构建与 Graft 后道路轴线数据结构保持一致的偏移距离数据。

道路宽度分别为 4 米、2 米、9 米，使用 Panel 面板数据即可，需要将数据结构在组件上右键修正为 Multiline Data 的格式，因为轴线向两边偏移复制，所以是道路宽度的一半，使用组件 Division 除以 2。可以将道路一半宽度的数据右键 Graft，也可以直接使用组件 Graft Tree 将其各个项值放置于各自的路径分支之下。偏移复制是向轴线的两侧偏移复制，因此道路一半宽度的数据应该为一正一负的配对，使用组件 Negative 获得其相反数，并用组件 Merge 将其合并，路径相同的将被放置于一个路径分支之下，即道路一半宽度的数据和其相反数放置于一个路径之下。需要复制出与待偏移复制轴线一致数据结构的数据，使用组件 Stack Data 先按照 Tree Statistics 统计的 Entwine 输出端数据，即道路轴线数据各相同道路宽度轴线的数量，堆叠复制 Tree Statistics 统计的道路一半宽度数据的 Paths 输出端数据，即道路一半宽度数据的路径。使用 Tree Branch 按照堆叠的路径提取道路一半宽度的数据，就可以获得与轴线数据相同项值的数据，但是数据路径结构与之仍然不同，因为 Tree Branch 输出端数据结构保持与路一半宽度数据一致，即相同宽度的道路在一个路径分支之下，需要使用 Partition List 组件将其两两放置于一个路径分支之下，获得与道路轴线 Graft 展平分支后一致的路径结构，再进行偏移复制即可达到构建道路宽度的目的。

数据结构与管理是 Grasshopper 节点式编程方法的核心技术，任何编写的程序都是对数据结构的处理，因此对于数据结构的理解程度将影响程序编写的能力。数据结构是首先需要解决的问题。

5-封口道路

● 偏移复制的道路两侧边线被放置于各个路径分支之下，由表示其特征的路径模式 {A; B; C} 中的 C 确定，A、B 保持了轴线的路径结构特征，可以使用组件 Shift Paths 移位分支，Offset 输入端值为 -1，即从后向前移出路径模式的项，-1 仅一处移位即 C 项；也可以使用 Path Mapper 组件编写路径模式，将原路径模式 {A; B; C} 调整为 {A; B}，调整后的数据，同一条道路的两条边线将位于同一路径分支之下。提取各边线的端点，首首、尾尾相连为直线，与边线合并。

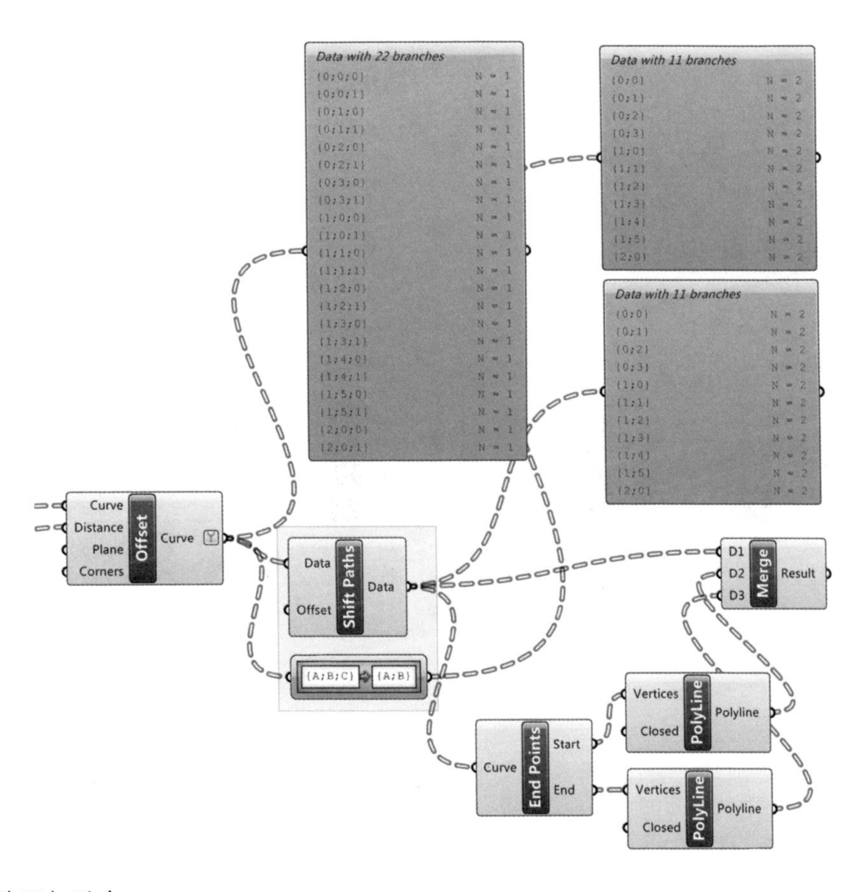
Data with 22 branches
Data with 11 branches
Data with 11 branches
Curve
Distance
Plane
Corners
Offset
Curve
Data
Offset
Shift Paths
Data
{A;B;C}
{A;B}
D1
D2
D3
Merge
Result
Vertices
Closed
PolyLine
Polyline
Curve
End Points
Start
End
Vertices
Closed
PolyLine
Polyline

6–建立道路面与融合

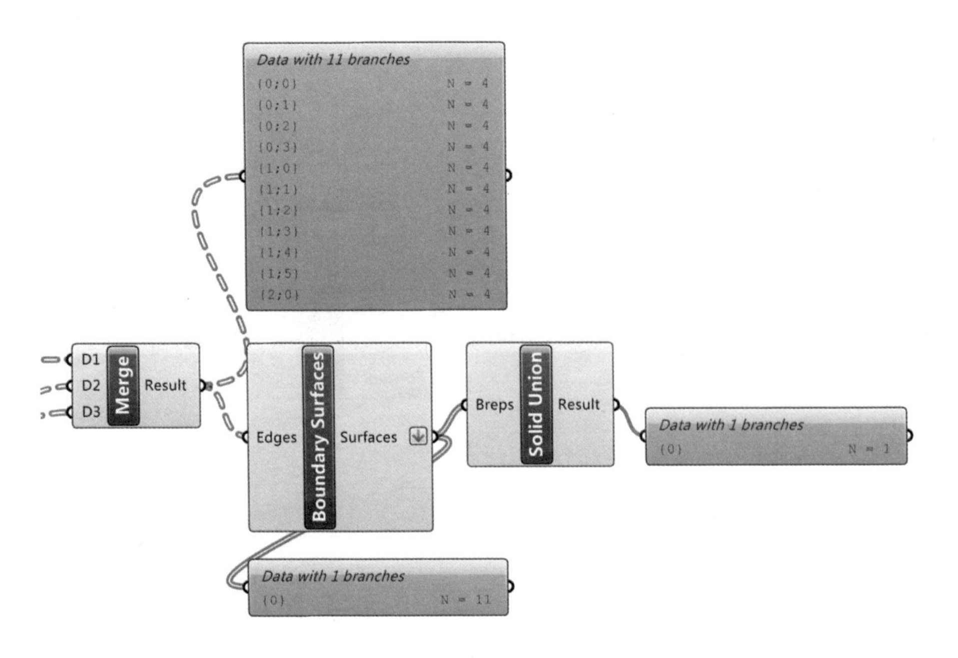
Data with 11 branches
D1
D2
D3
Merge
Result
Edges
Boundary Surfaces
Surfaces
Breps
Solid Union
Result
Data with 1 branches
Data with 1 branches

● 将各个路径分支下的道路边线，通过组件 Boundary Surface 成面，并将各个道路面在组件输出端 Surfaces 下右键 Flatten 展平在一个路径之下，并使用组件 Solid Union 进行融合，输出结果将为一个单独的面。

7-倒角道路

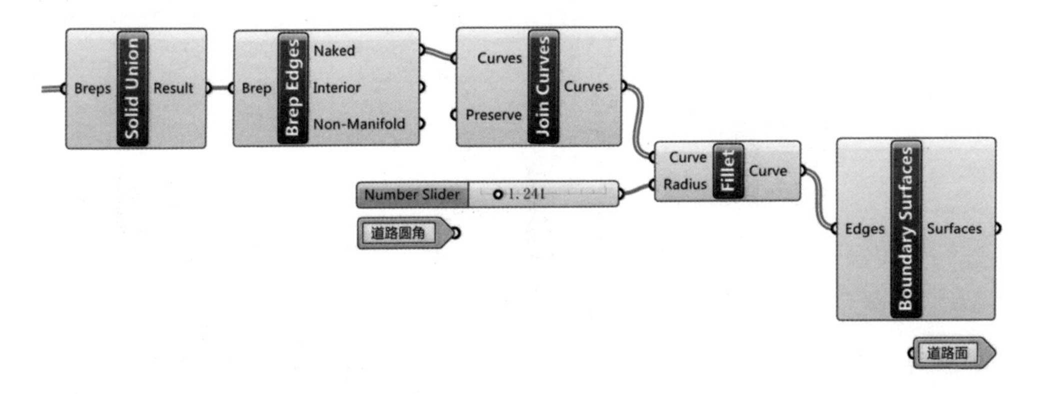

● 使用组件 Brep Edges 提取道路面的边线，将输出端 Naked 裸露的边线连接，使用 Fillet 组件倒圆角，再使用 Boundary Surface 成面。

8-提取道路轴线

● 根据设计的要求可以提取程序编写过程中的任何元素作为封装后的输出数据，道路轴线即第 3 步优化道路轴线作为输出数据之一，可以直接连接组件 Cluster Output。

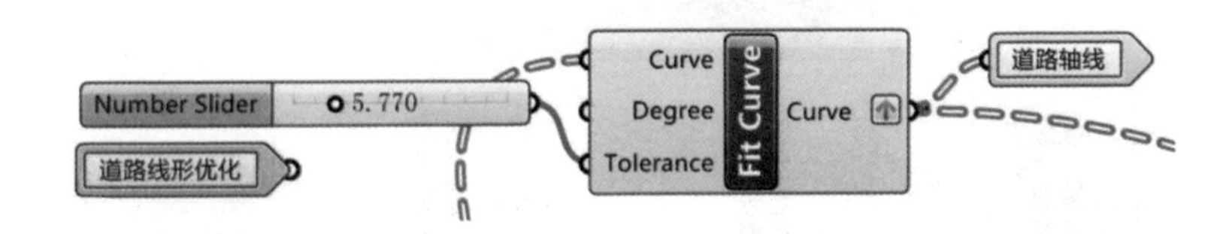

道路全部程序

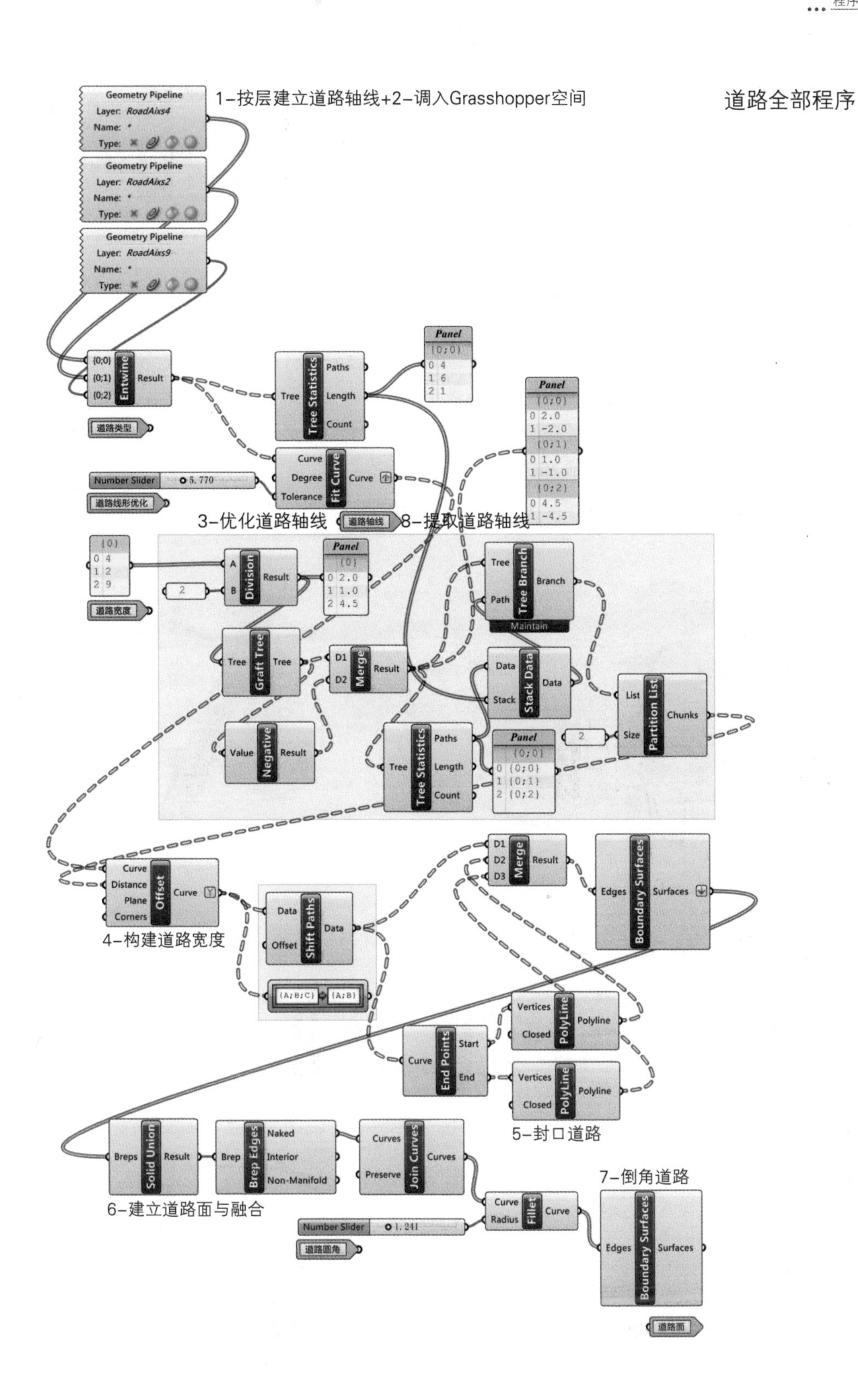
1-按层建立道路轴线+2-调入Grasshopper空间
Geometry Pipeline
Layer: RoadAixs4
Layer: RoadAixs2
Layer: RoadAixs9
Entwine
Result
道路类型
Tree Statistics
Paths
Length
Count
Panel
Fit Curve
Number Slider
5.770
道路线形优化
3-优化道路轴线
道路轴线
8-提取道路轴线
道路宽度
Division
Graft Tree
Merge
Negative
Tree Branch
Maintain
Stack Data
Partition List
Chunks
Offset
4-构建道路宽度
Shift Paths
Boundary Surfaces
End Points
PolyLine
5-封口道路
Solid Union
Brep Edges
Naked
Interior
Non-Manifold
Join Curves
6-建立道路面与融合
Fillet
1.241
道路圆角
7-倒角道路
道路面

道路程序封装

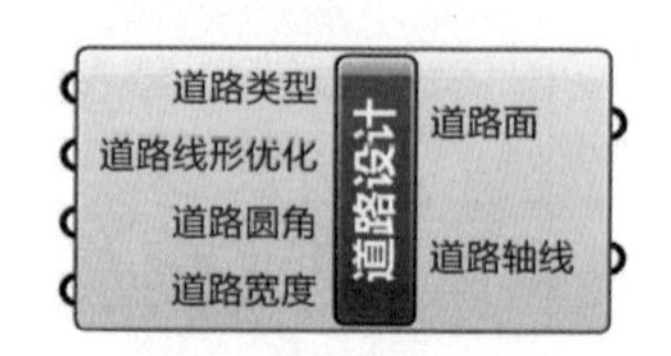

在封装过程中，会考虑应该以何种方式输入数据，其中道路圆角与道路线形优化都与数据滑块连接，可以直接被组件 Cluster Input 替换。但是道路类型是由组件 Geometry Pipeline 直接将 Rhinoceros 空间对象调入 Grasshopper 平台，为了未来使用该封装组件更加自由，将并不封装 Geometry Pipeline 组件，而是将展平组合后的数据输入，为了让设计团队的其他成员能够更加容易地理解封装后组件的使用，应该给出相关说明或者案例。

封装的道路设计组件使用方法，道路类型输入端参数需要展平组合之后的数据，道路宽度输入端为列表结构，输出数据为道路面和轴线。利用输出的道路面数据，可以使用组件 IsoVist 计算道路中某一点位置的可视化区域，可以用于城市规划相关的分析中，例如如何在某一区域放置标志性构筑物等。

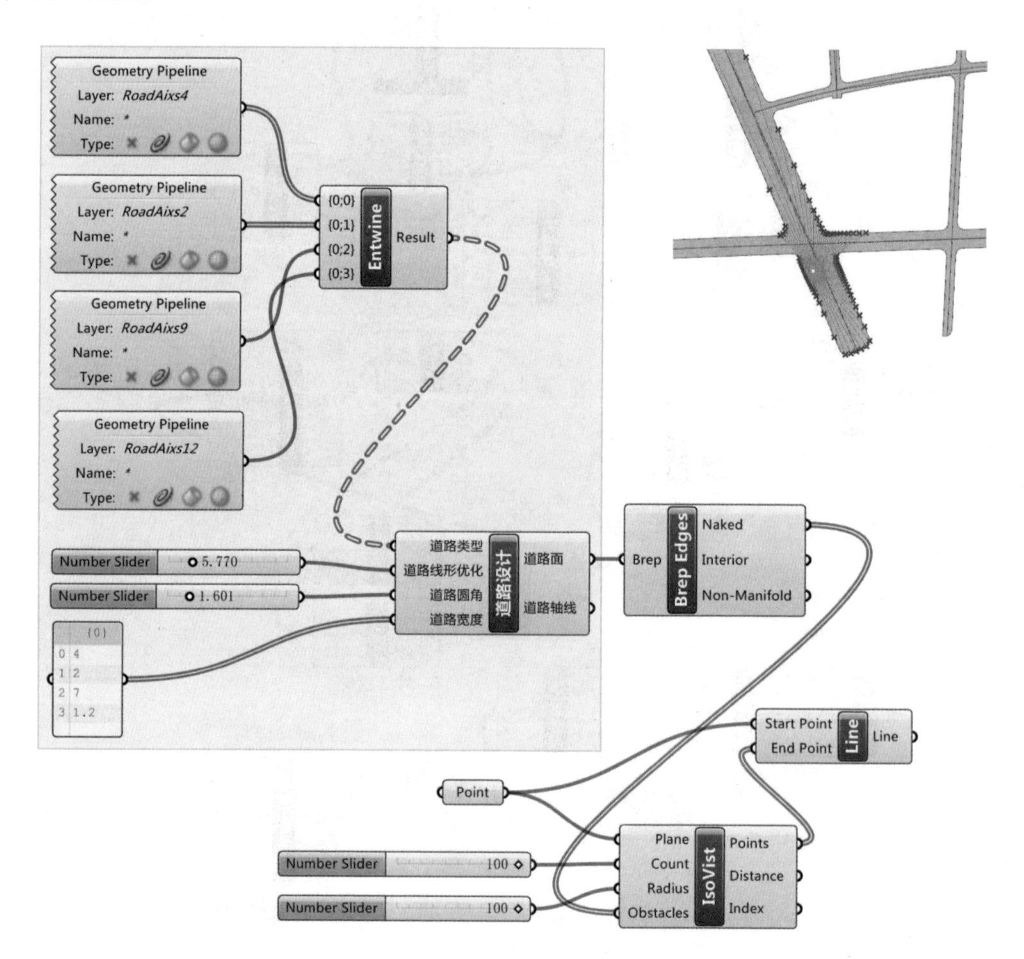

7

Manufacture
制造

在很多时候往往避免使用“参数化”这个字眼，国内的传播已经扭曲了参数化的本质，而且 Grasshopper 虽然是参数化软件，但是 Python、VB、C# 语言也可以编写参数化的过程，那么是否认为 Python 等语言也仅仅是参数化软件呢？很显然不是，之所以 Grasshopper 往往被局限于参数化软件，是因为它直接面对设计领域，尤其建筑领域的设计辅助工具。事实上 Grasshopper 节点式的编程语言已经超出了仅是参数化软件的限制，更多的还原为其本来的面目——一种程序编写的方式，因此本书中尽量避免使用“参数化”，而用“逻辑构建过程”来代替，或者直接表述为“程序编写和编程设计”。

参数化是逻辑构建过程的一种方式，即通过程序编写建立由参数控制、前后因素互为联动的有机体，强调的不仅是一种联动变化，实质上更加关注的是产生这种联动所编写的逻辑构建过程，这个过程强调的是形式的基本结构，一个如何搭建的动态过程，这与斩断联系、片段式的设计思维方式有所不同。逻辑构建过程有意识地将编程的思维方式应用于设计的过程，这个过程本身就需要严谨的逻辑关系，例如传统建筑的建筑举架影响着整个建筑的形体，斗拱的各构件之间紧密的衔接和互相制约，而高程点控制着地形的变化；另外逻辑构建过程即编程设计改变着设计过程的方法，一方面传统的设计思维方式更多的是从形式、空间、图式等角度开始具体形式的探索，使用的是手工直接绘制和调整的过程，并借助于 AutoCAD 等计算机辅助制图的过程。不可否认整个过程中潜在地存在了对设计逻辑的思考，但是更多地表现在设计的图式上，对于内里的数据关系并不作更多的考虑。逻辑构建过程更多关注的是设计逻辑，是数据关系的构建，是区分逻辑构建过程与传统设计的根本。在程序编写过程中，需要时刻关注数据的变化，不仅是具有实际几何体信息的数据，也包括非几何体信息的数据，这些数据成为设计推演的基础，即构建整个设计体系的纽带，例如从关注传统建筑表皮单元的排步形式上升到背后具体的数据关系，一种使用 Grasshopper 所构建的树型数据，或者 Python 语言的字典和列表；另外逻辑构建过程是设计过程方法的创造，改变着传统设计的过程。当然并不是任何设计的逻辑构建过程都是一种改变传统设计过程的再创造，这需要有意识地调整输入控制参数，具体的逻辑构建过程，通过哪些内里的控制关系达到某些设计的自我衍化，或者控制下的衍化，例如给出山体的轮廓线和最高点的控制，如何自我衍化出场地地形的变化，这个过程是可预测而又不可预测的，可预测是存在可以控制大体空间布局的参数条件，不可预测是无法获知最终的具体形式，但是衍生的结果能够达到设计的目的，或者在此基础上可进行适当的手工调整。逻辑构建过程是语言程序编写的过程，编程让设计过程更具创造力。

编程是设计技术解决的重要途径。在整个设计的流程中，需要不断地解决各类设计的问题，例如空间定位、节点搭接、表皮展平、结构优化、生态分析等不同甚至意想不到的问题。这些问题不仅包括具体的建设过程，也包括设计几何虚拟构建的过程，以及这种虚拟构建的过程与实际建造过程的吻合度。设计的目的是为了建造，尤其建筑、景观和城市规划专业。编程让这个过程，即从设计过程方法的再创造到实际建造加工成为一个连续的整体，设计过程中的数据就是未来建造加工的依据。这样一个连续的过程也避免了传统设计中设计往往与施工脱节，即设计纯粹的图式无法直接应用于施工图设计，而不得不重新绘制；更为重要的是设计过程中甚至没有考虑设计形式的构建方式，因此解决这类问题增加了施工图设计的难度，为什么不在设计过程中就关注形式的逻辑构建过程呢？这是编程逻辑构建过程方法与传统设计的显著不同。

逻辑构建过程需要思维方式的转变，在设计概念出来之后，不是直接地绘制，而是思考如何使用程序编写的方法实现设计概念的形式，这个过程本质上是对设计形式合理建造过程的思考。一种从纯粹形式思维，到数理逻辑思维，再到形式思维的过程，一开始可能让设计者措手不及，但是随着对这种转化的熟练，在两种思维之间变化慢慢地成为一种思考问题的方式，甚至会爱上这种方法，因为这个过程确实能够增加设计的创造力，而创造本来就是设计者应该具有的特质；设计的流畅性和各种问题得以解决的途径，让设计也变得更加轻松，设计者将更多地关注设计本身的问题，而把繁琐的制图过程交由程序处理，这个智能化的设计过程大幅度减轻了设计者的制图负担，是传统计算机辅助设计方法无法实现的；更为重要的是，这个过程是自由的，是不受拘束的，这正符合设计的创造性活动，是 Digital Project 尺寸驱动窗口弹出交互参数无法达到的自由程度，是节点式编程得以广泛应用的更为主要的前提。

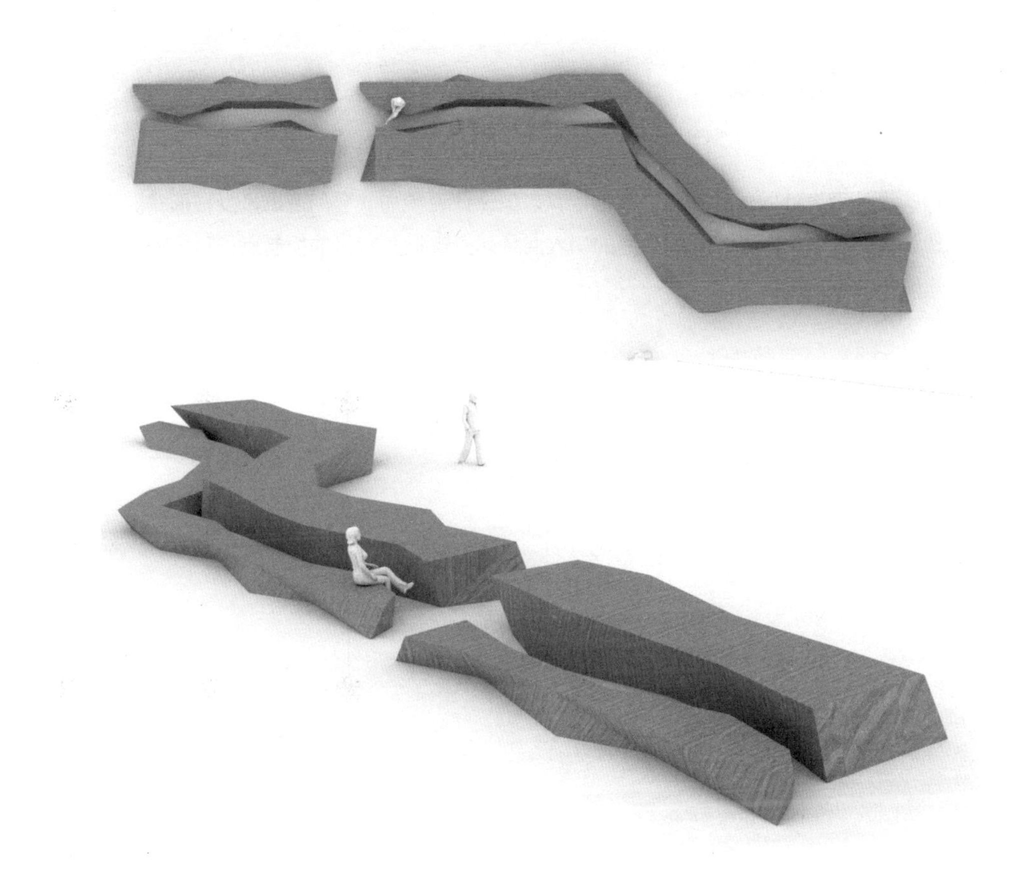

异型桌凳设计概念的产生、设计基本逻辑构建过程、数据标注、几何表皮展平、实体模型、加工制造的整个流程，除了设计概念之外，编程过程一直贯穿始终。基于 Grasshopper 的节点式编程和 Python 语言编程，让这个设计过程充满了创造性和乐趣。

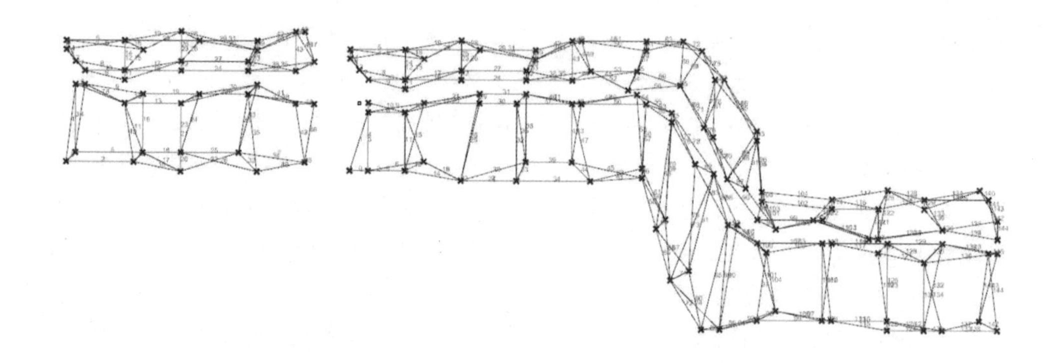

1 设计概念的产生

不同的设计者设计同一个功能的事物，有多少设计者参加就会创造出多少种形式。每一种设计创造都会有一个切入点，异型桌凳的切入点是建立类似九宫格的控制点，从中随机选取一个作为几何表皮的控制点。

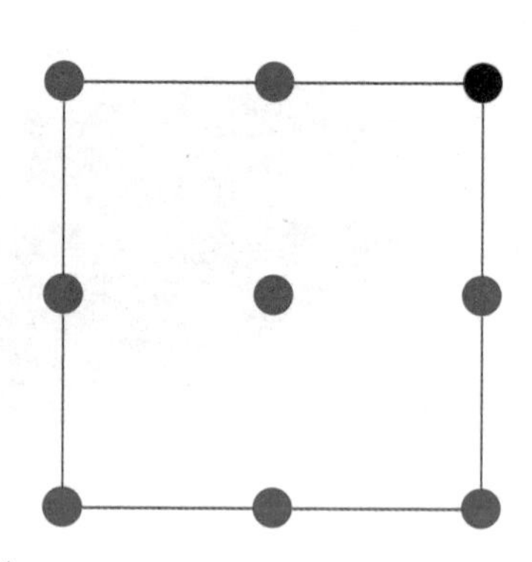

2 设计基本逻辑构建过程

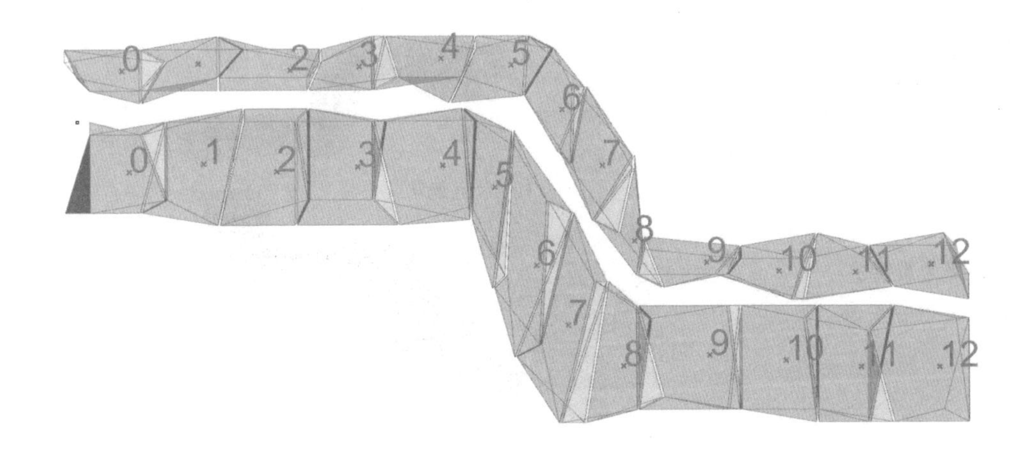

类似九宫格控制点的随机提取被应用于开始构建规则平行线等分点上，即需要首先构建规则的平行控制线，进行等分，在等分点上构建平面圆，获取控制点，并与圆点合并为9个点，利用随机函数从各个等分单元的控制点上随机提取一个点后放样成线并成面。同时需要构建单元模块，并调整它们之间的距离。

具体构建过程中，规律移动复制点时将部分程序封装简化程序，连为折线后需要重新排序折线，是为了后续程序按顺序建立格网。9个点由平面圆的控制点与圆心数据组合获得，在提取9个点组合中的一个点时，需要分析树型数据的结构，建立与之结构一致的随机数据。最后的异型桌凳是分成各个单元组，因此在建立格网时需要组织数据，按设计形式单元来划分格网，建立相关参数。建立前后方向的格网，两侧仍然为空，需要单独建立格网并按照分组与前后方向的格网合并在一个路径分支之下。各单元之间设计有空隙间隔，将各个单元顺序移动获取距离，并提取单元对象的边线，完成设计基本逻辑构建过程。

几何构建逻辑

1– 拾取一个点

2– 规律移动复制点

3–连为折线

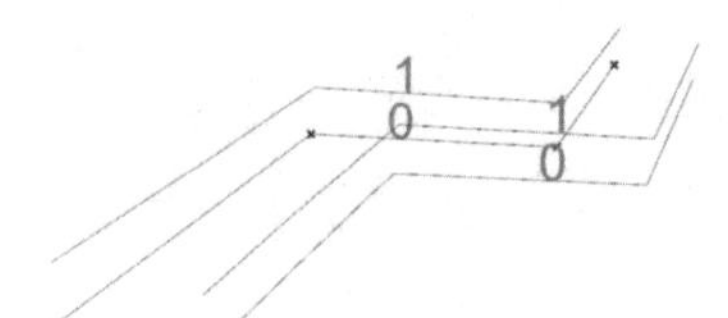

4– 偏移复制折线

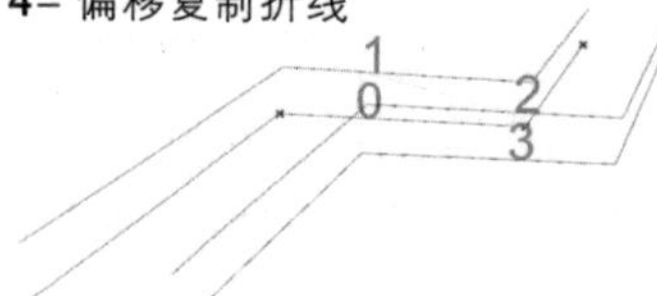

5– 排序折线

6– 建立9个点

7–随机提取一个点

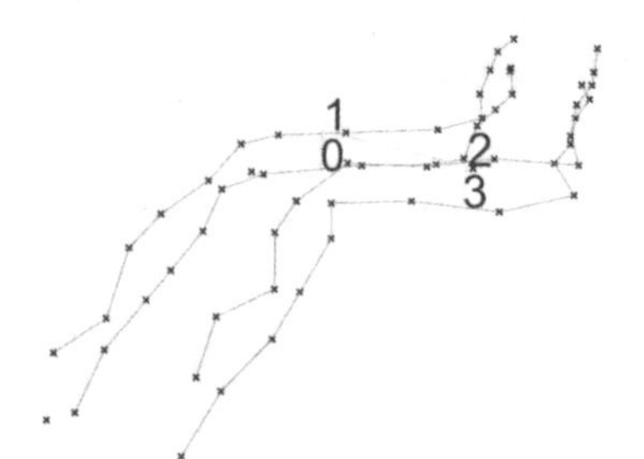

8– 连为折线

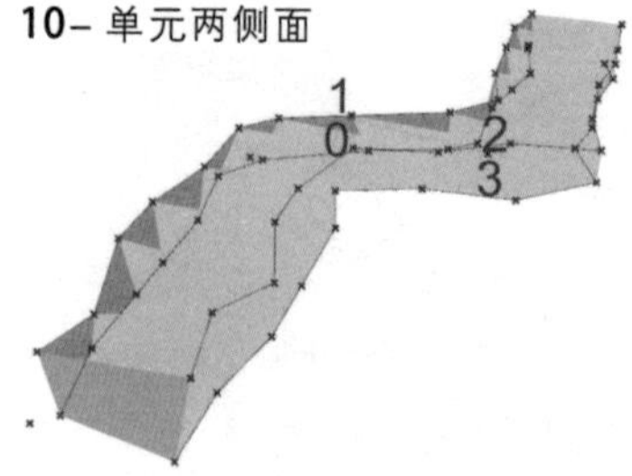

9– 建立Mesh格网

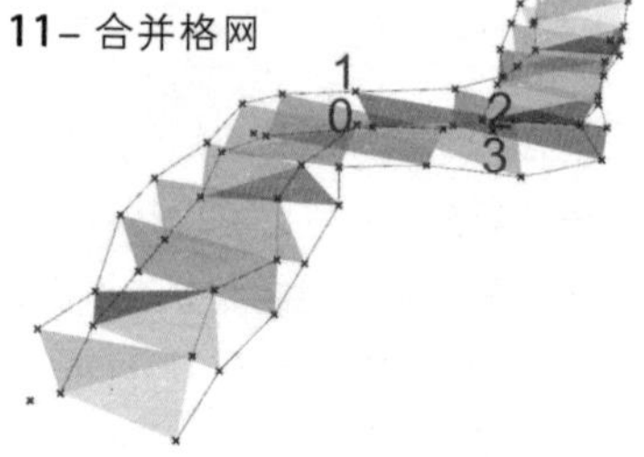

10– 单元两侧面

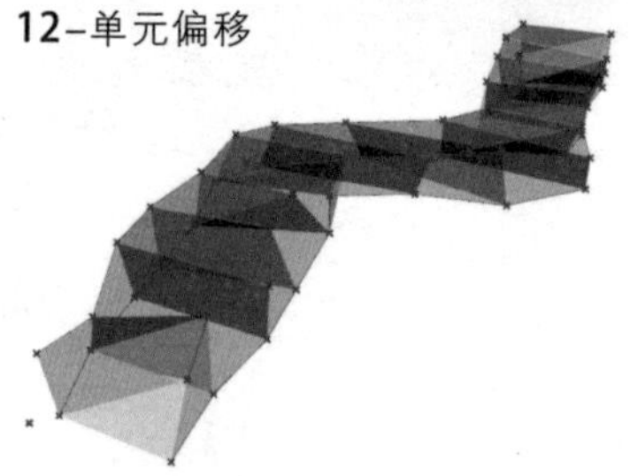

11– 合并格网

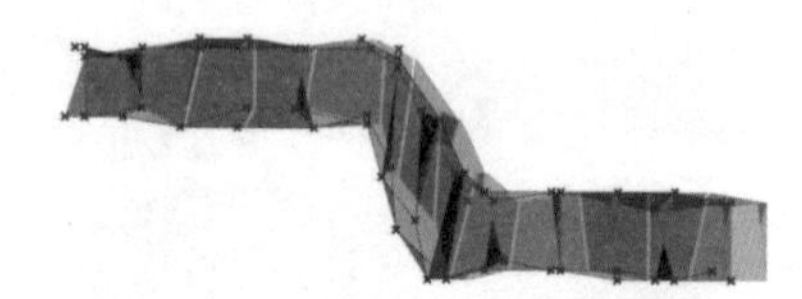

12–单元偏移

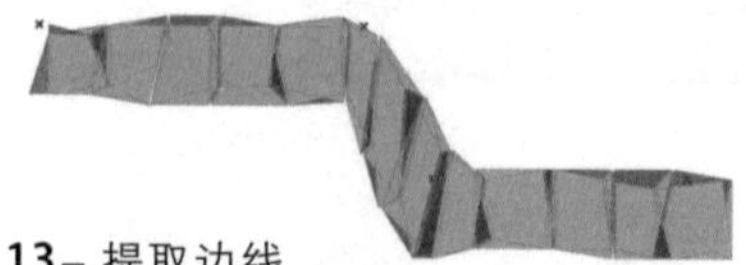

13– 提取边线

1-拾取一个点

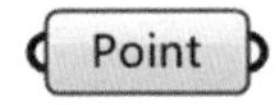

● 使用Point组件在Rhinoceros三维空间中拾取一个点。

2-规律移动复制点

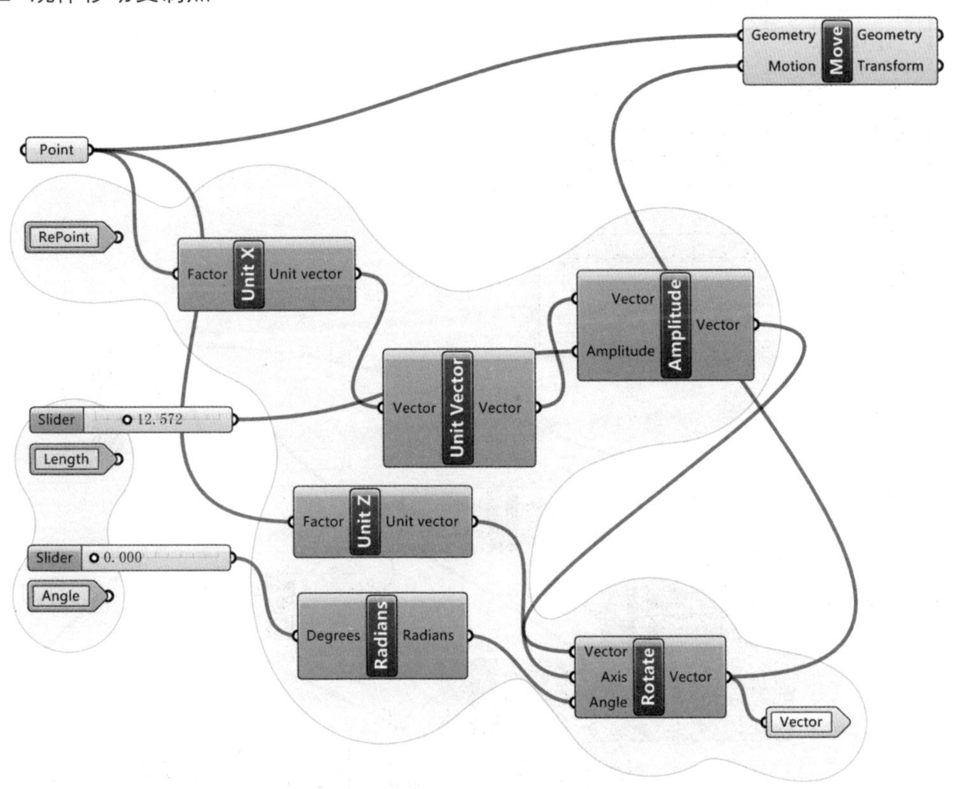

● 控制点移动的方式为距离和旋转的角度，由输入点作为移动的初始点，建立该点处的 X 方向单元向量，并调整其大小，旋转的角度由组件 Rotate 控制，Vector 输入端为调整大小后的 X 方向向量，Axis 旋转轴为初始点的 Z 方向向量，Angle 输入端角度为弧度值，为了方便使用度调整角度，使用组件 Radians 将度转化为弧度，而输入端 Degrees 的数值滑块的区间范围设置在 0 ~ 360。

● 将规律移动的程序使用 Cluster Input 和 Cluster Output 组件替换需要输入控制的参数和需要输出的数据，并全部选中封装在一个组件之内，输入端 RePoint 为待移动复制的点，Length 为移动的距离，Angle 为移动的角度，输出端 V 为移动后复制的点。

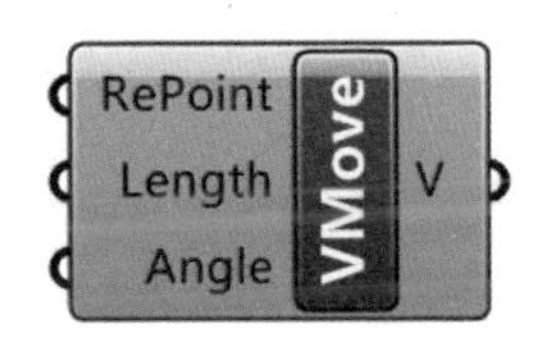

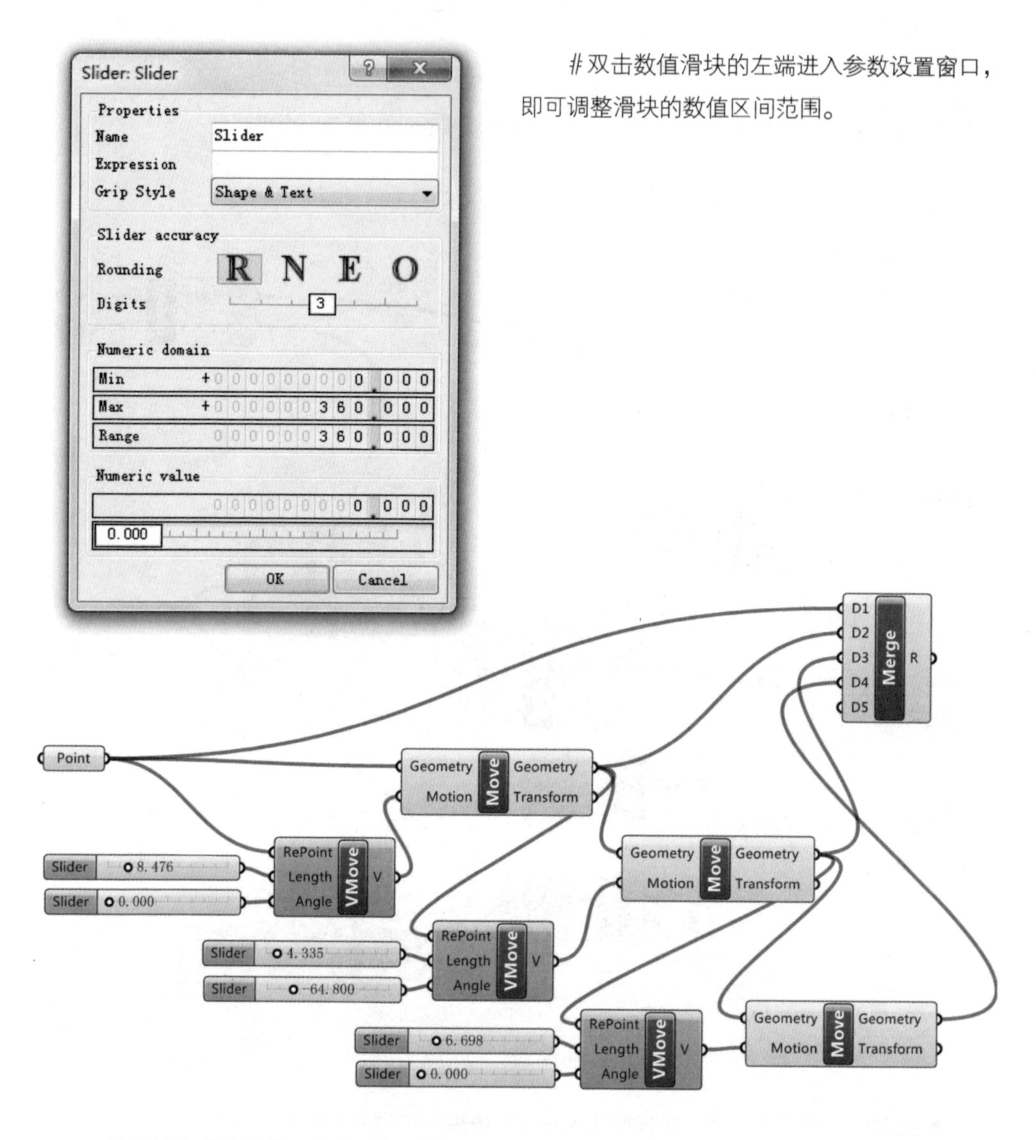

#双击数值滑块的左端进入参数设置窗口，即可调整滑块的数值区间范围。

● 使用封装后的组件三次移动复制点，连同初始点使用组件 Merge 放置于一个数据之内。

3-连为折线

● 可以放大 Merge 组件移出多余的 D5 项空值，使用组件将合并后在一个路径分支下的各点连为折线。

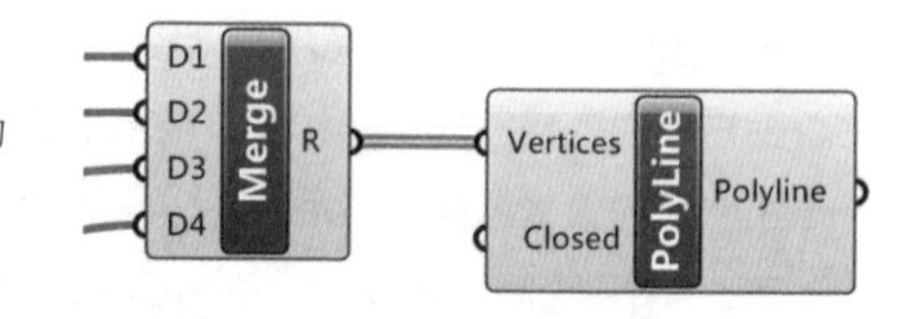

4-偏移复制折线

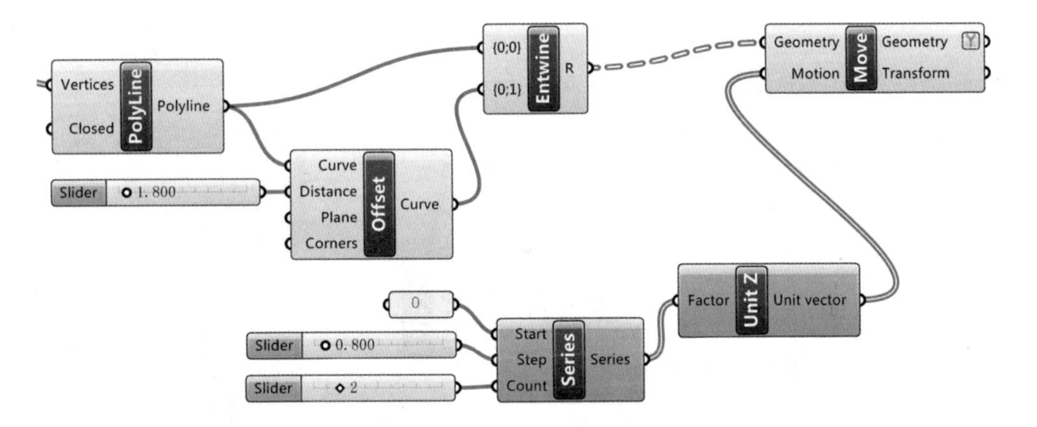

● 使用 Offset 组件偏移复制折线，并与原折线使用组件 Entwine 放置在一个数据之下，保持合并后的折线放置于各自的路径分支之下。再将合并后的两条折线沿 Z 方向移动复制，保持使用组件 Series 建立的数列 Count 输入端为 2，即 Start 开始数据为 0，Step 步幅数为 0.8 即台阶的高度，获得的输出端数列为 0 和 0.8，可以调整 Count 输入端数据，将获得更多的层数。

5-排序折线

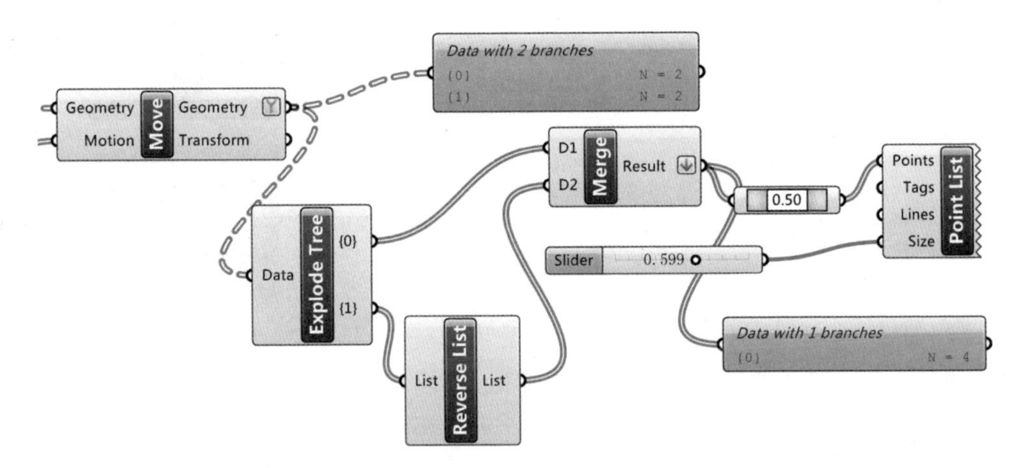

● 合并后的折线并没有按照顺序排列，将会影响格网的构建，因此需要调整顺序，使用 Explode Tree 组件将数据按照路径分解，每一路径下的数据由一个数据输出端输出，将其中一组数据反转列表，再用 Merge 组件合并在一个数据之下，在输出端右键 Flatten 展平分支，将各自路径下所有的数据顺序放置于一个路径之下，为了使用组件 Point List 观察折线的数据排序，使用组件 Point on Curve 提取各自折线上的一个点。

6-建立9个点

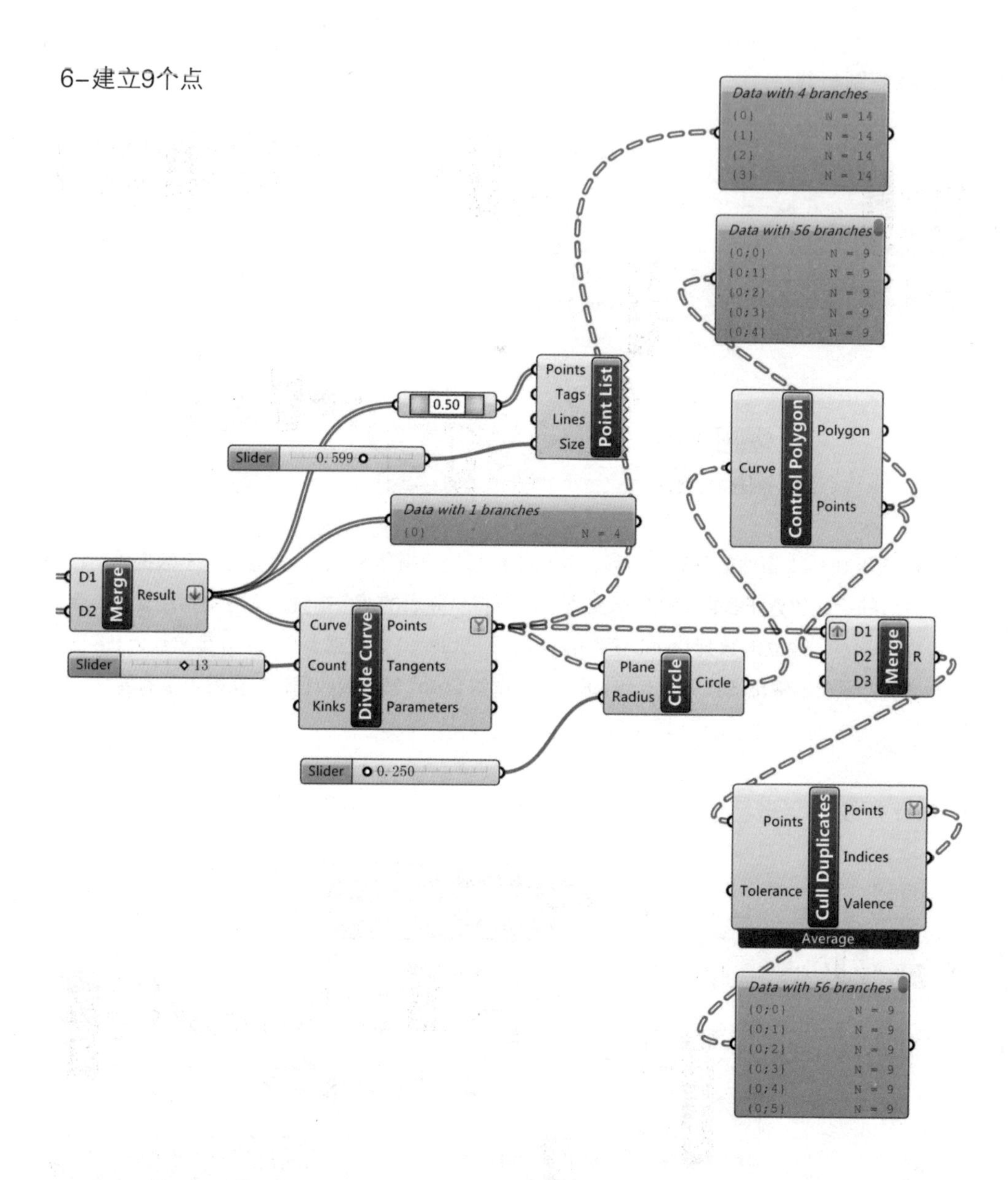

● 等分曲线获取等分点，在各点上建立平面圆，使用组件 Control Polygon 获取 8 个控制点，并连同圆心共计 9 个点，使用 Merge 组件合并，合并之前需要调整数据结构，将最初的等分点在 D1 输入端 Graft 在各自的路径之下与圆的控制点合并，从而保持输出数据与圆的控制点相同。因为使用 Control Polygon 组件获取圆的控制点首尾端点重合，需要使用组件 Cull Duplicates 剔除重复点。

7–随机提取一个点

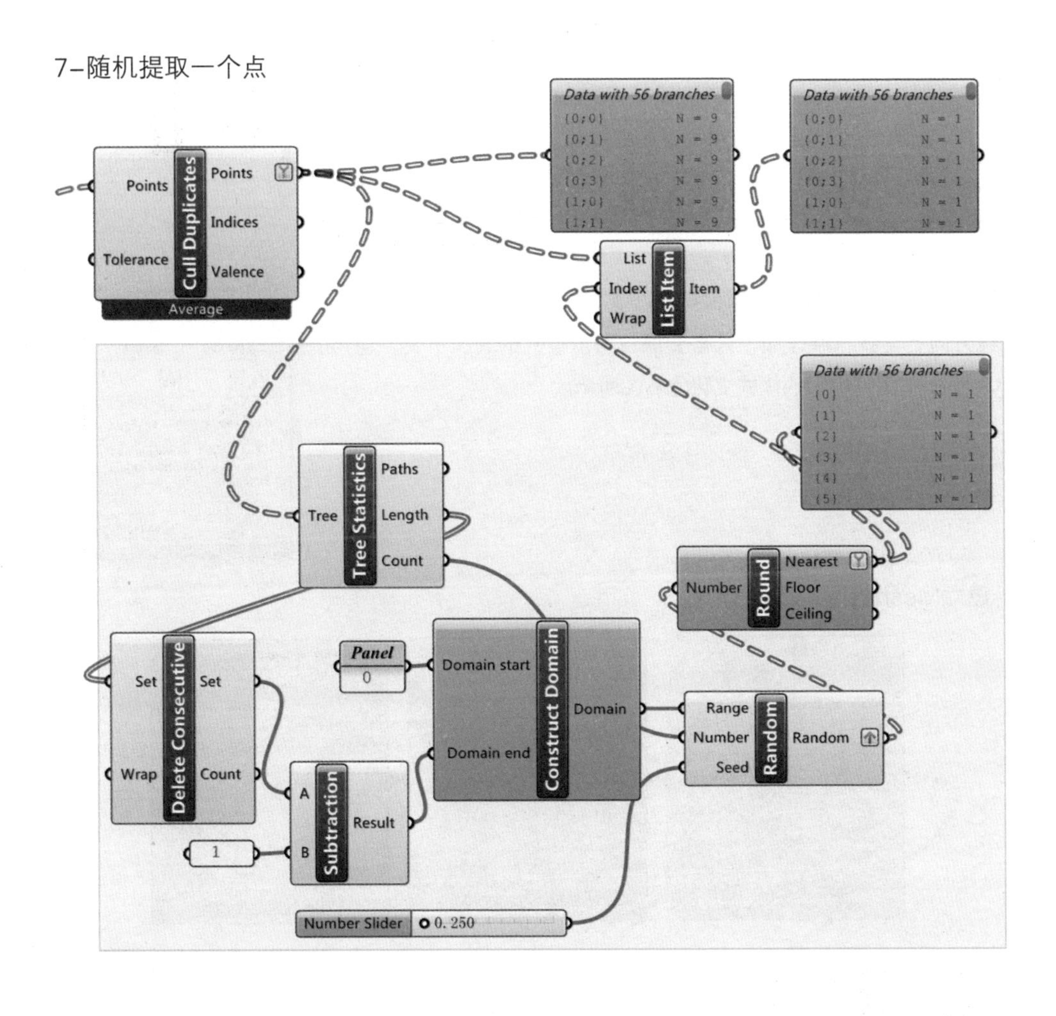

● 剔除重复点后，如果路径项过多，为了便于观察数据结构可以在输出端右键 Simplify 简化路径，其数据结构为 56 个路径分支，每个分支之下包含 9 个项值，路径模式为 {A; B}，A 项代表折线的数量，值为 0、1、2、3，B 项为沿折线等分的数量，按顺序排列。为了在每一个路径之下的 9 个点中随机提取一个，需要建立随机数组，其数据结构与包含 9 个控制点的数据结构应该保持一致，但是各个路径分支之下应该仅包括一个项值即为随机提取的索引值。使用 Tree Statistics 获取控制点的路径统计，Count 输出端为 56，可以作为组件 Random 随机数输入端 Number 的数据，即获取 56 个随机数。因为索引值为整数并且其大小应该小于或者等于 8，即控制点数据各个路径下项值的索引值，并且在 Random 输出端右键 Graft 移植项值，使用组件 Round 四舍五入浮点值为整数，并简化数据结构，作为组件 List Item 提取项值输入端 Index 的数据。

在组件 Round 输出端 Nearest 上右键 Simplify 简化数据结构很重要，如果将简化的步骤放置在随机提取数据之后，很可能无法保持输入端 List 列表数据的初始数据结构，从而缺失了数据结构本应该继承的逻辑构建过程的记录，影响了后续程序编写的过程。

8–连为折线

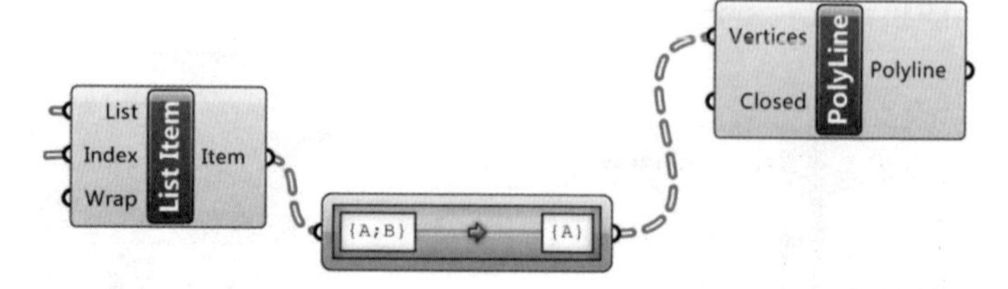

● 随机提取的数据结构保持了控制点的初始数据结构，欲在折线方向上重新将点连线，只需要保持路径模式的 A 项不变，使用 Path Mapper 组件编写的模式变化为右图所示。

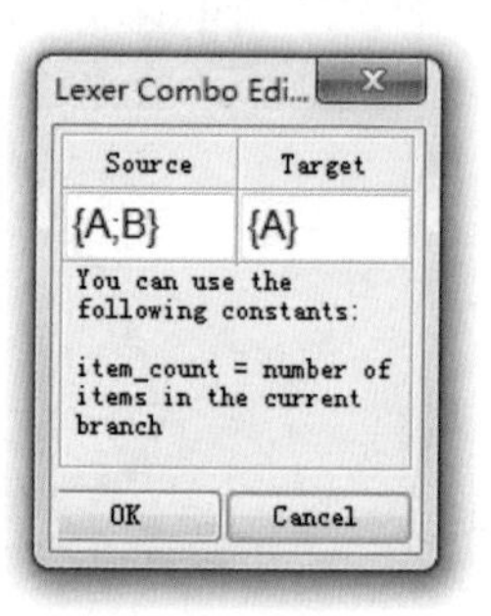

9–建立Mesh格网

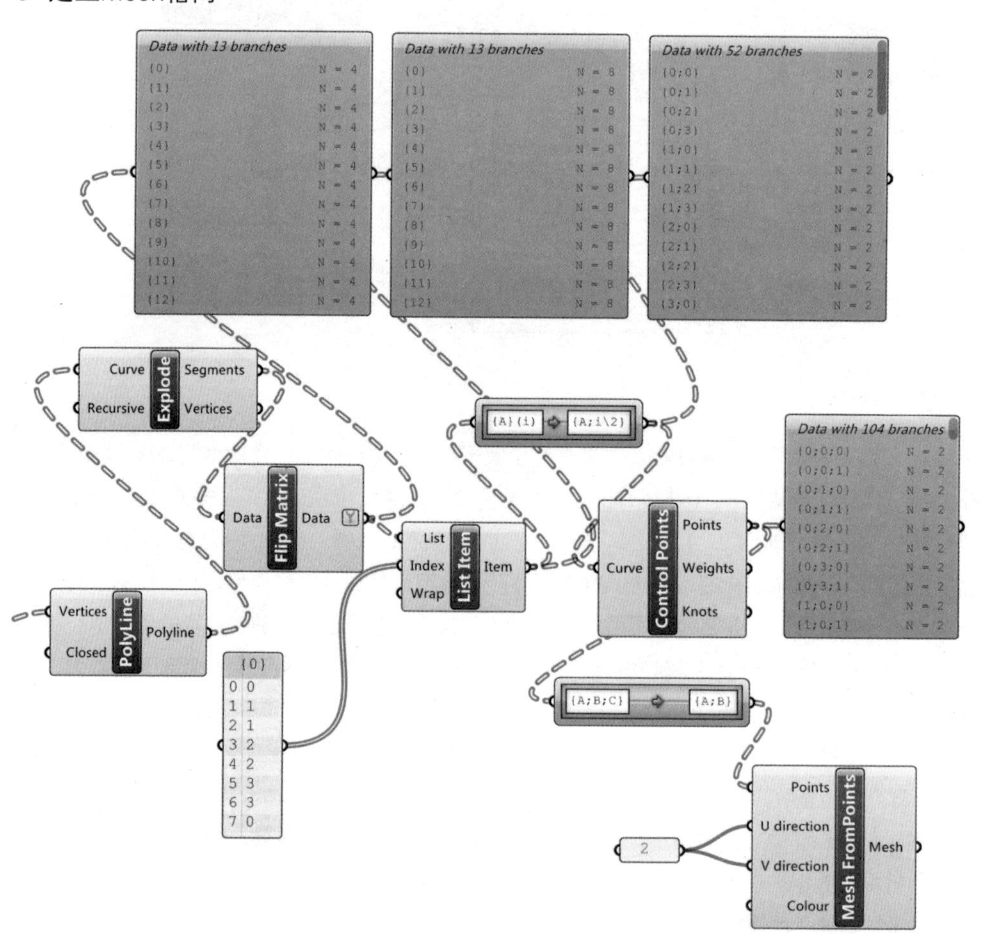

● 使用组件 Explode 打断新构建的 4 条折线，并且使用组件 Flip Matrix 翻转矩阵，将各路径下索引值相同的项值放置于一个路径分支之下，即每个路径分支的项值位于同一个截面。按照 Panel 面板提供的提取模式 0、1、1、2、2、3、3、0 提取翻转后的数据，并使用组件 Path Mapper 调整路径模式，原路径模式为 {A}(i)，目标路径模式为 {A; i\2}，即保持路径模式 A 不变的条件下，每两个项值为一组放置于一个路径分支之下，之后使用组件 Control Points 获取被打断折线的控制点，并通过 Path Mapper 组件移除路径模式的 C 项，保持获取控制点之前的路径模式。将调整后的数据即多个控制点使用组件 Mesh FromPoints 按照路径分支分别构建 Mesh 格网。

10-单元两侧面+11-合并格网

● 获取打断折线并翻转矩阵后的数据作为 End Points 组件数据端提取首尾端点，并合并在一个数据之下，使用 Path Mapper 把合并在一个路径分支之下的首尾点再分别放置于不同的路径分支之下，其原路径模式 {A}(i)，目标路径模式 {A;i\4}。按照 Panel 提供的提取模式 0、1、2 和 2、3、0 提取首尾点数据，即截面点数据。因为 Panel 提供的提取模式使用组件 Entwine 展平组合之后，又在其输出端右键 Flatten 展平在一个路径分支之下，因此提取的数据即每 6 个数据被放置于一个路径分支之下，需要三个分组，仍旧使用 Path Mapper 调整数据结构。调整后的数据即可以构建格网，使用组件 Mesh 面构格网，输入端 Faces 顶点排序为 0、1、2，即按照索引值的顺序排序顶点即可。作为一个对象单元，包括前后四周的面和两侧的面，目前每单元两侧的面有 4 个，但是 Mesh 面构格网之后每个面位于单独的一个路径分支之下，而其路径模式保持了逻辑构建的过程，只需要保留路径模式 A 项，就可以把同一单元两侧的 4 个面放置于同一个路径分支之下。调整 Mesh FromPoints 组件输出端数据即前后四周面，如果均在一个平面上的保持四边面不变，而不在一个平面上的调整为三边面，使用的组件为 Mesh ConvertQuads。将转化后的前后四周面格网使用组件 Mesh Explode 分解，并调整数据结构保持与两侧面一致进行合并。

// Mesh格网操作部分，可能需要安装部分Add-ons扩展模块，例如Mesh Analysis and Utility Components、Mesh Edit，也可以使用自身提供的组件或者通过程序编写获得同样的结果。扩展模块可以在Grasshopper官方网站免费获得。

（单元）四边面与三边面相互转换的方法：

A **Mesh ConvertQuads** 仅将非平面四边面转化为三边面

B **Mesh Triangulate** 将四边面转化为三边面

C **Quadrangulate** 将三边面转化为四边面

D **Triangulate** 将四边面转化为三边面

炸开与合并：

A **Mesh Explode** 将Mesh面炸开为各个单独Mesh面

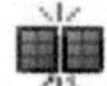

B **Mesh Join** 将各个单独Mesh面合并为一个

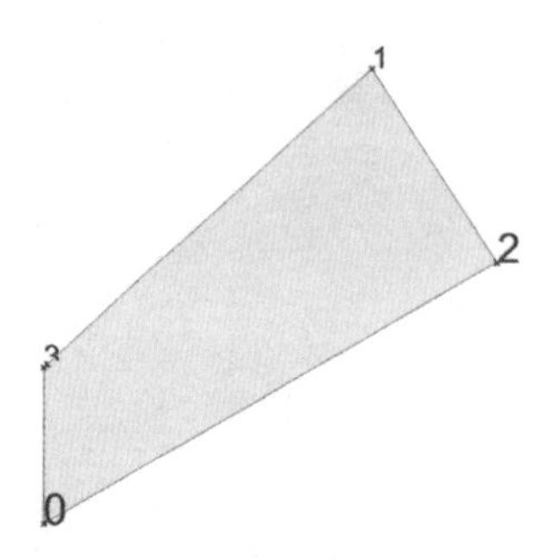

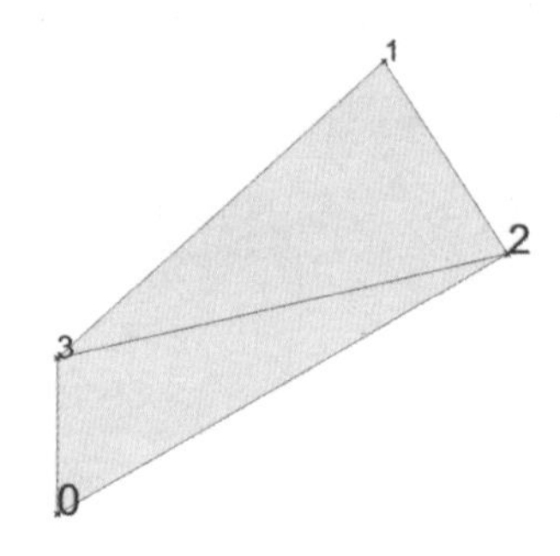

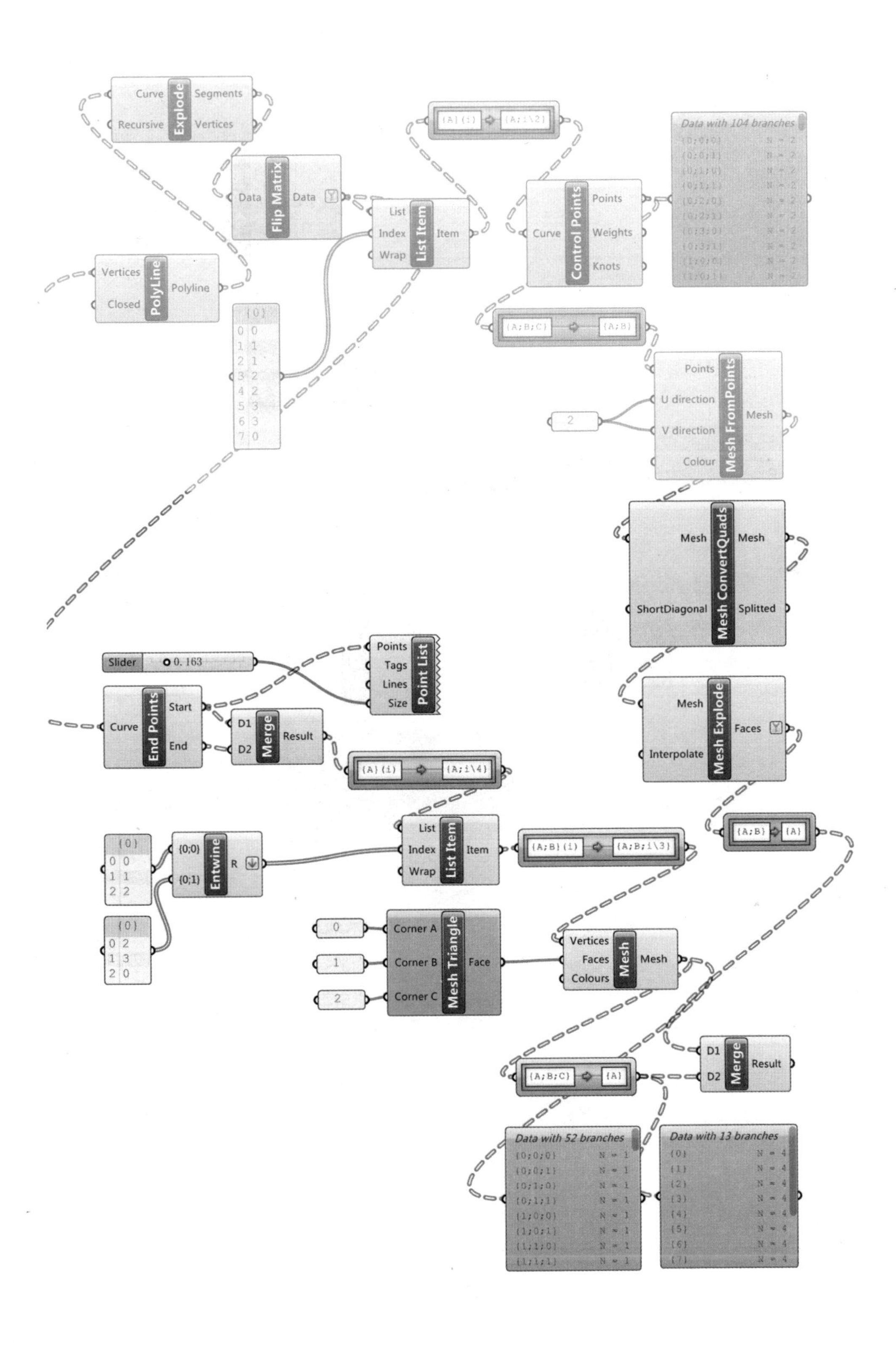

Curve
Recursive
Explode
Segments
Vertices
Data
Flip Matrix
Data
List
Index
Wrap
List Item
Item
Vertices
Closed
PolyLine
Polyline
Curve
Control Points
Points
Weights
Knots
Data with 104 branches
Points
U direction
V direction
Colour
Mesh FromPoints
Mesh
Mesh
ShortDiagonal
Mesh ConvertQuads
Mesh
Splitted
Slider
0.163
Points
Tags
Lines
Size
Point List
Curve
End Points
Start
End
D1
D2
Merge
Result
Mesh
Interpolate
Mesh Explode
Faces
{0;0}
{0;1}
Entwine
R
List
Index
Wrap
List Item
Item
Corner A
Corner B
Corner C
Mesh Triangle
Face
Vertices
Faces
Colours
Mesh
Mesh
D1
D2
Merge
Result
Data with 52 branches
Data with 13 branches

12-单元偏移+13-提取边线

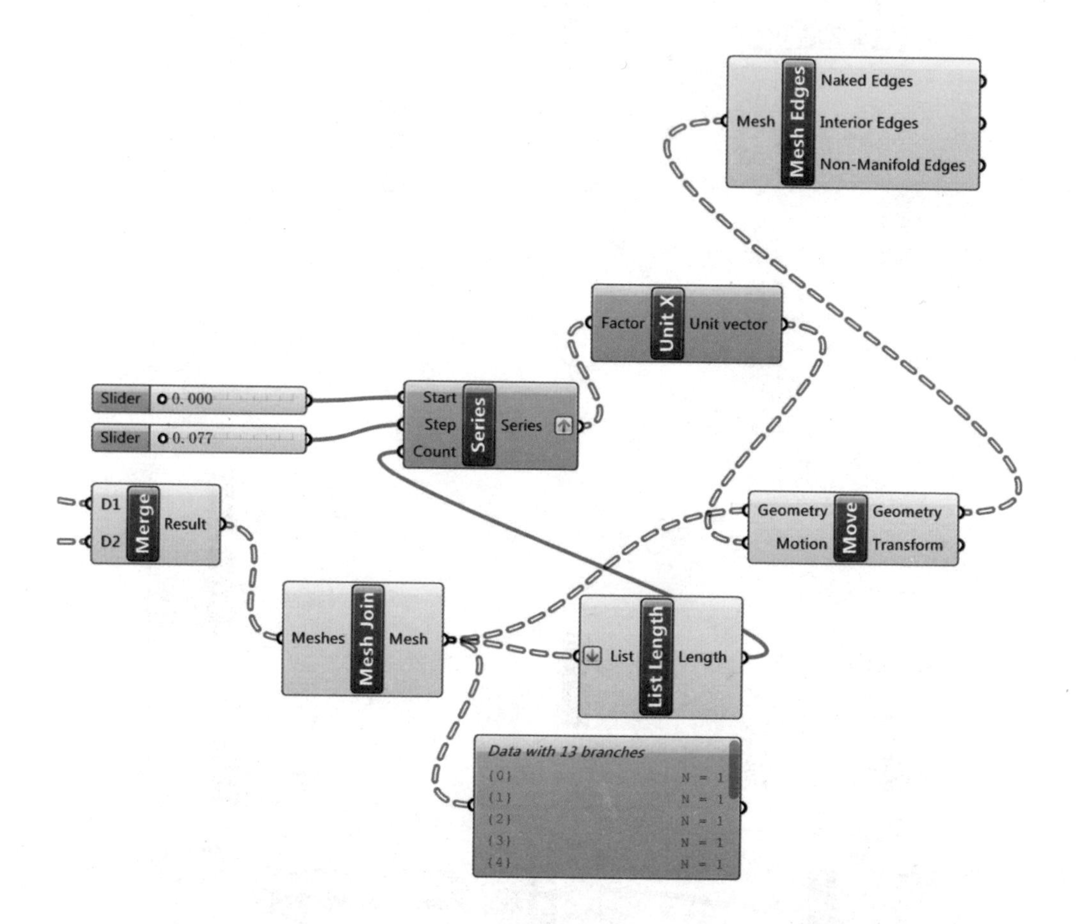

● 使用组件 Mesh Join 将同一单元即位于同一路径分支下的格网数据合并为一个，使用组件 List Length 计算 Flatten 在一个路径下的列表长度，用于构建等差数列，间距由 Series 组件输入端 Step 步幅值确定，并将其作为单元 X 向量的大小，在使用组件 Move 偏移单元时，需要确定输入端的两个输入数据结构保持一致，将构建的数列 Graft 转换为与 Mesh Join 后的输出数据一致的路径结构。

3 数据标注

在设计完成之后，向施工图设计过渡，需要提取几何对象的各类数据并标注或者导出数据为文本文件。这个过程如果使用传统的方法，有些时候异常繁琐，不得不花费大量的时间在标注上。基于逻辑构建过程（编程设计）的设计本身就是对数据的操作，因此将数据提取与标注的过程就变得异常简单。可以根据图纸表达的意图编写标注的方式，可以是三维的，也可以是二维平面的，任何几何体对象的属性都可以提取，例如排序索引值、体积、面积、边长、坐标定位、角度、色彩甚至结构分析的最大位移、受力以及光照系数、轮廓面积等，任何数据都可以从编程的角度实现设计所需表达的内容。

因此进一步说明了程序编写不仅是复杂形体的构建，更是贯穿于整个设计流程的辅助设计方法，或者创造性地改变设计的过程，实现更深一步智能化设计的策略。

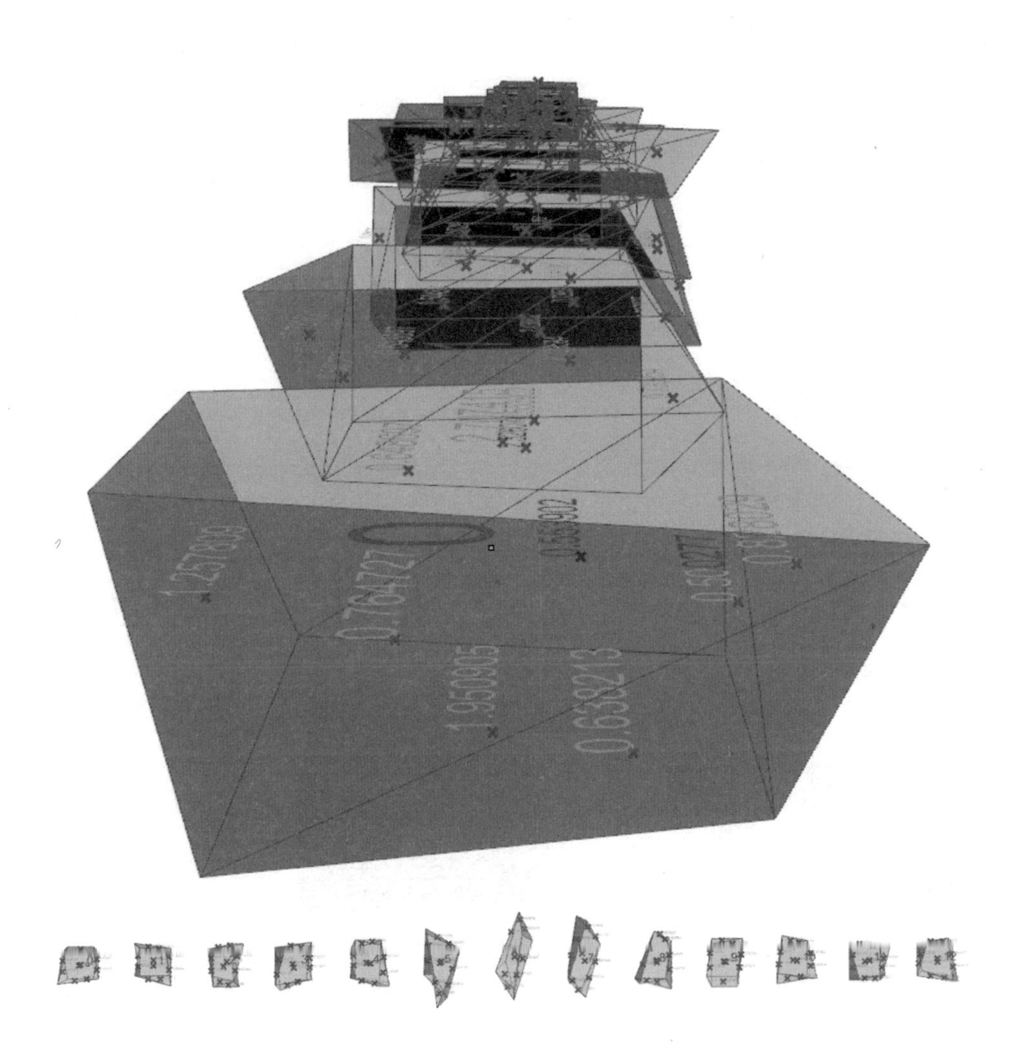

几何构建逻辑

以构建的异型体为对象标注信息。因为异型体单元比较紧凑，容易在标注过程中叠加标注信息，需要将其顺序排列，并保持一定的间隔，建立指向的位置点，构建向量，将单元对象分别移动到位置点。对于单元体的标注，需要确定标注的位置，再将需要的信息放置于位置点。

1– 对象为异型体

2– 拾取首点位置点

3–复制多个位置点

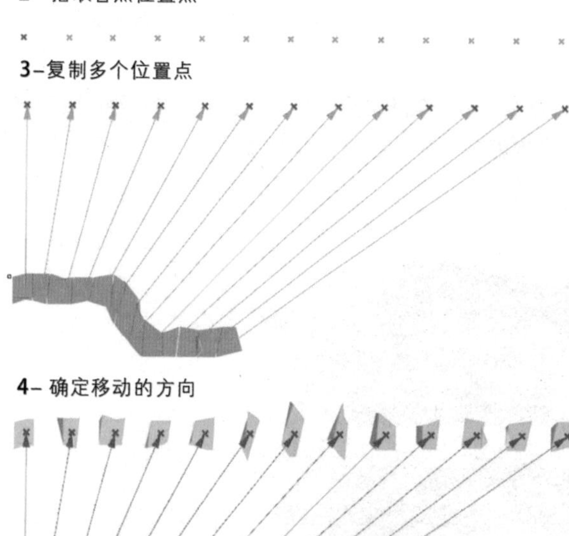

4– 确定移动的方向

5– 移动异型单元

6– 获取标注位置

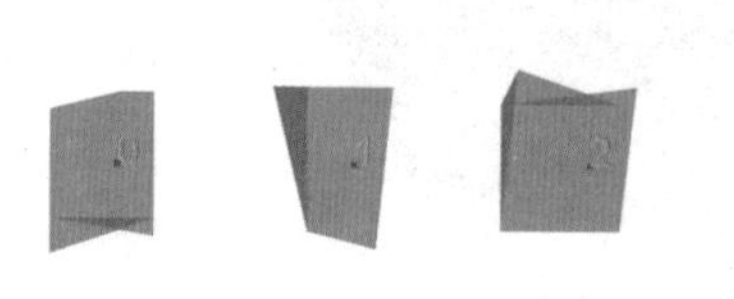

7–标注索引

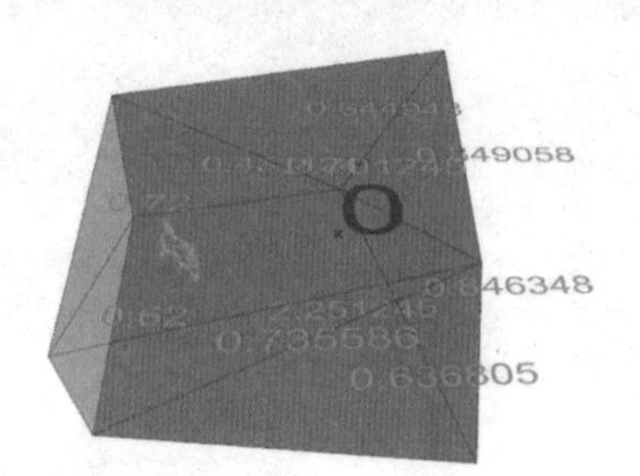

8–标注面面积

1–对象为异型体+2–拾取首点位置点+3–复制多个位置点+4–确定移动的方向+5–移动异型单元

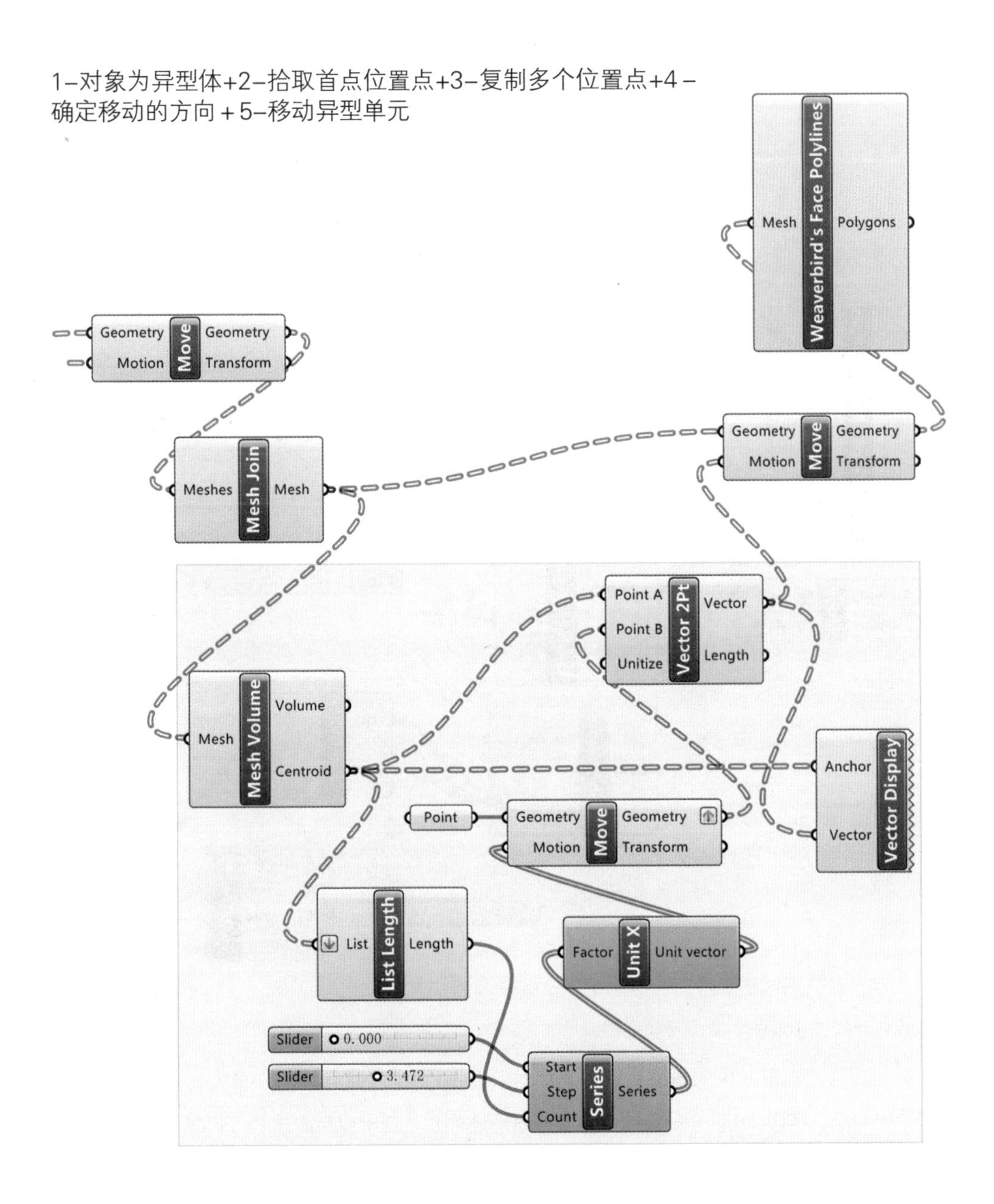

● 将单元对象逐一放置在提供的位置点上，需要首先建立位置点，位置点的数量由异型体单元的数量决定，因此使用 List Length 获得其数量，建立等差数列，将 Point 组件拾取的点作为首点，沿 X 方向上移动复制其他的位置点。获得了位置点，通过 Mesh Volume 也获得了单元的几何中心，因此可以通过 Vector 2Pt 建立方向向量作为 Move 组件移动的输入端 Motion 的数据。

6–获取标注位置+7–标注索引+8–标注面面积

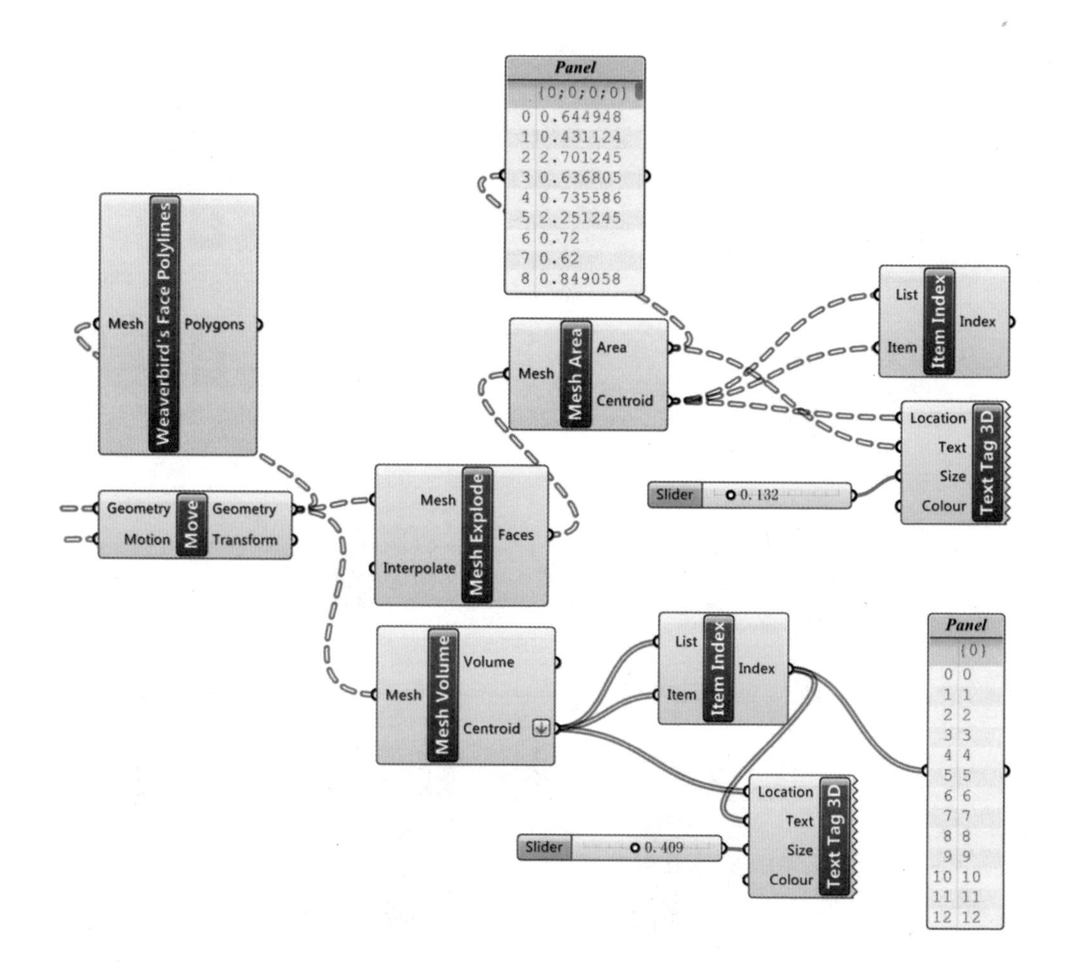

● 可以通过提取对象的属性获取各类数据，例如 Mesh Area 可以获取单元对象的面的面积和几何中心点；Mesh Volume 可以获取单元对象的体积和几何中心点。当然可以获取的数据不止这些，还可以提取边线的长度，角点的位置，倾斜的角度等，均可以标注在提取的位置点上。数据标注的组件使用 Text Tag 3D，输入端 Location 为标注的位置，Text 为标注的内容，Size 为标注文字的大小，Colour 可以赋予字体颜色。

4 几何表皮展平

如果只是使用三维打印机打印模型，则不需要展平表皮，但是在实际的建造过程中，由于目前加工技术和设计技术的衔接错位，或者出于造价上的考虑，总会思考一些相关的构建方式，例如是否可以使用支撑模板浇筑混凝土的方法，或者将表皮展平再弯折等。总之会碰到需要将三维模型的体块在二维的图纸中表达再进行加工的情况。伴随着技术的进步和加工智能化的普及，三维施工技术应该能够让这一曲折的过程变得更加顺畅。

目前，0.9.0075 版本的 Grasshopper 还没有直接将三维构筑展平在二维空间中的组件，需要自行编写逻辑构建的过程。如果使用纯粹的 Grasshopper 组件或者辅助扩展组件也应该能够达到展平的目的。但是最为有效的方法是使用 Python 语言来处理这个过程。在对 Grasshopper 及相关的扩展组件熟悉之后，就应该进一步学习 Python 语言来增加编程创造的能力，毕竟节点式的编程方法受到组件多少的限制，对于部分设计待解决的问题不能轻易处理。而 Python 语言发展至今已经相当成熟，被广泛地应用，其中语法、模块、各种处理逻辑是 Grasshopper 目前无法比拟的，即使 Grasshopper 发展得再完善，Python 语言永远是一个必然需要掌握的领域，这与节点式编程方法组件可视化连接的方式有关，一旦当程序变得异常繁杂，或者需要更多组件来解决更多的问题时，纯粹的语言似乎具有更大的灵活性。

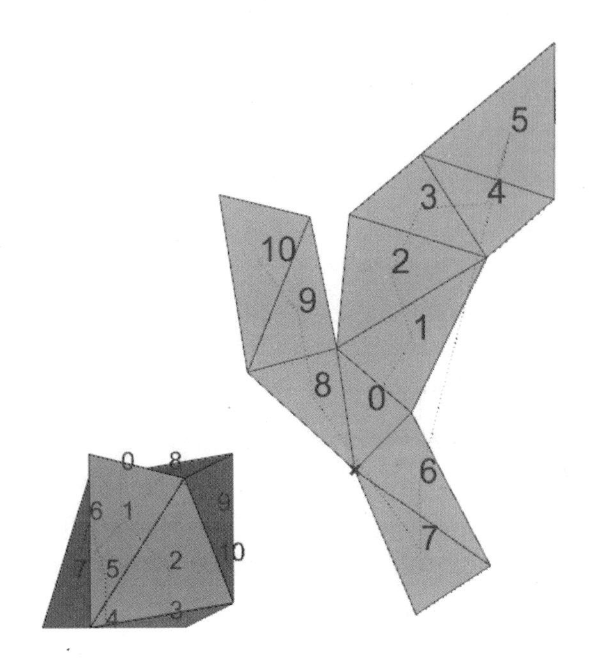

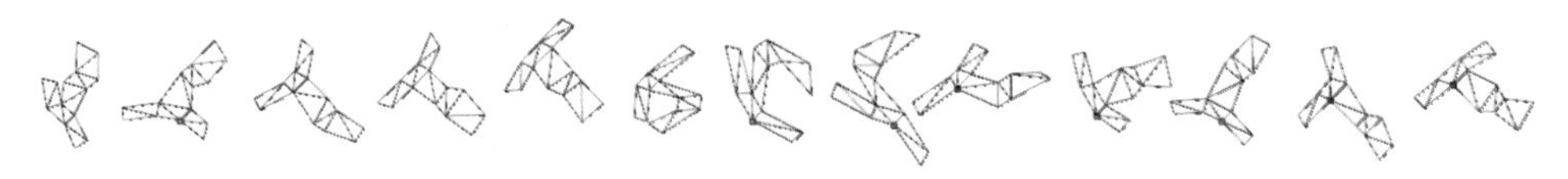

以程序语言为基础的参数驱动技术辅助设计逐渐成为三维模型构建的主流，是未来发展的重要方向。现在计算机语言发展已经形成一个强大的阵营，包括C、C++、C#、Java、VB、Python、PHP、Perl等等。设计师似乎难以想象自己何时竟与程序语言构建了联系。而这种联系竟然是未来发展的一个重要方向。在规划、建筑、景观设计师的培训机制中，国内尚且很少有将其与设计结合的相关课程。如果作为课程的一部分，设计行业的发展必然会出现另一种局面。

在众多的程序语言中，最为棘手的莫过于选择哪种语言。被认为只有计算机专业才应该掌握的程序语言，对于设计师来讲系统地学习要耗费非常大的精力。实际上也并不推荐学习C语言等难度较大语言，扎实的设计基本功和空间感悟、美学修养是设计不变的基础。语言是在这个基础之上，放大设计可以触及的形态领域。目前三维分析设计软件基本都有自己的脚本语言。MAYA是MEL，自8.5之后支持Python语言；Rhinoceros是RhinoScript，自5.0之后嵌入IronPython；Houdini使用的是HScript,自9.0后使用HOM（Houdini Object Mode）,支持Python语言。地理信息软件，ArcGIS8基于地理视图的脚本语言开始引入，9.0开始支持Python。VUE自然景观生成软件与FME地理数据转化平台同样支持Python语言。Python程序语言在逐渐地被更为广泛的三维分析设计软件所支持，这正是由于Python语言的优美，同时可以在短时间内掌握并进入实践。

在程序语言的辅助下，设计内容也日趋复杂，仅依靠传统纸笔的设计方式难以达到目的。而在三维模型构建程序中，仅仅依靠传统建模方式，会带来繁重的工作量。尤其在设计不断整合，来回修改的过程中，依靠程序语言（编码）的方式，可以大幅度降低工作难度，将重点放在设计推敲上，进入和探索新的形态领域。

在未接触程序语言时，看待语言的态度是神秘的。由无数代码产生的图形总比直观的形态推敲要抽象得多，实际上一旦读懂语言，所关注的重点自然是这种构建逻辑的合理性，不会被抽象的语言所迷惑。当然，程序越简单，可读性越强是最好的，不仅使模块易于操作修改，同时使其他设计师或程序员也更加易读。Python语言与Grasshopper的结合，极大地拓展了Grasshopper的模型构建能力。

使用Python语言协助设计，相对于其他编程语言，例如Rhino支持的更多语言VB和C来说，Python语言能够给予设计师更流畅的表达，“……但最重要的是，Python是一种使设计师在编程时能够保持自己风格的程序设计语言。你不用费什么劲就可以实现你想要的功能，并且编写的程序清晰易懂（和当前流行的其他程序设计语言相比更是如此）。”——<Beginning Python from Novice to Professional>，由Python语言编写的程序类似于一篇优雅的散文。在使用Python协助设计的过程中，设计师不用过多地关注类似其他语言那样严格的控制结构，例如给予VB语言的Rhinoscript，必须声明变量，语句块结构结束需要有End If、 End Sub关键字标示结束。更重要的是Python语言与一般英语结构相似，例如：

```
name=input('What is your name?')
if name.endswith('Python'):
    print ('Hello,Mr.Python')
else:
print('Hello,Stranger')
```

注：学习Python可以阅读“面向设计师的编程设计知识系统”中《学习Python——做个有编程能力的设计师》部分。

Grasshopper 本身并没有内嵌 Python，需要从其官方网站上下载 Python 的扩展模块安装。组件 Python Script 输入、输出端的数据可以自行定义数量和名称以及数据结构，一般是在其位置右键获得相关操作的提示。双击该组件即可进入编辑状态。

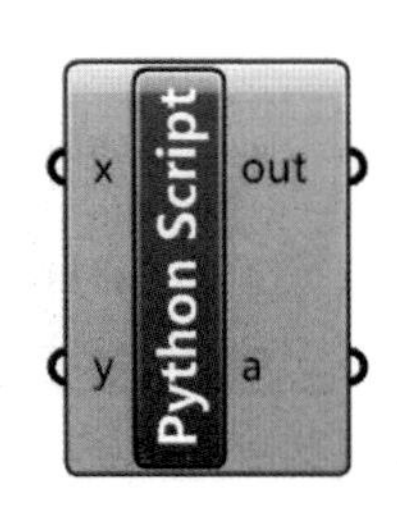

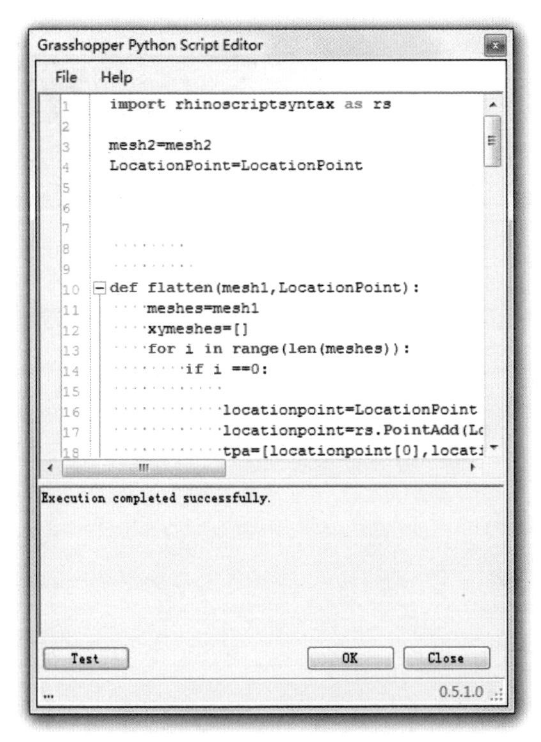

Grasshopper 的 Python 脚本编辑窗的功能与 Rhinoceros 5.0 开始嵌入的 Python 脚本语言是一致的，只是在 Grasshopper 空间中有了直接的数据输入与输出，并支持 Grasshopper 本身的数据结构。

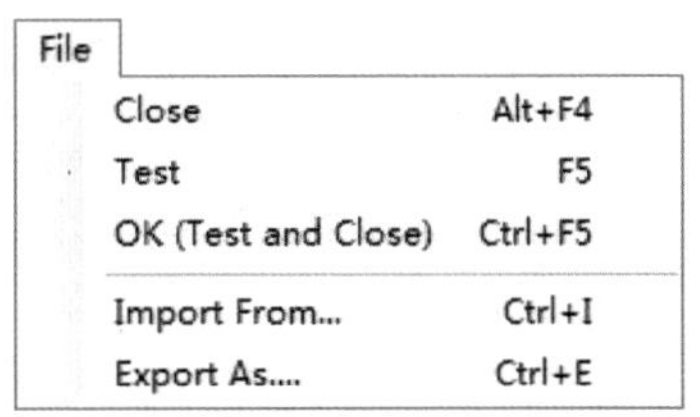

在菜单栏 File 中有 Import From 和 Export As 可以将 Grasshopper Python 程序导出为纯粹的 .py 后缀的 Python 文件，相反也可以将 .py 格式的文件直接调入 Grasshopper Python 中。

针对异型构筑，使用 Python 编写了一个使用手工指定面顺序展平的程序 Flattening，输入端为 mesh1、2、3 和 LocationPoint 展平位置定位点。其中 mesh 部分需要顺序指定对象的表面，可以通过手工指定，当然也可以在 Grasshopper 中构建表面的排序。不管使用哪种方法，这里并不作表述，可以将下述的代码直接敲入 GhPython 中，并修改 Python 组件的输入、输出端数据，或者登录 caDesign 官方网站查找下载该部分程序。

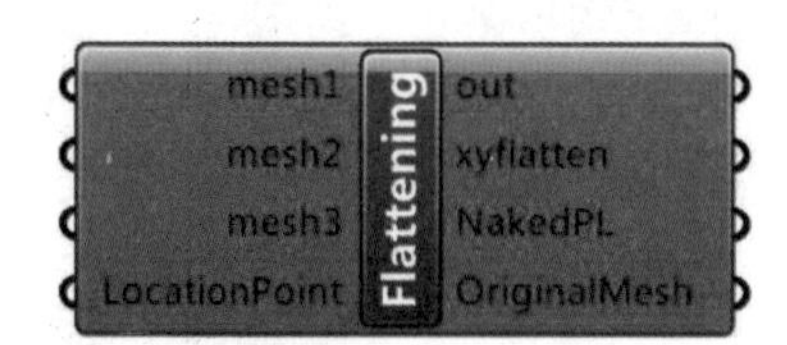

\# mesh1指定面顺序

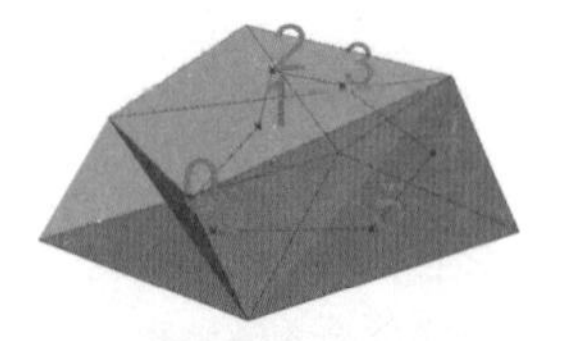

\# mesh2指定面顺序

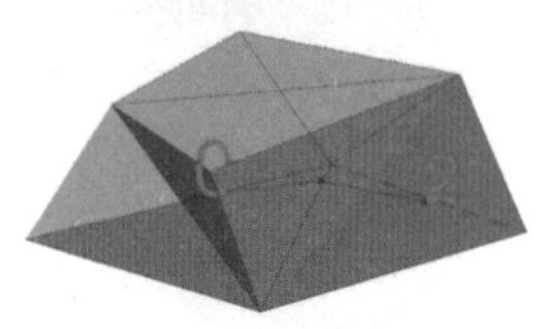

\# mesh3指定面顺序

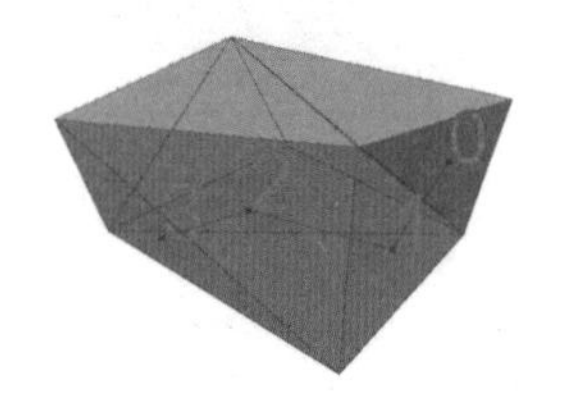

\# Python 代码：

```
    import rhinoscriptsyntax as rs

mesh2=mesh2
LocationPoint=LocationPoint
def flatten(mesh1,LocationPoint):
    meshes=mesh1
    xymeshes=[]
    for i in range(len(meshes)):
        if i ==0:

            locationpoint=LocationPoint
            locationpoint=rs.PointAdd(LocationPoint,(0,0,0))
            tpa=[locationpoint[0],locationpoint[1],locationpoint[2]]
            meshes=mesh1
            refplane=rs.WorldXYPlane()
            omesh=meshes[0]
            op1=[rs.MeshVertices(omesh)[0],rs.MeshVertices(omesh)[1],\
            rs.MeshVertices(omesh)[2]]
            tpa=[locationpoint[0],locationpoint[1],locationpoint[2]]
            tpb=[locationpoint[0]+1,locationpoint[1]+1,locationpoint[2]]
            tpc=[locationpoint[0]+1,locationpoint[1]+2,locationpoint[2]]
            tp2=[tpa,tpb,tpc]
            tmesh=rs.OrientObject(omesh,op1,tp2,1)
```

```
            xymeshes.append(tmesh)

        else:
            vertices2=rs.MeshVertices(meshes[i])
            vertices1=rs.MeshVertices(meshes[i-1])

            vertices2lst=[]
            vertices1lst=[]
            for q in vertices2:
                vertices2lst.append([q[0],q[1],q[2]])
            for p in vertices1:
                vertices1lst.append([p[0],p[1],p[2]])


            ver=[m for m in vertices1lst for n in vertices2lst if m==n]

            a=ver[0]
            b=ver[1]

            indexa=vertices1lst.index(a)
            indexb=vertices1lst.index(b)
cref=[m for m in vertices1lst if m not in ver][0]

            cv=[m for m in vertices2lst if m not in ver][0]

            refvertice=rs.MeshVertices(xymeshes[i-1])
            refvertices=[]
            for x in refvertice:
                refvertices.append([x[0],x[1],x[2]])
            indexc=[c for c in range(0,3) if c !=indexa and c!=indexb]
            refverticespoint=rs.MirrorObject(rs.AddPoint(refvertices[indexc[0]]),refvertices[in
dexa],refvertices[indexb])
            mirrorpoint=[rs.PointCoordinates(refverticespoint)]

            for z in mirrorpoint:
                mirrorpoint=[z[0],z[1],z[2]]

            xymesh=rs.OrientObject(meshes[i],[a,b,cv],[refvertices[indexa],refvertices[indexb],m
irrorpoint],1)
            xymeshes.append(xymesh)
    return xymeshes
```

```
c=flatten(mesh1,LocationPoint)
del c[-1]
g=flatten(mesh2,LocationPoint)
del g[0]
h=flatten(mesh3,LocationPoint)
del h[0]

xyflatten=c+g+h
joinm=rs.JoinMeshes(xyflatten)
nakedpl=rs.MeshOutline(xyflatten)
nakedpl=rs.ExplodeCurves(nakedpl)
nl=nakedpl

NakedPL=nl

m1=mesh1[:]
m2=mesh2[:]
m3=mesh3[:]
del m1[-1]
del m2[0]
del m3[0]
OriginalMesh=rs.JoinMeshes(m1+m2+m3)
```

展平对应程序

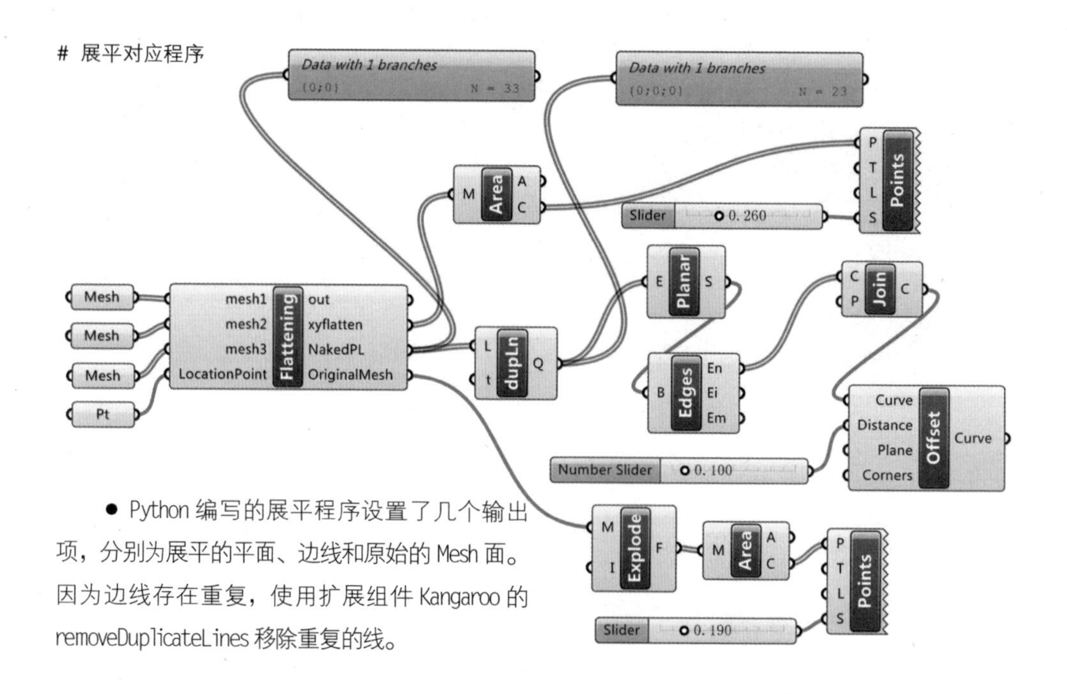

● Python 编写的展平程序设置了几个输出项，分别为展平的平面、边线和原始的 Mesh 面。因为边线存在重复，使用扩展组件 Kangaroo 的 removeDuplicateLines 移除重复的线。

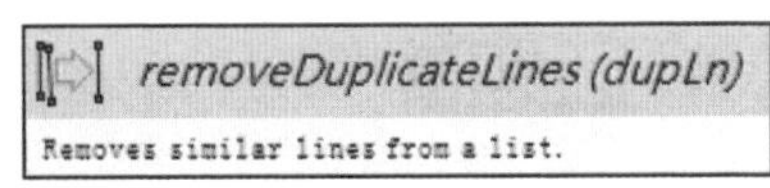

http://www.grasshopper3d.com/group/kangaroo 官方网址

Kangaroo

Kangaroo 是可以直接在 Grasshopper 中交互式结构分析、动画模拟、优化、构型的动力学引擎。
设计者：Daniel Piker
研发小组：Robert Cervellione, Giulio Piacentino, Daniel Piker

Kangaroo 目前可以免费在官网上下载和使用。

目前 Kangaroo 的内核算法并不能使模拟十分精确，在使用时建议作为设计师设计的协助工具，帮助构型与设计形态模拟。更多关于动力学 Kangaroo 的阐述可以查看“面向设计师的编程设计知识系统”中《折叠的程序》部分。

5 实体模型

这里只构建了一个硬卡纸折叠的异型单元。为了使折叠之后的卡纸能够有交接便于粘贴，因此在程序编写完之后，偏移复制裸露的外边缘线一定距离。将展平的控制线打印在 A4 纸张上，首先折叠前后四周的面，即索引值为 0、1、2、3、4、5、8 的部分为一圈，再将两侧的面根据前后面的限制折叠。

6 程序优化

达到一个设计目的的方法有很多种，通过比较必然会有程序相对比较简洁、运算速度较快和逻辑构建清晰的程序方法。一方面不同的设计者编写程序时都有自己的一套逻辑构建的方式，因此会有不同的程序编写设计思路；另外因为设计者对编程设计掌握程度的不同，同一个设计者在不同的阶段都会有不同的编程设计思路，随着编程能力的提升，程序也会越来越简洁；再者熟悉 Grasshopper 自身的节点式编程语言后，可以进一步学习 Python，那么可以借助于 Python 程序语言的优势，将部分常用程序改用 Python 来编写，从而简化程序流程。

很多设计者在学习 Grasshopper 时会纠结版本，实际上不应该把 Grasshopper 节点式编程语言看作 AutoCAD 这类软件，应该理解 Grasshopper 是一门语言，这与 Python、C# 等语言类似，只是更强调设计专业方面的应用。编程学习的是程序编写的内在逻辑方法，只有掌握了这个根本才能够自由地进行编程设计，这与版本没有直接的关系，更高的版本除了具有更好的运算速度和提供更多的扩展模块外，并没有更多地改变这种语言的基本语法，因此编程设计更加注重程序语言的学习，这也是学习 Grasshopper 的核心。

建立Mesh格网部分程序优化

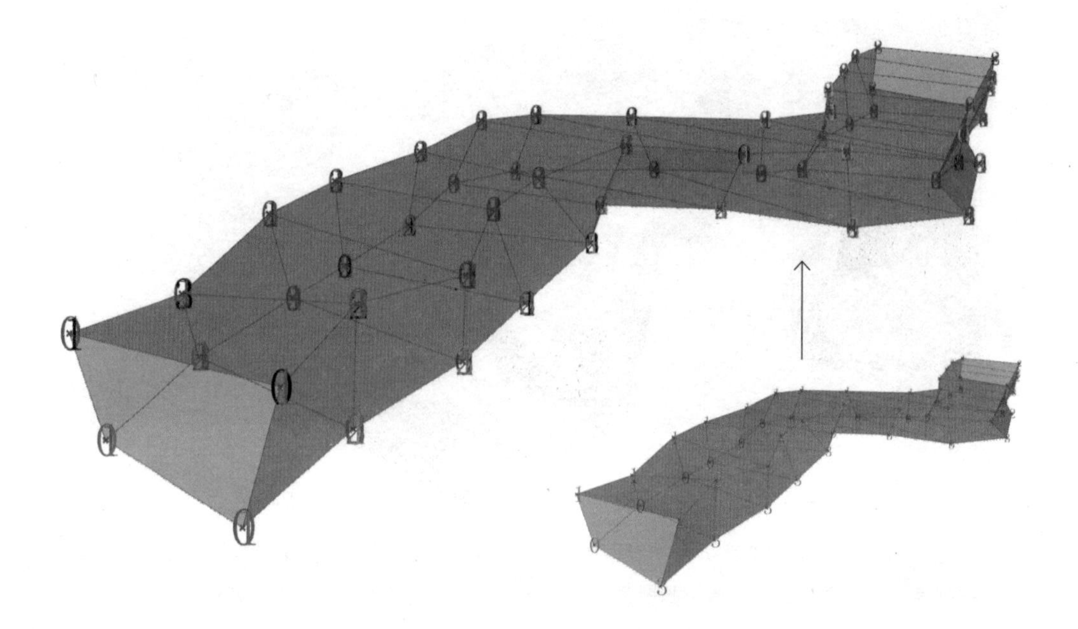

● 虽然 Grasshopper 已经发展了很多扩展模块，能够极大地帮助设计者完成特定的设计模型构建和设计研究分析内容，但是设计的创造性和不可预测性增加了设计过程的变数，因此需要在掌握 Grasshopper 的基础上进一步学习 Python 语言，来解决不可预测的问题。另外 Mesh 是设计中重要的一种几何形式，在数据组织上因为需要考虑所有单元面的顶点排序，因此数据处理较复杂，其中 Construct Mesh 是最为核心构建 Mesh 面的方法，通过指定顶点和顶点排序建立 Mesh 面，其中 Faces 顶点排序输入端数据是数据结构组织的难点。

前文阐述中已经获取构建四根折线的顶点，但是顶点是沿折线方向，如果紧邻每 4 个点为一个单元面，那么就需要按照这个顶点排序的规律组织点，使用 Python 编写该部分程序则相对较为简单。建立完该部分顶点组织的 Python 程序，可以用于任何类似的程序编写，从而大幅度简化程序和程序编写的难度。

为了能够形成一圈闭合的 Mesh 面，需要提取截面 4 个点的首点并再插入到列表尾端，即获取截面的 5 个点，首尾点重合，这部分处理的程序也可以使用 Python 语言来完成。

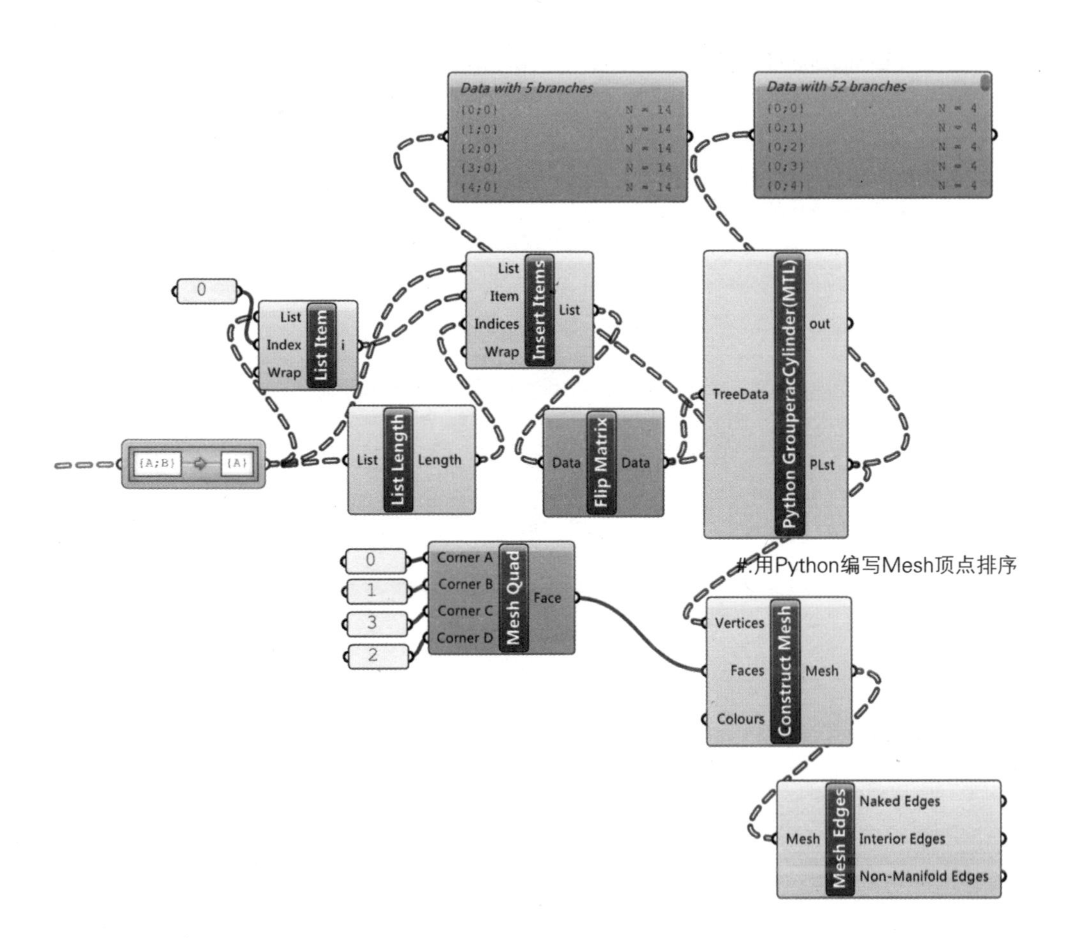

#.用Python编写Mesh顶点排序

```
#: 用 Python 编写 Mesh 顶点排序
import Rhino
import rhinoscriptsyntax as rs
from Grasshopper import DataTree
from Grasshopper.Kernel.Data import GH_Path
data=TreeData
branches=data.Branches
PT=DataTree[Rhino.Geometry.GeometryBase]()
def grouper(branches,dt):
    for m in range(len(branches)-1):
        a=branches[m]
        b=branches[m+1]
        for i in range(len(a)-1):
            lst=[]
            lst.append(b[i])
            lst.append(a[i])
            lst.append(b[i+1])
            lst.append(a[i+1])
            dt.AddRange(lst,GH_Path(m,i))
    return dt
PLst=grouper(branches,PT)
```

Skin
表皮形式

8

表皮并不是看起来那么简单与形式化，材料对表皮的重要影响、建筑表皮的功能化、结构与表皮以及视觉感知等诸多方面都是建筑表皮所研究的内容，不过这并不是本书所阐述的方向，但需要首先提出来防止将表皮简单化而成为纯粹玩味的形式，更多关于建筑表皮理论阐述的书籍往往可以很容易获取，例如 Christian Schittich 编著的 <Building Skins> 中文版名《建筑表皮》等，也因此本章节以“表皮形式”为名，说明文中所阐述的仅是对纯粹建筑表皮形式的探讨。

自从参数化的思想开始蔓延，看到更多的表皮形式和各类变异的形体，出现这样的情况最主要的原因是，可以在不考虑功能、结构等因素下快速地完成一个表皮的构建，而真正需要解决的设计问题被放置，因为真正的设计所涉及的方面比较复杂，同时还需要考虑构建的问题，因此快速表现形式的表皮便成为更多开始进入参数化领域设计者最初的尝试。随着对参数化的理解，设计者将逐步转向务实的编程设计方向，开始做真正的设计。

建筑表皮在形式上的探索因为程序语言的出现得以无限延伸，复杂或者不可预测的形式通过逻辑构建的方式被挖掘。其中对表皮构建影响最为深刻的是 Mesh 面形式，Mesh 面单元化的特点更倾向于实际的构建，因此大部分表皮设计是对 Mesh 面的处理。另外 Mesh 单元面分为四边面和三边面，三边面肯定是平面，如果四边面不是平面也可以转化为三边面，单元平面则更适合于目前情况下的快速加工处理。然而 Mesh 面的构建对数据的处理要比 Surface 复杂得多，而且很多基本的 Surface 曲面在实际构建中需要转换为 Mesh 单元面，Mesh 面建立的核心组件是 Construct Mesh，需要确定输入端 Faces 的顶点排序数据，对顶点的确定和顶点排序的组织便成为构建 Mesh 面最主要的因素。

除了纯粹建筑表皮形式的编写，深入到表皮的功能、结构和生态合理性上，可以与 Grasshopper 的扩展模块 Karamba 与 Galapagos 进化计算结合进行几何结构优化，使用 Ladybug、Honeybee 或者 GECO 进行生态辅助设计，并与建筑表皮结合计算表皮构建的合理性，更多相关内容可以参考“面向设计师的编程设计知识系统”中《参数设计方法》部分。

1 表皮形式_A

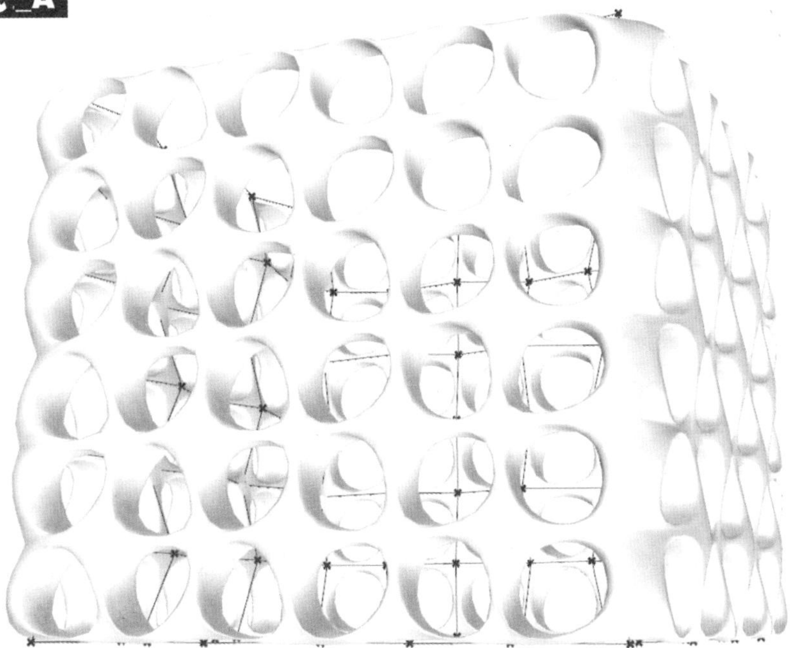

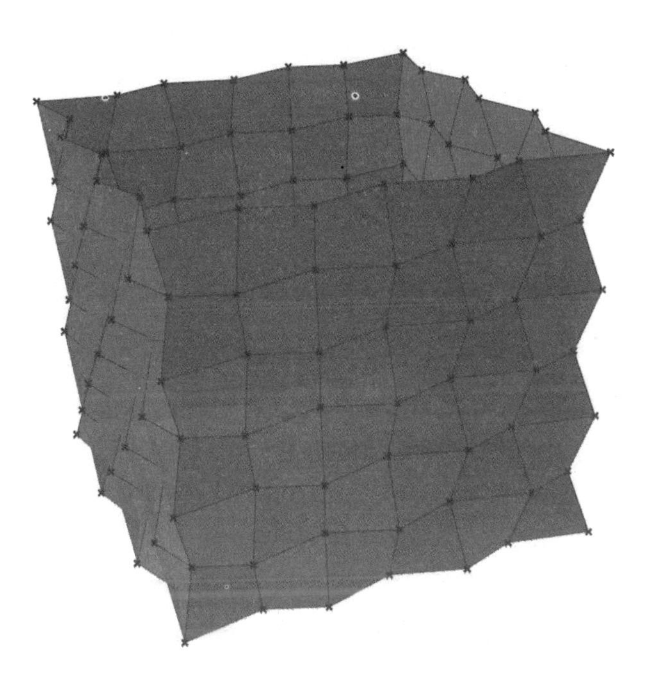

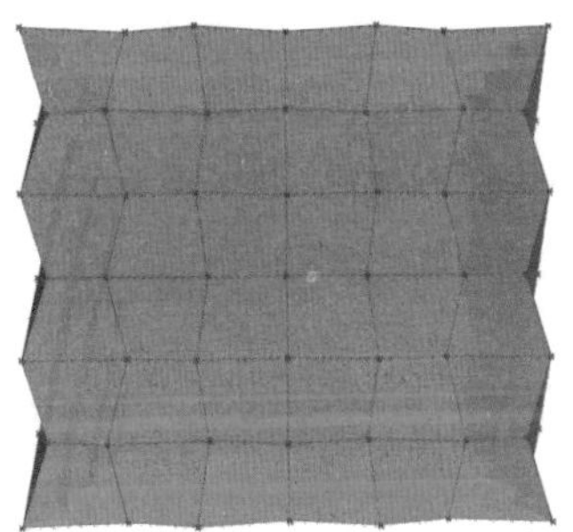

1–建立基本点

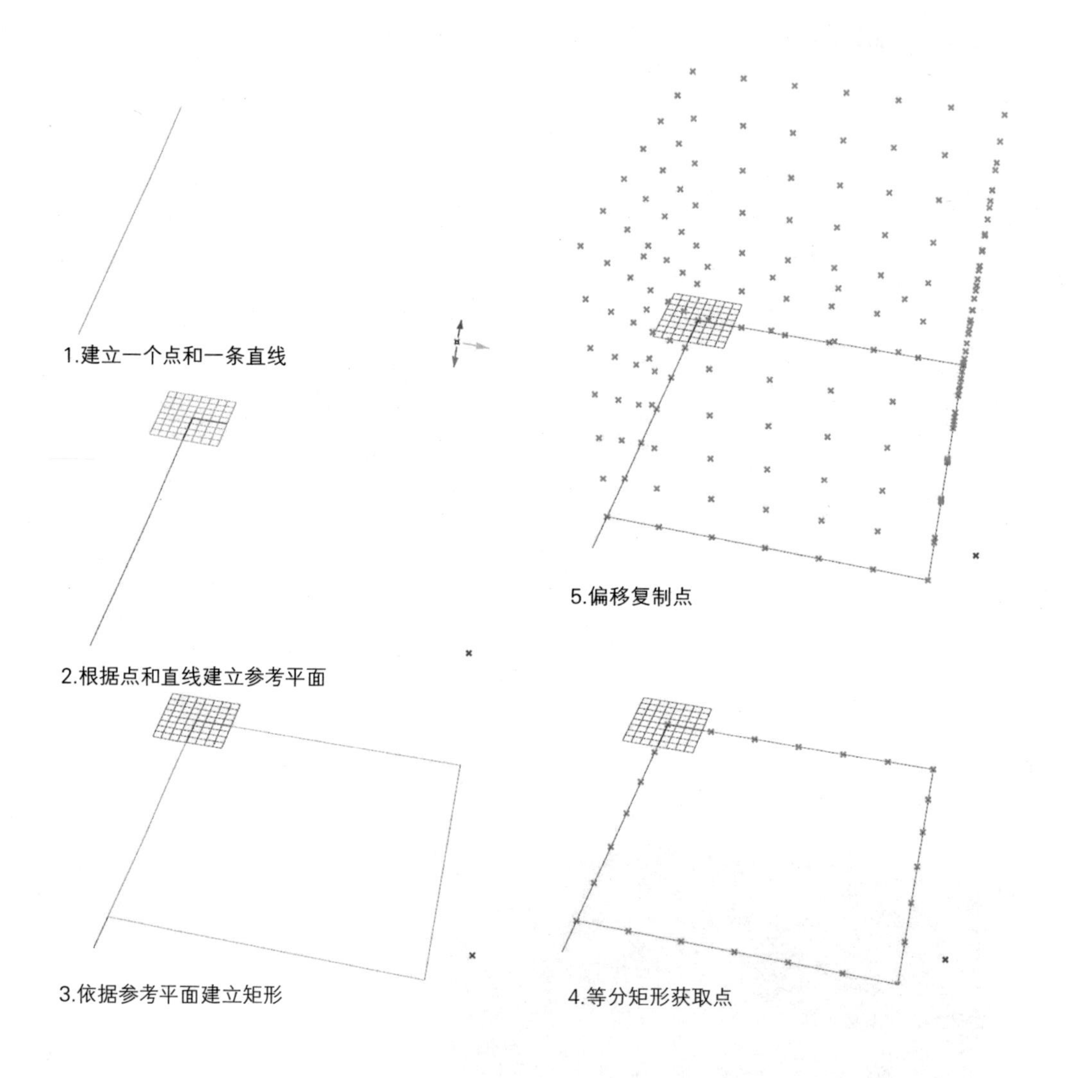

1.建立一个点和一条直线

2.根据点和直线建立参考平面

3.依据参考平面建立矩形

4.等分矩形获取点

5.偏移复制点

● 通过一个点和一条直线作为输入条件，使用 Line+Pt 组件建立参考平面绘制矩形，Divide Length 根据输入的长度等分 Rectangle 组件绘制的矩形，并通过 Series 建立等差数列，沿 Z 方向的向量移动复制等分点。

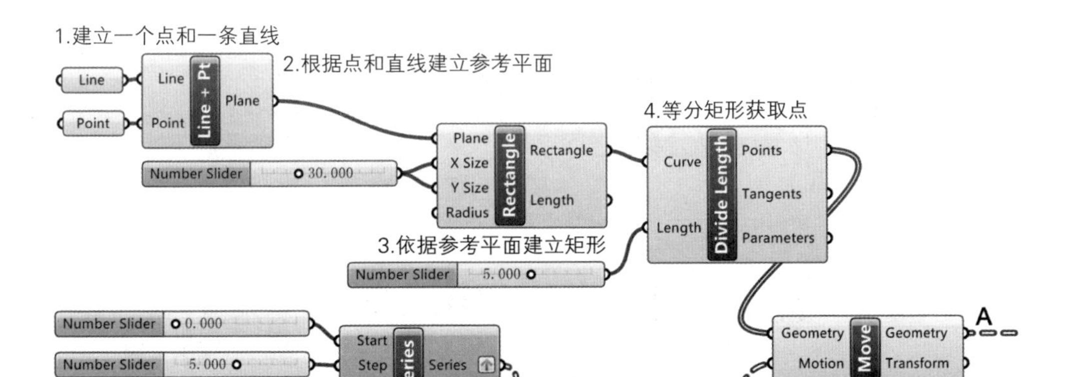

2-ListA输出端数据组织

● 为了使建筑表皮规律变化，将偏移复制的点使用 Dispatch 模式分组，分别对输出的 List A 端和 List B 端数据的点规律移动。首先将 List A 端输出的点数据，即垂直方向间隔提取的列再次使用 Dispatch 模式分组，对输出端 List A 的点数据按照 PolyLine 建立的水平闭合折线 Area 提取的几何中心点与 List A 输出的点使用 Vector 2Pt 建立向量，并借助 Amplitude 调整向量大小，使用 Move 组件移动 List A 输出端的点，List B 则保持不变，并使用 Weave 编织重组回原来的数据结构。

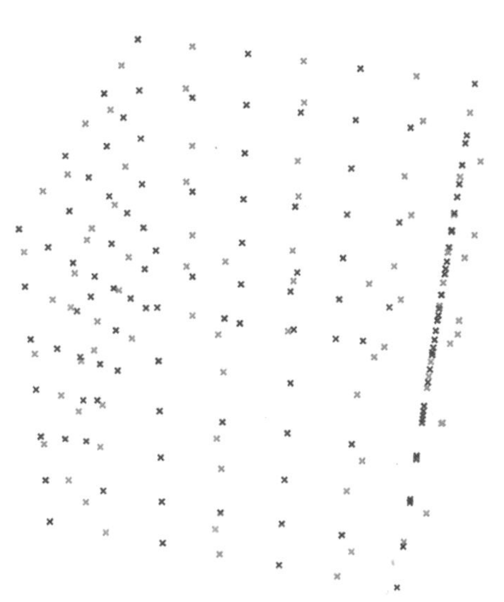

6.规律移动与组织List A输出点数据

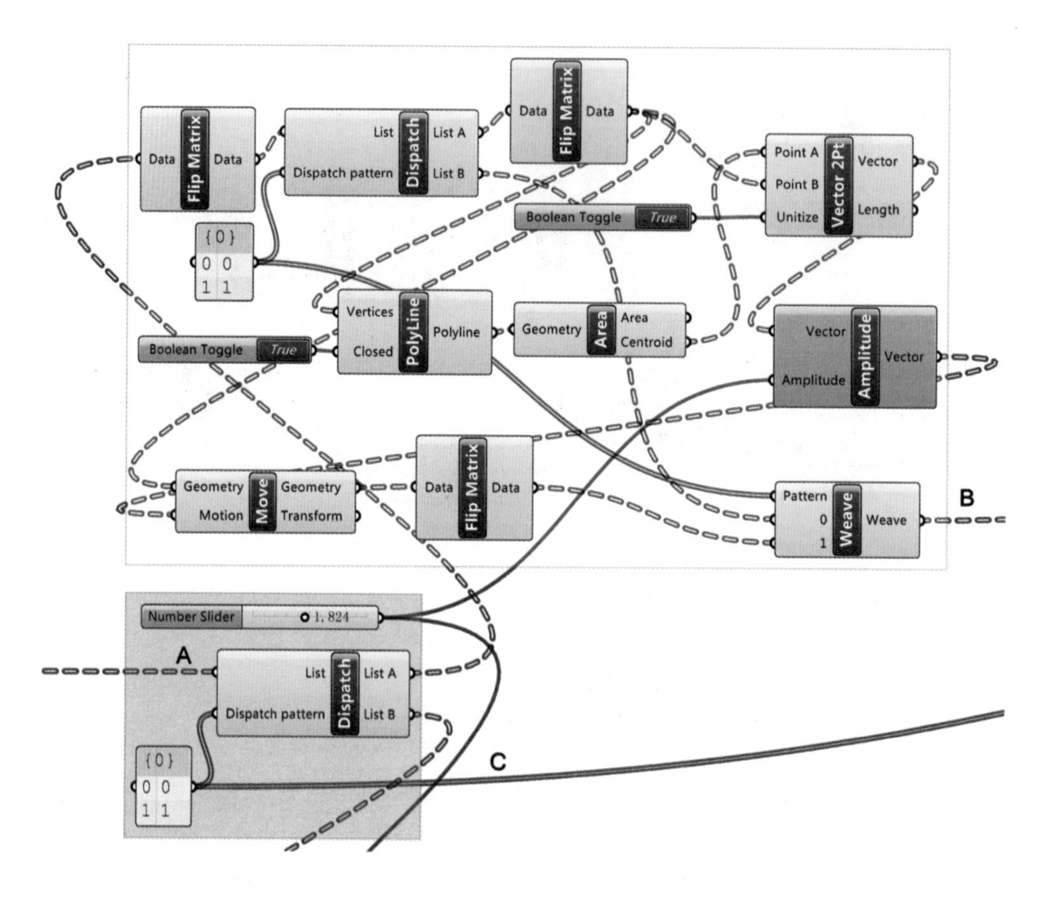

3-ListB输出端数据组织

● List B输出端数据组织与List A相同，只需要将前文阐述的程序复制下来连接到List B输出端数据即可，这里不再赘述。

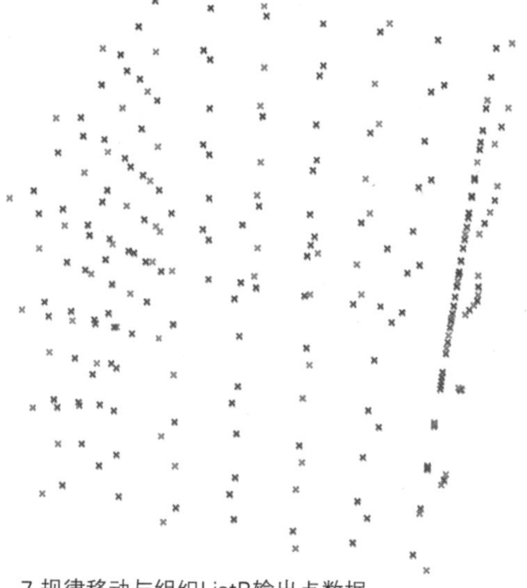

7.规律移动与组织ListB输出点数据

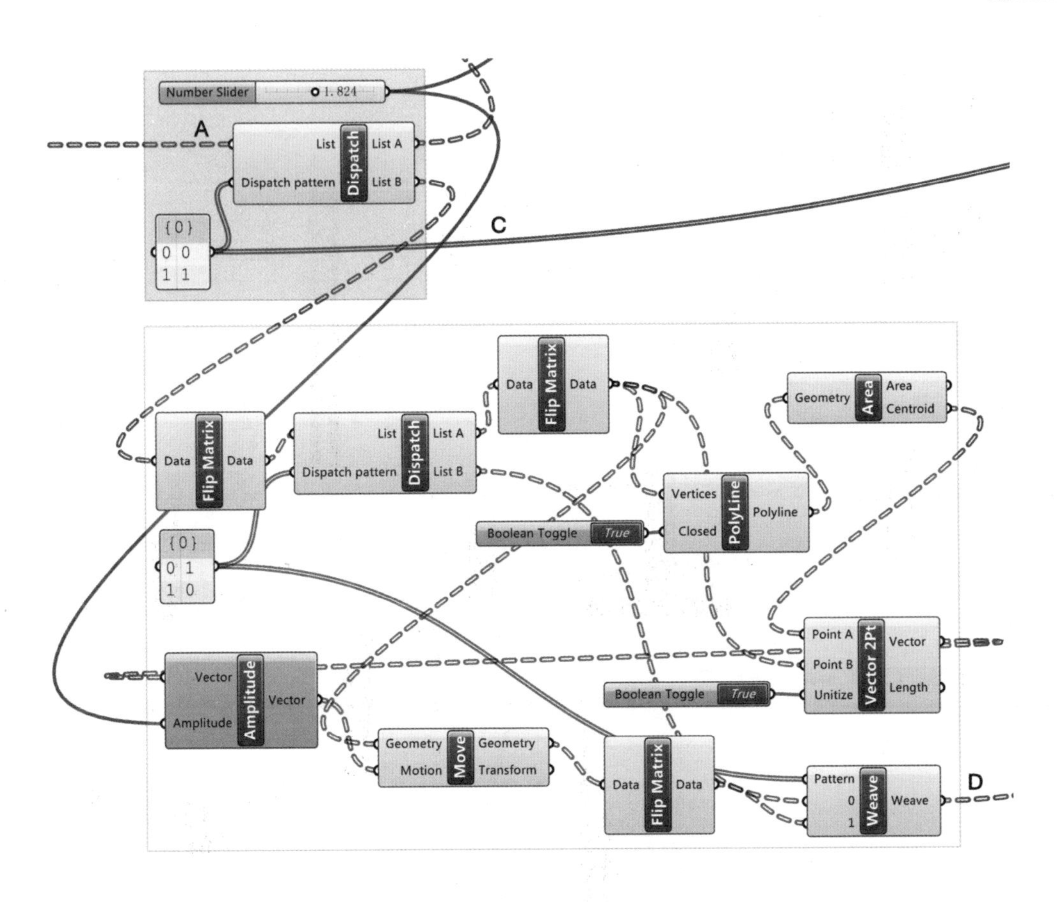

4–建立建筑表皮

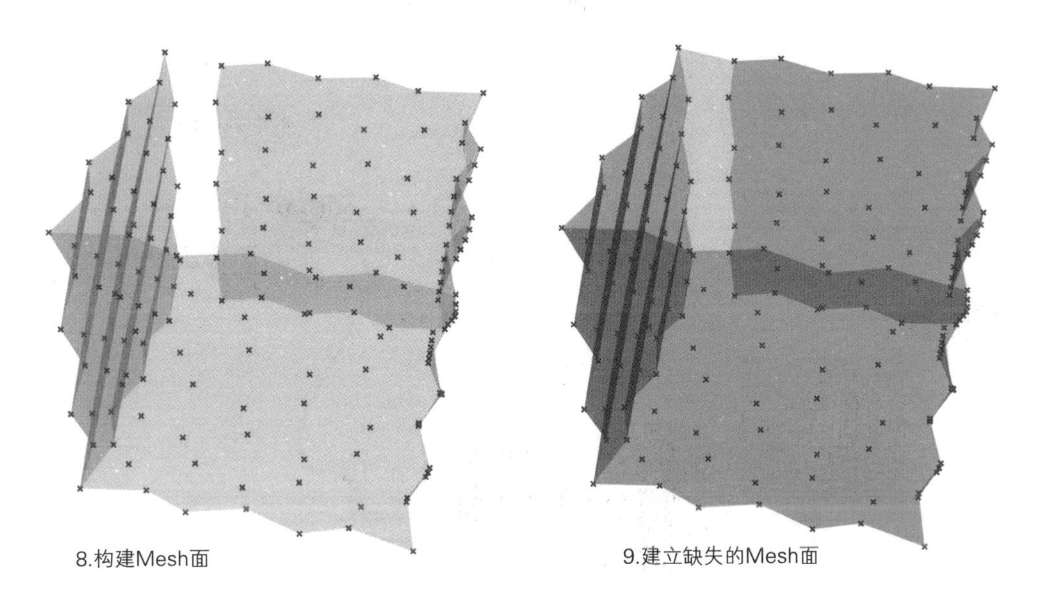

8.构建Mesh面

9.建立缺失的Mesh面

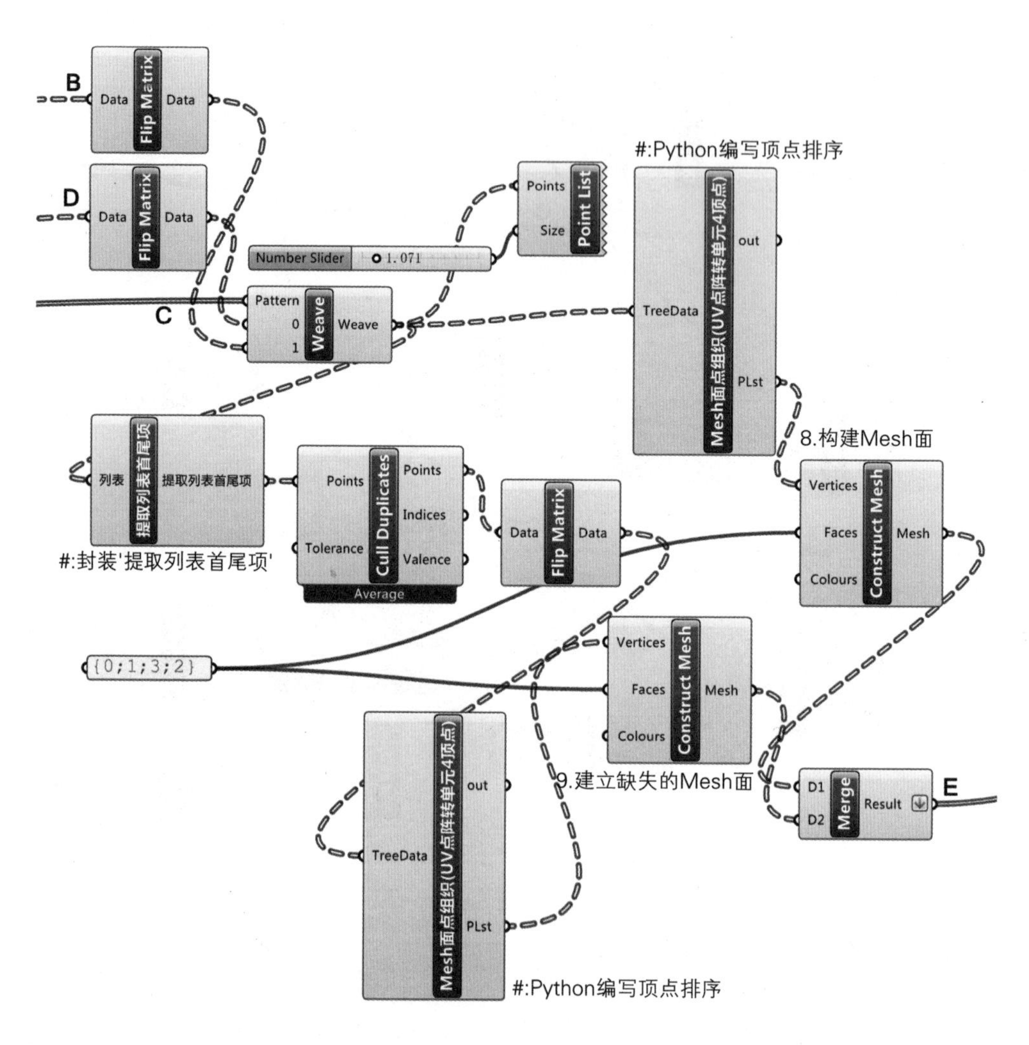
B
D
C
E
Data
Flip Matrix
Data
Number Slider
1.071
Points
Size
Point List
Pattern
0
1
Weave
#:Python编写顶点排序
TreeData
Mesh面点组织(UV点阵转单元4顶点)
out
PLst
列表
提取列表首尾项
#:封装'提取列表首尾项'
Points
Tolerance
Cull Duplicates
Indices
Valence
Average
8.构建Mesh面
Vertices
Faces
Colours
Construct Mesh
Mesh
{0;1;3;2}
9.建立缺失的Mesh面
D1
D2
Merge
Result

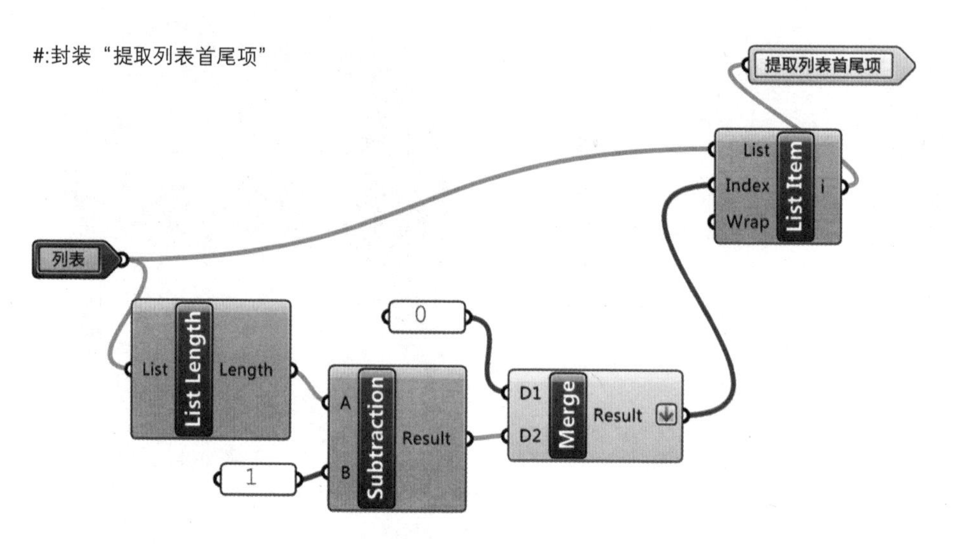
#:封装“提取列表首尾项”
提取列表首尾项
List
Index
Wrap
List Item
i
列表
List Length
Length
0
A
B
Subtraction
Result
1
D1
D2
Merge

● 最初模式分组的数据是翻转矩阵后分别进行规律移动与数据组织，再将组织后的点数据使用 Flip Matrix 翻转矩阵返回第二次模式分组之前的数据结构后，使用 Weave 编织重组返回最初的数据结构。Mesh 面是由各个单元面组成，使用 Construct Mesh 构建 Mesh 面，其输入端 Faces 要求输入顶点排序的模式，即单元四边面或者三边面四个或者三个顶点的排序，这里使用 Python 编写的顶点排序模式，具体编写方法与第 7 部分程序优化“用 Python 编写 Mesh 顶点排序”程序一样，只是为了显示组件的具体功能，将 Python 编写的程序使用“Mesh 面点组织（UV 点阵转单元 4 顶点）命名”，方便其他程序或者团队成员使用。这样建立的 Mesh 面还不能形成封闭一圈的结构，需要将首尾端的点提取，再次使用同样的方法建立 Mesh 面，其中封装组件“提取列表首尾项”也是经常使用的程序，因此对其进行封装方便使用。

到这一步已经可以认为完成了一种建筑表皮形式的构建，可以将其作为进一步设计的基础，并进一步细化完成具体构建的部分。

5-建筑表皮的细分

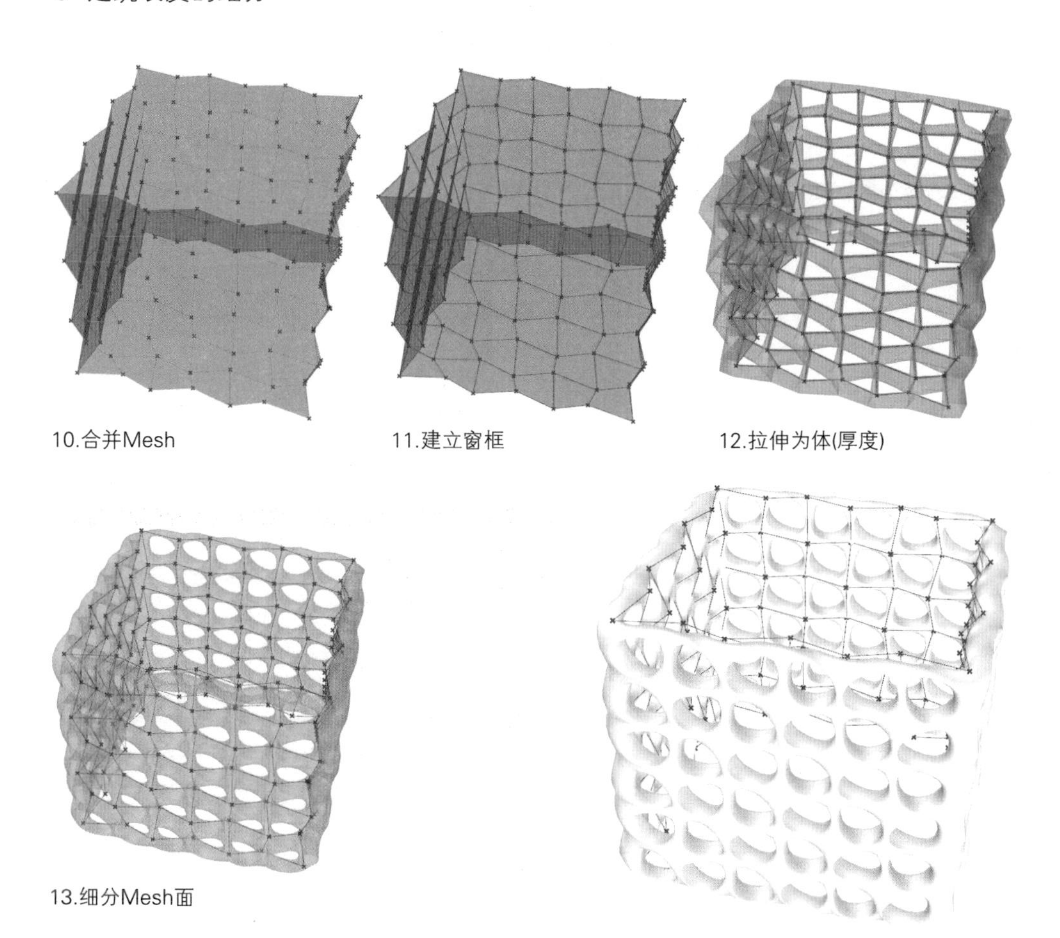

10.合并Mesh

11.建立窗框

12.拉伸为体(厚度)

13.细分Mesh面

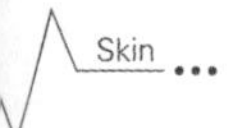

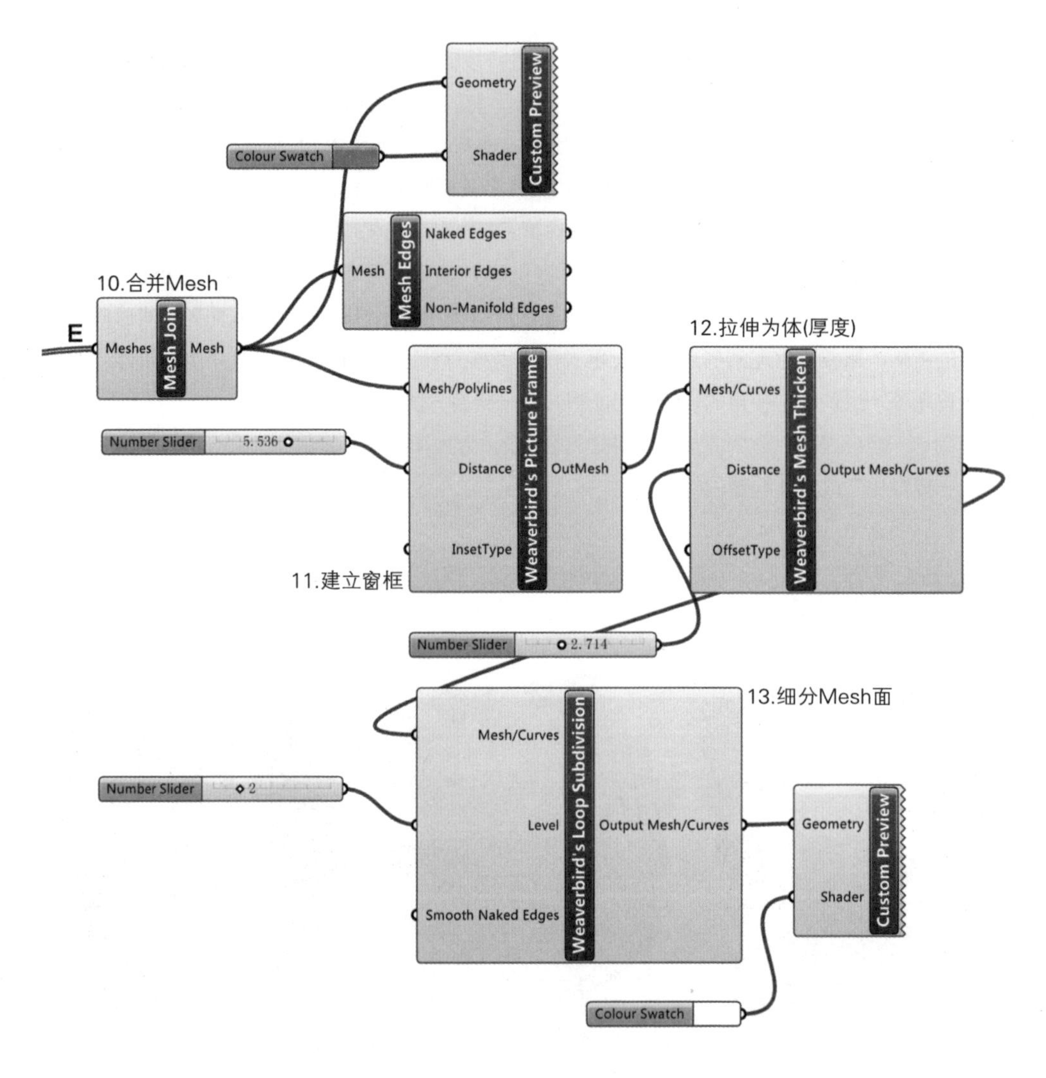

● 很多具有骨质有机感的形式来自于对 Mesh 面的细分处理。对于 Mesh 面细分的方法可以直接使用 Grasshopper 扩展模块 WeaverBird(WB) 提供的细分工具，WB 提供了多种细分的方法，本例中使用的是 Weaverbird's Loop Subdivision 的方法。在细分之前，使用 Weaverbird's Picture Frame 直接建立边框，并使用 Weaverbird's Mesh Thicken 建立厚度，对具有厚度的边框进行细分，可以获得有机的建筑表皮形式。

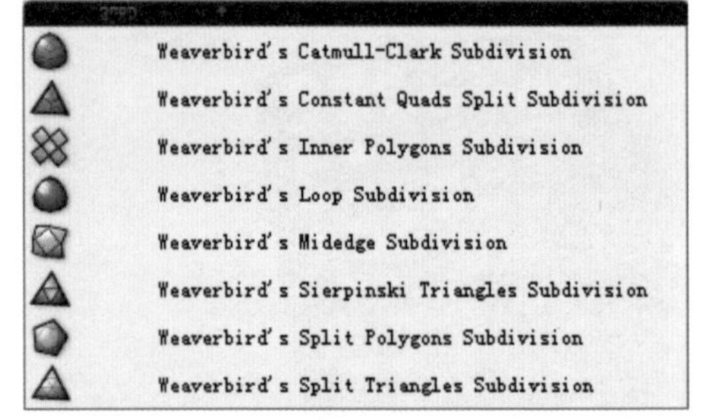

WB提供的多种细分工具

2 表皮形式 _B

表皮形式不能够脱离建筑体块单独存在，表皮依附于建筑体块。很多时候并不是单独去设计建筑表皮的形式，而是从建筑形体出发去寻找表皮划分的方法。这里直接使用 Divide Surface 默认划分 UV 的方式提取点建立 Mesh 面，Mesh 面的建立方法与表皮形式 _A 相同。这里增加了一部分程序，希望找到复杂形体 Klein 曲面变化的最低点，并依据最低点在 Klein 曲面内建立流动的曲面。

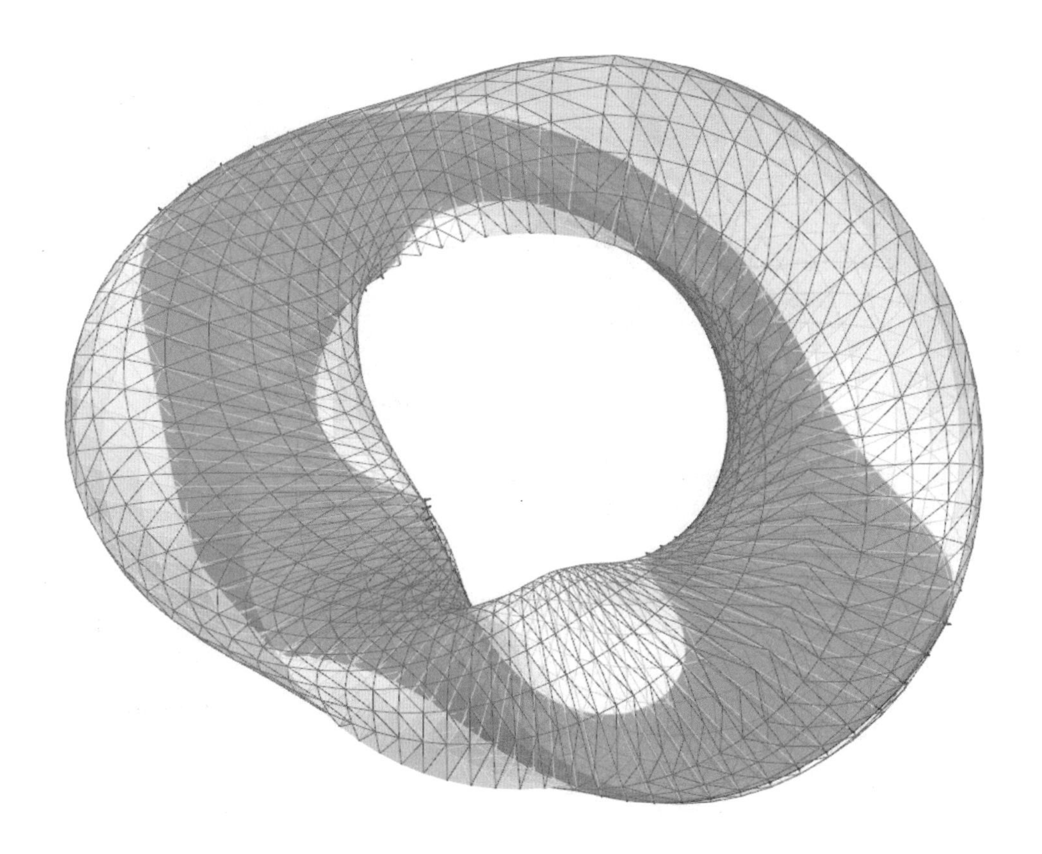

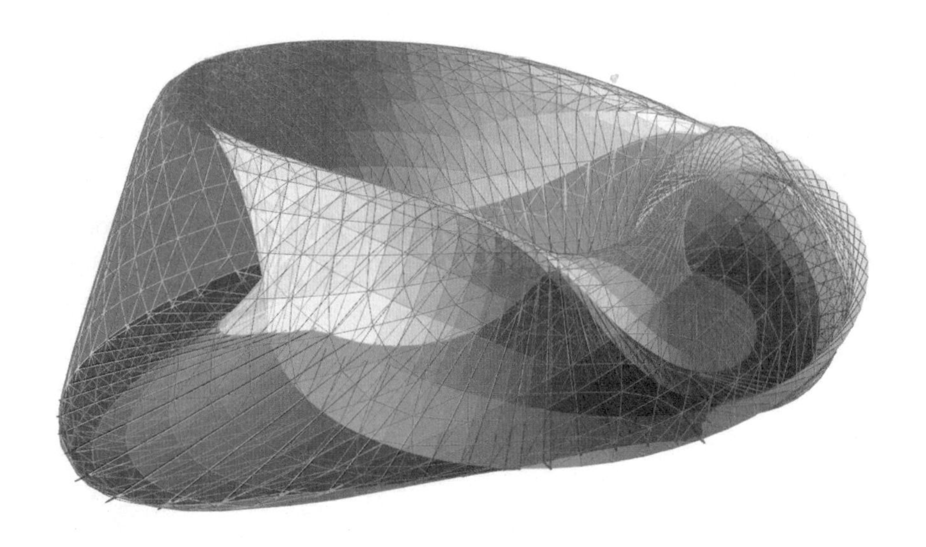

1–建立曲面UV点

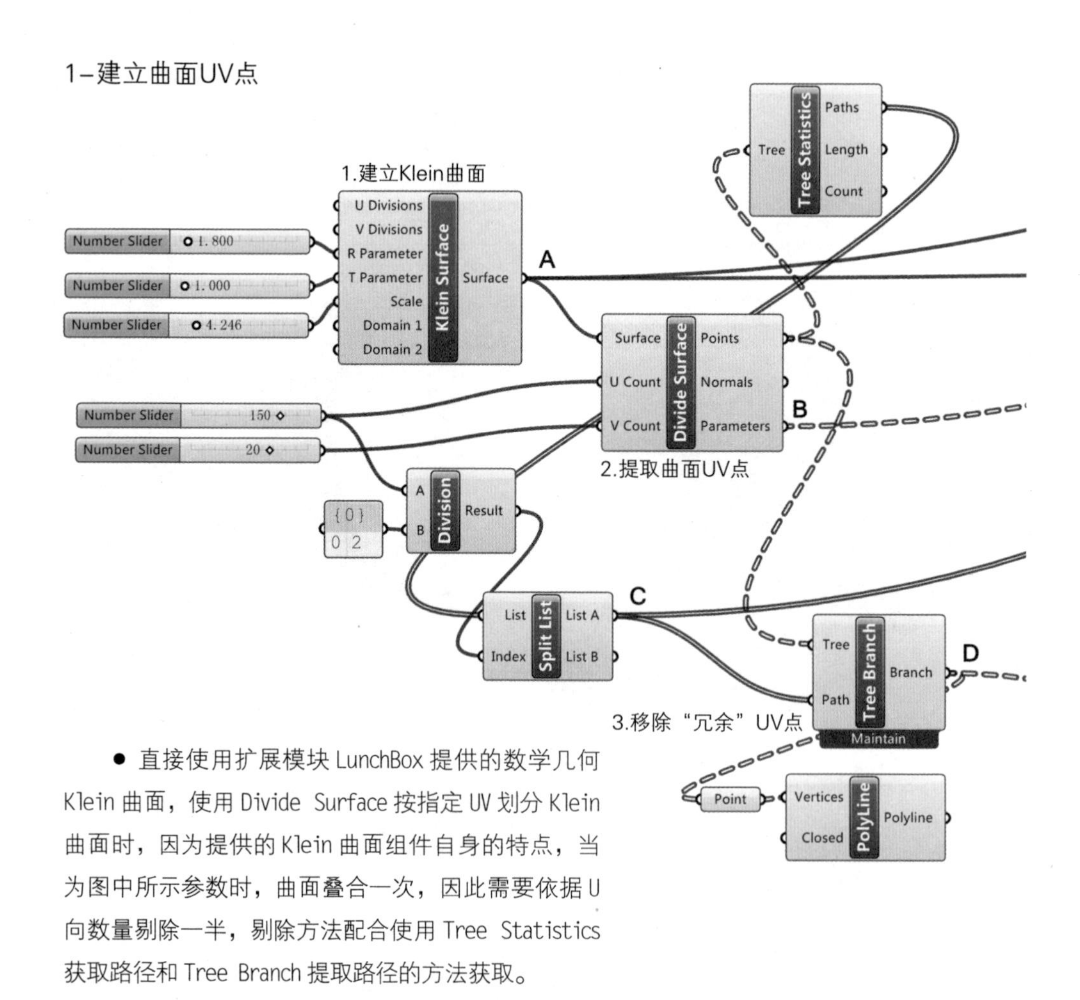

● 直接使用扩展模块 LunchBox 提供的数学几何 Klein 曲面，使用 Divide Surface 按指定 UV 划分 Klein 曲面时，因为提供的 Klein 曲面组件自身的特点，当为图中所示参数时，曲面叠合一次，因此需要依据 U 向数量剔除一半，剔除方法配合使用 Tree Statistics 获取路径和 Tree Branch 提取路径的方法获取。

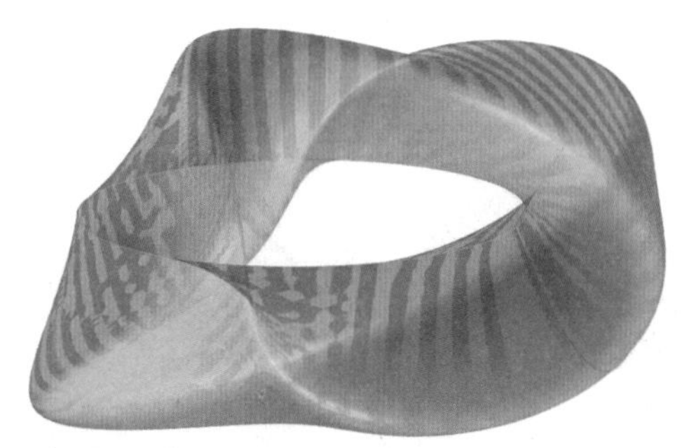

1.建立Klein曲面

2.提取曲面UV点

3.移除“冗余”UV点

LunchBox

3D Supershape
Conoid Surface
Enneper Surface
Helicoid Surface
Hyperbolic Paraboloid
Klein Surface
Mobius Surface
Torus Surface
Platonic Cube
Platonic Dodecahedron
Platonic Icosahedron
Platonic Octahedron
Platonic Tetrahedron

Grasshopper扩展模块LunchBox提供了一组数学几何形式，可以直接建立基于数学计算的几何体，并满足某种设计形式的需要。Grasshopper节点式编程以及不断扩展的模块建立的思路与其他编程语言例如Python类似，Python具有不断扩展的模块，或者称为标准库(Standard Library)，例如包括sys能够访问与Python解释器联系紧密的变量和函数，OS提供了访问多个操作系统服务的功能，time则是针对时间的模块，其数量和应用方面非常庞大。Grasshopper与之类似，Grasshopper本身是编程语言，其扩展模块例如GhPython用于Python程序编写，Kangaroo动力学模块，Ladybug+Honeybee生态分析模块，mesh(+)和WeaverBird、Starling等Mesh面处理模块，HAL工业机器人程序操控等。因此在编写设计时，如果遇到某些需要特殊解决的问题，首先去寻找是否存在某些扩展模块能够解决该类问题，当没有时再考虑自行编写程序，应该将精力更多地用于设计本身。

2–建立Mesh面

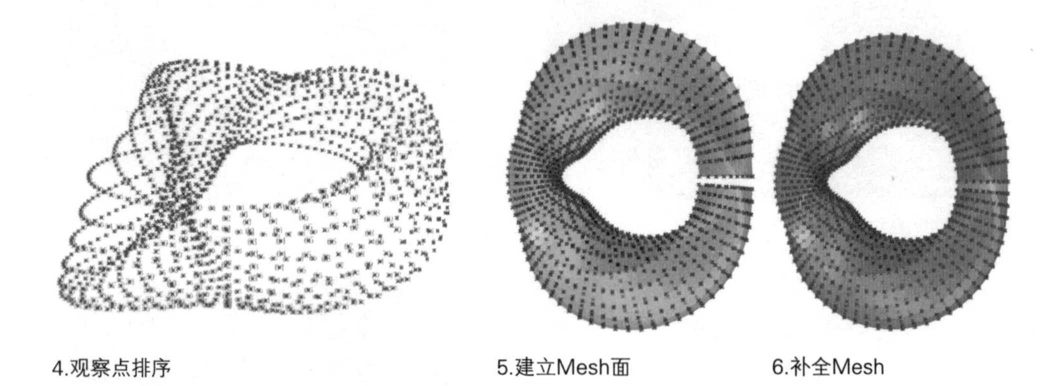

4.观察点排序　　5.建立Mesh面　　6.补全Mesh

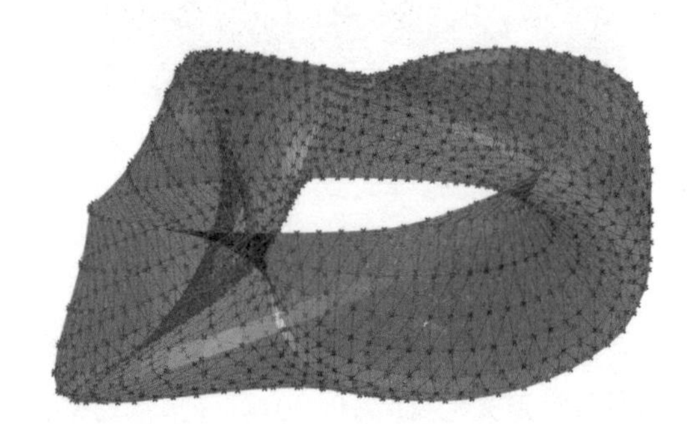

7.四边面转三边面

● Mesh 面建立的方法与前文建筑表皮形式 _A 一样，此处不再赘述，也因此可以说明自行使用 Python 编写 Mesh 顶点排序方式，对于类似的数据操作可以使用相同的程序，从而提高编程设计的效率。

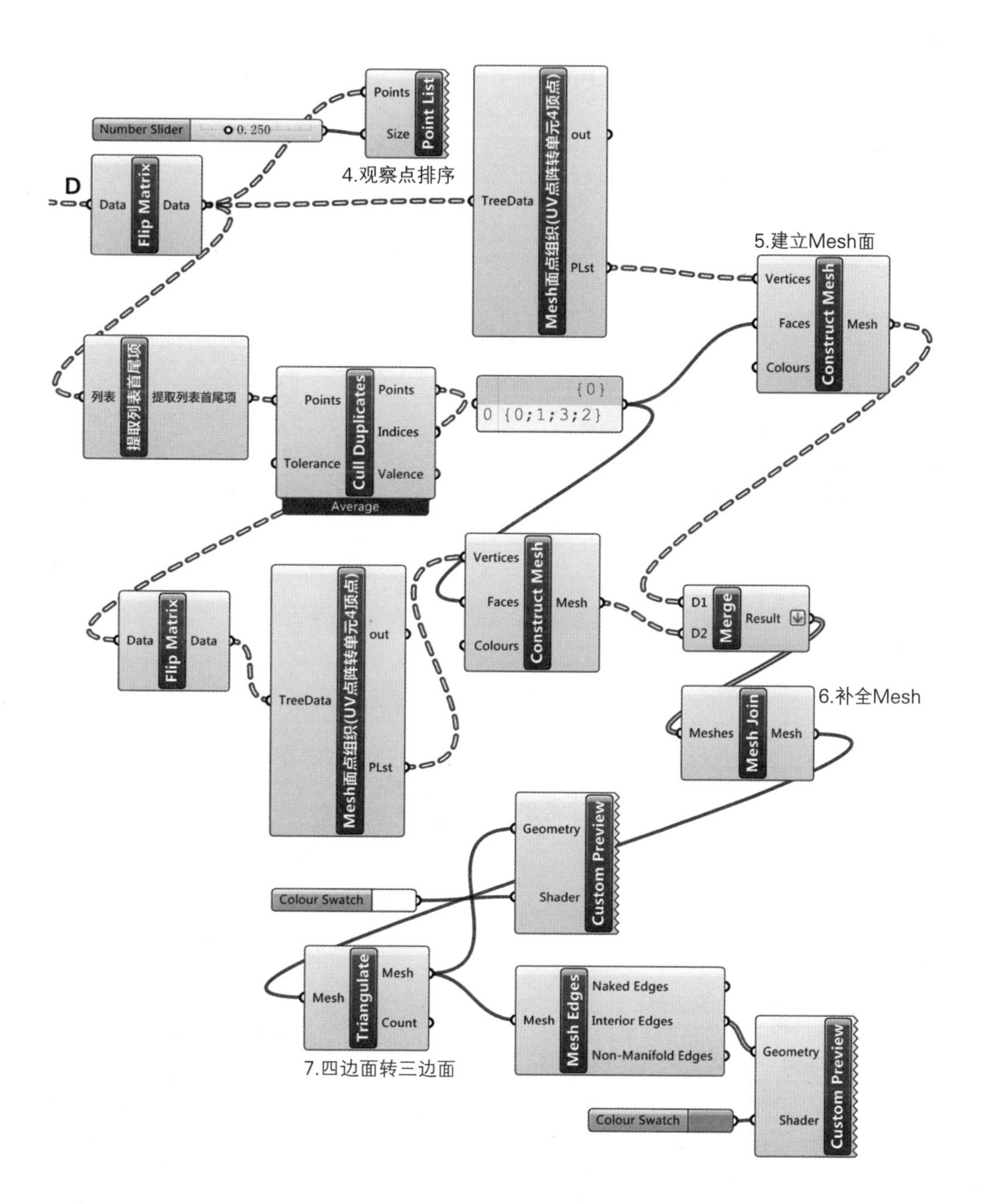

D
Number Slider
0.250
Points
Size
Point List
4.观察点排序
Data
Flip Matrix
Data
TreeData
Mesh面点组织(UV点阵转单元4顶点)
out
PLst
5.建立Mesh面
Vertices
Faces
Colours
Construct Mesh
Mesh
列表
提取列表首尾项
提取列表首尾项
Points
Tolerance
Cull Duplicates
Points
Indices
Valence
Average
{0}
0 {0;1;3;2}
Data
Flip Matrix
Data
TreeData
Mesh面点组织(UV点阵转单元4顶点)
out
PLst
Vertices
Faces
Colours
Construct Mesh
Mesh
D1
D2
Merge
Result
Meshes
Mesh Join
Mesh
6.补全Mesh
Geometry
Shader
Custom Preview
Colour Swatch
Mesh
Triangulate
Mesh
Count
7.四边面转三边面
Mesh
Mesh Edges
Naked Edges
Interior Edges
Non-Manifold Edges
Geometry
Shader
Custom Preview
Colour Swatch

3-提取水平点

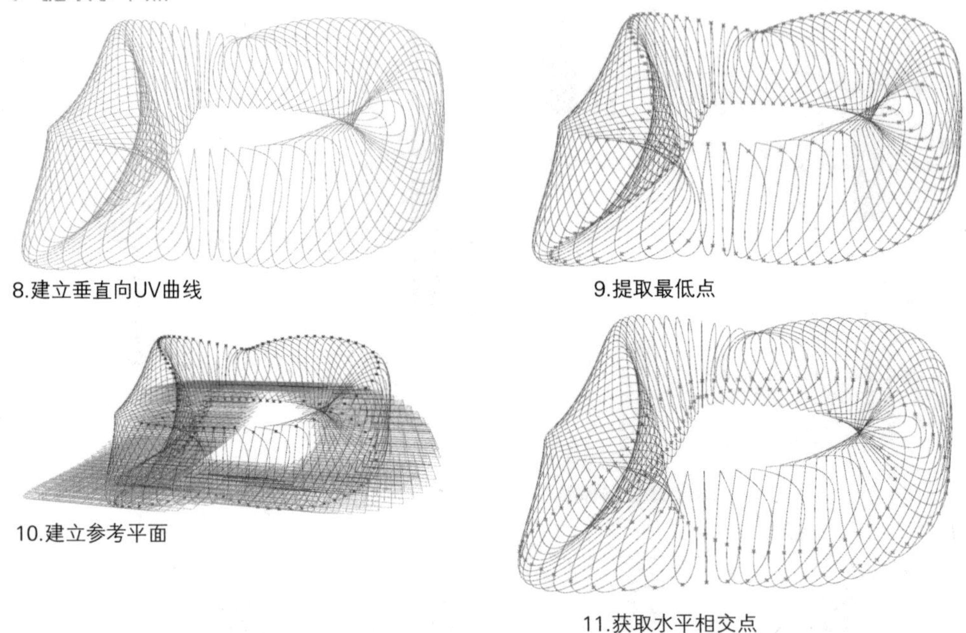

8.建立垂直向UV曲线

9.提取最低点

10.建立参考平面

11.获取水平相交点

● 提取曲线最低点的方法可以使用 Extremes 组件，Plane 输入端为指定的参考平面，Lowest 输出端即为最低点，将最低点向上偏移一定距离，将水平参考平面使用 Plane Origin 移到偏移的点位置上，使用 Curve | Plane 曲线和平面相交工具提取交点。

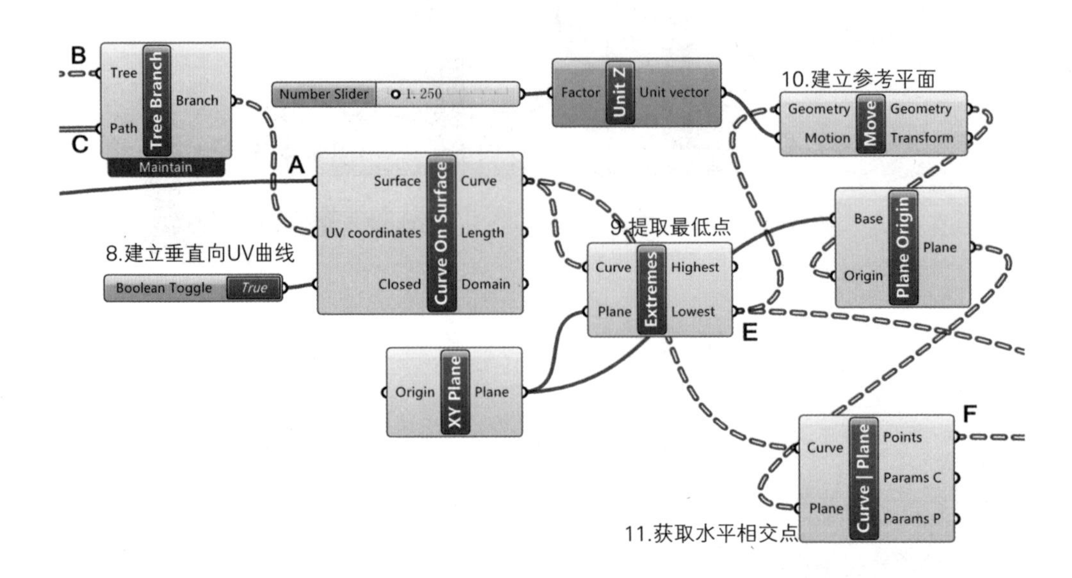

4–建立流动曲面

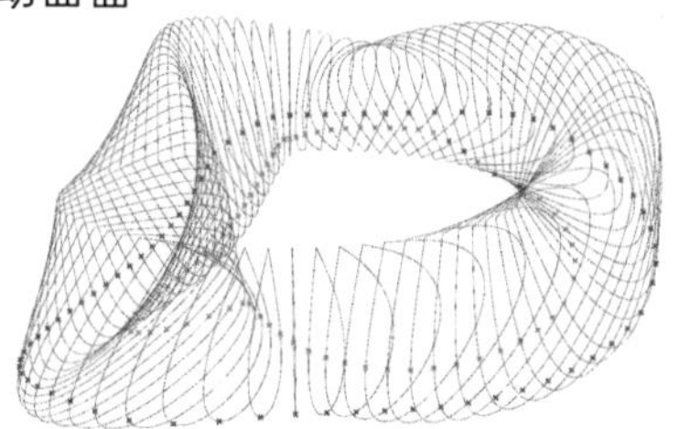

12.确定内圈和外圈点

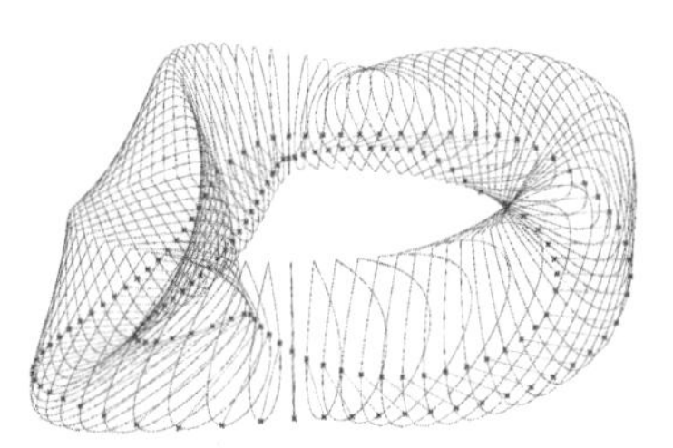

13.基础横向线

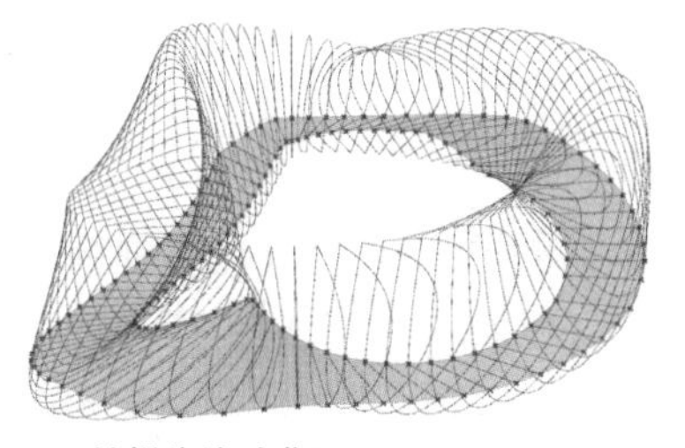

14.放样为流动曲面

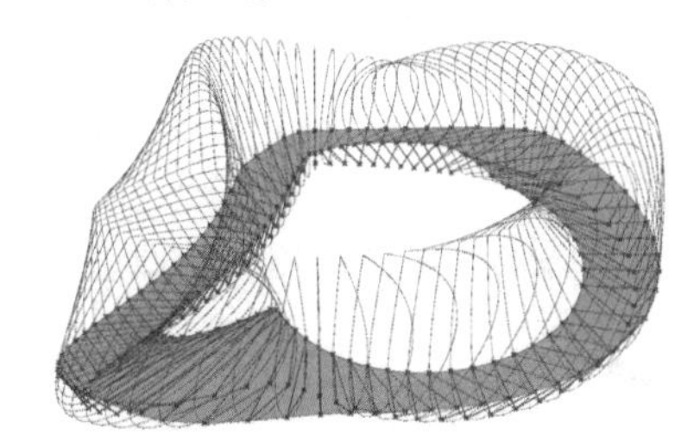

15.组织点，连为支撑结构

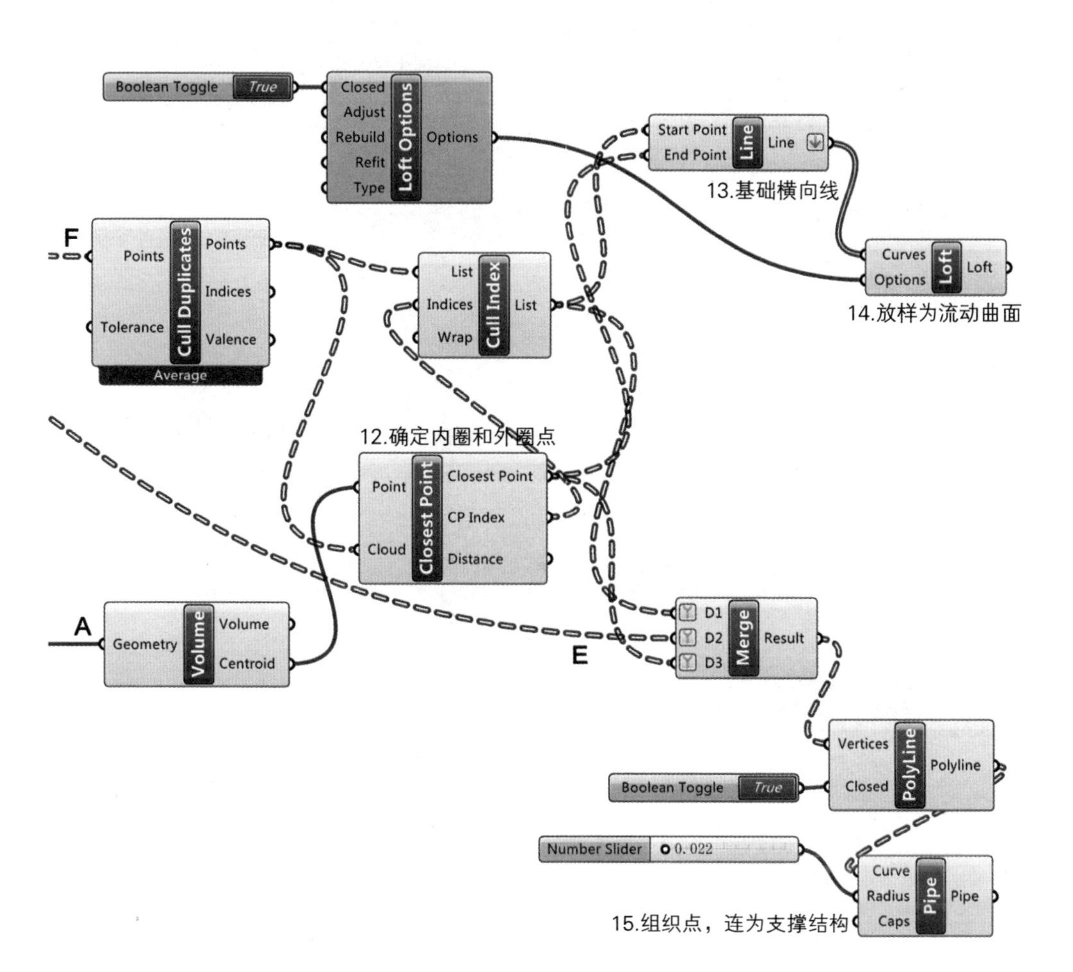

● 获取相交点后，需要通过使用 Cull Duplicates 剔除潜在重复的点，因为存在内圈点和外圈点排序相反的情况，建立直线放样会产生错误，因此获取几何对象的几何中心点，找到离中心点最近的点即为内圈点，反之则为外圈点。同时将内外圈点和最低点数据合并，使用 PolyLine 连为折线作为基础支撑结构。

3 表皮形式 _C

表皮形式的结构也是表皮的组成部分，一般会根据结构师的意见选择并确定最终设置结构类型。具有曲面弧度变化性质的表皮，如本例在弧面转折处结构单元会随着曲面的变化变形，如果希望减少单元变形，可以将曲面分为三个部分，转折处单独处理，本例则作为一个整体进行处理以抛砖引玉。

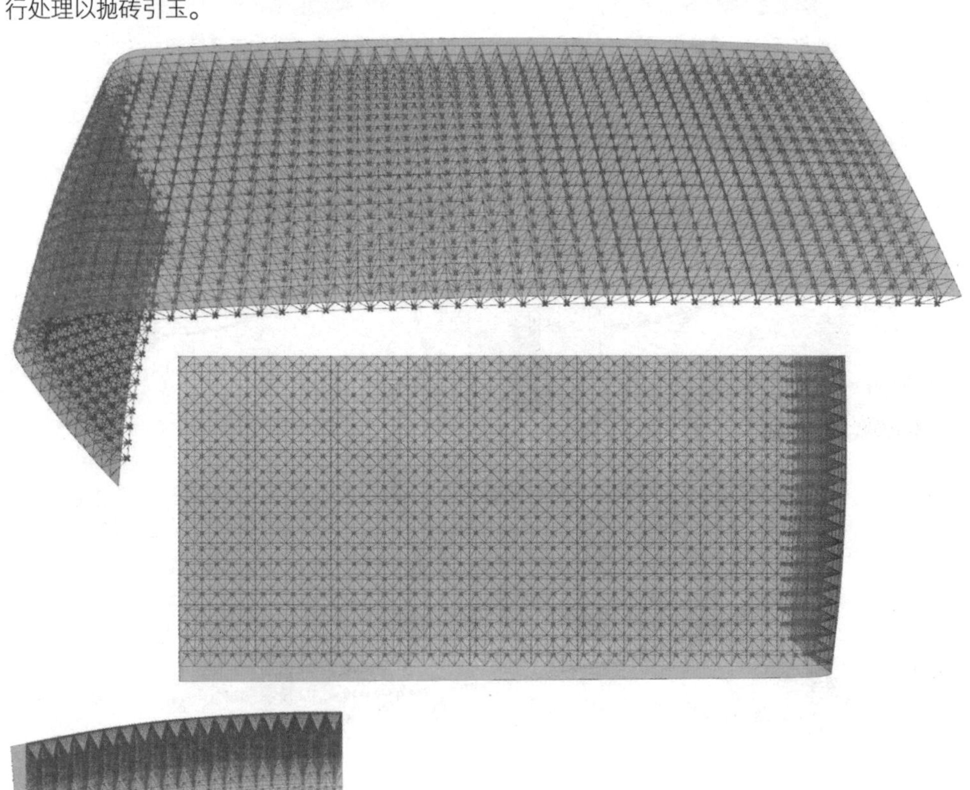

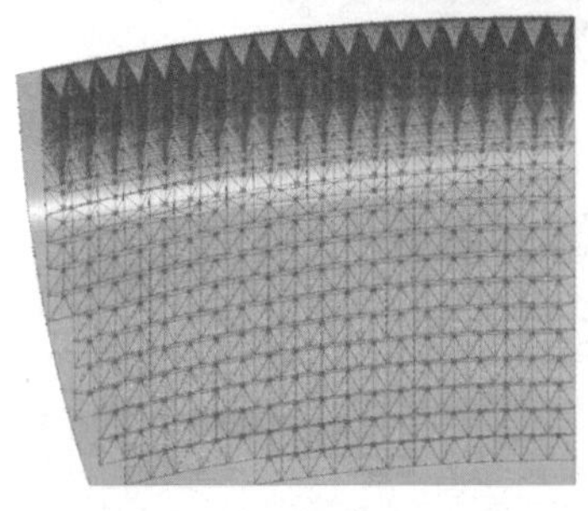

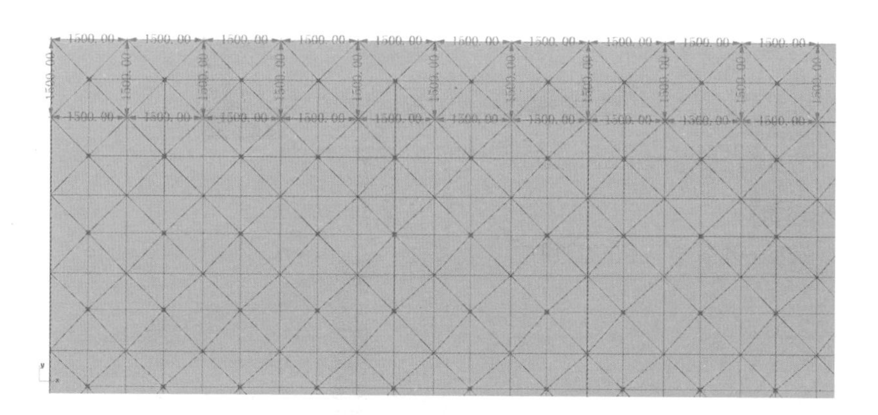

1–获取Mesh顶点

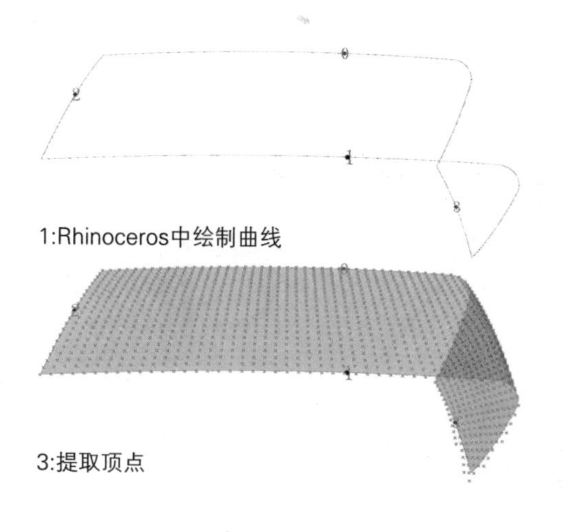

1:Rhinoceros中绘制曲线

2:构建曲面

3:提取顶点

在对曲面进行划分时不能够只单纯地使用 Divide Surface 组件获取 UV 点，实际构建中结构对 UV 的划分往往会提出适宜的要求，例如保持距离相同、长度相同等条件，对于提出的要求可以自行编写程序以达到设计的目的，但是仍然需要先在 Grasshopper 的扩展模块中寻找是否已经存在了处理的程序，可以借助扩展模块 Paneling Tools 提供的工具划分曲面。

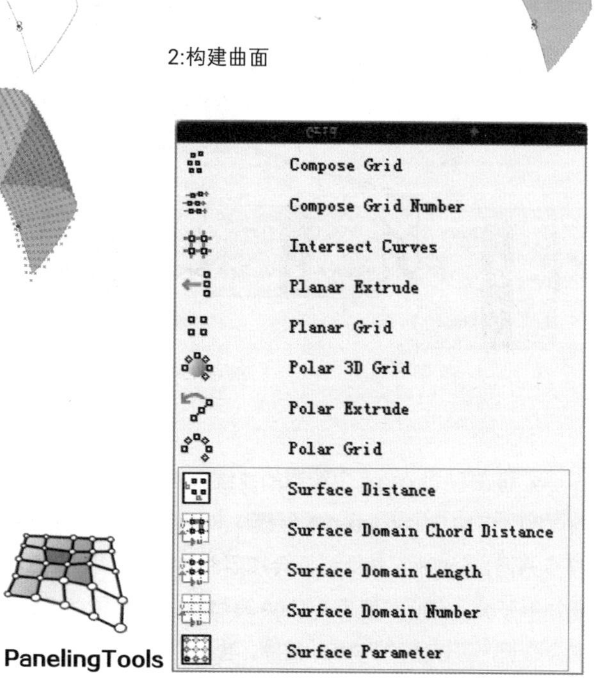

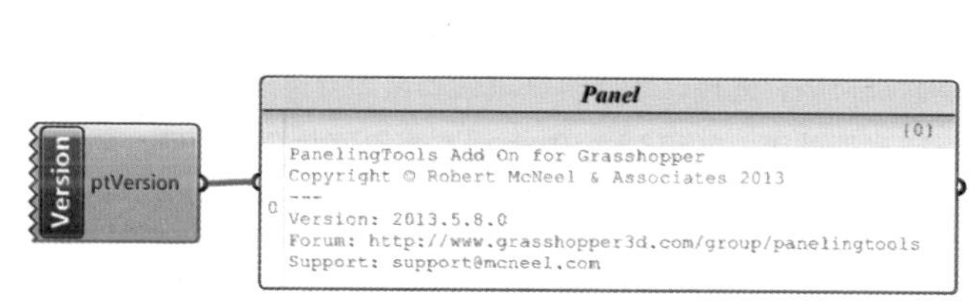

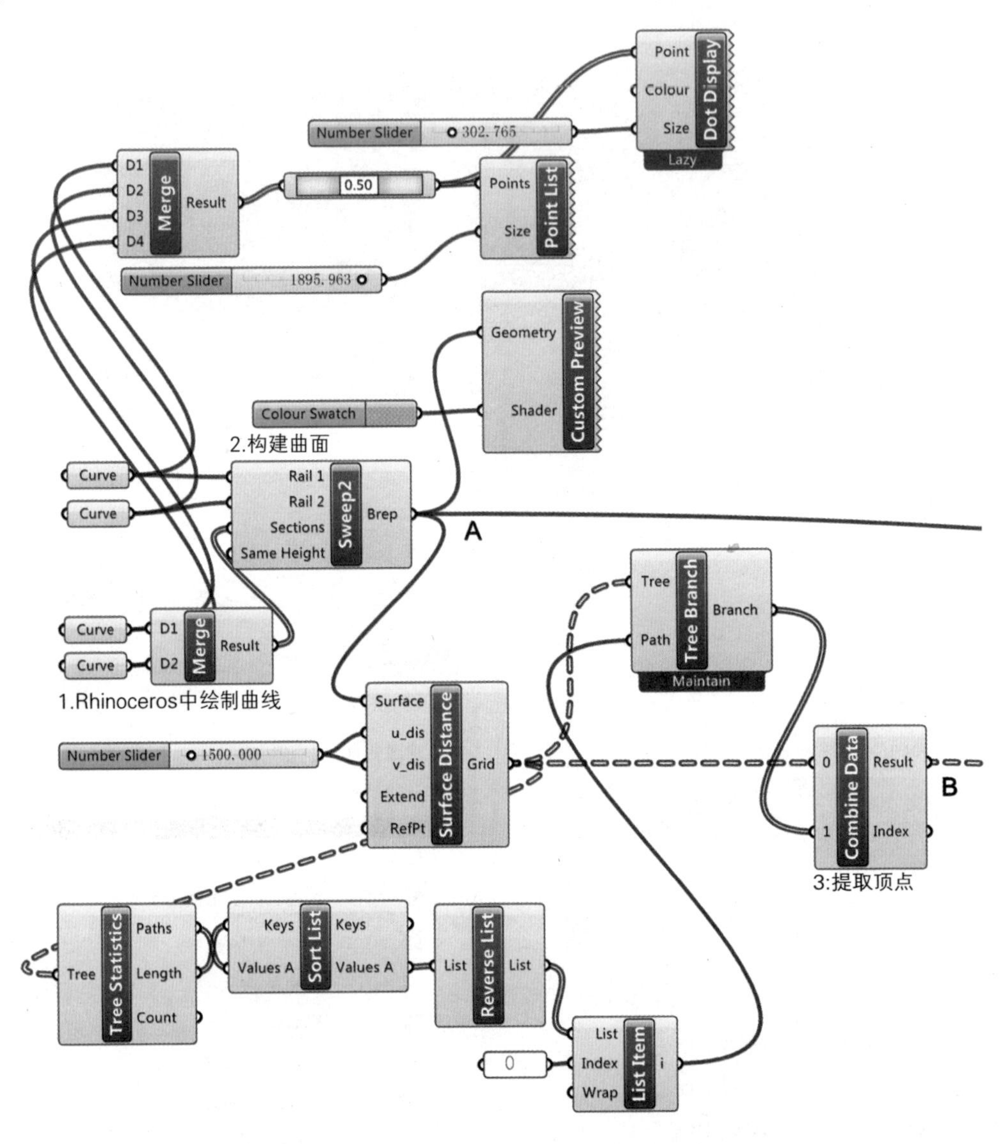

● 将在 Rhinoceros 中绘制的曲线调入 Grasshopper 中，使用 Sweep2 双轨扫描成面。在划分曲面时，借助 Grasshopper 扩展模块 Paneling Tools 中 Surface Distance 按距离划分的方法提取 UV 点格网，Surface Distance 会按照曲面范围提取 UV 点，因此获得的数据结构多个路径分支可能并不等长，在前文使用 Python 编写的“Mesh 面点组织(UV 点阵转单元 4 顶点)”需要路径分支为等长，可以修改 Python 程序，也可以直接使用 Combine Data 按长组合组件调整路径长度。首先使用 Tree Statistics 对点数据统计获取路径和各个路径的长度，Sort List 组件将各个路径的长度排序，并按此顺序排序路径名，因为排序是按照从小到大进行的，因此使用 Reverse List 反转列表顺序，并用 List Item 提取索引值为 0 的项值，即最大长度的分支数，将该分支用 Tree Branch 提取出来，作为 Combine Data 的输入参考数据，延长最初 Surface Distance 划分曲面的各个路径，延长的方式为复制各个路径最后一个项值直至路径长度等长。

2-建立Mesh面

● 直接使用前文多处使用的“Mesh 面点组织（UV 点阵转单元 4 顶点）”Python 程序组织 Mesh 顶点排序建立 Mesh 面。因为第一步为了满足路径分支长度等长，使用每个路径最后一个项值延长各个分支的数据列表长度，在组织完数据之后，可以使用 Cull Duplicates 剔除重复的点即延长的最后一个数据，并计算各个分支的长度，去除了重复点的路径分支长度会小于 4，因此用 Equality 判断获取布尔值，用 Cull Pattern 模式剔除多余的点，并 Clean Tree 清除空值。

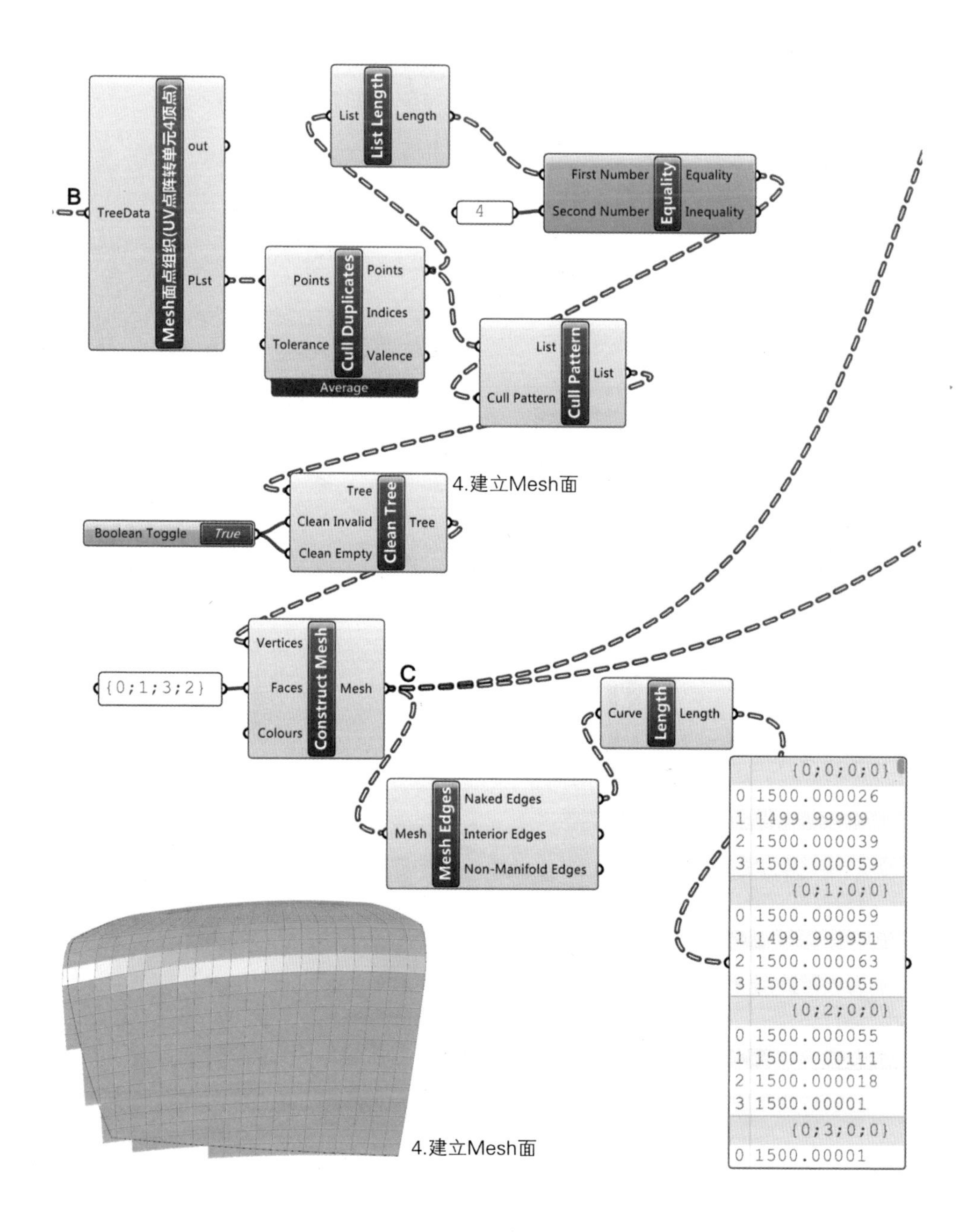

4.建立Mesh面

4.建立Mesh面

3-仅保留曲面内Mesh单元

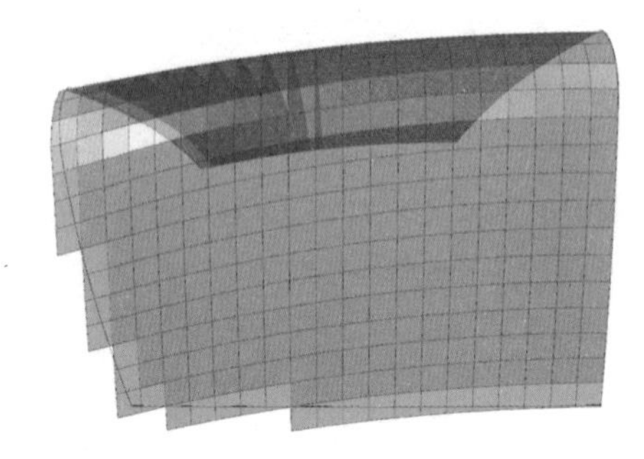
5.仅保留曲面内Mesh单元

● 如何剔除不在曲面内的 Mesh 单元？每遇到一个问题都需要思考哪些特征属性可以用来解决该问题，每个设计者都会有自己不同的解决逻辑。本例中用 Deconstruct Mesh 获取顶点，每个单元 Mesh 的所有顶点都会被放置于一个路径分支下，使用 Surface Closest Point 投影顶点到曲面，如果之间距离为 0，说明该顶点在曲面上。使用 Similarity 近似判断四舍五入后的值获取布尔值，用 Set Intersection 交集组件判断是否与 False 有交集，如果有则输出 False，否则为空值。Null Item 可以判断空值路径获取布尔值用于 Cull Pattern 按模式剔除的输入端模式，并用 Clean Tree 清理空值和无效值。

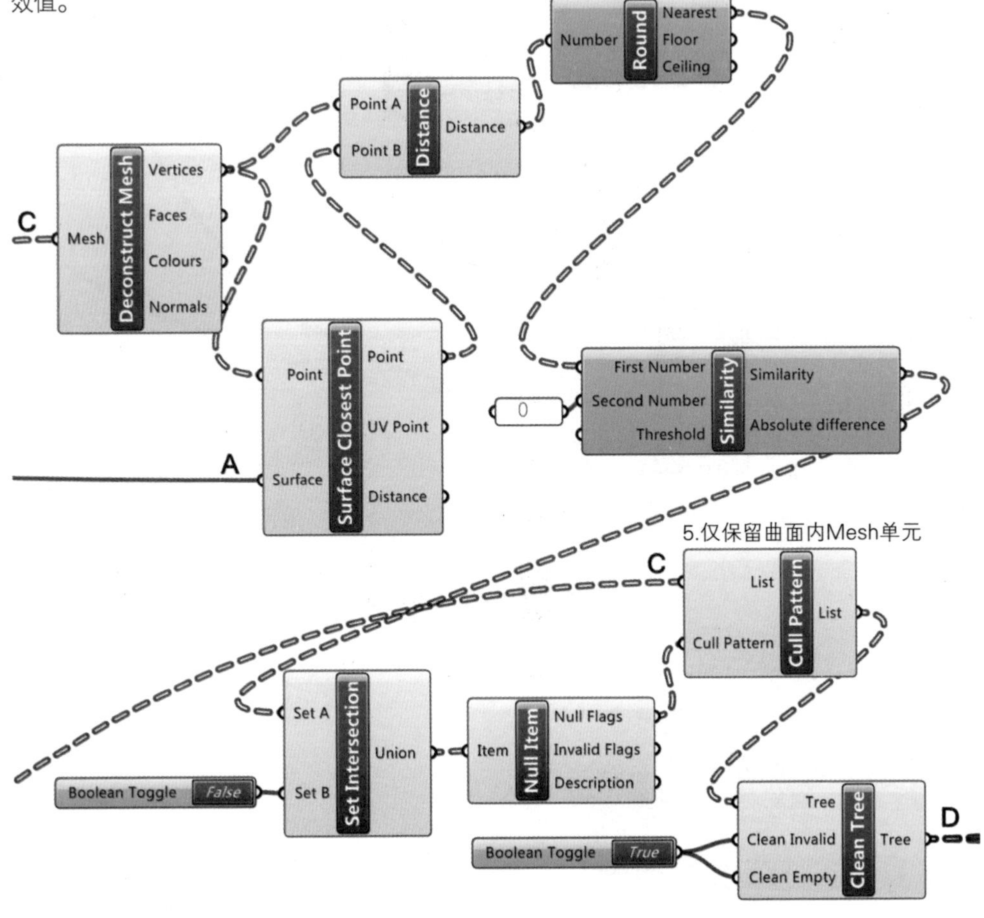

5.仅保留曲面内Mesh单元

4–上弦

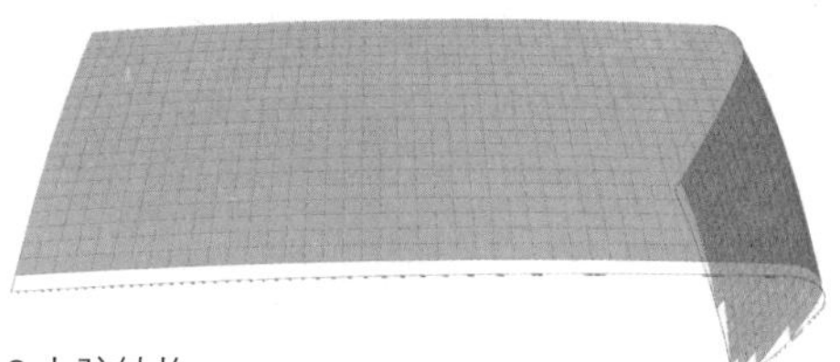

6.上弦结构

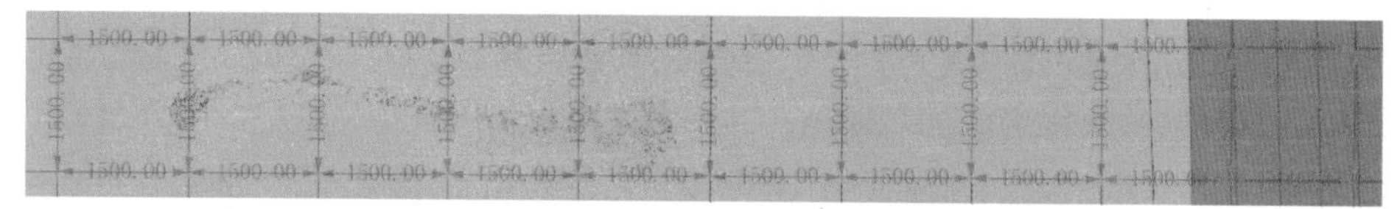

7.部分上弦结构尺寸标注

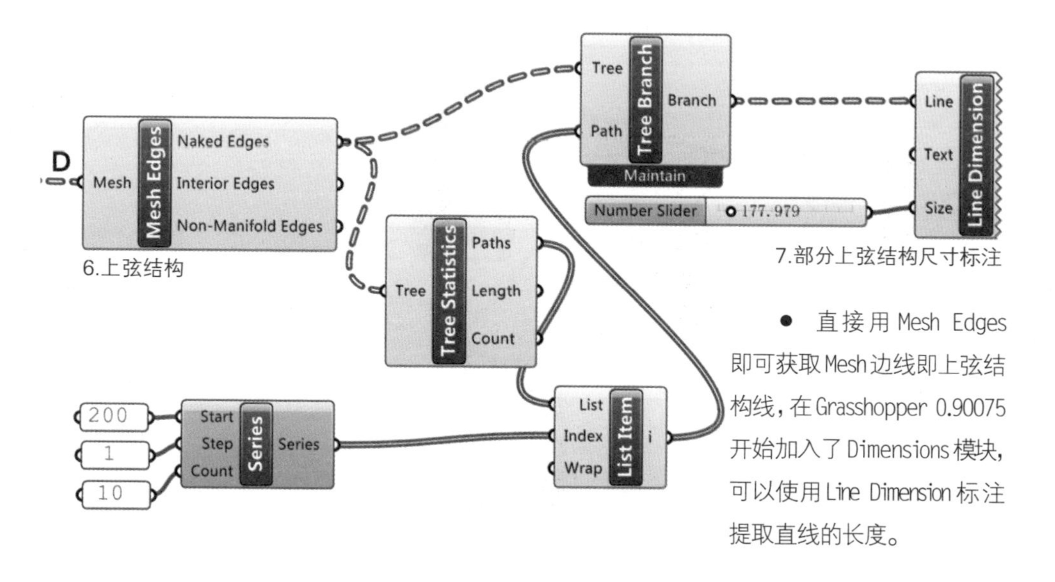

● 直接用 Mesh Edges 即可获取Mesh边线即上弦结构线，在Grasshopper 0.90075开始加入了Dimensions模块，可以使用Line Dimension标注提取直线的长度。

5–腹杆与下弦

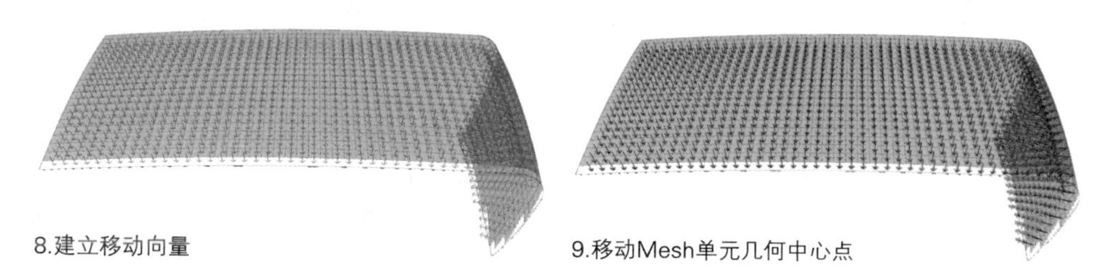

8.建立移动向量

9.移动Mesh单元几何中心点

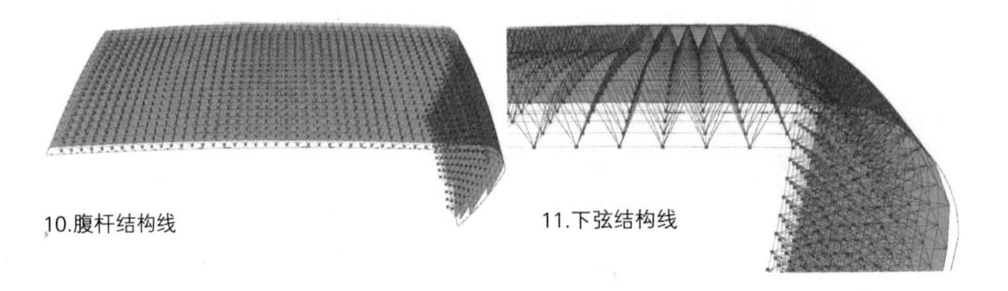

● 用 Face Normals 可以获取 Mesh 单元的垂直向量和几何中心点，将垂直向量 Unit Vector 单元化，并用 Amplitude 设置向量长度作为几何中心点 Move 移动的 Motion 端输入参数，将用 Deconstruct Mesh 提取的 Mesh 顶点与移动后的 Mesh 单元几何中心点相连，即为腹杆结构线。移动后的几何中心点仍然保持了最初曲面 UV 划分的数据路径结构，路径 {A; B}A 项即为最初的路径结构，因此使用 Trim Tree 修剪路径移除路径 B，并用 PolyLine 连为折线，同时 Flip Matrix 翻转矩阵后再次连为垂直方向的折线。

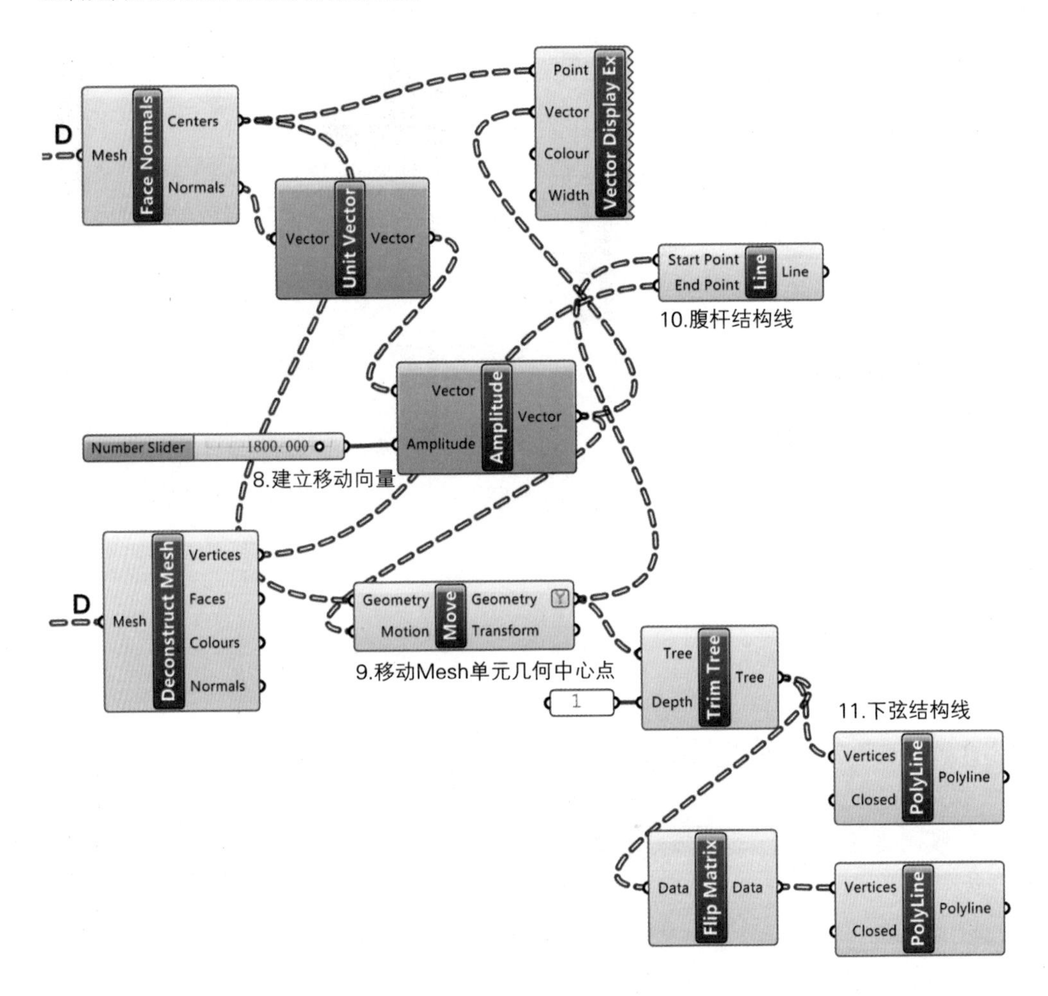

9

精细化设计和建筑表皮一样是设计研究的专项，只是由于选择工具和设计思维方法的不同真正达到精细化设计的目的也会有所差异。虽然从很早就已经提出精细化设计，为了避免施工过程中走样，更多的设计者也会尽量把自己的设计把控在扩初阶段，而设计本身的创造性特点和不断修正调整的过程，让设计师身心疲惫，尤其细节的处理。如果整体形态变化，必然需要重新修改所有细部，所有的设计师必然都会有如此经历，当这个过程不断地重复，精细化设计可能因为设计工具的不如意和繁琐的劳作而打折扣；另外精细化设计不应该是直接思考绘图的准确性，即如何在 AutoCAD 或者 SketchUp 中把一个体块推拉得很精准，弧线相切得很到位，这种传统的思维是纯粹的制图模式，并没有改变设计创造性过程本身，当以编程设计的方法切入这个过程时，思考的则是如何构建编程的逻辑达到设计的目的，对于数据本身的控制即已完成了精细化设计的要求，这个在传统设计方法中是很难实现的，在编程设计中与设计本身结合，在形象思维和逻辑思维跳跃之间得以很好的实现。当任何事物转化为数据时，就已经不存在直接对形式的操作，例如绘制变化曲面铅垂面内的支撑结构，即满足支撑结构线在曲面内同时也在铅垂面内，可以由编写程序处理，当曲面在设计中反复修改发生变化时不用再重新绘制，只需要调入已经编写的程序，从而可以节约设计者宝贵的时间，使他们将精力主要用于真正的设计过程中，精细化设计也会更好地实现。

当然本文不是研究精细化设计的方法，但是编程设计的方式却让这个过程变得轻松。

1 梭形建筑

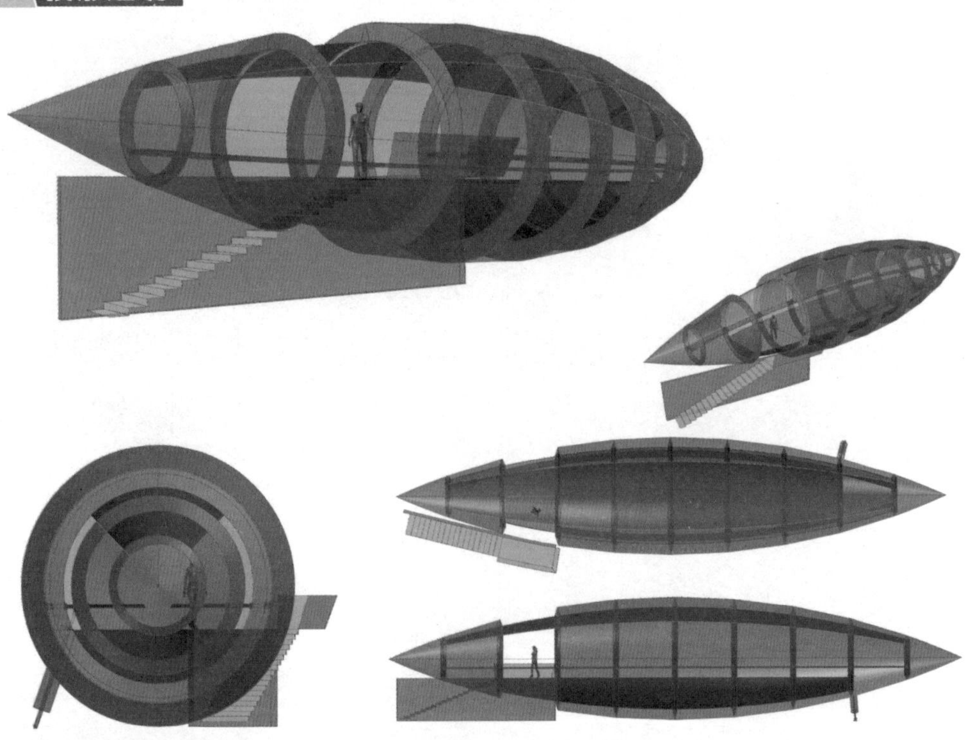

1-建立基本体

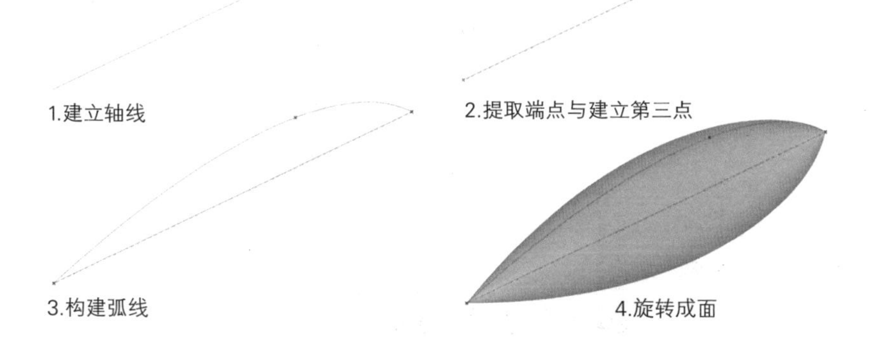

1.建立轴线　2.提取端点与建立第三点

3.构建弧线　4.旋转成面

● 建立控制轴线可以控制方向和长度，提取端点并使用 Point On Curve 提取中心点向上移动指定距离，将获取的三个点分别作为 Arc 3Pt 的输入参数建立弧线，并作为 Revolution 组件的输入截面参数，按照最初的轴线旋转成面。所有进一步的设计都是基于该几何体模型，也可以认为基本的几何体控制着设计深入的方向。

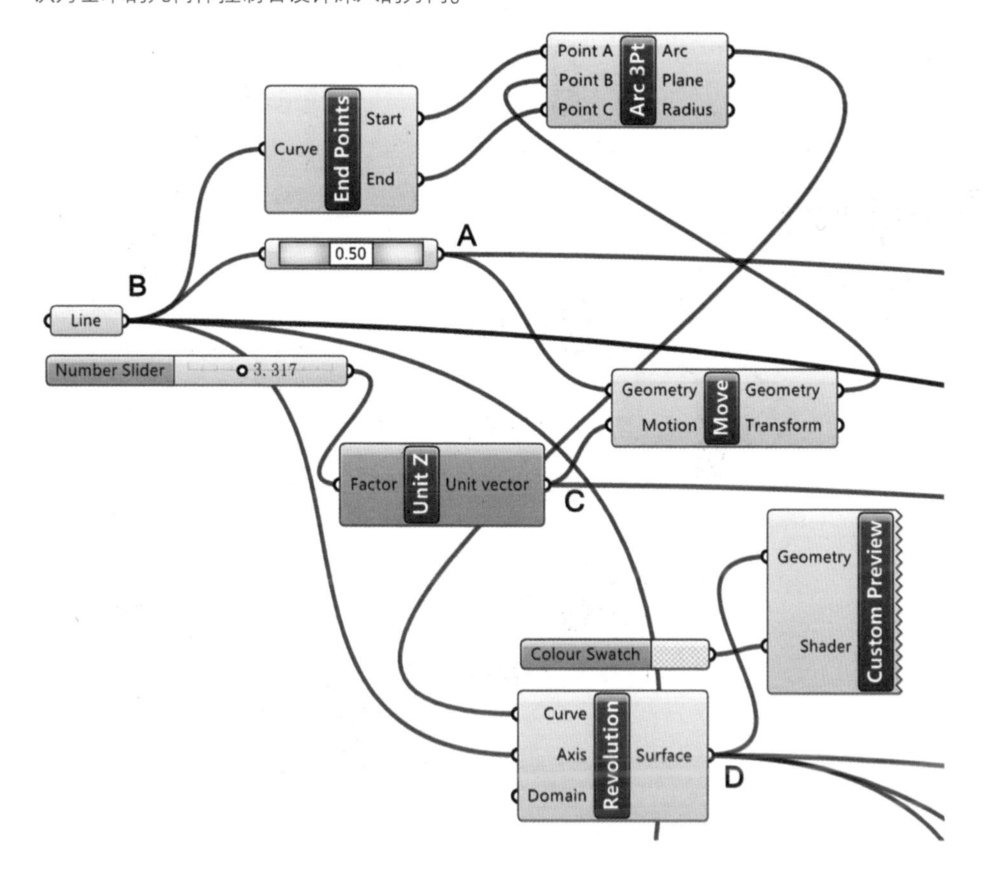

2-建立主体支撑结构

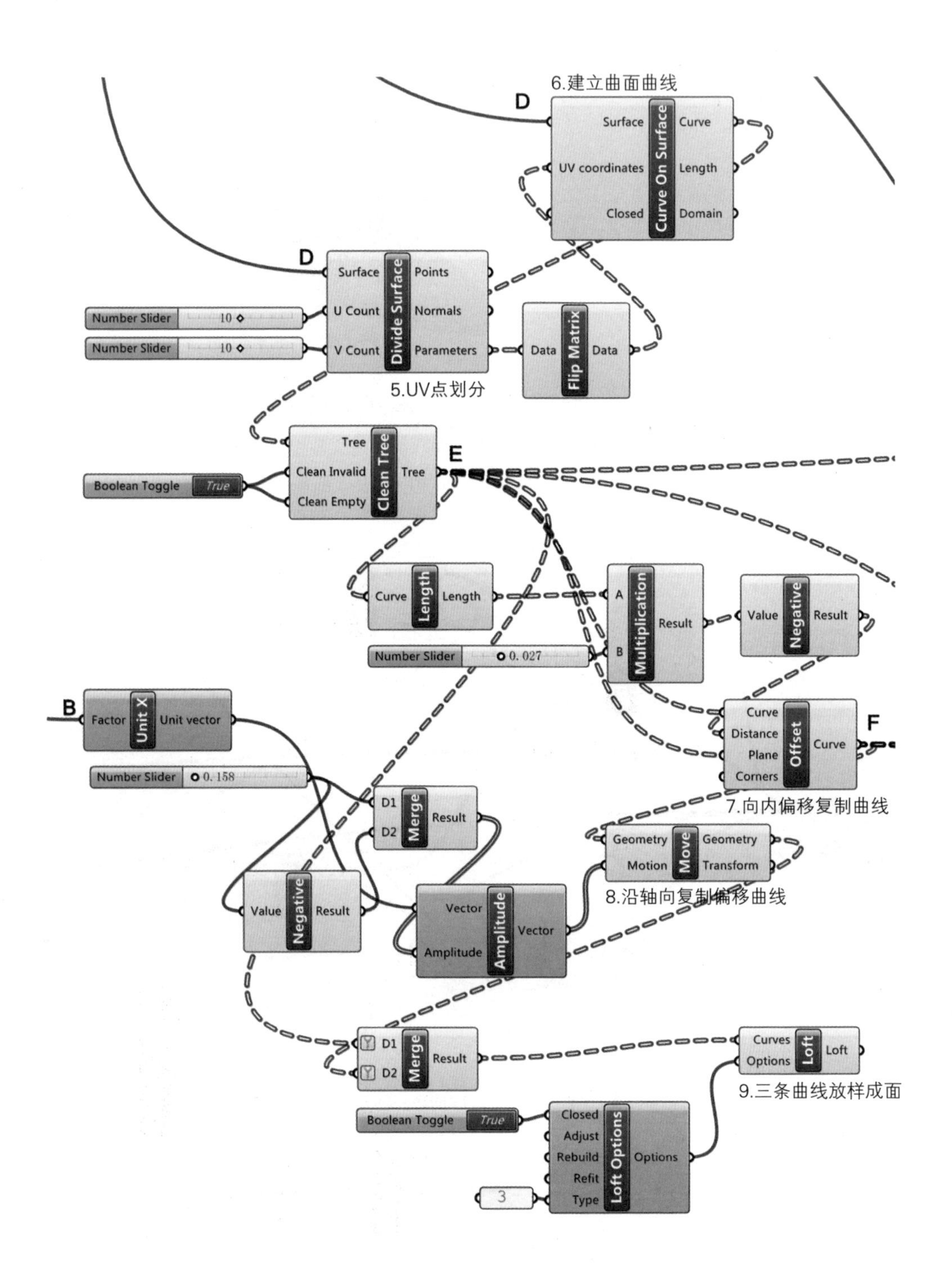

6.建立曲面曲线
D
Surface
UV coordinates
Closed
Curve On Surface
Curve
Length
Domain
D
Surface
U Count
V Count
Divide Surface
Points
Normals
Parameters
Number Slider
10
Number Slider
10
Data
Flip Matrix
Data
5.UV点划分
Boolean Toggle
True
Tree
Clean Invalid
Clean Empty
Clean Tree
Tree
E
Curve
Length
Length
Number Slider
0.027
A
B
Multiplication
Result
Value
Negative
Result
B
Factor
Unit X
Unit vector
Number Slider
0.158
Curve
Distance
Plane
Corners
Offset
Curve
F
7.向内偏移复制曲线
D1
D2
Merge
Result
Geometry
Motion
Move
Geometry
Transform
8.沿轴向复制偏移曲线
Value
Negative
Result
Vector
Amplitude
Amplitude
Vector
D1
D2
Merge
Result
Curves
Options
Loft
Loft
9.三条曲线放样成面
Boolean Toggle
True
Closed
Adjust
Rebuild
Refit
Type
Loft Options
Options
3

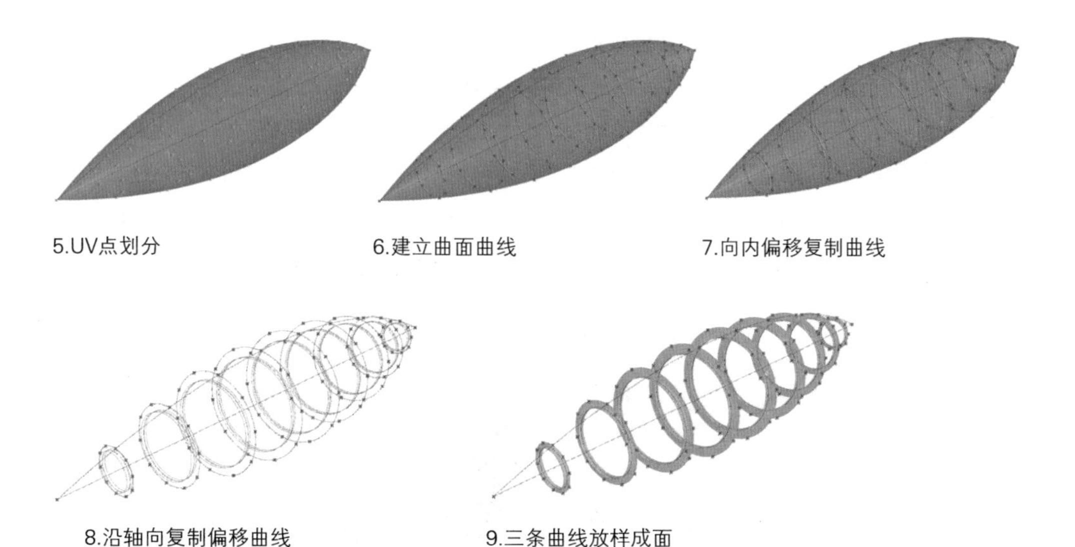

5.UV点划分

6.建立曲面曲线

7.向内偏移复制曲线

8.沿轴向复制偏移曲线

9.三条曲线放样成面

● 用 Divide Surface 划分曲面获取 UV 点，使用 Curve On Surface 建立主支撑结构线，因为两侧端点重合会产生 Invalid Curve 即无效的曲线，使用 Clean Tree 清除。将获取的结构线以自身作为 Offsect 输入端 Plane 的参数向内偏移，并获取轴向向量分别沿轴向向两侧移动复制，最终获取三条曲线，即最初的结构线和偏移后向两侧移动复制的曲线，将每组三条曲线合并在一个路径分支之下 Loft 放样成面，并使用 Loft Options 放样选线将 Type 类型修改为 3，保证放样为直线型。

3-建立顶部遮阳曲面

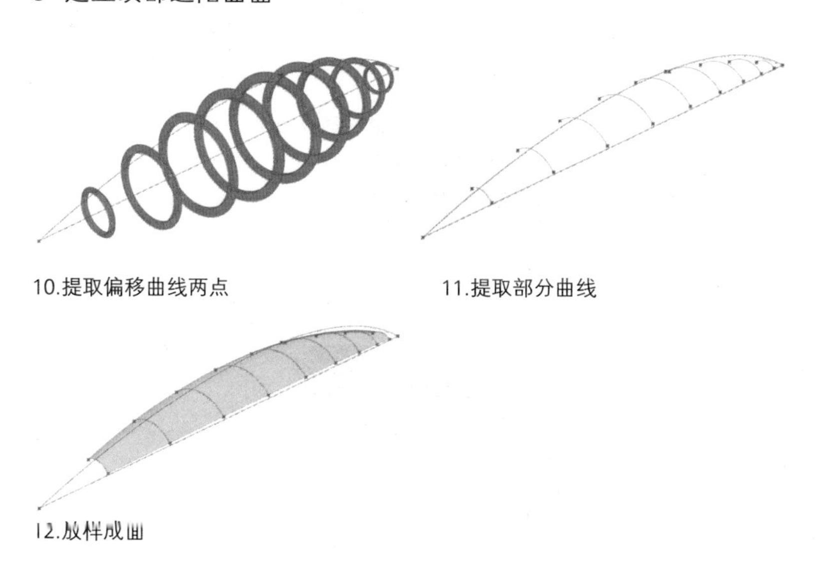

10.提取偏移曲线两点

11.提取部分曲线

12.放样成面

● Evaluate Length 根据指定的长度提取点，提取点的目的是获取该点在曲线上的参数 Parameter 用于 Shatter 分段曲线，曲线分段后各个曲线段仍然位于一个数据路径分支之下，需要用 List Item 提取。将提取后的曲线段放在一个路径分支之下 Loft 放样成面，即构建了顶部的遮阳的装置，可以通过调整 Evaluate Length 输入端 Length 的参数获取不同位置的遮阳曲面，对于在什么季节选择哪种位置，可以结合生态分析的扩展模块例如 GECO、Ladybug 和 Honeybee 综合处理，具体处理方法可以参考“面向设计师的编程设计知识系统”中《参数设计方法》部分。

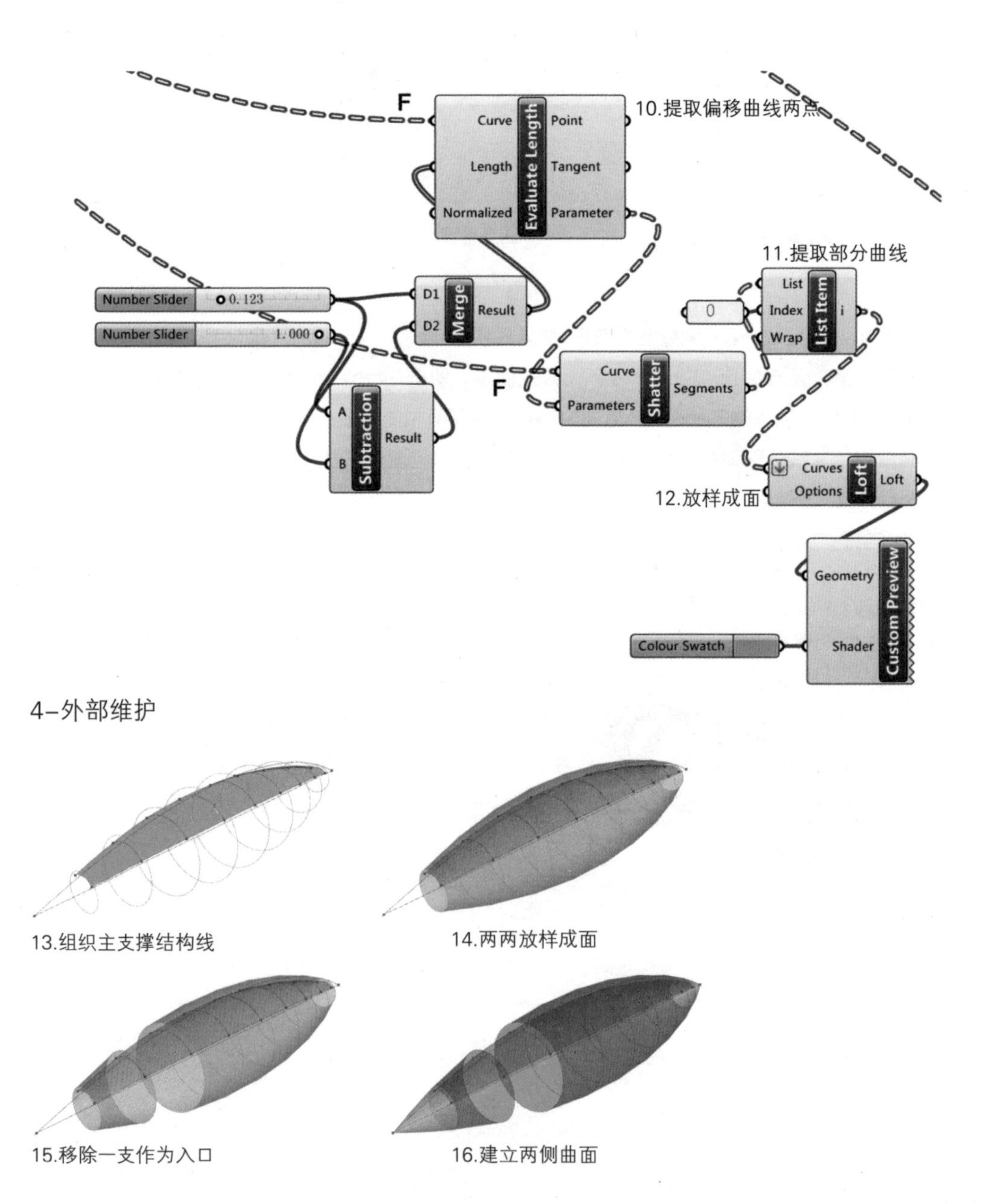

4-外部维护

13.组织主支撑结构线

14.两两放样成面

15.移除一支作为入口

16.建立两侧曲面

● 最开始建立的基本几何体为一个曲面，实际构建中往往需要分成多段曲面再深化处理和加工，将主体支撑结构线两两放样成面，首先将最初的数据使用 Stack Data 分别复制为两个，再去除首尾项用 Partition List 两两一组使用 Loft 放样成面。对于两侧的曲面因为收敛为一点，可以提取两侧曲线对最初的曲面用 Surface Split 裁切曲面，当然中间部分的曲面也可以依据该种方法获取，但是对于编程设计的方法，更主要的是从数据处理角度构建几何对象，从曲线到面的方法更符合建立的逻辑，有利于进一步的设计深入；另外使用相切的方法运算速度明显偏慢，尤其处理较大程序的时候尽量避免使用该种方法。

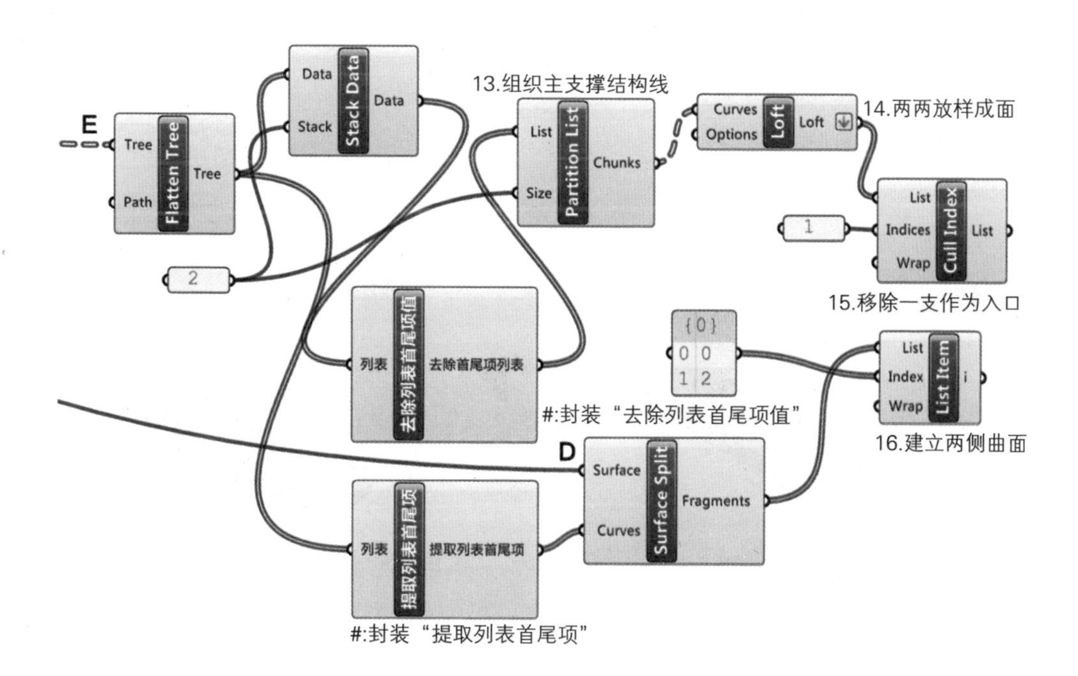

封装“提取列表首尾项”可以参看第八章表皮形式 _A 部分

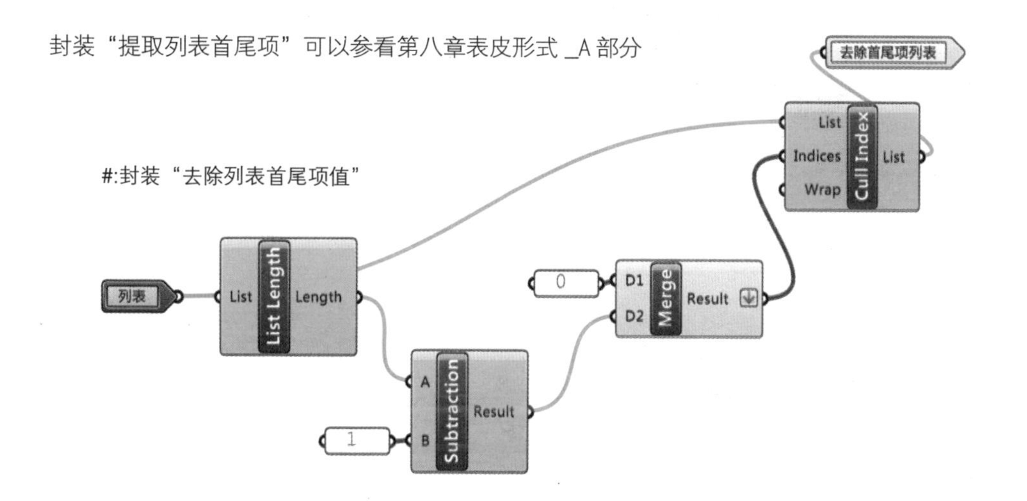

5-地面

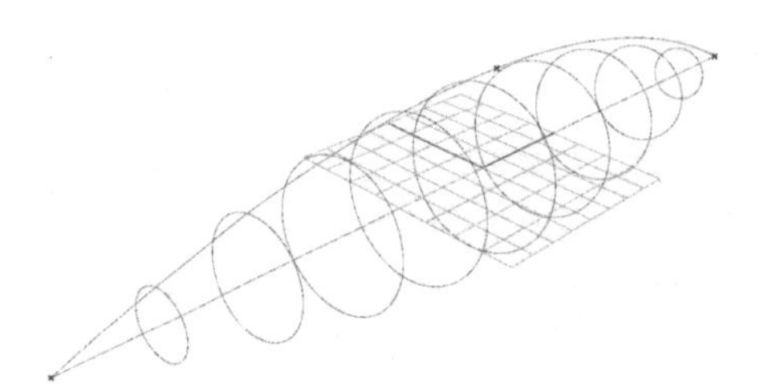

17.获取水平参考平面

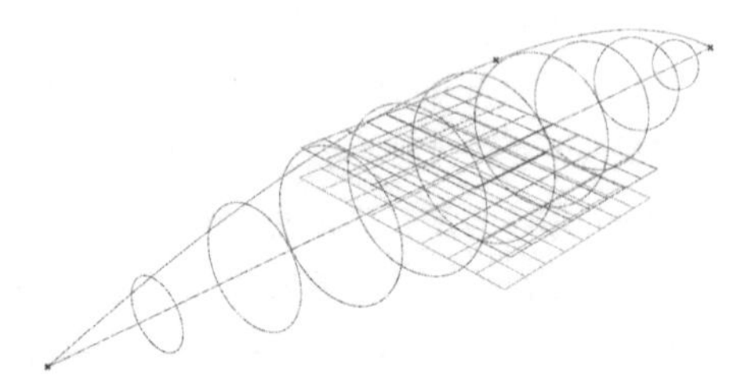

18.偏移水平参考平面

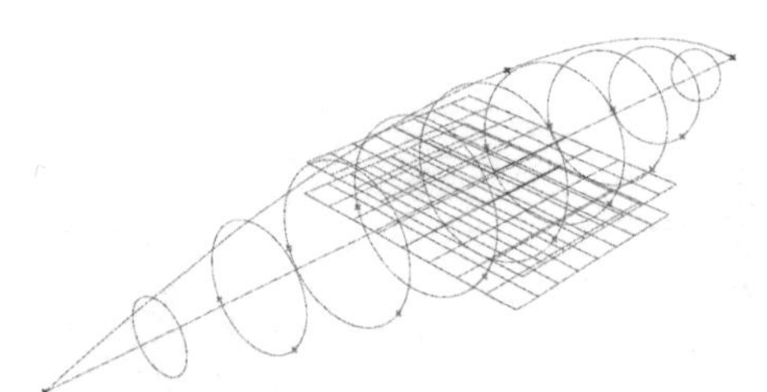

19.根据参考平面获取交点

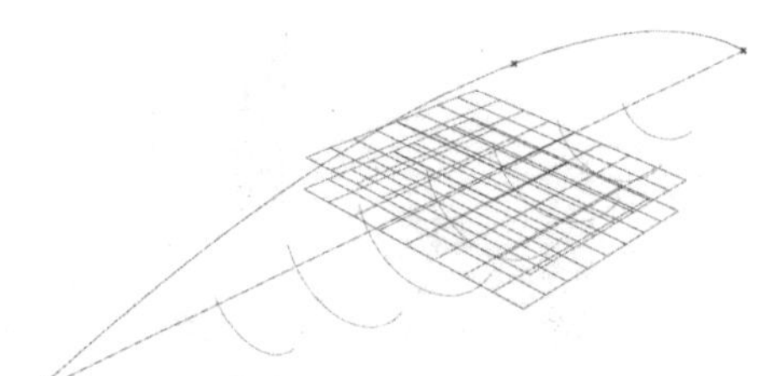

20.提取部分曲线

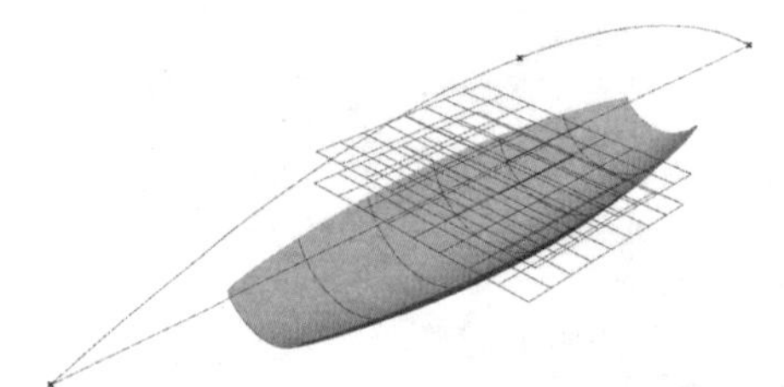

21.放样底部曲面

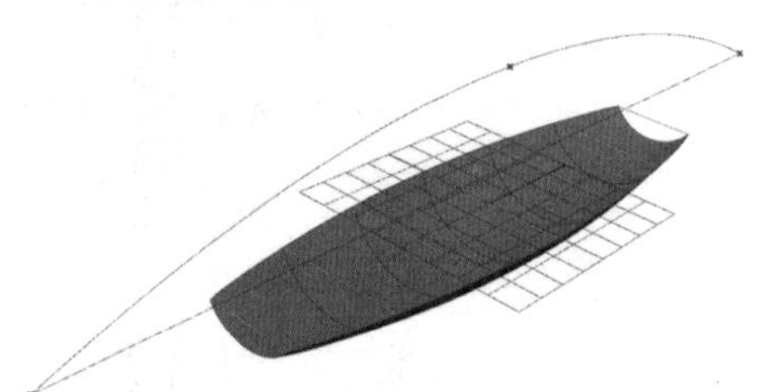

22.建立横向直线

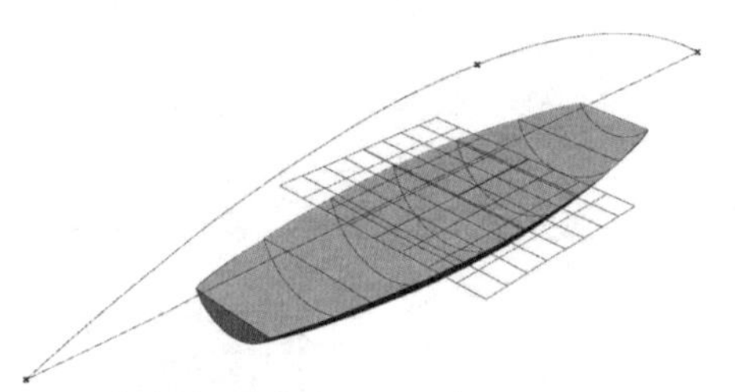

23.建立顶部曲面

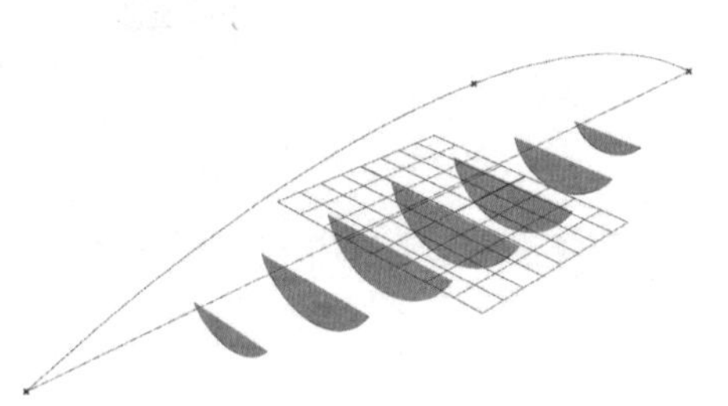

24.建立支撑结构

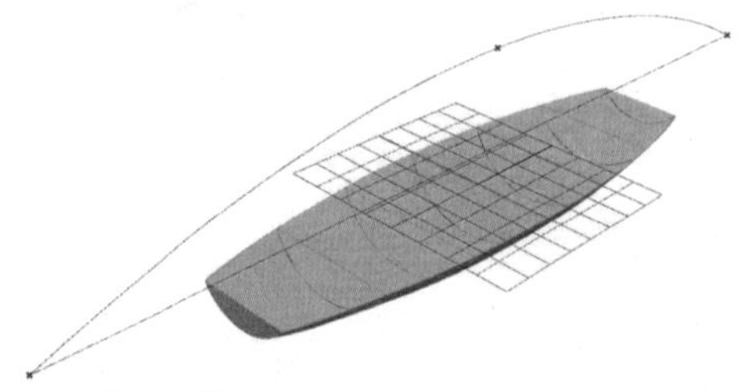

25.合并多个曲面

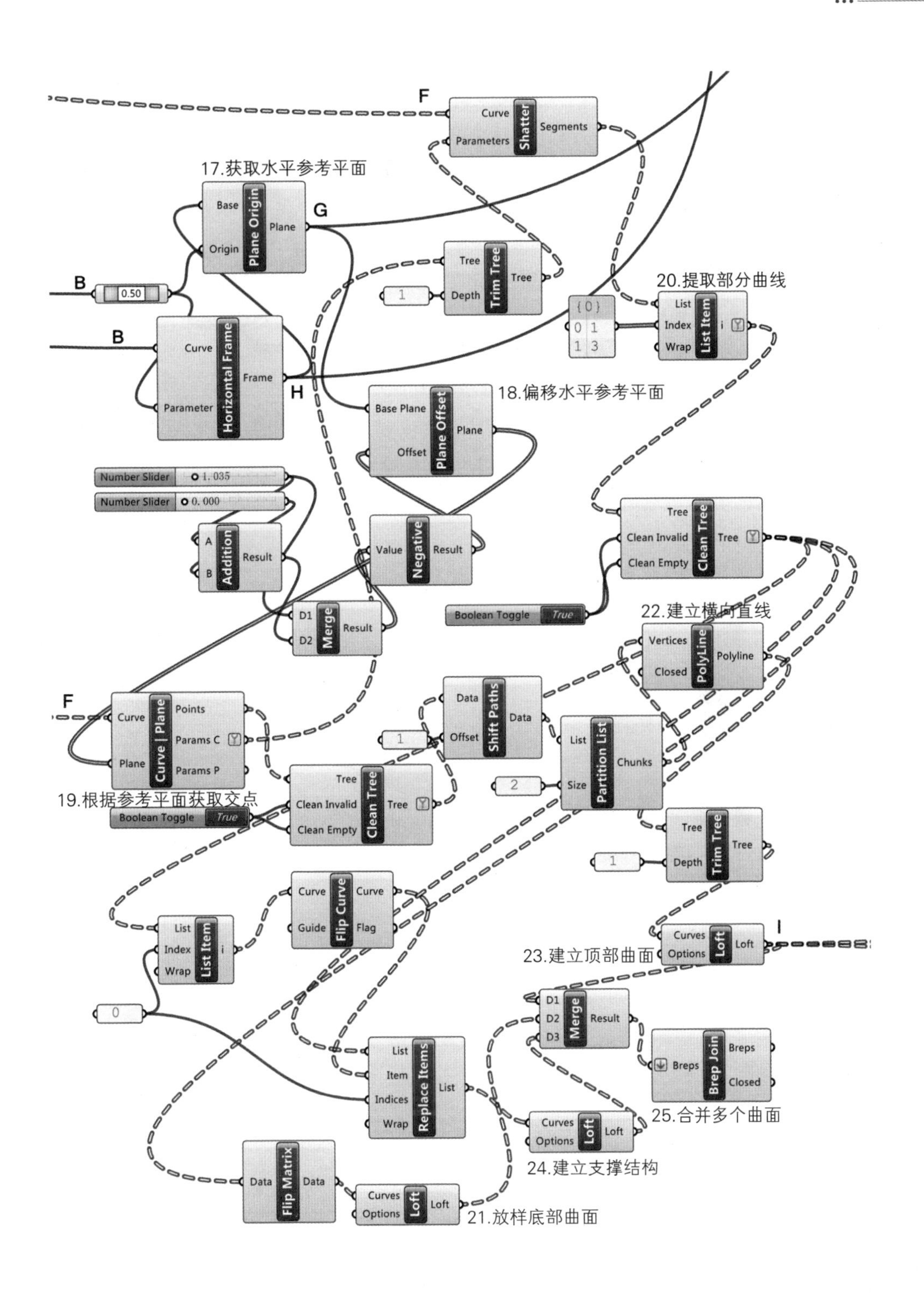

F
Curve
Parameters
Shatter
Segments
17.获取水平参考平面
Base
Origin
Plane Origin
Plane
G
Tree
Depth
Trim Tree
Tree
1
B
0.50
20.提取部分曲线
{0}
0 1
1 3
List
Index
Wrap
List Item
i
B
Curve
Parameter
Horizontal Frame
Frame
H
Base Plane
Offset
Plane Offset
Plane
18.偏移水平参考平面
Number Slider
1.035
Number Slider
0.000
A
B
Addition
Result
Value
Negative
Result
Tree
Clean Invalid
Clean Empty
Clean Tree
Tree
Boolean Toggle
True
D1
D2
Merge
Result
22.建立横向直线
Vertices
Closed
PolyLine
Polyline
F
Curve
Plane
Curve | Plane
Points
Params C
Params P
Data
Offset
Shift Paths
Data
1
List
Size
Partition List
Chunks
2
19.根据参考平面获取交点
Boolean Toggle
True
Tree
Clean Invalid
Clean Empty
Clean Tree
Tree
Tree
Depth
Trim Tree
Tree
1
Curve
Guide
Flip Curve
Curve
Flag
List
Index
Wrap
List Item
i
I
Curves
Options
Loft
Loft
23.建立顶部曲面
0
D1
D2
D3
Merge
Result
Breps
Brep Join
Breps
Closed
List
Item
Indices
Wrap
Replace Items
List
25.合并多个曲面
Curves
Options
Loft
Loft
24.建立支撑结构
Data
Flip Matrix
Data
Curves
Options
Loft
Loft
21.放样底部曲面

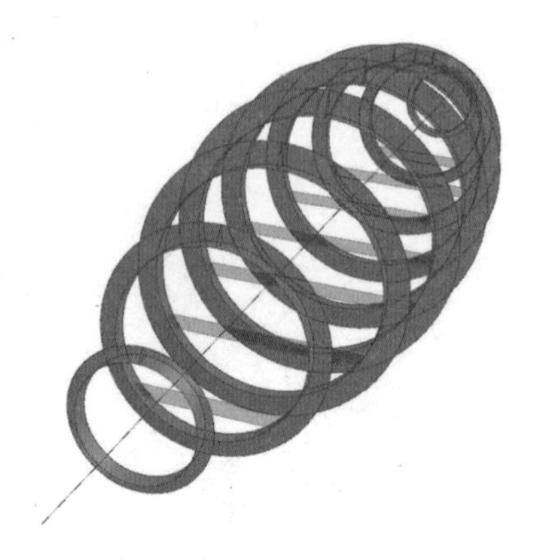

● 用 Horizontal | Frame 在定位轴线中点提取水平参考平面，并用 Plane Offset 向下偏移指定距离，使用 Curve | Plane 获取偏移后的参考平面和向内偏移的主结构线的交点，并获取点在曲线上的参数作为 Shatter 组件分段曲线的输入端 Parameters 的参数，提取部分曲线放样成地面底部曲面。因为参考平面和部分曲线并未相交，因此会产生空值，用 Clean Tree 清除无效和空值数据后，两两连为直线放样为地面顶部曲面。在参考平面偏移输入参数中设置了两个参数，直接通过 Addition 加法控制第二个参数和第一个参数之间的关系，当 B 输入端参数为 0 时，为提取的同一个位置，当大于 0 时，会获取下图中所示的地面结构，根据设计目的的不同设置参数。

6–人的尺度

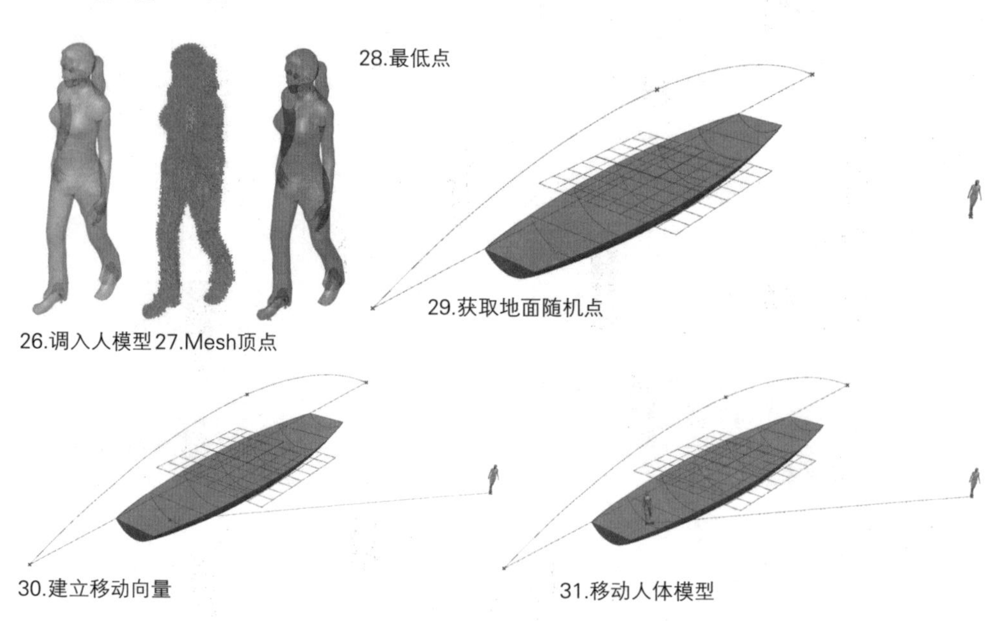

26.调入人模型 27.Mesh顶点

28.最低点

29.获取地面随机点

30.建立移动向量

31.移动人体模型

● 三维空间进行设计的过程中，需要调入实际尺度的人体模型作为尺度参考，避免设计尺度的失误和不合理。可以将既有的 3D 人体模型直接调入 Rhinoceros 空间，一般模型格式为 Mesh 面，用 Mesh 组件再次调入到 Grasshopper 空间，用 Deconstruct Mesh 提取 Mesh 顶点，并按照顶点 Z 值大小排序顶点，提取 Z 值最小的点。同时使用 Populate Geometry 随机获取地面顶面的随机点，用 Vector 2Pt 建立两点间的向量，作为 Move 移动 Motion 的输入端参数，移动人体模型到地面顶部用于尺度参考。

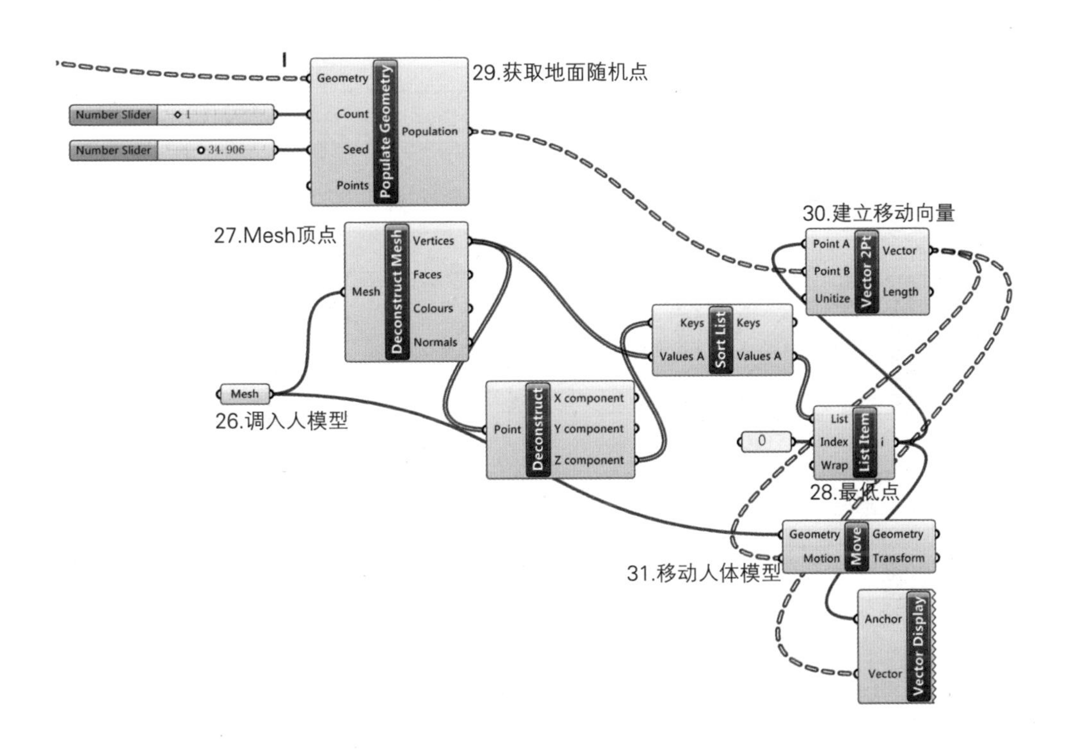

7-内部长条曲面桌

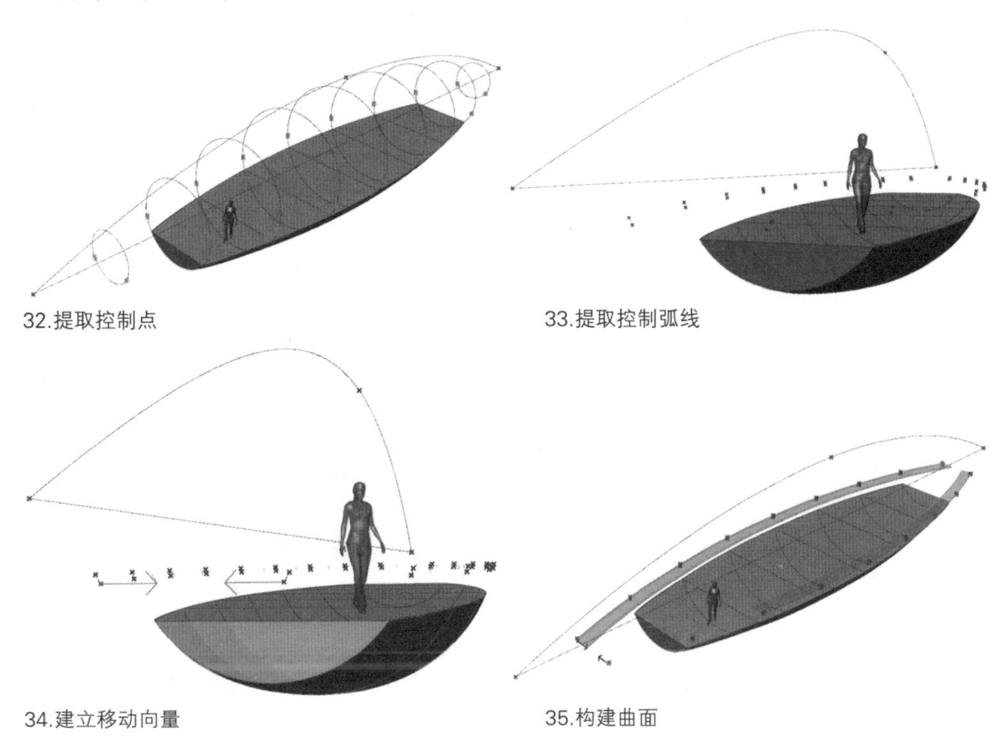

32.提取控制点

33.提取控制弧线

34.建立移动向量

35.构建曲面

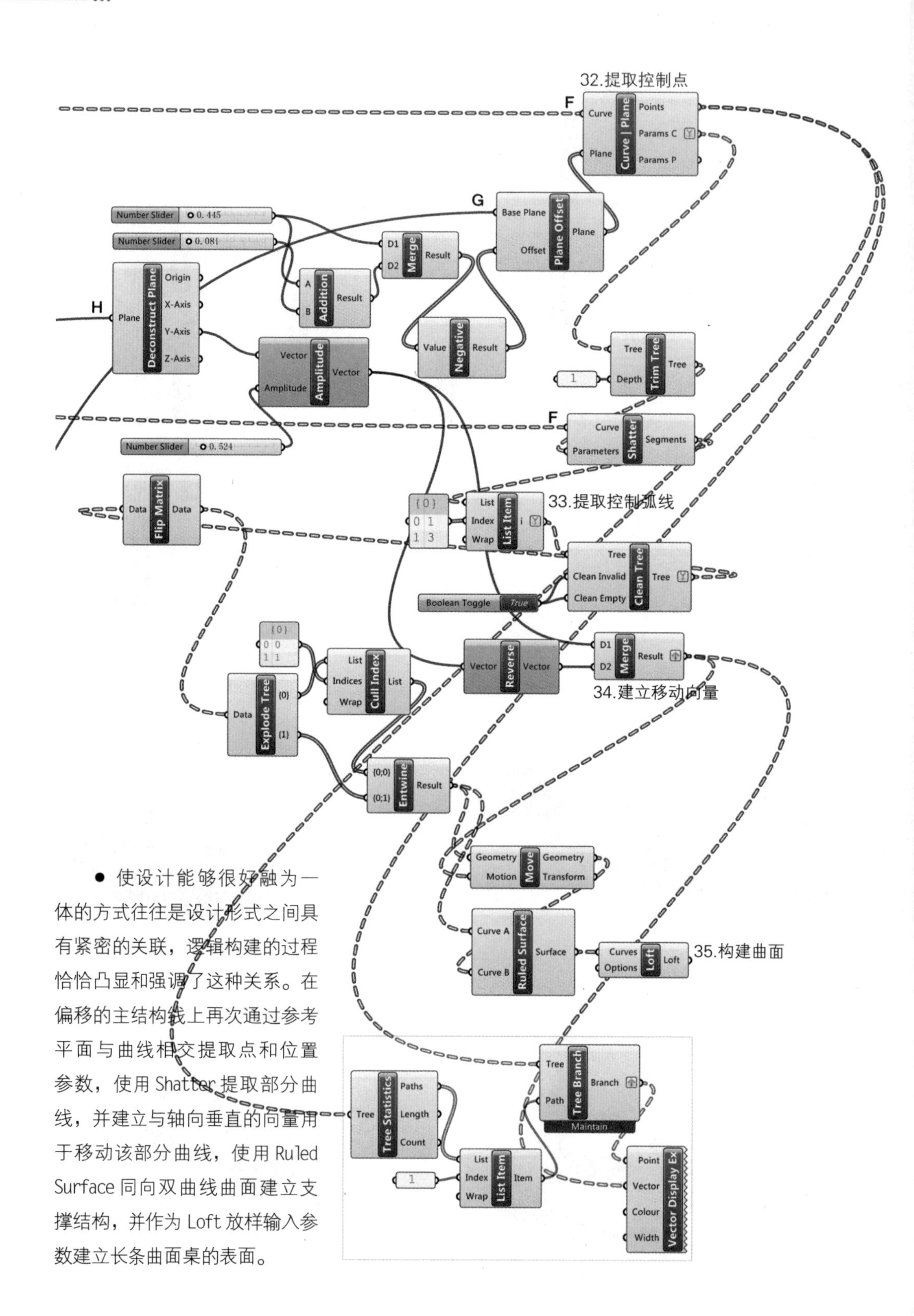

● 使设计能够很好融为一体的方式往往是设计形式之间具有紧密的关联，逻辑构建的过程恰恰凸显和强调了这种关系。在偏移的主结构线上再次通过参考平面与曲线相交提取点和位置参数，使用 Shatter 提取部分曲线，并建立与轴向垂直的向量用于移动该部分曲线，使用 Ruled Surface 同向双曲线曲面建立支撑结构，并作为 Loft 放样输入参数建立长条曲面桌的表面。

8-台阶部分_A_确定地面

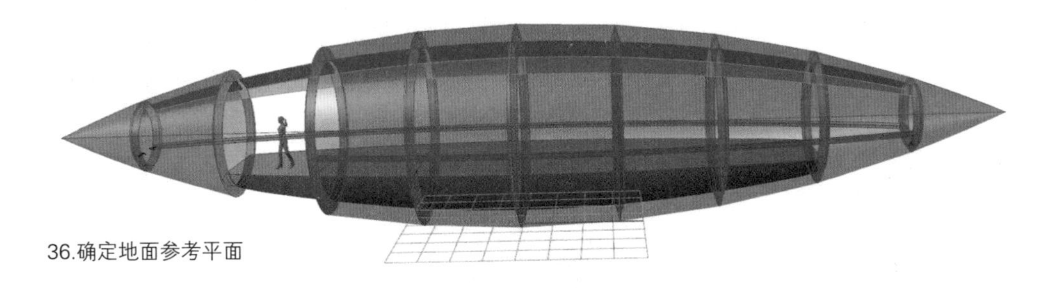
36.确定地面参考平面

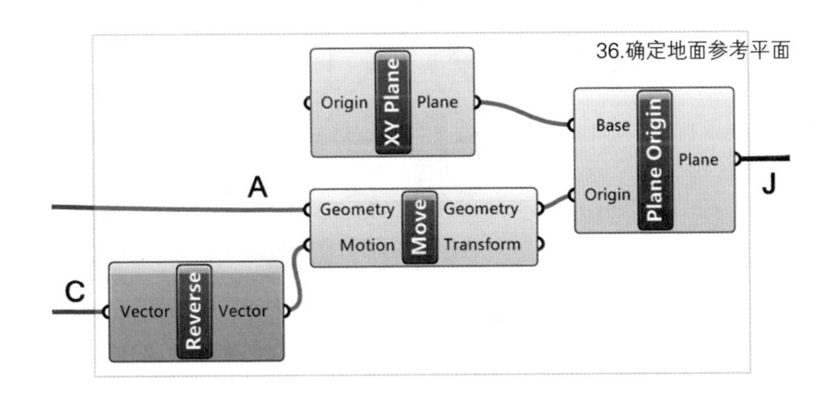

● 根据最初设置定位轴线中点偏移量定位地面，用 Plane Origin 组件将 XY Plane 的参考平面向下移动到该位置，用于建立与地面相关的设计形式，例如台阶和辅助支撑。

9-台阶部分_B_定位曲线

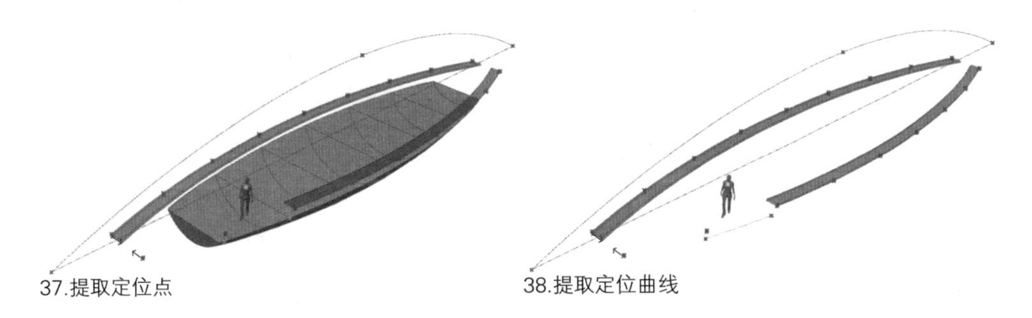
37.提取定位点　　38.提取定位曲线

● 台阶设置与建筑地面相关，因此在地面边缘的曲线提取点，获取点位置参数，用 Shatter 分段曲线，并提取入口部分曲线作为台阶程序编写的基础控制。

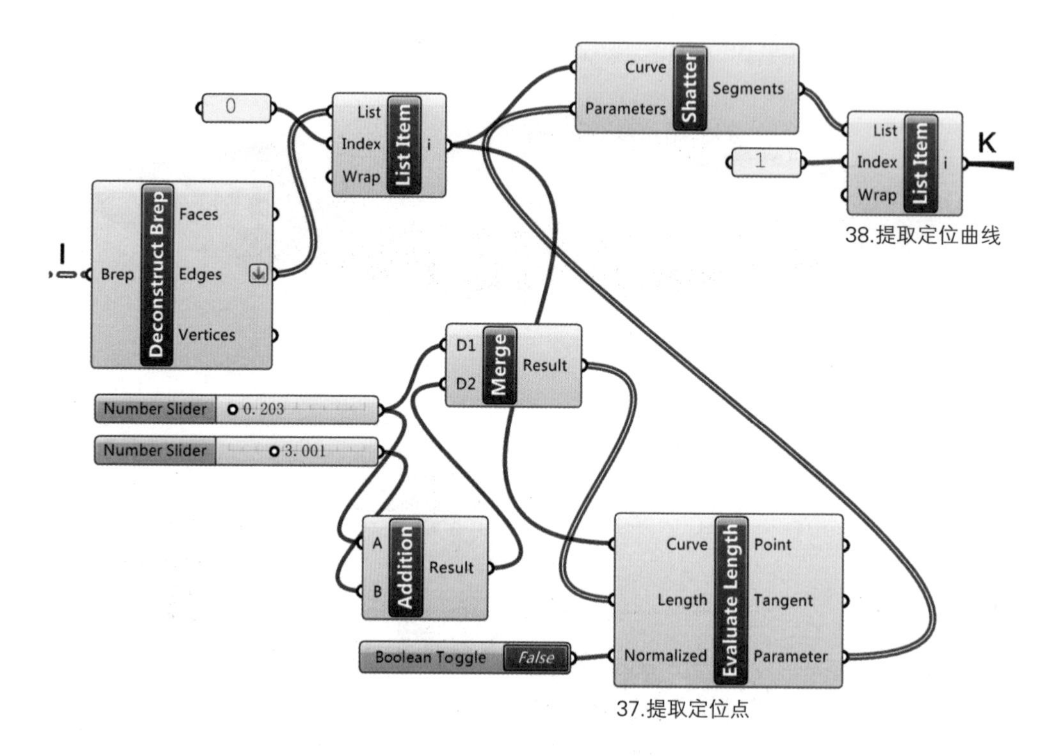

38.提取定位曲线

37.提取定位点

10-计算台阶数

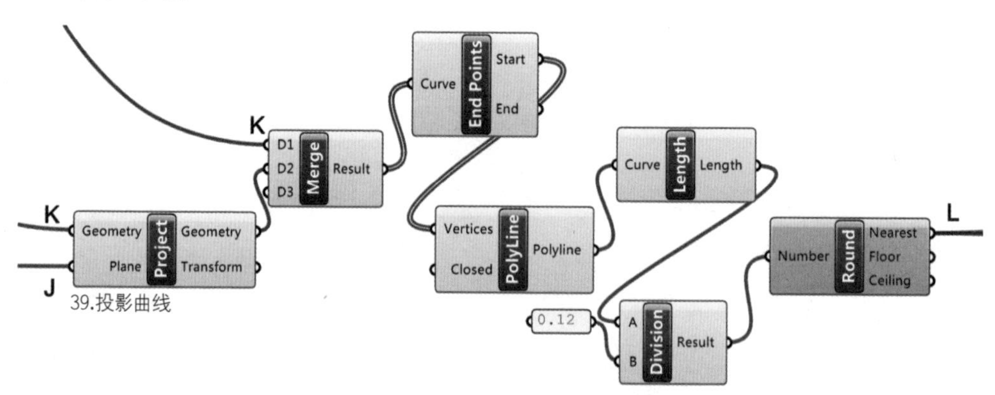

39.投影曲线

● 将提取控制台阶的曲线用 Project 投影到地面参考平面上，与初始曲线首端相连为折线，用 Length 计算长度，并假设台阶高度为 0.12，计算台阶的数量。

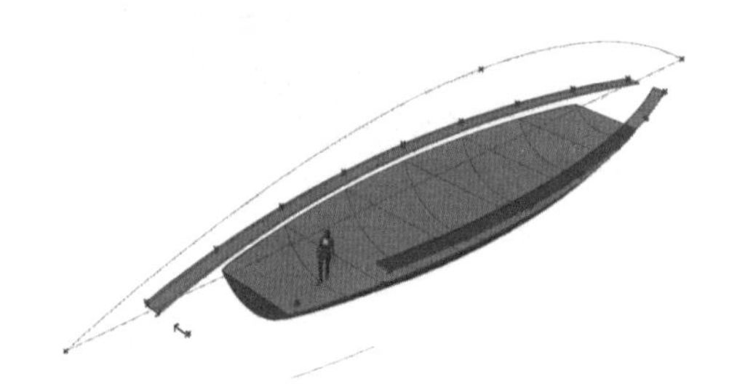

39.投影曲线

11-建立台阶

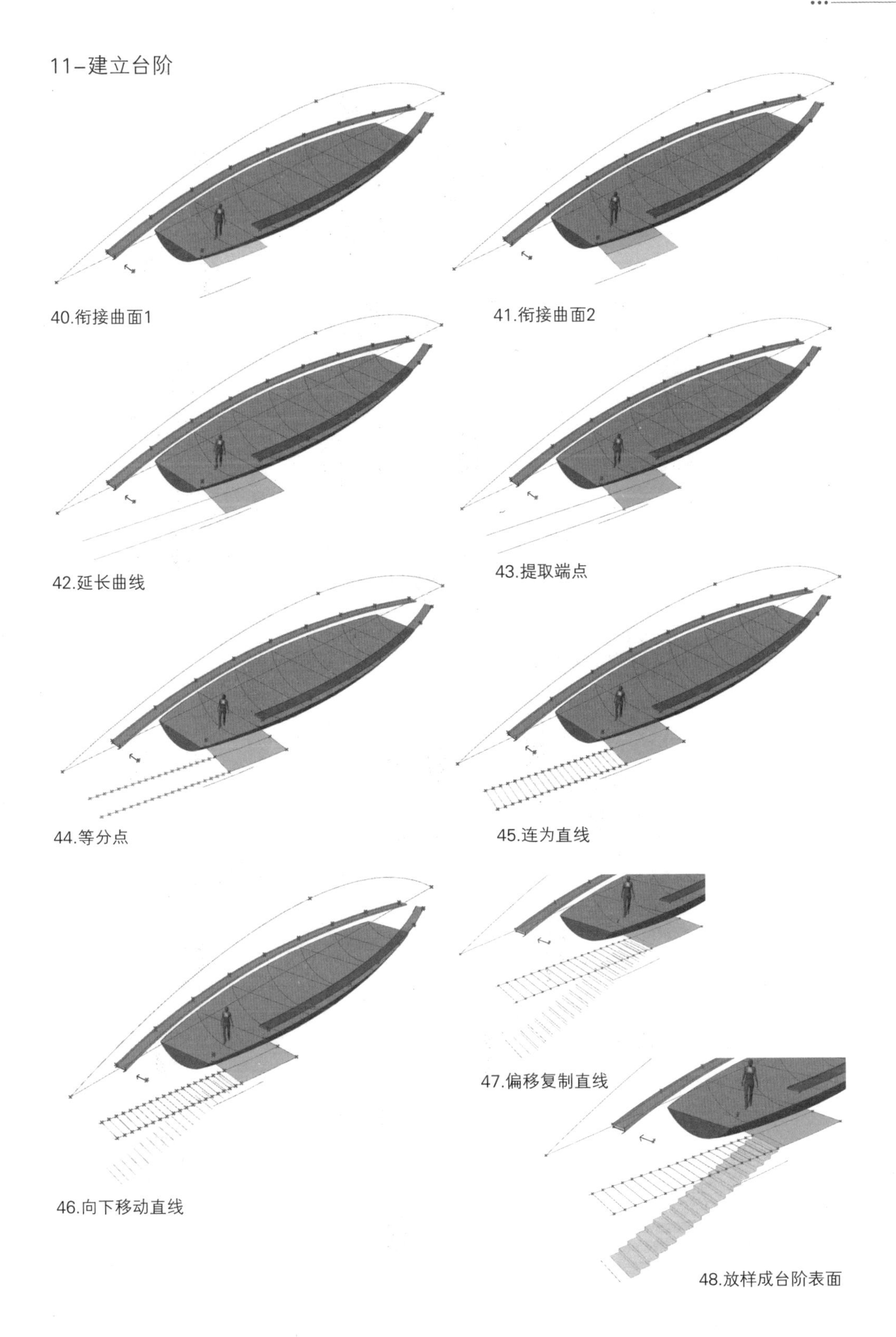

40.衔接曲面1

41.衔接曲面2

42.延长曲线

43.提取端点

44.等分点

45.连为直线

46.向下移动直线

47.偏移复制直线

48.放样成台阶表面

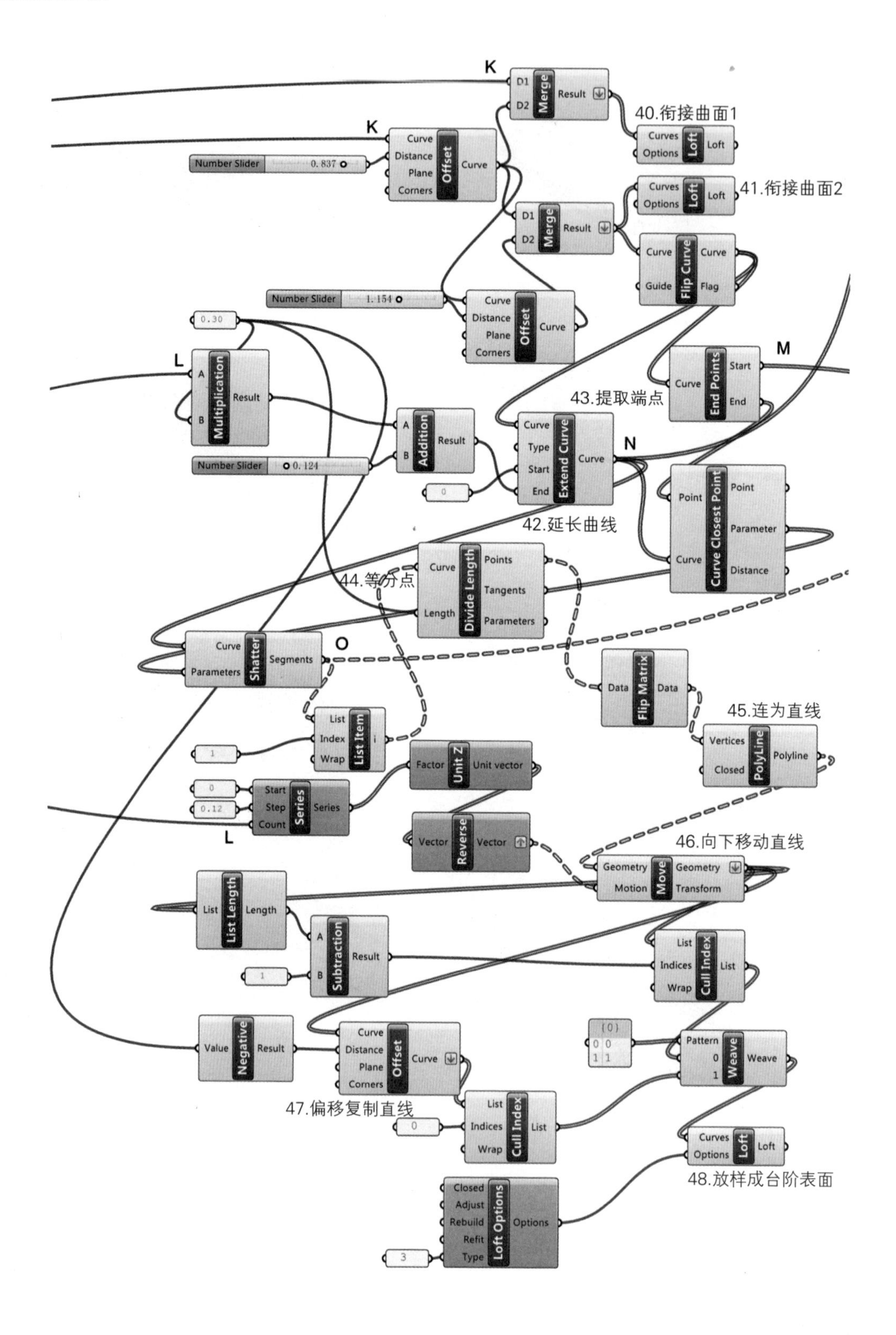
K
Merge
D1
D2
Result
40.衔接曲面1
Curves
Options
Loft
K
Offset
Curve
Distance
Plane
Corners
Number Slider
0.837
Merge
41.衔接曲面2
Flip Curve
Guide
Flag
Number Slider
1.154
0.30
L
Multiplication
A
B
Result
End Points
Start
End
M
43.提取端点
Addition
Extend Curve
Type
N
Number Slider
0.124
0
42.延长曲线
Curve Closest Point
Point
Parameter
Distance
Divide Length
Points
Tangents
Parameters
Length
44.等分点
Shatter
Segments
O
Flip Matrix
Data
45.连为直线
List Item
List
Index
Wrap
i
1
PolyLine
Vertices
Closed
Polyline
Unit Z
Factor
Unit vector
Series
Step
Count
0.12
Reverse
Vector
46.向下移动直线
Move
Geometry
Motion
Transform
List Length
Subtraction
Cull Index
Indices
Negative
Value
Weave
Pattern
{0}
47.偏移复制直线
48.放样成台阶表面
Loft Options
Closed
Adjust
Rebuild
Refit
3

● 如果依据主体曲线的弧度方向延伸曲线建立台阶，台阶的形式就与建筑主体形式产生了共鸣。通过偏移复制基础曲线和两两放样成面建立延伸出来的平面，并用 Extend Curve 延伸曲线，延伸的长度需要构建一定的参数关系，避免手工确定长度。首先已经计算了台阶的数量，将其乘以台阶的宽度 0.3 即为长度，但是因为弧线在按长度等分曲线时，可能部分曲线在端点处无法获取等分点，因此将其长度再增加一个大于 0 的数。曲线延长之后，需要提取延长的部分，方法仍然是使用 Shatter 分段曲线组件获取。等分延长部分的曲线之后，两两连为直线，向下移动台阶的高度，因为台阶是逐步降低的，使用 Series 建立等差数列作为 Move 移动端向下向量的输入参数。移动后的直线偏移复制，并通过 Weave 编织重组，然后 Loft 放样为台阶表面。台阶进一步的设计，例如厚度、栏杆扶手以及相关的设计形式可以在此基础上自行深入设计。

12-建立挡墙

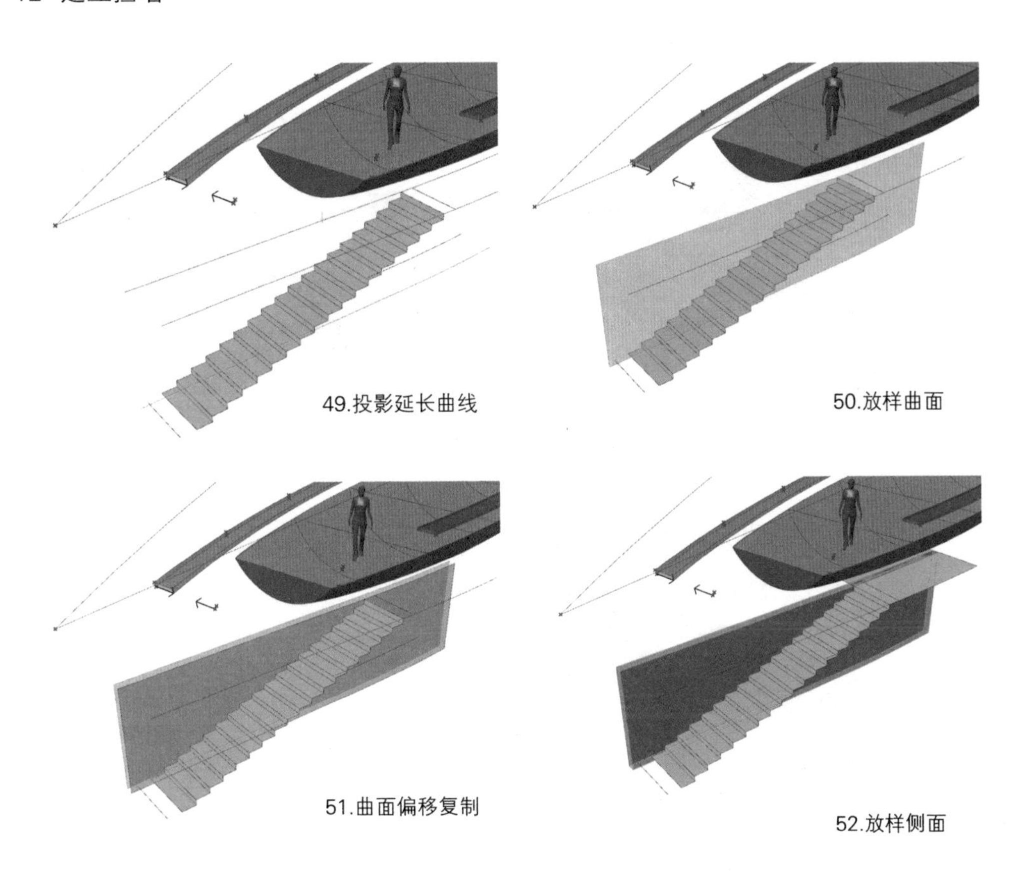

49.投影延长曲线

50.放样曲面

51.曲面偏移复制

52.放样侧面

● 一侧建立挡墙，首先将延长曲线投影到地面，然后 Loft 放样为曲面，将其偏移复制后，再与初始放样曲面共同放样为墙体的侧面，使用Brep Join将墙体的所有面合并为一个Brep对象。

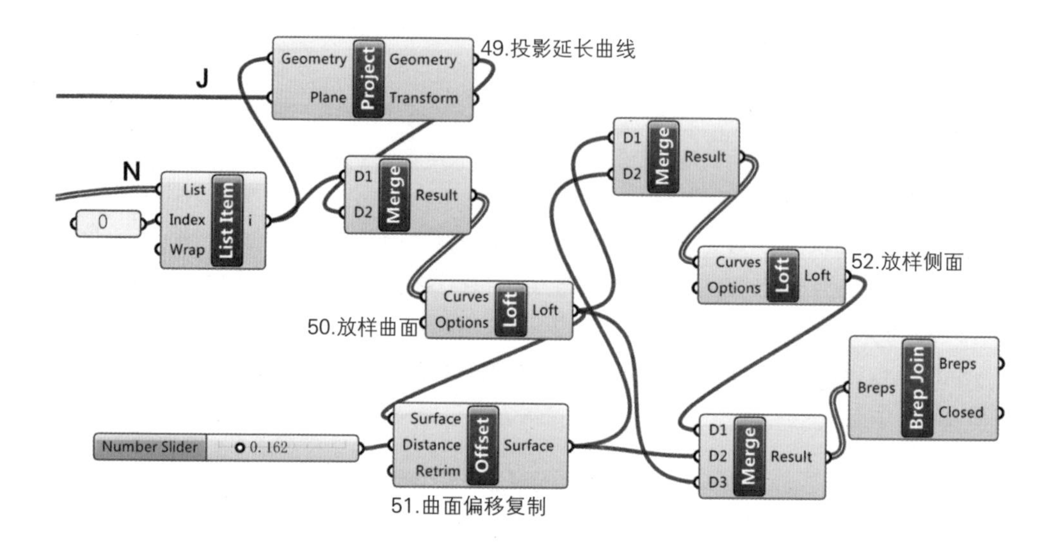

13–建立部分栏杆

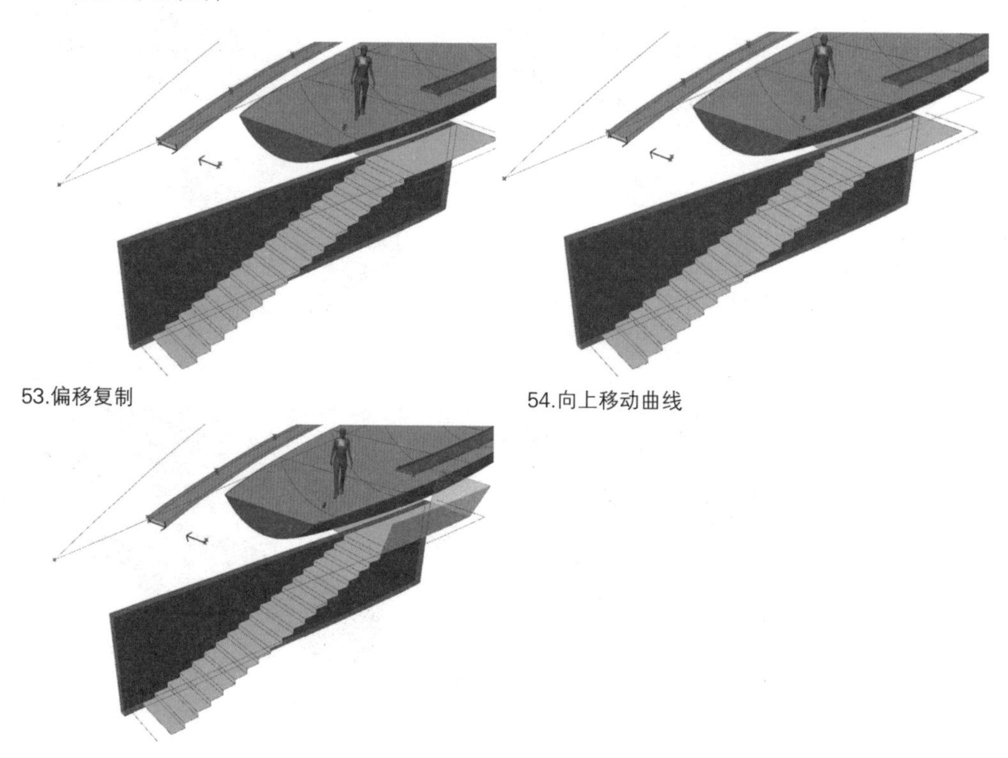

53.偏移复制

54.向上移动曲线

55.放样为倾斜栏杆

● 将转折处的曲线使用 Join Curves 焊接为一根，向外偏移复制并提升一定高度，目的是建立倾斜的栏杆曲面，避免呆板的垂直处理。

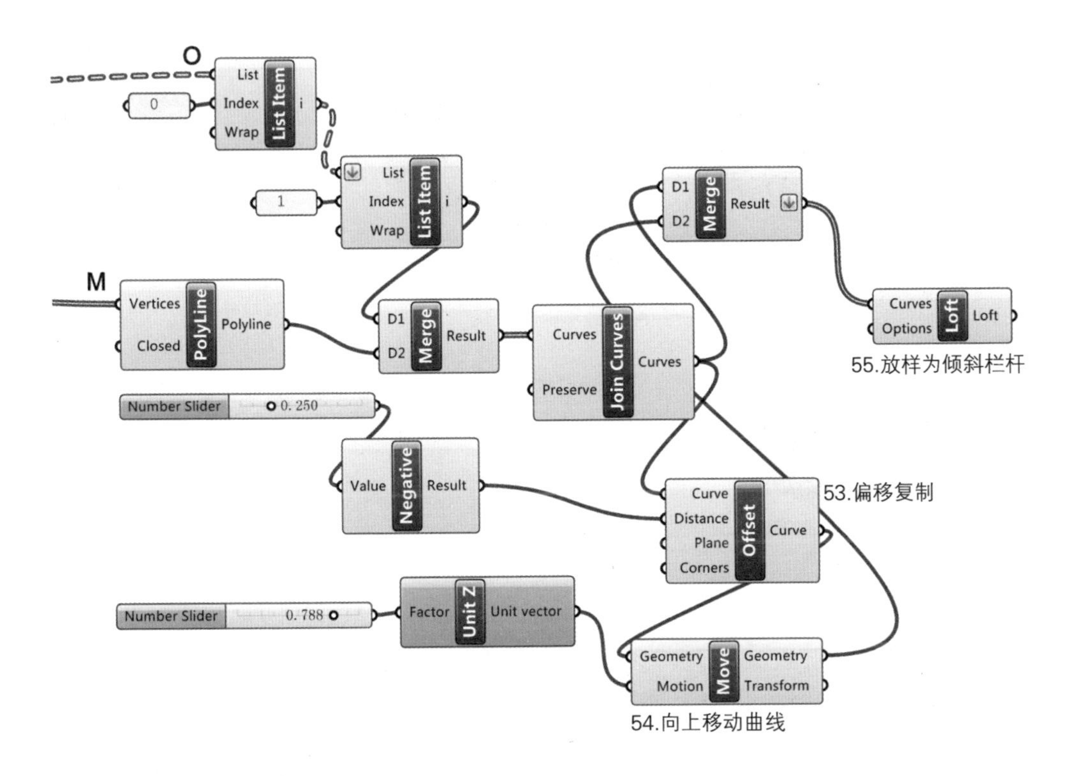

55.放样为倾斜栏杆

53.偏移复制

54.向上移动曲线

14–建立辅助支撑

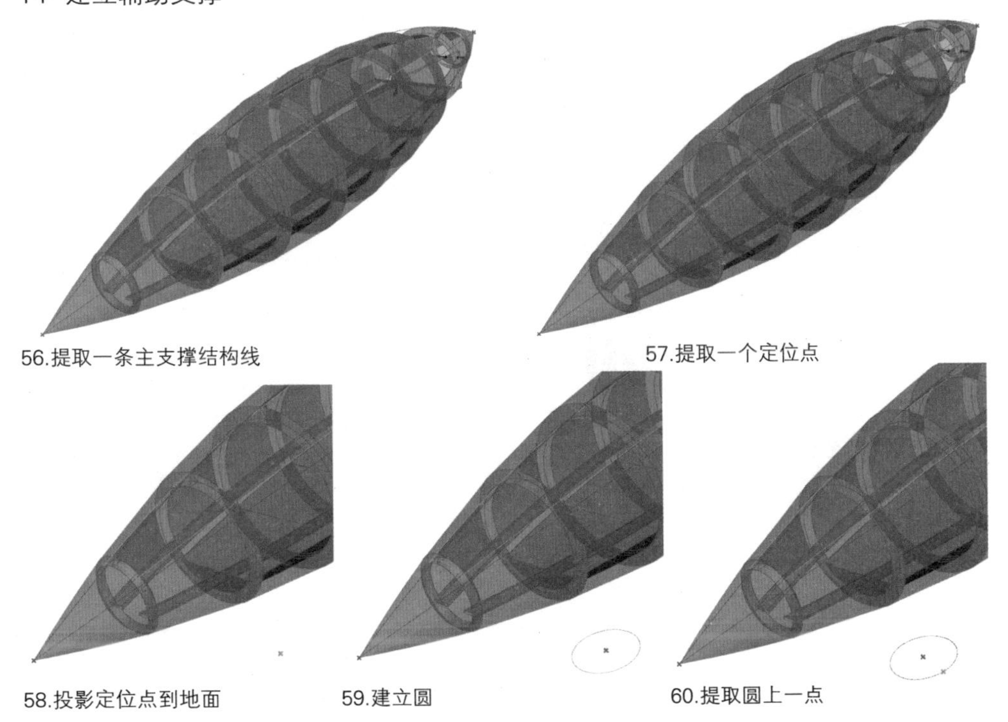

56.提取一条主支撑结构线

57.提取一个定位点

58.投影定位点到地面

59.建立圆

60.提取圆上一点

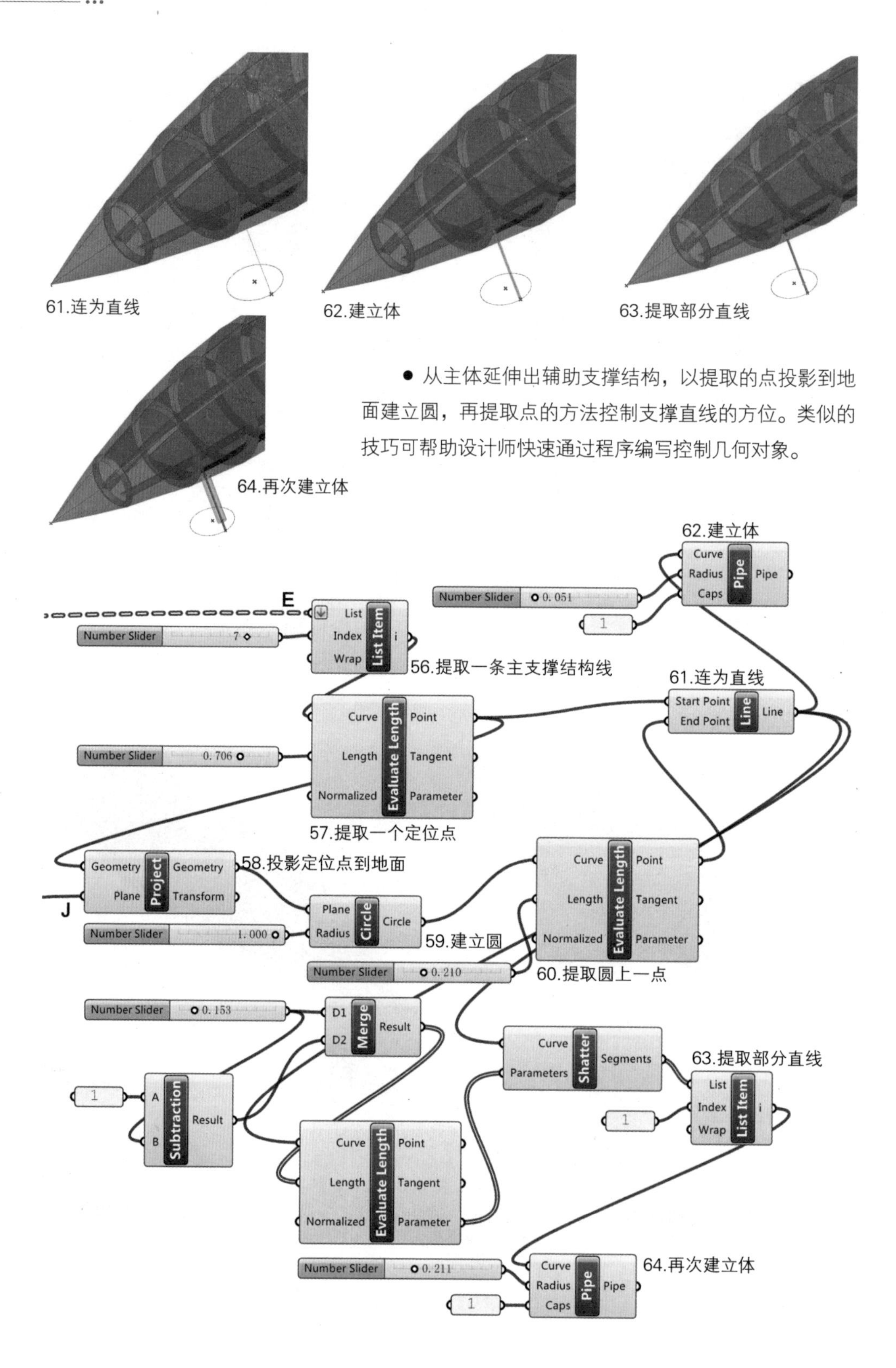
61.连为直线
62.建立体
63.提取部分直线
64.再次建立体
● 从主体延伸出辅助支撑结构，以提取的点投影到地面建立圆，再提取点的方法控制支撑直线的方位。类似的技巧可帮助设计师快速通过程序编写控制几何对象。
62.建立体
Curve
Radius
Caps
Pipe
Pipe
Number Slider
0.051
1
E
List
Index
Wrap
List Item
i
Number Slider
7
56.提取一条主支撑结构线
61.连为直线
Start Point
End Point
Line
Line
Curve
Length
Normalized
Evaluate Length
Point
Tangent
Parameter
Number Slider
0.706
57.提取一个定位点
Geometry
Plane
Project
Geometry
Transform
58.投影定位点到地面
J
Plane
Radius
Circle
Circle
Number Slider
1.000
59.建立圆
Curve
Length
Normalized
Evaluate Length
Point
Tangent
Parameter
Number Slider
0.210
60.提取圆上一点
Number Slider
0.153
D1
D2
Merge
Result
1
A
B
Subtraction
Result
Curve
Parameters
Shatter
Segments
63.提取部分直线
List
Index
Wrap
List Item
i
1
Curve
Length
Normalized
Evaluate Length
Point
Tangent
Parameter
Number Slider
0.211
Curve
Radius
Caps
Pipe
Pipe
1
64.再次建立体

2 参数化的意义

参数化的意义是可以构建几何体对象之间紧密的逻辑关系，并强制设计者在设计的过程中就需要有意识地梳理设计的构建逻辑。逻辑关系的构建往往是从整体到局部，而设计过程往往也是先具有整体的结构线设计进而细化设计，两者之间正好相辅相成，本例最为主要的基础是最初旋转建立的梭形曲面，而曲面控制则是由建立的弧线段和定位轴线确定，建筑的所有部分都依附于该基础结构，当调整高度即弧线中点的位置时，所有与之相关的建筑几何部分都会在保持逻辑不变的条件下随之变化。逻辑建立的顺序是从整体到细部，从控制主体到附属子体，基础梭形曲面控制主体支撑，主体支撑的结构线控制地面、台阶、附属支撑和长条曲面桌以及遮阳曲面，同理各个子体部分内部同样是一个从控制主体到附属子体的过程。

逻辑构建的过程是与设计的过程相辅相成而不是背道而驰的，并且强化了设计过程的逻辑性，使设计者不能忽视逻辑关系的构建，设计也会愈加合理，建筑部分之间的关系也会更加明确。设计过程是一个不断修改的过程，基本没有从未修改过的设计被直接建造出来，每一次修改都是对设计合理性和艺术性的提升。但是在传统方式下，每一次修改都是耗费精力的繁琐过程，参数化的意义即为构建一个建筑部分之间紧密联系的逻辑过程，因此在保持基本逻辑不变的条件下，通过调整任意参数就可以同时变化相关参数几何部分，从而有利于设计者对不同方案进行比较也减少繁琐的修改过程。

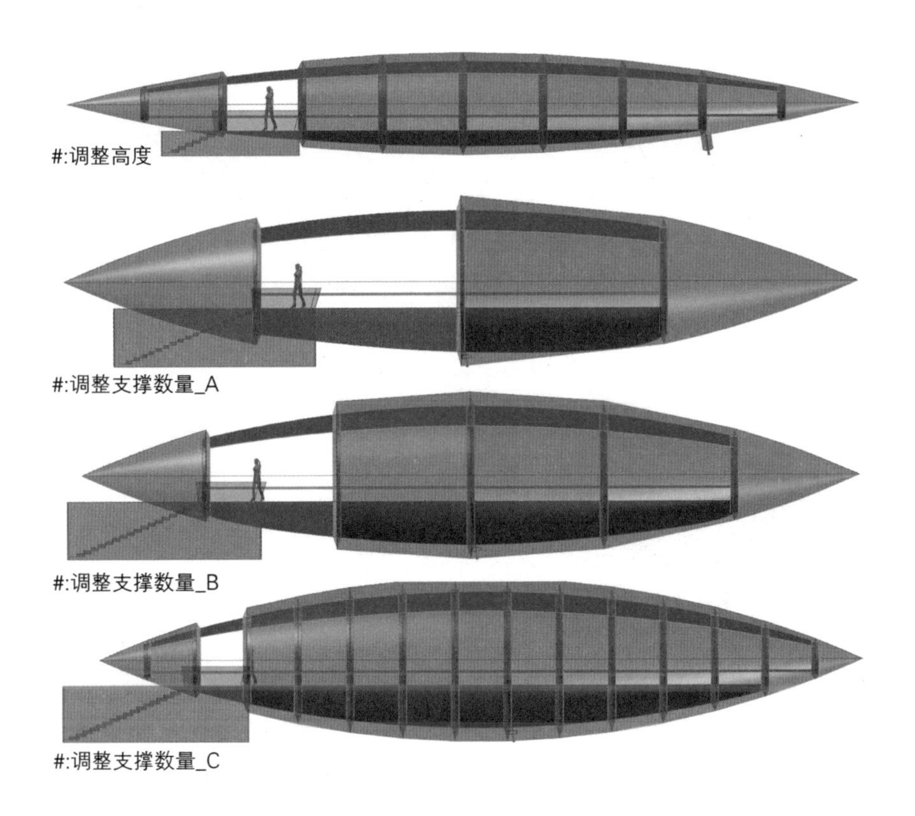

#:调整高度

#:调整支撑数量_A

#:调整支撑数量_B

#:调整支撑数量_C

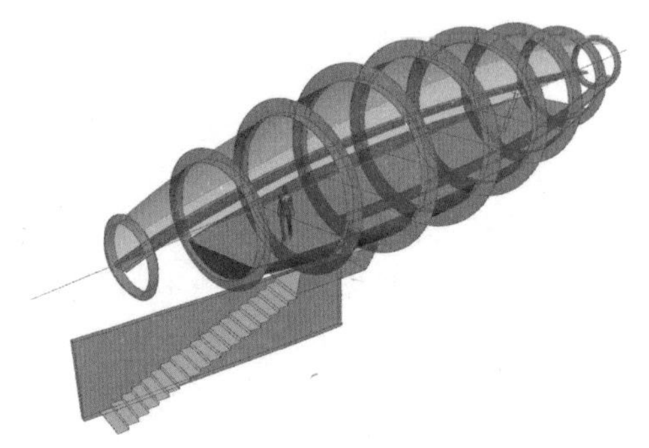

#:调整遮阳曲面_A

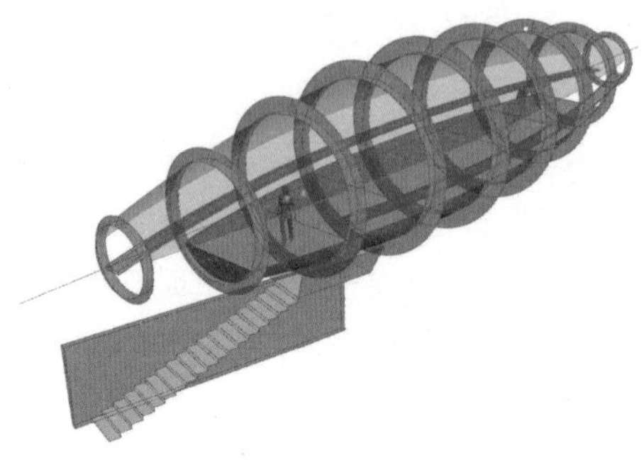

#:调整遮阳曲面_B

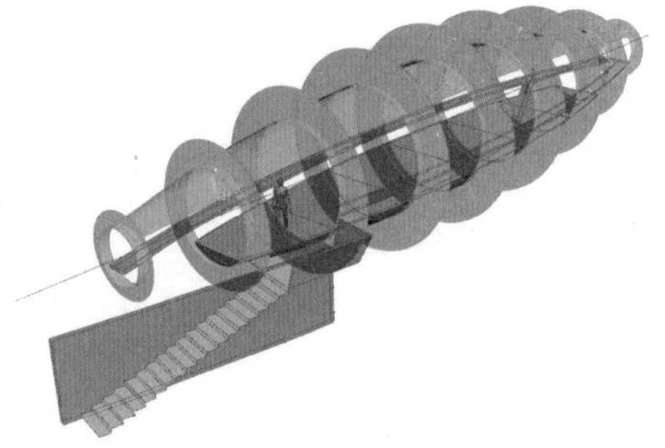

#:调整支撑尺寸_A

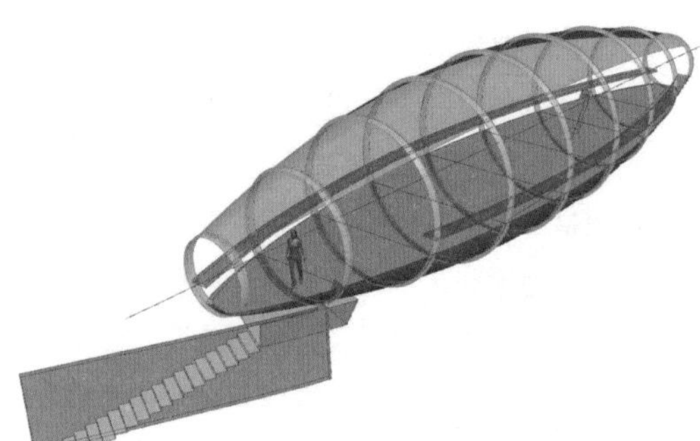

#:调整支撑尺寸_B

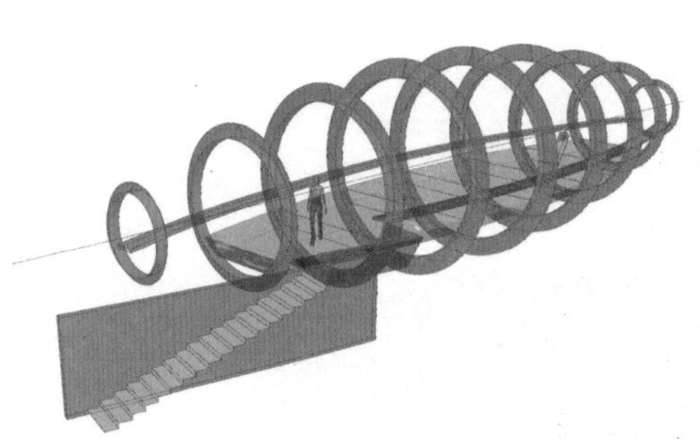

#:调整地面厚度

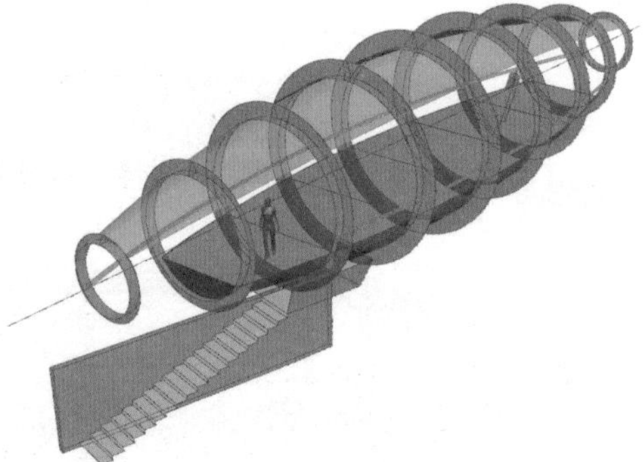

#:调整曲面桌尺寸

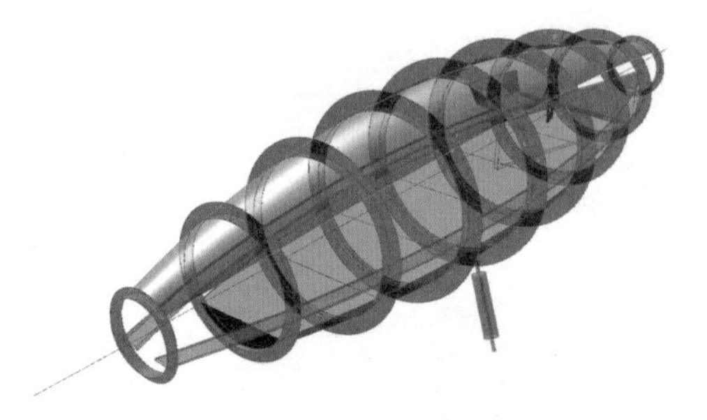

#:调整辅助支撑位置

Afterword
后记

这是一本可以帮助想进入编程设计领域的设计者学习的手册。从内容上避免了对所有Grasshopper组件的详细解析，而将重点放在逐渐学习编程设计逻辑构建方法的过程中，从基础，数据结构与数据管理，空间方向与定位，区间、数列和随机，到程序编写与封装，制造，表皮形式和精细化设计。避免谈论不务实的纯粹形式，深入到编程设计的本质——编程的方法和核心数据结构的处理，一开始就从正确的途径着手进入这个具有魔力的领域。

在开始阅读本书之前，需要清晰地明确几个主要的观念。一个是Grasshopper是一种编程语言，而不是传统意义上的三维模型构建软件，因此不能够用传统学习软件操作的方法学习Grasshopper，应该以学习程序语言的方式学习，从基础的语法到数据结构的组织，只有这样才能够真正进入编程设计的领域；二是不要过于纠结Grasshopper的版本，就像Python、C#、VB等语言，从20世纪50年代开始逐步发展和完善，其核心的语言结构虽然在逐步的优化调整，但本质没有变化，传统意义上的三维软件可能因为某一个功能的加入，很大程度上改善了模型构建的能力，但是Grasshopper节点式编程本身就是用于编写功能、构建模型的基础语言，设计者可以自行编写适宜的程序达到模型构建的目的，而不需要等待开发者去处理这个过程；三是Grasshopper既然是一种编程语言，那么它所处理的就不再单单是几何模型构建问题，因此不可以把编程设计单纯地理解为几何造型工具，编程设计是以程序编写的方法解决设计过程中的各类问题，从设计几何模型到设计研究分析数据，都可以从编程设计的角度思考处理，甚至改变着设计过程本身，让设计更具创造力；四是做好持久的准备，学习编程语言如同学习数理化，基础部分只是概念和公理、定理，并不代表学习后就能够顺利地解题，设计过程中遇到的每一个问题都可能是道新题，因为难度的差异和研究的领域不同，都很可能写不出解决的程序，但是通过不断的学习与积累，解决问题的能力自然会逐步提升。

读完本书以后，应该能够对编程设计和逻辑构建有较深入的理解，并能够从正确的途径开始编写自己的程序。

（建筑+风景园林+城乡规划）

面向设计师的编程设计知识系统

Programming Aided Design Knowledge System(PADKS)

计算机技术的发展以及编程语言的发展和趋于成熟，各种新思想不断涌现，从传统的计算机辅助制图到参数化、建筑信息模型、设计相关的大数据分析和地理信息系统、复杂系统，都从跨学科的角度，借助相关学科的研究渗入规划设计领域。大部分新思想都是依托于计算机编程语言，或由编程语言衍生，或者诉诸于编程语言。面对如此复杂的一个知识体系，在传统的设计行业教育中，没有系统阐述的相关课程，一般只是教授一门编程语言，或者一门地理信息系统，往往没有与规划设计相结合，未达到实际应用的目的。

我们力图梳理目前相关学科在规划设计领域中应用的方式，通过编程语言Python、NetLogo、R、C#、Grasshopper等，构建计算机科学、地理信息系统、复杂系统、统计学、数据分析等与建筑、风景园林和城乡规划跨学科联系的途径，建立面向设计师(建筑+风景园林+城乡规划）的编程设计知识系统(Programming Aided Design Knowledge System，PADKS)。一方面通过跨学科的研究建立适用于规划设计领域的课程体系；另外建立具有广度扩展和深度挖掘的研究内容，寻找跨学科应用的价值。编程设计知识系统建立的工程量远比想像的要庞大，从设计师角度探索跨学科的研究，需要补充统计学以及学习R语言，需要补充地理信息系统以及学习Python语言，需要补充复杂系统以及学习NetLogo语言，需要补充数据分析、数据库等知识，而且远远不止这些，还涉及程序控制的机器人技术和三维打印工程建造技术，都在拓展着以编程语言为核心的编程设计知识体系。

受过传统设计教育的设计师，已经建立了系统的设计知识结构，在既有的知识体系上，拓展编程设计知识体系，与传统设计思维相碰撞，获取意想不到的收获，构建新的设计思维方法和拓展无限的创造力。编程设计知识体系的建立，不能一蹴而就，这个过程也许是5年、10年甚至20年，并随着计算机技术的发展，知识体系将不断更新，是一个没有终点、需要不断探索的过程。

进入并拓展编程设计的领域，建立并梳理编程设计知识系统，只有抱有极大的兴趣才能够不断地学习新领域的知识，思考应用到设计领域中的途径和方法。不能不感谢将我带入参数化设计领域的朱育帆教授，支持并肯定在博士阶段研究编程设计的赵鸣教授，依托西北城市生境营建实验室、发展设计专业领域数据分析技术并研究如何应用到教学中的刘晖教授，以及caDesign设计团队和给予支持的伙伴们。

编程设计知识系统的梳理，面临大量跨学科新知识学习的过程，需要思考在设计领域应用的价值。每一次重新翻阅稿件时，都会再次审视编写的内容，总是希望调整、再调整，永无止境。从更加合适的案例、阐述问题新的角度、找到更优化的算法，到要不要重新梳理整个架构，却只能适可而止，待逐渐成熟与完善。诸多模糊的论述和阐述，欠妥之处敬请读者谅解，我们十分感谢您的支持，并希冀您能够把宝贵的意见反馈到cadesign@cadesign.cn邮箱，敦促我们不断修正、完善和持续地探索。